四川省 2018—2019 年度重点图书出版规划项目

特殊岩土工程丛书

西南红层特殊岩土性质与工程应用

谢 强　郭永春　赵 文　文江泉　编著

西南交通大学出版社
·成 都·

图书在版编目（CIP）数据

西南红层特殊岩土性质与工程应用 / 谢强等编著. 一成都：西南交通大学出版社，2019.6
（特殊岩土工程丛书）
ISBN 978-7-5643-6501-1

Ⅰ. ①西… Ⅱ. ①谢… Ⅲ. ①红层－研究－西南地区 Ⅳ. ①P588.24

中国版本图书馆 CIP 数据核字（2018）第 242661 号

特殊岩土工程丛书
西南红层特殊岩土性质与工程应用
谢强　郭永春　赵文　文江泉　编著

出版人	阳晓
责任编辑	杨勇
封面设计	何东琳设计工作室
出版发行	西南交通大学出版社 （四川省成都市金牛区二环路北一段 111 号 西南交通大学创新大厦 21 楼）
发行部电话	028-87600564　028-87600533
邮政编码	610031
网址	http://www.xnjdcbs.com
印刷	成都蜀雅印务有限公司
成品尺寸	185 mm × 260 mm
印张	22.75
字数	567 千
版次	2019 年 6 月第 1 版
印次	2019 年 6 月第 1 次
书号	ISBN 978-7-5643-6501-1
定价	118.00 元

图书如有印装质量问题　本社负责退换

前　言

红层是对海陆相沉积的红色地层的统称，在不同的学术研究领域和工程实践中有不尽相同的内涵和外延。本书根据研究背景和服务目的，将红层的定义局限为中生代和第三纪（古、新近纪）在大陆地区湖泊、河流、山麓沉积形成的，以碎屑岩和泥质岩为主要岩石类型的一套地层。这一界定，将其与由岩浆岩、碳酸岩等风化形成的红土层相区别，也不过多涉及中生代以前的红色地层和海相红层。

红层在我国分布较广，其中西南地区是主要红层分布区之一。由于形成环境、区域地质历史演变、内外地质动力条件不同，西南红层工程性质和赋存环境具有典型性和代表性。西南红层从三叠系到白垩系连续形成，在四川盆地和滇中—滇西大面积出露分布，是历时最长、分布最广的裸露红层。受地壳运动的影响，川西南—滇西地区是晚近以来我国地质作用最为强烈的地区之一，红层中断裂发育、岩体破碎。西南地区年均大气降水一般都在 1 000 mm 以上，不少地区高达 1 500 ~ 2 000 mm，水对红层岩石的冲蚀、侵蚀作用十分强烈。四川盆地南部和东部的绝对高温和云南的高温差，为西南红层的风化提供了强劲动力。川中盆地内侏罗纪—白垩纪湖泊相泥岩中，蒙脱石、伊利石等亲水矿物含量较高，局部地区常形成民间称为“观音土”的蒙脱石矿层（膨润土）。同时，川渝地区在侏罗纪—白垩纪时期湖面收缩，水中盐分含量升高，以石膏、芒硝为代表的化学沉积成片成层分布。上述特点，使西南红层岩石具有易风化崩解、膨胀、软化、溶蚀、腐蚀等内在的特殊性质。而地震、降雨、地形高差变化、河流沟谷纵横切割等外部条件，使西南地区红层滑坡、崩塌、塌岸等地质灾害频发，给工程建设和人类生产生活造成了极大不便和危害。

我国对红层工程性质的研究，特别是对西南地区红层工程性质研究已逾 50 年。1959 年四川水利水电设计院对四川盆地红层岩石风化、软弱夹层、可溶盐、滑坡等特征的研究，开启了红层工程研究的先河。1960—1970 年铁路系统对红层工程性质及红层地质灾害防治措施的大规模研究，是我国红层工程研究的第一次高潮。以成昆铁路红层地区工程建设经验为代表的一大批成果问世。20 世纪 80 年代以后，关于红层的工程研究资料日益丰富，行业、单位、人员大为增加，硕果累累。2003 年，徐瑞春出版了《红层与大坝》一书，这是我国关于红层与工程建设的第一本专著。2000 年后，随着西南地区高速铁路和高速公路的大量修建，以及大规模三峡移民安置中地质灾害防治工程的开展，我国红层岩土工程研究出现了第二次高潮。由于科学技术的发展，这次红层工程研究不论广度、深度还是取得的成果都是前所未有的。

本书作者及其所在单位相关研究人员从 20 世纪 90 年代初期即开始红层岩土工程研究，先后参与云南广（通）—大（理）铁路、京珠高速公路湖南段、遂（宁）—渝（重庆）200 km/h 铁路、三峡库区重庆段地质灾害防治技术等红层地区工程建设的研究工作，主持完成多项有关西南红层软岩工程特性及红层工程建设研究课题，从中学习到大量红层岩土特殊性及红层工程问题的相关知识，积累了一批研究资料和成果，同时又困惑于大量尚未解决的问题。因此，本书作者认为，将这些知识、成果、问题集中起来，按知识体系和专业逻辑加以梳理并整理出版，有利于先辈们知识的传承、同行间经验的交流和年轻研究者的探讨与发展。

受限于作者的知识体系、服务对象、研究方向和参与程度，本书内容集中于与工程建设有关的红层岩土的特殊工程性质和铁路与道路红层工程建设问题等方面。按照编写大纲，本书涉及内容分为 3 部分：红层及红层岩土的一般性质、红层岩土的特殊工程性质、红层岩土工程。一般性质部分介绍红层的概念、分布、工程问题、岩性特征和一般工程性质；在特殊性部分主要依据对西南红层的研究，介绍红层岩石的崩解、流变、溶蚀、腐蚀、膨胀等特殊工程性质；红层岩土工程部分介绍红层地下水、边坡、地基、隧道工程问题及处置措施。本书编撰依据的资料，主要源自作者相关研究报告、作者团队的研究生学位论文、作者所在单位其他同事和研究生的论文成果。为保持本书知识体系的完整性，书中还引用了大量国内外相关文献的成果。所有文献、成果均在正文中标注并在各章末列出以示尊重并供参阅。书中涉及的一些术语和惯用语，也按照相关行业习惯使用，不强求统一。

本书是作者团队共同编著的学术著作，作者署名不分先后次序。全书共 11 章，作者按章序分工编写如下：前言及第 9 章由谢强编写；第 1、4、6、7、8 章由郭永春编写；第 2、11 章由文江泉编写；第 3、5、10 章由赵文编写。全书由谢强审阅修改。

本书的编写，承蒙中铁二院、中建西勘院等单位提供了大量资料、数据和研究成果，特致谢意。

非常感谢万方副总编对本书出版给予的极大支持。非常感谢责任编辑杨勇、柳堰龙为本书的出版付出的努力和心血。

本书编写过程中，西南交通大学在读博（硕）士生梁树、朱磊等核对了全部文字、公式、图表、数据，荆腾申、赵东升、施金江、范振宇、刘捷、侯旭涛、李青亮绘制了部分插图，特此致谢。

限于作者学识和经验，本书存在的不当甚至谬误，期盼读者批评指正。

本书得到西南交通大学学术专著专项出版基金资助。

作　者

2017 年 12 月

目　录

1 西南地区红层分布与工程问题

1.1 红层的基本概念

在地质学和工程实践中，红层并不是一个确定性的地层概念，也没有统一标准的定义。在一般工程意义上，红层主要指中生代三叠纪、侏罗纪、白垩纪和新生代第三纪[①]的湖泊、河流、山麓沉积形成的，以碎屑岩、泥质岩、蒸发岩为主要岩石类型的一套红色陆相地层。红层一般不包含由岩浆岩、碳酸岩等风化形成的红土层。在本书中，红层的概念即以上述描述为其内涵和外延。

1.2 中国红层分布概况

我国红层分布较广，除台湾省外，大陆各省区市均有红层分布（如图 1.1、表 1.1 所示），总面积约为 826 389 km^2，约为全国总面积的 8.61%，但各地分布不均。我国南方红层约占全国红层总面积的 60%，以西南、中南地区红层分布较广；北方约占 40%，以甘及内蒙古、宁、晋、陕四省（自治区）交界红层分布相对较多。

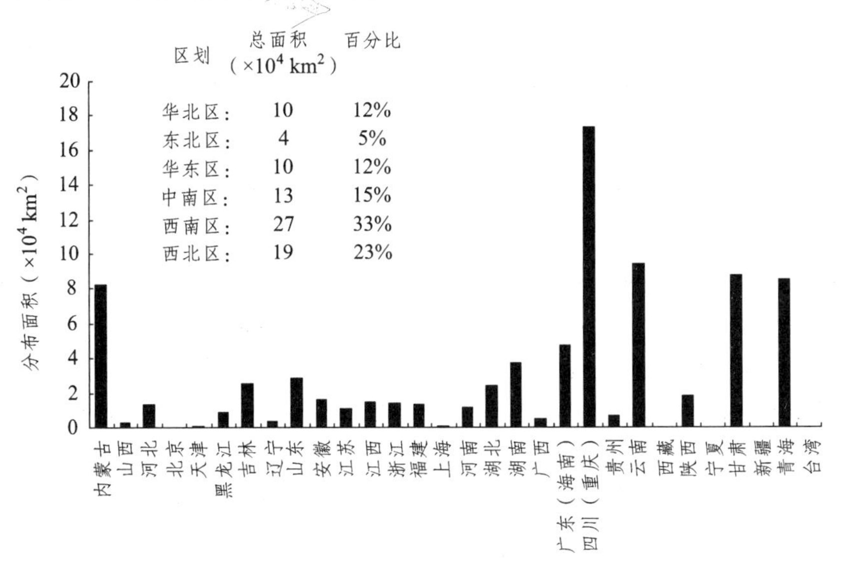

图 1.1 我国各省区市红层分布面积图（不含港澳地区）

① 根据 1989 年和 2000 年国际地层学委员会发表的地质年代表，删除了“第三纪”，而用“古近纪 Paleogene”和“新近纪 Neogene”取代。但为与大量已有资料保持一致，本书仍然采用“第三纪”这个地质年代的称呼。

表 1.1　各地区红层分布特征

地区	基本特征	主要分布地区
西南地区	西南地区红层总面积 273 904 km^2，以侏罗系和白垩系为主，有少量下第三系的地层，分布面积约为全国红层总面积的 33%，是我国红层分布最多地区。西南地区红层分布主要受控于龙门山断裂带等 8 条断裂带	四川盆地广元、绵阳、乐山、遂宁、南充、巴中、内江、自贡，重庆主城区、江津、合川；四川西南部西昌、攀枝花；渝东地区的万州、黔江；贵州北部毕节、遵义，西南部的兴义；云南中北部元谋、昭通、昆明、玉溪、广通、楚雄，南部思茅、蒙自，西部大理、保山等
西北地区	西北地区红层总面积 191 251 km^2，约占全国红层总面积 23%，甘肃红层面积约 87 799 km^2，青海红层分布面积约 85 433 km^2，陕西红层分布面积约为 18 018 km^2。红层主要是侏罗系、白垩系、下第三系。红层主要受控于龙首山—固始断裂带等 6 条大型断裂带	宁夏南部六盘山；甘肃西南部天水、河西走廊兰州、敦煌、武威；陕西北部榆林，西宁西北部海西柴达木盆地等地
华东地区	华东地区红层总面积 97 881 km^2，分布较少，但各个省市均有分布，其分布面积分别约为各省市面积 10%。该地区红层分布总面积约为全国红层总面积的 12%。华东地区红层主要受控于郯城—庐江断裂带等十余条区域断裂带	浙江东部宁波，中西部诸暨、衢州、金华；山东中北部潍坊、胶东烟台、胶州等地
中南地区	中南地区是我国红层分布较多的另一个地区，其分布总面积约为 125 534 km^2，约占全国红层总面积的 15%。但是分布不集中，多分散分布于各种类型中小型沉积盆地。沉积的红层主要是白垩系、下第三系	广东东南部东莞、惠阳；湖南中南部衡阳、醴陵、湘潭、长沙、郴州；河南西部渑池、义马、济源、光山、固始等地
华北地区	华北红层分布总面积约为 99 181 km^2，占全国红层总面积的 12%。多为埋藏型红层，为上覆第四系覆盖	内蒙古中南部准格尔旗、达拉特旗、土默特左旗、武川县；山西中部晋中；河北东北部承德、宣化；内蒙古中东南赤峰等地
东北地区	东北地区红层分布面积较小，仅为 38 639 km^2，约为全国红层总面积的 5%。多为上部第四系地层覆盖	吉林中东部四平、舒兰、敦化；黑龙江中南部哈尔滨、伊兰、密山等地

我国红层在震旦纪—三叠纪时期多为零星分布，在侏罗纪、白垩纪及早第三纪时期广泛出露。随着沉积环境的变化，各个红层盆地的沉积厚度相差悬殊，湘、赣及鄂西一带，红层累计厚度为 2 000 ~ 4 000 m，福建红层的最大厚度可达 4 000 m，四川盆地红层的厚度可达 1 500 ~ 3 500 m，滇中地区红层最大厚度可达 8 000 m。

红层多形成于侏罗纪、白垩纪和第三纪，在这三个时期的主要地质构造运动是燕山运动和喜马拉雅运动。不同时期的构造运动控制了红层分布的格局。绝大多数红层沉积于各类大小不同的断陷盆地或坳陷盆地中，具有分布点多、面积变化大、互不连接等特点。如汉口—九江—南京的宽广谷地，是沿淮阳构造弧发育的断陷带，在断陷带的两侧边缘，都有红层出露，其排列方向随着淮阳弧的转折而转折。西南以大型菱形盆地为代表，如四川盆地。中南地区以长条形中小型盆地为代表，如衡阳盆地、南雄盆地等。

1.3 西南地区红层分布特点

西南地区红层总面积 273 904 km^2，以侏罗系和白垩系为主，也有三叠系和第三系，分布面积占全国红层总面积的 33%，是我国红层分布最多的地区。该区红层集中分布于四川、重庆和云南，贵州红层分布于川渝黔、滇黔交界地带，为川、滇两省红层分布的延伸部分。西藏地区也有红层分布。

红层在川渝地区分布广泛，四川盆地是著名的红层分布区，是有名的“红色盆地”。其红层时代跨度较大，有寒武纪、志留纪、三叠纪、侏罗纪、白垩纪、第三纪等六个时代的地层，其中寒武纪、志留纪红层仅有零星分布。四川盆地大面积分布的红层以侏罗纪和白垩纪红层为代表，三叠纪、第三纪红层分布广泛，但面积不大。

云南侏罗纪红层发育较好，出露比较广泛，除滇东南及滇西北中甸地区缺失外，其他地区皆有出露。尤以兰坪—思茅一线及滇中地区发育最好，层序完整，最大厚度可以达到 7 000 m 以上。云南白垩纪红层集中分布于兰坪—思茅一线及滇中地区，但在潞西、彝良地区还有小块出露。除勐腊及滇中盆地北部有白垩系上统发育外，其他地区仅有下统或下统部分层位。云南白垩系均为陆相红色碎屑岩。云南第三纪红层出露广泛，层序比较完整。除上新统下部全区缺失、中新统上部仅个别地区发育外，其余各时代地层均有不同程度的发育，并大致可以分为滇东和滇西两个地层区。

贵州红层主要分布在侏罗纪、白垩纪、第三纪地层中，是四川红层与云南红层之间的过渡地区，分布较少。

通过对西南地区红层的研究，根据红层集中分布的地理区域、出露情况、地形地貌、地质构造、形成时代等特征，将西南红层划分为川中红层区、川东红层区、攀西红层区、贵州红层区、滇西红层区、滇中红层区，其中最主要的是川中、川东、滇中、滇西红层区。

1.3.1 川中红层区

川中红层主要分布在四川盆地，西起龙门山，东止华蓥山，北达大巴山麓，南抵长江以南。川中红层以近水平岩层为主，软硬相间的紫红色、砖红色碎屑岩和泥质岩经侵蚀剥蚀后常形成丘陵地貌，以四川遂宁、南充、安岳、资阳、乐至等地为代表。在盆地边缘，岩层产状逐渐倾斜，形成倾斜地层，以剑阁、宜宾、雅安、巴中等地为代表。

川中红层主要是侏罗纪、白垩纪、第三纪红层。侏罗纪红层主要以蓬莱镇组、遂宁组、沙溪庙组等为代表，地层厚度大，可达上千米；白垩纪红层主要以剑阁组、苍溪组、夹关组、灌口组等为代表，地层厚度从几十米到上百米不等；第三纪红层的代表性地层主要有芦山组、名山组等。在三叠系中也有部分红层分布，主要是飞仙关组紫红色砂页岩、泥岩。从盆地中心向盆地四周，地层岩性从泥页岩、粉砂岩、砂岩、砾岩等逐渐变化，岩层产状从水平逐渐倾斜，甚至发生倒转。

川中红层分布特征简表见表 1.2。

表 1.2　川中红层分布特征简表

地层时代	地层分区	地　层	代表剖面	主要岩性	厚度/m	主要分布区
侏罗系	四川盆地区	白田坝组	广元白田坝	砾岩、泥页岩	60 ~ 364	西南—北东方向：广元、江油、安县、都江堰、彭州、大邑、芦山、天全、南江、仪陇南部、简阳、蒲江、仁寿、峨眉山、汉源、乐山、井研、威远、安岳、射洪、遂宁、潼南
		珍珠冲组		砂岩、泥岩	100 ~ 270	
		自流井组	自贡附近	砂岩、泥岩	300 ~ 400	
		新田沟组	广元千佛崖	砂页岩	200 ~ 600	
		下沙溪庙组	合川沙溪庙附近	粉砂岩	200 ~ 350	
		上沙溪庙组	合川沙溪庙附近	砂　岩	700 ~ 1 200	
		遂宁组	遂　宁	泥　岩	200 ~ 600	
		蓬莱镇组	大英县蓬莱镇	泥岩、砂岩	770 ~ 990	
		莲花口组	广元两河附近莲花口	砂岩、泥岩	1 200 ~ 1 800	
白垩系	剑阁分区	剑门关组	剑阁剑门关	砾岩、粉砂岩	542.4	剑阁、广元、江油、安县、旺苍、绵阳、盐亭、阆中、巴中、苍溪、乐山、自贡、泸州等地
		汉阳铺组	剑阁汉阳铺	泥岩、砂岩	488.8	
		剑阁组	剑　阁	砾石砂岩	330	
	梓潼—巴中分区	苍溪组	苍溪塔子山	砂岩、泥岩	452.5	苍溪、仪陇、梓潼、江油、德阳、巴中、盐亭、三台、简阳、中江、剑阁、通江、万源、平昌、广汉
		白龙组	剑阁白龙场	砂岩、泥岩互层	246.3	
		七曲寺组	梓潼七曲寺	碎屑岩	617.4	
		古店组	中江古店	粉砂岩、泥岩	177	
	雅安—成都分区	天马山组	双流苏码头天马山	泥岩、碎屑岩	370.2	双流、都江堰、芦山、雅安、广汉、金堂、邛崃、蒲江、崇州、大邑、广汉、成都、眉山、天全、彭山、仁寿、峨眉、夹江、乐山等地
		夹关组	邛峡夹关	砾岩、砂岩	364.2	
		灌口组	大邑灌口镇	泥岩、粉砂岩	834.4	
	宜宾分区	窝头山组	宜　宾	岩屑砂岩	200 ~ 500	宜宾、合江、叙永、古蔺、乐山等地
		打儿函组	三合场	砂　岩	160 ~ 260	
		三合组	柳嘉场	砂岩夹泥岩	693.7	
		高坎坝组		砂　岩	479	
第三系	芦山—宜宾区	名山组	名山城东金鸡关	粉砂岩夹细砂岩、泥岩	150 ~ 500	芦山、天全、雅安、名山、洪雅、夹江、青神、眉山、乐山、峨眉山、邛崃、大邑、宜宾
		芦山组	芦山新华苗溪茶场至雅雀口	砂质泥岩	550	
		柳家组	宜宾柳嘉场葫林包至红岩坝	砂　岩	88	

1.3.2 川东红层区

川东红层区包括重庆主城区、綦江、南川、涪陵、万州、达州等地区，主要以侏罗纪红层为主，白垩纪、第三纪红层分布不如川中地区典型。侏罗系以沙溪庙组砂岩、泥岩为代表，珍珠冲组、自流井组、遂宁组、蓬莱镇组地层在川东地区也有分布，也不如川中地区典型。由于接近盆周山地，岩石粒径逐渐增大，构造作用强烈，岩层产状变化较大，是典型的红层地质灾害多发区。川东红层分布地质特征简表见表 1.3。

表 1.3 川东红层分布地质特征简表

地层时代	地　层	代表剖面	主要岩性	厚　度/m	主要分布区
侏罗系	白田坝组	万源一带	砾岩、泥页岩	60	渠县、大竹、达州、开江、万源、万州、南川、綦江、忠县等地
	珍珠冲组	綦江附近	砂岩、泥岩	10 ~ 30	
	自流井组	达州附近	砂岩、泥岩	100 ~ 150	
	新田沟组	达州、万源	砂页岩	>400	
	下沙溪庙组	达州、万源	粉砂岩	300 ~ 600	
	上沙溪庙组	达州、万源	砂　岩	>1 000	
	遂宁组	大竹、万州	泥　岩	500 ~ 600	
	蓬莱镇组	华蓥山以东	泥岩、砂岩	400 ~ 600	
	莲花口组		砂岩、泥岩		

1.3.3 攀西红层区

攀西区的红层分布总体呈南北向的条带状，主要分布在会理、会东、宁南、昭觉、西昌等地，分布面积 12 570.3 km^2（见表 1.4）。攀西红层在侏罗系、白垩系、第三系中均有典型分布。侏罗纪红层主要以益门组、新村组、牛滚凼组、官沟组为代表，以砂泥岩为主，地层厚度约几百米。白垩纪红层以西昌地区为代表，主要有飞天山组、小坝组，地层厚度大，多在 1 000 m 左右。第三纪红层主要分布在盐源—会理一带，主要以雷打树组、丽江组、昔格达组为代表，以砂泥岩为主，地层厚度从几百米到 1 000 m。

1.3.4 滇中红层区

滇中红层主要分布在昆明、曲靖、楚雄和玉溪地区（见表 1.5）。滇中地区属于滇东高原盆地，以山地和山间盆地地形为主，地势起伏和缓。

滇中红层在侏罗系、白垩系、第三系中均有分布。侏罗纪红层主要以妥甸组、张河组、禄丰组、沙溪庙组、蓬莱镇组砂泥岩为主，地层厚度变化较大，从几百米至几千米不等。白垩纪红层主要以江底河组、马头组、普昌河组、高峰寺组砂泥岩为主，地层厚度从几百米到几千米不等。第三纪红层主要以云龙组、路美邑组砂泥岩为主，地层厚度可达几千米。

表 1.4　攀西地区红层分布地质特征简表

地层时代	地层分区	地　层	代表剖面	主要岩性	厚　度/m	主要分布区
侏罗系	攀西盆地区	益门组	会理益门镇	泥岩夹灰岩	489～695	会理、西昌、石棉、会东、宁南、普格、昭觉
		新村组	会东长新乡新村至官沟	砂岩、泥岩	500～1 000	
		牛滚凼组	会东长新乡新村至官沟	泥　岩	300～500	
		官沟组	会东长新乡新村至宽沟	泥岩、粉砂岩	600～850	
白垩系	西昌分区	飞天山组	普格小兴场飞天山	砂岩、粉砂岩夹泥岩	100～1 000	普格、西昌、会理、会东、米韦盆地、江舟盆地、凉山、普雄、昭觉、越西、德昌
		小坝组	会理鹿厂大铜厂	泥岩、粉砂岩	860～1 340	
第三系	盐源—会理区	雷打树组	会理彰冠雷打树	砂　岩	50～1 452	会理、会东、喜德、盐源、西昌、米易、攀枝花，安宁河、南哑河、大渡河、金沙江等河谷地带与较大支流河谷
		丽江组	盐源博大乡红崖子组	砾岩、砂岩	966.4	
		普格达组	会理红格昔格达村	砾岩、泥岩、砂　岩	158～1 114.6	

表 1.5　滇中红层分布地质特征简表

地层时代	地层分区	地层或年代	代表剖面或分组	主要岩性	厚　度/m	主要分布区
侏罗系	楚雄—彝良地层区	楚雄区	上侏罗统妥甸组	砂岩、泥岩	1 566～2 242	楚雄盆地、双柏县、新平、大姚、祥云、永胜、永仁、禄丰、武定、元谋、安宁、易门、峨山、玉溪安化、宜良水塘、晋宁、东川、嵩明、寻甸马向店、宣威、镇雄、威信、彝良
			上侏罗统	砂岩、泥岩	573	
			中侏罗统张河组	泥岩、砂岩、砂砾岩、页岩	2 599	
			下侏罗统张河组	砂岩、泥岩	1 660	
		昆明区	下禄丰组	泥岩、粉砂岩	731	
			上禄丰组	页岩、粉砂岩、泥岩		
			安宁组	粉砂岩、砂砾岩、泥岩		
		彝良区	下禄丰组	泥岩、粉砂岩		
			沙溪庙组和遂宁组	砂岩、泥岩、粉砂岩、泥灰岩	412～985	
			蓬莱镇组	粉砂岩、砂岩、黏土岩、泥灰岩		
白垩系	滇东地区	楚雄分区	江底河组	泥岩、粉砂岩	2 574.3	大姚、楚雄、双柏、元谋、禄丰、姚安、永仁、牟定、安宁、富民、玉溪、永胜、滇中盆地、祥云、团山、龙街、永红、普棚、墨江、景谷、澜沧、临沧、云龙
			马头组	砂岩、砾岩、泥岩	157	
			普昌河组	泥岩、灰岩、砂岩	1311	
			高峰寺组	砂岩、泥岩、泥灰岩、砂砾岩、砾岩	200～600	
		彝良分区	嘉立群	砂岩、砾岩	537	
第三系	古新统		勐野井组	砂岩、泥岩	470	云龙、景谷、路南、师宗、罗平、弥勒、陆良、泸西、建水、嵩明、丽江、大姚、昌宁、勐腊、砚山、曲靖、沾益、永仁、楚雄、武定
			云龙组	泥岩、粉砂岩、砾岩	253～2 540	
	始新统		果朗组	砂岩、泥岩		
			路美邑组	砾岩、砂岩、泥岩、泥灰岩	46～16	
	渐新统		小屯组	泥岩、砂岩		
			中—上渐新统	碎屑岩		

1.3.5　滇西红层区

滇西红层主要分布在丽江、大理、保山、德宏、怒江、迪庆、临沧等地区（见表1.6）。滇西红层主要包括侏罗系、白垩系、第三系。侏罗纪红层主要以漾江组、和平乡组、坝注路组、柳湾组砂泥岩为主，地层厚度有几百米。白垩纪红层主要以景星组、曼岗组、曼宽河组砂泥岩为主，地层厚度接近1 000 m。第三纪红层主要以勐野组、云龙组、路美邑组砂泥岩为主，地层厚度从几百米到几千米不等。

表1.6　滇西红层分布地质特征简表

<table>
<tr><th>地层时代</th><th>地层分区</th><th>地层或年代</th><th>代表剖面或分组</th><th>主要岩性</th><th>厚　度/m</th><th>主要分布区</th></tr>
<tr><td rowspan="7">侏罗系</td><td rowspan="4">兰坪—思茅地层区</td><td>下侏罗统</td><td>漾江组</td><td>泥岩、石英砂岩</td><td>626</td><td rowspan="4">苍山、哀牢山、怒山、无量山、维西、巍山，漾濞县、墨江县、绿春、景谷、景洪、勐腊、澜沧江地区、南润源村</td></tr>
<tr><td rowspan="2">中侏罗统</td><td>花开左组</td><td>砂岩、粉砂岩、泥岩</td><td></td></tr>
<tr><td>和平乡组</td><td>泥岩、粉砂岩、细砂岩、灰岩</td><td>613</td></tr>
<tr><td>上侏罗统</td><td>坝注路组</td><td>泥岩、粉砂岩、泥岩</td><td>714</td></tr>
<tr><td rowspan="3">保山昌宁地层区</td><td>昌宁分区</td><td>芦子箐组</td><td>砂岩、泥岩、粉砂岩</td><td>242</td><td rowspan="3">昌宁、永德、保山、芒市、潞西、龙陵、永德、耿马</td></tr>
<tr><td rowspan="2">宝山分区</td><td>柳湾组</td><td>灰岩、砾岩</td><td>666</td></tr>
<tr><td>勐戛组</td><td>砂岩、页岩、灰岩</td><td>477</td></tr>
<tr><td rowspan="4">白垩系</td><td rowspan="4">兰坪—思茅地层区</td><td rowspan="3">下白垩统</td><td>景星组</td><td>砂岩、泥岩</td><td>800 ~ 1 200</td><td rowspan="4">墨江、景谷、澜沧、临沧、云龙、思茅、江城、兰坪、永手、漾濞、普洱、勐腊、景洪</td></tr>
<tr><td>曼岗组</td><td>砂岩、砾岩、砾岩、粉砂岩、泥岩</td><td>600 ~ 1 200</td></tr>
<tr><td>虎头寺组</td><td>砂　岩</td><td>0 ~ 400</td></tr>
<tr><td>上白垩统</td><td>曼宽河组</td><td>粉砂岩、泥岩</td><td>3 000</td></tr>
<tr><td rowspan="6">第三系</td><td colspan="2" rowspan="2">古新统</td><td>勐野井组</td><td>砂岩、泥岩</td><td>470</td><td rowspan="6">兰坪、洱源、镇沅、墨江、普洱、江城、永德、宁蒗、云龙、景谷</td></tr>
<tr><td>云龙组</td><td>泥岩、粉砂岩、砾岩</td><td>253 ~ 2 540</td></tr>
<tr><td colspan="2" rowspan="2">始新统</td><td>果朗组</td><td>砂岩、泥岩</td><td></td></tr>
<tr><td>路美邑组</td><td>砾岩、砂岩、泥岩、泥灰岩</td><td>46 ~ 16</td></tr>
<tr><td colspan="2" rowspan="2">渐新统</td><td>小屯组</td><td>泥岩、砂岩</td><td></td></tr>
<tr><td>中—上渐新统</td><td>碎屑岩</td><td></td></tr>
</table>

1.3.6　贵州红层区

贵州红层多为山间盆地沉积，属于川滇红层之间的过渡，主要沿以下几条线分布（见表1.7）：盘县—普定—兴仁—兴义一线，分布面积约2 809.27 km^2；余庆—黄平—施秉一线，分布面积约399.01 km^2；赤水—习水—桐梓—遵义—仁怀一线，分布面积约3 027.52 km^2；息烽

—修文—贵阳—惠水—罗甸一线；天柱—黎平—榕江—荔波一线；零星分布于威宁、毕节、松桃、凤岗等地。

贵州红层侏罗系以珍珠冲组、马鞍山组、沙溪庙组、蓬莱镇组砂泥岩为主，地层厚度从几百米到几千米不等。白垩系以三道河群、嘉定群、扎佐组砂泥岩、砾岩为代表，地层厚度从几十米至几百米不等。第三系仅出露彭家组砾岩、泥岩，地层仅百米左右。

表 1.7　贵州省红层分布地质特征简表

地层时代	地层分区	地　层	代表剖面	主要岩性	厚度/m	主要分布区
侏罗系	遵义地层区	珍珠冲组	大方新场	泥岩、砂质泥岩	40～140	桐梓、遵义、毕节、习水、息烽、贵阳、威信、郎岱、仁怀、合马、赤水、水城、寨坝
		马鞍山组	习水铜鼓溪	泥岩、砂质泥岩	130～250	
		大安寨组		页岩、粉砂质泥岩、粉砂岩	5～130	
		下沙溪庙组	习水铜鼓溪	砂岩、泥岩	220～370	
		上沙溪庙组	习水铜鼓溪	泥岩、粉砂岩、砂岩	850～1 200	
		遂宁组	习水铜鼓溪	泥　岩		
		蓬莱镇组	习水铜鼓溪	泥岩、粉砂岩	0～330	
	威宁—郎岱地层区	下禄丰组	玉丰屯	泥岩、粉砂岩	100～600	毕节、威宁、郎岱、盘县、贵阳
		上、下沙溪庙			700	
		遂宁组			300～450	
	天柱地层区	中侏罗统		砂岩、泥岩、泥质粉砂岩	290	天柱附近
白垩系	川南小区	三道河群		砾岩、砂岩	131～154	三道河、习水、赤水、惠水、罗甸、榕江、荔波、黎平洪州、黄平旧州
		嘉定群	习水小桥林场	含砾砂岩、砂岩	520～900	
	贵阳小区	惠水组	惠水祝家湾	砾岩、砂岩、粉砂岩、泥岩	5～518	修文扎佐、施秉、榕江、松桃、茅台、桐梓、凤岗水河
		扎佐组	修文扎佐高坝	砾岩、砂岩、泥岩	90～921	
		旧州组	旧州落水洞	砾岩、砂岩、泥岩	5～230	
第三系	始新统	彭家组		砾岩、泥岩	82～105.5	盘县、兴仁、普安、兴义

1.4　西南地区红层典型地层

1.4.1　川中红层区

1. 侏罗系典型地层

1）白田坝组（$J_{1\text{-}2}b$）

白田坝组由三部分岩性组合而成，底部为冲积扇相砾岩，夹砂岩透镜体。砾岩砂石磨圆度好，分选性差，砾石成分以石英为主，以石源、南江、广元宝轮院三地区砾岩层最厚，达

60～65 m。砾岩之上，为厚数十米至 100 m 的含煤泥页岩夹砂岩或砾岩层，煤层变化大。中上部为灰绿、紫红色砂泥质页岩，中夹 1～8 层厚度不等的砾岩透镜体，局部夹介壳薄层，该组厚度一般为 200～300 m。

2）珍珠冲组（$J_{1\text{-}2}zh$）

射洪—武胜—重庆以南，该组主要为紫红色灰绿色泥岩夹砂岩，底部常为含石英岩砾石的石英砂岩，与下伏须家河组呈冲刷接触，或者灰绿、紫红色泥岩与之呈整合过渡。

重庆、威远等地，该组下部是石英砂岩，往上为含煤层，中部为砂泥岩夹赤铁矿、菱铁矿，上部为白色石英砂岩，厚度变化大，10～30 余米。上述一线以北看，灰绿、灰黑色泥岩增多，至盐亭—蓬安—大竹以北，下部几乎全为含煤地层，中部、上部颜色变深，为灰、灰绿色砂页岩，偶见紫红色斑块或薄层，逐渐向白田坝组下部层位过渡，珍珠冲组东厚西薄，合江—潼南一线以西，一般小于 100 m，以东为 200 m 以上，合川、邻水等地最厚，达 207 m 左右。

3）自流井组（$J_{1\text{-}2}zl$）

自流井组在盆地边缘变化较大，东部奉节、巫山一带，砂岩增多，并夹有较多紫红色泥岩。西部江油一带，据钻井资料，在须家河之上有厚达 250 m 左右的地层，部分为紫、灰绿、灰黑色泥岩、粉砂岩，夹介壳灰岩，中上部为绿灰色细粒石英砂岩、粉砂岩夹紫红色泥岩。除局部地段外，自流井组总厚度一般为 200 m 左右，而重庆、渠县一带较厚为 250～300 m。

4）新田沟组（J_2x）（千佛崖组）（J_2q）

合川新田沟剖面具代表性，以波痕构造发育为特征，可以分为上杂色段、中黑色段、下杂色三段，为一套灰、灰黑、灰绿、紫红色砂页岩。新田沟组在盆地地区分布广泛，大致以江油—南充—重庆一线为界，东部发育齐全，向西遭受剥蚀而逐渐缺失，在西部，由东向西剥蚀逐渐加剧，西部厚度变化大，东部厚度略有变化。

5）下沙溪庙组（J_2xs）

下沙溪庙组由灰、灰紫色厚层至块状粗、中粒至细粒长石石英砂岩、长石砂岩—紫红色粉砂岩、泥岩组成的 2～4 个不等厚的韵律层组成。该组顶部为一套黄绿、灰色页岩夹粉砂岩。该组西薄东厚的特征明显，大致以达州—重庆—泸州为界，以西一般小于 300 m，自贡、威远一带最薄，仅 100 m 左右，以东一般大于 300 m，万源一带可达 600 m。

6）上沙溪庙组（J_2ss）

岩石颜色暗，泥岩富含钙质结核、砂岩变化较大，砂泥岩组成多韵律是该组的突出特征，该组底部砂岩发育。该组自盆地西南向东或北部，由薄变厚，以仁寿—井研一带最薄，仅 450 m 左右，一般为 700～1 200 m，南江、万源一带厚达 1 900～2 100 m。

7）遂宁组（J_3sn）

遂宁组分布广泛，以单一的岩性和鲜紫红色的色调为特征，鲜紫红色泥岩中夹中、薄层粉砂岩和少量砂岩，龙门山前缘，该组粒度变粗，夹灰质或石英质砾岩，含砾粗砂岩，该组厚度西、南部薄，为 200～300 m，东、北部较厚，以忠县和万州、云阳一带最厚，达 500～600 m。

8）蓬莱镇组（J_3p）

蓬莱镇组岩性可分为3段：一段厚层至块状砂岩、泥岩组成了广韵律层，上部主要为泥岩夹粉砂岩，下部为厚数米至二十余米的砂岩，该段总厚250～300 m；二段以泥岩为主，夹细至粗粉砂岩、砂泥岩构成十余个正向韵律层，段厚400～500 m；三段由厚层块状砂岩与泥岩组成的数个大韵律层组成，厚120～190 m。龙泉山以西和梓潼—蓬溪—重庆以东，难以分段，但总体岩性特征基本一致。

9）莲花江组（J_3l）

莲花江组分布于广元—彭州—芦山一线以西的龙门山前缘，为蓬莱镇向西的相变层位。在龙门山前缘，该组为一系列冲积扇组成的堆积体，北厚南薄，一般厚 1 200 m左右，最厚达1 700～1 800 m。广元莲花口（两河口）、安县南、都江堰过街楼、芦山大川为特征明显的冲积扇体中心，扇顶砾石分别厚达400～500 m、500～200 m、200 m、210 m，向扇缘迅速减薄、分叉或尖灭，为棕红、紫红色砂泥岩替代。东面缘背向蓬莱镇组下部层位逐渐过渡。扇体上部，岩石粒度变细，一般为灰紫色厚层至块状长石砂岩、粉砂岩于棕红色、紫红色泥岩互层，夹多层砾岩、砂砾岩。近扇体中心部位的上部，砾岩夹层多且厚，横向变化剧烈，向扇缘东南，逐渐向蓬莱镇组上部以泥岩为主的层位过渡，北段砾岩砾石以石英岩为主，安县及其以南则以灰岩、石英岩、砂岩为主。

2. **白垩系典型地层**

1）剑门关组（K_1j）

剑门关组底部为块状砾岩，砾石以石英为主，砾石分选性差，磨圆度好，胶结紧密。底部砾岩之上为层状砾岩、含粒砂岩与砖红色粉砂岩、砂质泥岩组成不等厚互层，呈明显韵律结构。该组区域岩性、厚度变化很大。

2）汉阳铺组（K_1h）

汉阳铺组底部为厚层砾岩，之上为棕红、浅砖红色厚层砂岩、含粒砂岩与同色粉砂岩、泥岩不等厚互层，形成韵律层厚达500 m左右。

3）剑阁组（K_1jg）

剑阁组底部为胶结疏松含砾石砂岩。底部砂岩在新场以东变化较小，新场以西由东南至西北，逐渐相变为砂岩、砾岩，岩石粒度由细变粗。

4）苍溪县组（K_1c）

苍溪组是一套以砂岩为主的碎屑岩，呈单向正粒序列，岩性为灰紫、紫灰、灰绿色厚层块状细至中粒长石砂岩，夹薄层砖红、棕红色粉砂岩及泥岩等，砂、泥岩常组成若干个沉积韵律。底部砂岩中常夹以数层透镜状钙质砾岩。总的显示为东南薄、东北厚的变化趋势。

5）白龙组（K_1b）

白龙组为浅紫灰、黄灰色块状中、细粒岩屑长石砂岩与紫红、砖红色细砂岩、粉砂岩、泥岩不等厚互层，岩石组成2～5个沉积韵律。底部砾岩常夹厚达数米的砾岩透镜体。本组岩性较稳定，厚度由东北向西南变薄。

6）七曲寺组（K_1q）

七曲寺组为一套碎屑岩，岩性稳定。苍溪、巴中、通江一带砂岩比例增加。在三台断石乡、中江广福一带，为长石石英砂岩夹粉砂岩、泥岩。岩石组成若干韵律层，本组东北部厚西南薄。

7）古店组（K_1g）

古店组分布于中江古店、永太印台山、玛瑙山一带，以砖红色粉砂岩泥岩为主夹中细粒砂岩。

8）天马山组（K_1t）

天马山组多为一套棕红、紫红色碎屑岩，基本上不夹碳酸盐岩，色调单一、鲜艳，自下而上组成若干由粗而细的韵律，下部砂、砾岩较多，往上泥岩增多，总的为一套正向半沉积旋回。地层北厚南薄，西厚东薄。

9）夹关组（K_1j）

夹关组大致以邛崃水口场至浦江县城一线为界，分两个岩性区。其北在都江堰为数百米的砾岩，在崇州市怀远镇为底部砾岩，上部为中、粗粒岩屑砂岩，大邑灌口镇，底部为砾岩，上部为细至粗粒岩屑砂岩夹少量泥岩，底部为砾岩，其上为棕红色厚至块状长石石英砂岩夹泥岩。其南大致以芦山县宝盛及双石一带为中心，本组向南东方向呈扇形展布，砾岩砾石以碳酸盐岩为主，也含一定数量硅质岩砾石，岩性特征为底部砾岩，上部为砂岩，砾岩厚度有变化。夹关组总体岩性是一套砂岩为主的地层，夹少量泥岩、页岩，常具厚度不等的底砾岩。

10）灌口组（K_2g）

灌口组为一套以棕红色、紫红色泥岩、粉砂岩为主夹白云质泥灰岩、石膏及钙芒硝等的地层，西部是厚度不等的底砾岩，组厚 400 ~ 1 200 m。

11）窝头山组（K_2w）

窝头山组分布广泛，由较单一的砖红色厚层至块状、巨块状不等粒岩屑砂岩组成，中部夹厚度约 12 m 的粉砂岩、泥岩，因之呈现明显的两个方向韵律。

12）打儿凼组（K_2d）

打儿凼组为单一的砖红色块状、巨块状不等粒长石石英砂岩。

13）三合组（K_2s）

三合组由砖红色薄至厚层状间块状不等粒岩屑长石砂岩夹泥岩组成的多韵律地层。

14）高坎坝组（K_2gk）

高坎组以砖红色厚层块状、巨块状细至粉砂岩屑长石砂岩为主，夹泥岩。

15）正阳组（K_2z）

正阳组由砖红色、灰紫色厚层块状砾岩、砾砂岩、细至粉粒岩屑砂岩组成，厚 120 ~ 190 m。

3. 第三系典型地层

1）名山组（E_1m）

名山组主要分布于芦山、天全、雅安、名山一带，尤以庐山和名山向斜保存完整。可划分为上、下两段。下段为棕红、暗棕红色厚层状泥质粉砂岩夹细砂岩，局部上部出现棕红色泥岩夹深灰色泥灰岩。上段岩性一般为紫红色泥岩与钙芒硝、硬石膏互层。

2）芦山组（E_1l）

芦山组以棕红、棕褐色泥岩、砂质泥岩为主，夹多层粉砂岩，偶夹薄层状泥灰岩。

1.4.2 川东红层区

川东地区红层与川中红层地层接近，但分布不如川中红层典型。川东红层典型地层可以参考川中红层岩性特征。

1.4.3 攀西红层区

1. 侏罗系典型地层

1）益门组（J_1y）

益门组主要是红色砂泥岩夹灰岩的地层，在会理益门一带发育最全。

2）新村组（J_2x）

新村组分布广泛，明显可分为 4 段：下段一般为粗至细粒岩屑长石砂岩、粉砂岩和泥岩组成的 2 ~ 4 个韵律层组成；上段以灰紫色、暗紫色、灰绿色泥岩、页岩为主，夹少量砂岩、泥灰岩或砂屑、生物碎屑灰岩和黑色页岩。

3）牛滚凼组（J_3n）

牛滚凼组分为上下两段：下段以岩性单一、鲜红的泥岩为主夹薄层粉砂岩的地层，故有“酒红色层”之称；上段以紫红、暗紫红、鲜红色泥岩为主。

4）官沟组（J_3g）

官沟组分为上、下两段：下段以灰紫色、暗紫红色、紫红色泥岩为主，夹少量中薄层状粉砂岩、灰紫色泥灰岩，底为灰紫、灰黄、紫红色粉砂岩、中细粒长石石英砂岩，底部砂岩变化大；上段上部为紫红、暗紫红色与灰绿色相间的杂色泥岩，下部为暗紫、紫红、灰绿色泥岩与泥灰岩显不等厚互层。

2. 白垩系典型地层

1）飞天山组（K_1f）

飞天山组主要由灰紫、紫红色厚层块状含砾粗砂岩、粗至细粒长石石英砂岩、粉砂岩类夹砖红色泥岩组成，具多韵律特征。底部普遍存在厚数十厘米至数米的砾岩或砂砾岩。

2）大铜厂组（K_1d）

大铜厂组主要由砖红色厚层块状中、细粒长石石英砂岩组成，夹少量粉砂岩和鲜红色泥岩或透镜体，底部普遍具有砂砾岩或数十厘米至 8 m 厚的底砾岩。

3）小坝组（K_1x）

小坝组为厚 1 000 m 左右的含膏盐红色湖相地层，按岩石组合和色调特征，可分为下、中、上三段：下段以紫红色泥岩为主夹粉砂岩和少许粗至细粒砂岩，含多层石膏薄层；中段以泥岩为主夹粉砂岩和泥灰岩，泥灰岩夹层多含铜，岩石风化后里灰白、灰绿、黄绿色；上段以鲜紫红色泥岩为主，夹粉砂岩和微薄层状泥灰岩及少量中、细粒砂岩。

3. 第三系典型地层

1）雷打树组（$E_{1\text{-}2}l$）

雷打树组分布范围较小，见于会理彰冠、普隆、米市、横上及会理城郊，会东三岔河等地。可划分为 3 段：下段为砂岩、含砾砂岩段，以砂岩、含砾砂岩为主，底部有泥岩，单斜层理发育，与下伏层假整合接触；中段又称红色砂岩段，为粉砂质泥岩夹细砂岩，水平层理发育；上段又称红色砂岩段，为粉砂岩夹泥岩，偶见泥灰岩。本组在会理雷打树厚 1 452 m，通安厚 1 015 m，普隆大黑山厚 532 m，横山厚 50 m，鹿厂厚 200 m，喜德额尼乡厚 989 m，红妈厚 850 m，会东三岔河厚 1 255 m。

2）丽江组（$E_{2\text{-}3}l$）

丽江组由砾岩、角砾岩夹砂岩组成，角度不整合于不同时代地层之上。在博大乡红崖子，该组下部为紫灰色块状粗砾岩，细、巨砾岩，紫灰色层状砂砾岩、砂岩；中部为灰紫色粉砂岩夹同色砂岩、泥岩及砾岩透镜体；上部为紫色细、中砾岩夹透镜状砾岩和砂岩，厚 966.1 m。

3）昔格达组（$N_{1\text{-}2}x$）

昔格达组出露于安宁河、南垭河、大渡河、金沙江等河谷地带与较大支流河谷中，不整合于不同时代的地层上，与上覆第四系为整合或假整合接触。该组在西昌李金堡厚 1 114.6 m，下部岩性为紫红色砾岩，偶夹砂岩透镜体；上部为灰黄色砂、泥岩和粉砂岩，在米易，该组为灰黄色粉砂岩、黏土岩夹少量细砂岩，厚 243.1 m。在攀枝花大水井，该组厚 196.7 m，下部为细、巨砾岩夹少量砾岩透镜体，上部为中、薄层状砂、泥岩互层。汉源九襄，该组厚 158.9 m，下部为细、巨砾岩，上部为黄色粉砂岩、泥岩夹砂岩。泸定海子坪，下部岩性为巨砾岩、砂砾岩，上部为砂岩、粉砂岩、黏土岩，厚达 512.1 m。

4）盐源组（$N_{1\text{-}2}y$）

盐源组分布于盐源、布拖、中普雄等地，为半成岩状灰色含褐煤层的泥质页岩，与上覆层下更新统呈整合或假整合接触，与下伏为角度不整合接触。盐源组岩性、厚度因地而异。

盐源断陷盆地，主要为灰色黏土层，夹褐煤层和砂、砾岩透镜体，半胶结状，褐煤最多达 79 层。盆地中心梅雨—合哨厚 640 m，布拖盆地的盐源组，下部为黄色砂岩夹灰紫色含砂黏土岩透镜体，上部为黄褐色砾岩夹青灰、灰黑色页岩，含砂黏土岩和 3 层厚 0.1 ~ 2 m 的褐煤层，厚 148.2 m。

1.4.4 滇中红层区

1. 侏罗系典型地层

1）妥甸组（J_3t）

该组是一套紫红色为主的砂、泥岩互层，夹黄绿色泥岩，组厚 1 599 m。分为 3 段：下段为紫红色泥岩粉砂质泥岩夹灰紫色细砂岩、粉砂岩，局部夹泥岩扁豆体，厚 675.9 m；中段为暗紫红色块状泥岩夹褐黄色泥质细砂岩、粉砂岩及泥灰岩扁豆体，厚 498 m；上段为暗紫红色、紫红色块状泥岩、钙质泥岩夹黄、黄绿、灰绿色钙质泥岩、泥灰岩，上部为暗灰色、灰绿、黄绿色薄层至厚层状泥岩，钙质泥岩夹多层泥灰岩，厚 425.3 m。主要分布于楚雄盆地、双柏县、新平、大姚、祥云。

2）蛇店组（J_3s）

下部为浅紫、浅紫红色块状细粒长石石英砂岩、石英砂岩及砂质泥岩，厚 124 m。中部为灰白、浅黄色细粒含长石砂岩与紫红色砂质泥岩呈不等互层，厚 223 m。上部为灰白色中细粒含长石石英砂岩夹砂岩、长石砂岩及钙质泥岩，厚 226 m。主要分布于大姚县、祥云县，总厚 573 m。

3）张河组（J_2z）

上段上部为紫红色砂质泥岩，夹一层细粒石英砂岩，下部灰紫、紫红色细中粒含长石石英砂岩砾岩、砂质砾岩；中段以紫红色砂质泥岩为主，夹灰绿色砂质泥岩及泥灰岩；下段灰绿、黄绿色细中粒砂岩、夹泥岩及灰质页岩。主要分布于祥云县、新平，总厚 2 599 m。

4）冯家河组（J_1f）

主要为紫红色砂岩、泥岩，分上下两段：下段以紫红色砂质泥岩为主，夹灰绿色、黄绿色砂岩，下部还夹多层钙质砾岩，厚 1 239 m；上段中下部为灰绿、黄绿色细砂岩、粉砂与紫红色细砂岩、泥质互层；上部为紫红色砂质泥岩夹灰绿色粉砂条带，厚 421 m，底部有层 3 米厚的砾岩。主要分布于楚雄盆地、祥云、永胜、永仁，总厚 1 660 m。

5）安宁组（J_3a）

分布范围小，岩性变化不大，为一套含盐岩系。底部为含砾粉砂岩、砂砾岩，下部为紫红色白云质粉砂岩、泥岩与灰、灰绿色、灰黑色含硬石膏泥岩夹细砂岩；中部黄绿、黄褐色泥岩；上部为浅绿、黄绿色泥岩与紫红色泥岩互层。主要分布于安宁盆地。

6）蓬莱镇组（J_3p）

下部为粉砂岩、细粒石英砂岩，上部为黄色、灰黄、绿色粉砂质黏土岩、水云母页岩、钙质泥岩夹少量骨屑泥晶灰岩。主要分布于彝良。

2. 白垩系典型地层

1）江底河组（K_2j）

该组概分为 4 个岩性段：下杂色泥岩段，由紫红或灰绿色粉砂岩、泥岩交替组成；下紫色粉砂岩段，主要为粉砂岩、粉砂质泥岩；上杂色岩段，主要灰绿色泥岩为主，上部具一含盐标志层；上紫色粉砂岩段，主要是粉砂岩和粉砂质泥岩。主要分布遍及滇东、大姚、楚雄、双柏、元谋、禄丰、姚安、永仁、牟定、安宁、富民、玉溪、永胜，厚 2 574.3 m。

2）马头组（K_1m）

按岩性概分两部：下部为暗紫色厚层砂岩，底部具砾岩；上部为紫红色厚层中粒石英砂岩及砂质泥岩。主要分布于元谋—绿汁江断裂两侧，元谋、滇中盆地、中部和西部大姚、姚安、牟定、禄丰、楚雄、双柏，厚 157 m。

3）普昌河组（K_1p）

岩性主要以紫红色泥岩夹杂色泥灰岩和砂岩条带为特征，概分 3 个部分：下部为紫红色泥质和砂质泥岩，夹黄绿色细条带或团块；中部为紫红、黄绿色泥岩夹多层灰色泥灰岩，组成杂色条带；上部为紫红色中薄层细粒混质砂岩与泥岩互层。主要分布于祥云、团山、大姚、龙街、楚雄，广泛分布于滇中地区丽江哀牢山以东，元谋—绿汁江断层以西，永红、姚安、双柏，总厚 1 311 m。

4）高峰寺组（K_1g）

岩性稳定，以灰、紫灰色砂岩为主，夹粉砂岩、钙质泥岩、泥灰岩、砂砾岩、砾岩，厚 200 ~ 600 m。主要分布于楚雄、永红、永胜、普棚、大姚、牟定、祥云、姚安。

5）嘉立群（K_1j）

零星见于上雄块、落胜等地，为一套紫红色岩屑石英砂岩及砾石层，厚度大于 537 m，其层为可与马头山组对比。

3. 第三系典型地层

1）勐野井组（E_1m）

岩性以棕红色钙质砂岩和泥岩为主，为咸水湖相红色砂泥岩夹膏盐沉积。主要分布于江城、兰坪、洱源、镇沅、墨江、普洱。分布厚度 470 m。

2）云龙组（E_1y）

以棕红色泥岩、粉砂岩为主，间夹盐泥砾岩，为咸水湖相红色砂泥岩沉积，分布厚度 253 ~ 2 540 m。分布区县：云龙—兰坪，镇沅—景谷等盆地。

3）果朗组（E_2g）

由灰紫色砂岩和紫色泥岩组成，底部为紫红色厚层砂岩与钙质泥岩互层。分布区县：兰坪、云龙等盆地。

4）路美邑组（E_2l）

底部为砾岩层或含砾砂岩；下部主要是砂质泥岩与泥质砂岩互层或呈夹层；上部由泥灰岩、钙质泥岩和棕红色砂质泥岩互层组成，其中以泥灰岩为主。厚大于 4 616 m。分布区县：路南盆地、师宗、罗平、弥勒、陆良、泸西、嵩明。

5）小屯组（E_3x）

棕红色厚层泥质砂岩与砂质泥岩互层，局部有含砾砂岩，砂岩中偶夹泥岩团块，为河湖相沉积。分布区县：路南、曲靖等盆地、沾益、弥勒。

6）中—上渐新统（E_{2-3}）

山麓相红色粗碎屑岩。分布区县：普洱、江城。

1.4.5　滇西红层区

1. 侏罗系典型地层

1）漾江组（J_1y）

主要由紫红、暗紫红夹灰绿、黄绿色泥岩、泥岩、粉砂质泥岩夹细粒长石石英砂岩、石英砂岩组成，局部夹泥灰岩、透镜体。主要分布于点苍山、哀牢山以西和怒山、无量山以东，北起维西，南至江城地区，巍山、漾濞县、墨江县，总厚 207 ~ 700 m。

2）坝注路组（J_1b）

主要含紫红色泥岩、粉砂岩、粉砂质泥岩夹细砂岩及少量钙质砾岩。主要分布于兰坪至江城地区，景谷—勐腊、澜沧江地区、南润源村，厚 714 m。

3）花开左组（J_2h）

一般由紫红、灰紫红色细—中粒石英砂岩、岩屑石英砂岩、粉砂岩及粉砂质泥岩组成，下部以中—粗粒砂岩为主，底部往往有厚 100 m 以下的砾石及砂砾石。

4）和平乡组（J_2hp）

主要是黄、黄绿、紫红、灰紫红色泥岩、钙质泥岩与黄绿、紫红色粉砂岩、夹泥灰岩及生物碎屑灰岩。分布区东部，海相层少于西部，西部海相层更为发育。主要分布于墨江、绿春、景谷、景洪、勐海，总厚 613 m。

5）芦子箐组（J_2l）

下部紫红色中层长石石英砂岩，上部紫红、灰绿色粉砂质泥岩夹钙质粉砂岩。主要分布于昌宁、永德。厚度大于 242 m。

6）柳湾组（J_2lw）

以灰色介壳、鲕状灰岩及白云质灰岩为主，夹砂页岩，底部有少量砾岩。主要分布于保山、芒市至畹町和永德的税房街、黄革坝，由柳湾向北沿怒江而上，至藏东的洛隆县的马里地带，厚达 666 m。

7）勐戛组（J_2m）

由紫色砂、页岩夹灰岩组成，分为 3 段：下段为紫红、猪肝色砂质页岩、粉砂岩、钙质细砂岩、泥灰岩透镜体，下部夹 12 m 厚的黄色页岩，厚 477 m；中段下部为深灰色致密灰岩，上部为灰白色中厚层状白云质灰岩，厚 50 m；上段以紫色、暗紫色砂质页岩、页岩和钙质细砂岩为主。主要分布于潞西、龙陵、永德、耿马。

2. 白垩系典型地层

1）景星组（K_1j）

岩性稳定，概分为上、下两段：下段以灰白、黄灰色厚层石英砂岩为主，夹杂色泥岩；上段主要为紫色、黄灰、灰绿色泥岩，夹粉砂岩、砂岩。主要分布于墨江、景谷、澜沧、临沧，厚度 800～1 200 m。

2）曼岗组（K_1m）

岩性为一套红色岩层，以灰紫、紫红色中粗粒含长石石英砂岩为主，中部夹砂砾岩、砾岩，上部细砂岩、粉砂岩及泥岩增多，富含钙质及钙质结核。主要分布于景谷、墨江、澜沧、临沧、云龙、思茅、江城、兰坪、永手、漾濞，厚 60～1 200 m。

3）虎头寺组（K_1h）

岩性为灰白、灰黄色块状、中厚层状细粒及粗粒含长石石英，夹含铜砂岩局部夹含砾砂岩。主要分布于云龙、景谷、江城，厚 0～400 m。

4）弄坎组（K_1n）

下部以中粒砂岩及砂砾岩为主，上部以页岩为主。主要分布于三路西，厚度大于 1 390 m。

5）曼宽河组（K_1mk）

岩性为一套紫红、褐紫红色泥质粉砂岩，与同色钙质粉砂岩泥岩互层夹钙质泥岩细粒石英砂岩、泥质岩条带。分布区县：普洱、勐腊、江城、景洪。最大厚度达 3 000 m 以上。

3. 第三系典型地层

1）勐野井组（E_1m）

岩性以棕红色钙质砂岩和泥岩为主，为咸水湖相红色砂泥岩夹膏盐沉积。主要分布于江城、兰坪、洱源、镇沅、墨江、普洱。分布厚度 470 m。

2）云龙组（E_1y）

以棕红色泥岩、粉砂岩为主，间夹盐泥砾岩，为咸水湖相红色砂泥岩沉积，分布厚度 253～2 540 m。分布区县：云龙—兰坪，镇沅—景谷等盆地。

3）果朗组（E_2g）

由灰紫色砂岩和紫色泥岩组成，底部为紫红色厚层砂岩与钙质泥岩互层。分布区县：兰坪、云龙等盆地。

4）路美邑组（E_2l）

底部为砾岩层或含砾砂岩；下部主要是砂质泥岩与泥质砂岩互层或呈夹层；上部由泥灰岩、钙质泥岩和棕红色砂质泥岩互层组成，其中以泥灰岩为主。厚大于 4 616 m。分布区县：路南盆地、师宗、罗平、弥勒、陆良、泸西、嵩明。

5）小屯组（E_3x）

棕红色厚层泥质砂岩与砂质泥岩互层，局部有含砾砂岩，砂岩中偶夹泥岩团块，为河湖相沉积。分布区县：路南、曲靖等盆地、沾益、弥勒。

6）中—上渐新统（$E_{2\text{-}3}$）

山麓相红色粗碎屑岩。分布区县：普洱、江城。

1.4.6 贵州红层区

1. 侏罗系典型地层

1）珍珠冲组（J_1z）

以暗紫色泥岩、砂质泥岩为主，富含钙质结核，夹少量钙质或泥质粉—细粒石英砂岩薄层，下部常夹多层黄绿色泥岩及砂岩，中上部常夹透镜状灰岩。厚 40 ~ 140 m。以桐梓—遵义—毕节一带较薄，往北西增厚。主要为干旱炎热气候条件下泛滥平原相沉积及局部的小湖泊沉积。以贵州大方新场为例。

2）马鞍山组（J_1m）

上部以鲜红色钙质泥岩、砂质泥岩为主，含钙质结核；中下部为浅灰色细粒石英砂岩和鲜紫红色钙质泥岩互层。砂岩具水平层理及交错层理。本段为曲流河—洪积平原相沉积。厚 130 ~ 250 m。分布于习水、息烽地区。

3）大安寨组（J_1d）

下部为暗紫红、灰绿色钙质页岩、粉砂质泥岩、钙质石英粉砂岩与透镜状薄—中层泥质灰岩互层；上部为灰绿—深灰色页岩、粉砂质泥岩、粉—细粒石英砂岩。其下与马鞍山段整合接触，其顶部遭受剥蚀，各地表保存程度不一，厚度变化较大，一般由北往南变薄。其沉积属于大型内陆湖泊相沉积。厚 5 ~ 130 m。主要分布于习水、贵阳、毕节、威信、郎岱。

4）下沙溪庙组（J_2xs）

底部为灰绿色厚层、块状细—中粒长石砂岩或长石岩屑砂岩，其上为紫红色块状泥岩、粉砂岩，夹浅灰—紫红色细—中粒长石砂岩，顶部为 2 ~ 30 m 稳定的灰、黄绿色页岩夹粉砂岩及灰黑色皱纹纸状含油页岩。本组总厚 220 ~ 370 m，如贵州习水倒鼓溪下沙庙组剖面。底部的关口砂岩常在短距离（数百米、千米）内与紫红色泥岩及黄绿色粉砂岩互变。该组主要分布于仁怀、合马、桐梓、习水。

5）上沙溪庙组（J_2ss）

为紫红色泥岩、粉砂岩与浅灰—紫红色细—粗粒长石砂岩，长石岩屑砂岩的不等厚互层。在遵义、仁怀附近其中部夹砂质泥质灰岩、泥灰岩透镜。为曲流河—洪汛平原沉积，局部夹小型湖泊相沉积。厚 850 ~ 1 200 m。分布于遵义、仁怀、习水、毕节。

6）遂宁组（J_3sn）

鲜紫红色钙质粉砂质泥岩，含钙质结核，夹浅灰—紫色长石石英砂岩、泥钙质粉砂岩，偶夹透镜状灰岩。属于曲流河—洪汛平原相沉积。分布于桐梓、习水、赤水、仁怀。

7）蓬莱镇组（J_3p）

蓬莱镇组一段：底部为 5 ~ 30 m 厚的深灰—灰紫色细粒厚层及块状钙质、长石石英砂岩、岩屑石英砂岩，其上为紫红色砂质、钙质泥岩和粉砂岩夹细粒长石石英砂岩或岩屑石英砂岩。蓬莱镇组二段：浅灰—灰紫（局部呈紫红）色厚层及块状长石石英砂岩、岩屑石英砂岩及紫红色泥岩、钙质砂质泥岩、粉砂岩。残留厚度 0 ~ 330 m。上段厚 730 ~ 1 120 m。为曲流河—辫状河沉积。主要分布于习水、桐梓、赤水、水城、寨坝。

2.　白垩系典型地层

1）三道河群（K_1）

由灰色、紫红色、砖红色砾岩、石英砂岩组成。属山麓洪积—河流相沉积，厚 131 ~ 154 m。分布于威宁三道河。

2）嘉定群（K_1）

由砖红色含砾砂岩、砂岩间夹紫红色泥岩组成，残留厚 520 ~ 900 m。分布于习水、赤水。

3）惠水组（K_2h）

由暗红、暗紫红、砖红、灰色砾岩、含砾砂岩、泥质粉砂岩和泥岩组成。由山麓洪积—河流—湖湘的砾岩—含砾砂岩—泥质粉砂岩和泥岩组成，厚 4 ~ 508 m。分布于黔南地区惠水、罗甸、榕江、荔波、黎平洪洲。

4）扎佐组（K_2z）

灰带砖红色砾岩、砖红色含砾砂岩、泥岩，厚 90 ~ 921 m。属山麓洪积—河湖相的灰带砖红色砾岩—砖红色含砾砂岩—泥岩。分布于修文扎佐、黄平旧州、余庆、施秉、榕江、松桃。

5）旧州组（K_2j）

鲜红、紫红、砖红色砾岩、含砾砂岩、粉砂岩和泥岩组成，厚 5 ~ 230 m。分布于黄平旧州、修文扎佐、施秉、榕江、茅台、桐梓、凤冈水河。

3. **第三系典型地层**

彭家屯组（E_1p）

灰带棕红色砾岩及褐红色含砾砂质钙质泥岩，厚 82 ~ 105.5 m。分布于盘县、兴仁潘家庄、普安、兴义等山间盆地。

1.5 西南地区红层主要工程地质问题

红层地区由于分布特征、岩层组合、特殊物质成分的影响，形成了红层地区典型的甚至是特有的一些工程地质问题。

由于红层常以盆地形式分布出露，在红层盆地边缘向盆地中心，岩石结构由粗粒向细粒转变，即从砾岩逐渐向砂岩、粉砂岩、泥（页）岩转变。由于沉积条件逐渐发生变化，盆地中部的红层产状平缓，受构造影响轻微，岩体较完整，盆地边缘岩体受构造影响剧烈，产状变化大，岩体破碎，完整性差。在工程扰动下，容易发生滑坡、崩塌等地质灾害和工程问题。如四川盆地的边缘受龙门山断裂带等的影响，构造作用强烈，岩体破碎，在成昆铁路、宝成铁路、成渝铁路的建设中滑坡、崩塌地质灾害工程数量众多。

在岩体结构组成上，红层岩层组合关系通常为交互沉积、软硬相间的砾岩、砂砾岩、砂岩、粉砂岩、泥岩、页岩岩层组成，有时夹有淡水灰岩或膏盐层。也常见红层与煤层互层、与蒸发岩互层、与杂色岩层互层几种组合特征。在某些区域，红层岩层组合有比较特殊的情况。如川中地区三叠系须家河组以煤层为主的湖相沉积地层与红层呈不整合接触。在川西理塘第三系红层与火山碎屑岩互层。红层的岩层组合关系，特别是软硬互层、夹层组合关系，使得红层岩体中普遍存在软弱结构面，这是引起红层地区易发生滑坡等地质灾害的主要原因。此外，软硬岩层差异风化明显，岩体中节理发育，岩体破碎，常引起陡坡岩体发生崩塌破坏。

在湖相沉积的红层地层中，常沉积有蒸发岩层。蒸发岩种类主要是石膏、芒硝、岩盐等，常统称为含膏盐地层。红层中膏盐成分在环境水的作用下，产生溶蚀、腐蚀等化学变化，是红层具有特殊工程性质的重要原因。红层泥质岩类含有蒙脱石、伊利石等亲水矿物，具有一定的膨胀性。

红层的广泛分布和其特殊工程性质，对铁路、公路、建筑、机场、水利水电工程建设产生了广泛影响（见表 1.8）。概括来说，红层地区的工程问题，主要是岩土、水及荷载三个因素的综合作用，引起红层岩土体的软化、崩解、膨胀、渗透、溶解、溶蚀、侵蚀等物理化学效应，导致红层边坡、地基、隧道等产生各种变形破坏的问题。

1.5.1 红层边坡工程问题

在西南地区的红层自然和人工边坡中，由于岩石成分、地质构造、地形特征、水的综合影响，存在多种不同类型的工程问题。比较突出的问题主要有红层滑坡、崩塌（危岩）、坍岸、剥落、含膏盐腐蚀、软岩变形等（见表 1.9）。

表 1.8 红层地区工程建设的工程问题

序号	工程名称及代表区段	典型问题	主要原因
1	成渝铁路成都至内江段侏罗系、白垩系红层	风化剥落、路基翻浆冒泥、填料压实不足、路基下沉	风化作用强烈、水稳定性差、压实度不够
2	宝成铁路广元至旺苍段侏罗系、白垩系红层	风化剥落	风化作用强烈、水稳定性差
3	成昆铁路甘洛至喜德、下坝至碧鸡关、成都至沙湾等地侏罗系、白垩系红层	隧道洞身变形、路基翻浆冒泥、路堤变形滑坡、风化剥落	软硬岩互层、风化作用强烈、水稳定性差、软弱地基
4	广大铁路广通至南华段侏罗系、白垩系	风化剥落	风化作用强烈、水稳定差
5	遂渝铁路遂宁至重庆侏罗系红层	软弱地基、强度低、崩解、软化	水稳定性差
6	达成铁路达州、蓬安、南充、蓬溪、遂宁、中江侏罗系红层	路基下沉、路基翻浆冒泥	软弱地基、施工改变微地貌和水的径流
7	成南高速成都至南充段侏罗系、白垩系	填筑路基滑坡、路基变形、路面开裂	软弱地基、水稳定差、施工改变微地貌
8	四川马水河水利工程	滑动变形	软弱夹层，地质勘察不够
9	四川仁寿黑龙潭水库	坝体开裂、渗漏	软弱夹层分布及工程性质不明
10	四川雅安铜头电站第三系红层	坝体渗漏、变形	软弱夹层及砾岩溶蚀
11	云南新桥水库白垩系红层	水库渗漏	石膏溶蚀
12	四川紫坪铺水电站侏罗系红层	可能引起坝基岩石变形移位	地质条件复杂
13	成昆铁路红层段路堤工程	路堤滑移	路堤基底软弱
14	成昆铁路红层段路堑工程	边坡坍塌、风化剥落	岩性软弱、水稳定性差
15	成昆铁路红层段隧道工程	洞身变形	软硬互层，层间结合不良，岩性软弱
16	成昆铁路红层段路基	翻浆冒泥	泥岩、页岩水稳定性差
17	绿地蜀峰 468 超高层建筑深基坑工程	大荷载下红层软岩变形	红层软岩强度低
18	四川大邑西岭雪山隧道	变形鼓胀	膨胀岩、断层、地下水综合作用

表 1.9 红层边坡主要工程问题

边坡类型	典型问题
自然边坡	滑坡、危岩、崩塌、水库岸坡、桥基岸坡
挖方边坡	风化剥落、坡面冲刷、表层溜塌、崩塌落石、滑坡、膏盐腐蚀溶蚀、软岩蠕变
填方边坡	边坡冲刷和渗流破坏、膏盐溶蚀与结晶、边坡蠕变

1.5.2 红层地基工程问题

随着工程规模的增大和工程荷载的增加，红层地基承载力及抗变形能力已难以满足工程要求，成为地基工程中的突出问题。红层松软土、膨胀岩土、膏盐地层等特殊地基，除了荷载问题之外，还需要考虑水、化学等因素的影响（见表 1.10）。

表 1.10 红层地基主要岩土工程问题

地基类型	典型问题
一般地基	深基坑边坡、软岩地基沉降变形
特殊地基	松软土地基、膨胀岩土地基、膏盐地基、软岩大变形
不均匀地基	斜坡地基、土石混合地基

1.5.3 红层隧道工程问题

红层隧道问题除了软岩隧道的共性问题外，还有膏盐腐蚀溶蚀、膨胀岩土变形、浅层气、煤层瓦斯、顺层偏压等特殊问题，应引起重视（见表 1.11）。

表 1.11 红层隧道主要岩土工程问题

隧道类型	典型问题
一般隧道	快速风化、软岩变形、软硬互层差异变形、顺层偏压
特殊隧道	膏盐腐蚀溶蚀、膨胀岩土变形、软岩大变形、浅层气（天然气、瓦斯）

参考文献

[1] 郭永春，谢强，文江泉. 我国红层分布特征及主要工程地质问题. 水文地质工程地质，2007（6）.
[2] 郭永春. 红层岩土中水的物理化学效应及其工程应用研究. 西南交通大学，2007.
[3] 四川省地质矿产局. 四川省区域地质志. 北京：地质出版社，1991.
[4] 云南省地质矿产局. 云南省区域地质志. 北京：地质出版社，1990.
[5] 贵州省地质矿产局. 贵州省区域地质志. 北京：地质出版社，1987.
[6] 成昆铁路技术总结委员会. 成昆铁路（第二册）. 北京：人民铁道出版社，1980.
[7] 曾健新. 川东红层地区铁路工程地质问题研究. 西南交通大学，2012.
[8] 徐瑞春. 红层与大坝. 武汉：中国地质大学出版社，2003.

2 红层的组成与结构

2.1 红层的成因类型

2.1.1 红层沉积环境与沉积相

1. 全球沉积环境与沉积相

苏联学者 B.B.拉夫罗夫提出红层的岩性—岩相分类中，把红层归纳为一个系列，包括 9 个在空间和成因上接近的组，这 9 个组相当于 4 个主要的沉积环境（夏祖葆，1990）。

1）陆相堆积环境

第 1 组　土壤—残积红色岩层—杂色岩层；碳酸盐岩残积物，红色土壤和风化层。

第 2 组　由风化壳转生的并接近风化壳的不含碳酸盐的杂色—红色岩层。

2）以陆相（非海相）为主的沉积环境

第 3 组　古老山间凹陷的非海相陆源—火山碎屑碳酸盐和少碳酸盐红层：地表火山喷发活动的火山产物和多成分产物以及火山碎屑的洪积—冲积—湖相堆积物。

第 4 组　山间凹陷、山前平原和滨海平原非海相陆源碳酸盐红层：多成分细砾—砂—黏土冲积—三角洲—湖相堆积，含泥灰岩夹层，偶尔含蒸发岩及沉凝灰岩夹层。

3）陆海相过渡沉积环境

第 5 组　咸化潟湖陆源碳酸盐红层：以黏土沉积物为主，含泥灰岩和蒸发岩。

第 6 组　前三角洲陆源碳酸盐红层：砂—黏土质堆积物，夹含海相软体动物贝壳的透镜体。

第 7 组　海相亚潮带陆源碳酸盐红层：砂—黏土质堆积物，含陆相动物化石和牡蛎滩。

4）海相沉积环境

第 8 组　远海相碳酸盐红层：红色和粉红色灰岩和泥灰岩，含海相动物化石。

第 9 组　大洋深远海相：不含碳酸盐泥质红层。

2. 西南红层沉积环境与沉积相

中国红层成因基本沿用 B.B.拉夫罗夫提出的红层成因，西南地区从隐生代到显生代红层基本涉及了以上所有成因类型。

（1）陆相堆积环境的红层，如宜宾分区下白垩统上部有风成砂岩（曹珂，2008）。

（2）以陆相（非海相）为主的沉积环境的红层，如川中、川东、滇中、滇西地区的侏罗系、白垩系、部分第三系红层。

（3）海陆相过渡沉积环境的红层，如西南红层中的三叠系红层基本属于此。

（4）海相沉积环境的红层，如黔中古陆出露有震旦系红层似为海相。

2.1.2 西南红层成因

据四川省地质矿产局（1991）、云南省地质矿产局（1990）、贵州省地质矿产局（1987）编制的区域地质志，西南红层的成因分述如下。

1. 川中与川东红层成因

晚三叠世末的印支运动，使四川西部褶皱成山。由于稳定的龙门山—康滇古陆的存在，这一运动对东部影响较小，但须家河时期已经形成的冲积盆地周边山系进一步上升。此时，气候转换为炎热、干旱，四川东部侏罗系大型红色内陆盆地就是在这种古构造和古气候背景下发展起来的。

早侏罗世，四川地区气候炎热干旱。因龙门山—大巴山地壳强烈上升，山前江油—广元—南江—万源一带，发育了一系列冲积扇体，并组成扇群，扇顶砾岩厚度达 60m 左右。继后，山系区域稳定，扇体上部沉积了一套黑色泥页岩夹煤层、菱铁矿及化石，属于典型湖滨沼泽相沉积。向上，过渡为浅湖相的灰绿、紫红色砂泥岩夹少量介壳灰岩。上述冲积扇相—湖滨沼泽相—浅湖相沉积，仅限于盐亭—蓬安—大竹一带以北。向南，过渡为大型湖泊环境，气候湿润。从沉积特征分析，尽管不同时期相区位置、范围大小多有变化，但均可进一步划分为深湖、浅湖、滨湖相，几乎全部位于四川湖的北部。此时沉积物的颜色，自深湖—滨湖相区，由黑色变为灰色、灰绿色以致紫红色。在沉积物的组成上，深湖相区主要为黑色泥页岩，水平层理发育，富含黄铁矿晶体等；浅湖相区为紫红间黄绿色砂泥岩夹泥灰岩、灰岩或鲕粒灰岩；滨湖区除砂泥岩外，以出现较粗的砂岩、含砾砂岩或介壳砂岩及石英砂岩为特点。

中侏罗世，四川东部湖盆基底普遍抬升，是一次明显的水退。早新田沟期，湖底普遍露出水面，并遭受短暂侵蚀或冲刷，就地堆积了灰质砾岩、含砾砂岩，具交错和板状层理。龙门山北段也一度上升，山前堆积了厚 10 m 左右的冲积扇砾岩。随后湖盆相对下降，广大地区处于浅湖—滨湖或滨湖沼泽环境，主要沉积了灰、灰绿、紫红色石英砂岩、泥岩及深灰色砂页岩夹多层介壳灰岩，波痕极其发育。大巴山前缘夹炭质砂页岩和煤线。晚新田沟期，出现紫红色砂泥岩、砂岩的成分、结构、成熟度明显降低，并具交错层理，冲刷构造，表明已向河流相过渡。新田沟期末，燕山运动波及四川地区，随着四川西部山区的强烈隆升，盆地区也相继隆升，致使新田沟组被剥蚀殆尽或大部分遭受剥蚀。龙门山中段前缘，下沙溪庙组底部沉积了厚达千米的冲积扇相砾岩。

沙溪庙期的沉积环境发生明显变化，沉积了一套巨厚多韵律的红色碎屑岩。砂岩岩层横向变化剧烈，粒度粗，成分和结构成熟度较低，发育大型交错层理和平行层理，底冲刷常见；

泥岩富含砂质和钙质结核，可见薄层石膏夹层及动植物化石。

遂宁期气候更为干旱，沉积环境为强氧化的典型浅湖。四川盆地和攀西盆地都是相对宁静的环境，广泛沉积了一套色调鲜红、岩性单一、以泥岩为主夹薄层粉砂岩的地层，可见干裂、波痕、虫管、钙质结核及石膏层。

蓬莱镇期，四川盆地西部龙门山活动强烈，山前发育了厚达 1 200 ~ 1 800 m 的一系列冲积扇相堆积，扇顶砾岩可达 50 ~ 500 m。大巴山前缘的砂岩层多，厚度大，向南则渐次减少变薄。盆地中部和东南部为典型的河流—洪泛盆地，沉积物主要为韵律式砂泥岩，砂岩普遍发育交错和平行层理，时见冲刷构造和灰质砾岩透镜体。盆地西南部，除可见河流—洪泛沉积外，可见间歇湖泊环境沉积，沉积物以灰、灰绿、紫灰色页岩为主夹泥灰岩，局部夹炭质页岩和煤线，水平层理发育，干裂常见。

四川晚侏罗世蓬莱镇期之后的燕山运动表现为大面积地壳上升。早白垩世早期，沉积盆地向西大为收缩。在剑阁，沉积物为一套暴洪冲积扇群红色砂、砾岩粗碎屑岩堆积。梓潼—巴中沉积物属于河湖红色砂泥细碎屑及泥质砂岩夹砂砾粗碎屑岩，多具大型板状、平行和斜层理发育。早白垩世晚期，古地理发生较大变化，河湖水向南侵进，除雅安—成都、宜宾及西昌地区下降接受沉积物外，其周边大面积上升成为物源区。以都江堰和芦山宝盛为扇顶的冲积扇群红色砂、砾岩的冲积砾石层，呈巨块状，层理不清，透镜状砂、泥质夹层少。冲积扇群东缘的雅安—成都一带，迅速向河湖红色砂、泥岩夹砂砾岩过渡，底部砾石层骤减，具大型交错和平行层理。在宜宾地区，为干旱气候条件下的风成红色砂岩夹间歇河流红色砂、砾、泥岩，其砂质层发育平行和巨型交错层理。晚白垩世时，由于气候持续干旱，沉积盆地向内陆咸化湖盆发展。四川白垩纪的燕山运动，仅表现为升降运动，只造成沉积盆地的扩大、缩小和转移。

第三系为陆相断陷盆地和山间盆地沉积，古新统—中始新统为红色湖泊含膏盐砂、泥碎屑岩建造，局部有洪积、风成砂、粗碎屑岩建造。上始新统—渐新统为红色磨拉石建造，局部有含膏盐建造及泥质碳酸盐岩建造。中新统—上新统为灰色—灰黑色含煤碎屑岩建造，局部夹火山岩建造。早第三纪气候干燥炎热，咸化湖泊较多，为良好的岩盐、芒硝、石膏及含铜砂页岩型矿产成矿条件。晚第三纪古气候转为温润，植物茂盛，为良好的成煤时期。

2. 滇中与滇西红层成因

云南侏罗纪古地理基本继承了晚三叠世的轮廓，早侏罗世和晚侏罗世古陆有显著扩大，中侏罗世受西部特提斯海域的海侵，沉积区扩大，形成了所谓川滇、滇中、滇西湖泊及西部的滇缅海。上述湖泊及海域相互连带沟通，由东向西泄流入滇缅海。其沉积是继晚三叠世以后的连续沉积，纵向上变现为三大沉积旋回，并与早、中、晚三个世大致相对应，其旋回下部多以河流相沉积为主，旋回上部则多以湖泊相沉积为主。

云南白垩纪的古地理继承了晚侏罗世的格局，仍由西部的滇西古陆北部的玉龙山古陆、东部的牛头山古陆及中部的哀牢山古陆等围绕构成的滇西及滇东两大内陆沉积盆地。各沉积区的沉积发展基本一致，在纵向上反映为两大沉积旋回，发育于早白垩世晚期至晚白垩世。各旋回之下部多以河流相沉积为主，上部则多以湖相沉积为主，沉积物多为红色，显杂色条带，局部含膏盐，古气候及古沉积环境为炎热干燥、半氧化环境。

云南第三纪主要为陆相盆地沉积。早第三纪初，云南的古地理轮廓基本上是白垩纪末期的继续和发展，并出现一些新生盆地。古新世的沉积大致有两种类型：一种是在晚白垩世盆地的基础上接受古新世的沉积，如元谋—楚雄地区的大姚、永仁、楚雄、武定一带的盆地以及兰坪—思茅地区的勐腊盆地，这些盆地的中心地带，古新世沉积厚达 1 000 m 以上，并连续沉积在晚白垩世地层以上，主要岩石类型为棕红、褐红色砂泥岩、粉砂岩，中部或上部出现杂色泥砾岩及石膏等盐类，是干热气候下的湖泊相沉积。第二种沉积类型为在新生的盆地基础上接受古新世的沉积。由于盆地形成时间先后有别，古新世的沉积有早中晚三分。兰坪—思茅分区的江城、普洱、镇沅及中甸—丽江分区的宁蒗等地，在晚白垩世末燕山运动的影响下，形成新生盆地，开始接受古新世沉积；而兰坪—思茅分区的景谷、兰坪、云龙等盆地，于早—中古新世末才形成新生盆地，只接受晚古新世的沉积，所有这些盆地，多为断陷盆地，多呈箕形，沉积区面积不大，但沉积厚度大，主要岩石类型为棕红、褐红色砂泥岩、粉砂岩，为炎热气候条件下的湖泊相沉积。

早—中始新世的沉积，是在晚古新世沉积基础上的继续和发展，两者之间为连续沉积，但沉积区范围变小，气候转为湿热，湖水淡化，主要岩石类型为紫红、棕红色泥岩、粉砂岩为主，夹细砂岩及泥灰岩，沉积厚度一般在 1 000 m 以上。

2.2 西南地区红层的物质组成

2.2.1 主要红层岩类

从山地边缘向盆地中心，岩性由粗粒向细粒转变，即从砾岩逐渐向砂岩、粉砂岩、泥（页）岩转变。

1. 砾　岩

砾石含量、砾石分布密度、砾石成分、粒径大小、磨圆度及胶结强度有很大差异。一般呈孔隙式胶结或基底式胶结，胶结物一般为钙质、钙泥质或泥质，其中碳酸盐含量差别较大，一般达 25% ~ 45%。砾岩、砂砾岩等砾石成分钙质含量较高时，可能发生红层地区的岩溶问题，除西南地区外，湖南、广东、甘肃等地也有相关报道。

2. 砂　岩

砂粒含量一般大于 50%，粉粒、泥粒含量次之，砾的含量很少，砂岩的胶结物有硅质、钙质、钙泥质和泥质，碳酸盐含量一般占 20% ~ 25%。砂岩的主要问题是低强度特征，工程开挖后容易风化，透水性强。钙质、泥质含量高时，岩石的强度将逐步降低。

3. 粉砂岩

粉粒含量达 50% ~ 70%，黏粒一般在 15% 以上，其余为砂粒。主要由钙质或钙泥质胶结，裂隙中常充填方解石脉或钙质薄层。粉砂岩的强度随泥质含量增加而逐渐降低，水稳定性差，工程开挖后暴露地表，风化崩解迅速。

4. **黏土岩**

泥质含量高，水稳定性差，崩解性、软化性增强，遇水后强度迅速降低，结构破坏，甚至完全崩解软化成泥状或碎屑状。

5. **化学岩类**

红层中的化学岩类主要是石膏、芒硝、岩盐、碳酸岩等可溶岩，在水的作用下易发生溶解、流失、结晶膨胀、具腐蚀性等问题。

2.2.2 主要矿物成分

红层中的矿物成分多样，主要成分以石英、长石、黏土矿物、可溶盐类为主，胶结物多为铁质、钙质、泥质等成分。红层软岩中普遍含有黏土矿物，特别是泥岩含量更高，多见鳞片状黏土矿物以集聚体形式存在，并且集聚体之间以及矿物颗粒之间形成较多的粒间大空隙和粒内微孔隙。

因氧化作用强烈，风化物多呈棕红色。这些黏土矿物具有胀缩性、岩石强度低、易风化等特征。部分红层中除夹有薄层石膏岩以外，一些地段还含有芒硝、氯盐等盐类物质，地下水含有较多的硫酸根离子，使地下水具有腐蚀性。红层岩石矿物成分变化范围见表 2.1。

表 2.1 红层岩石矿物成分变化范围

岩石名称	矿物成分/%										
	石英	长石	方解石	高岭石	绢云母	白云母	水云母	绿泥石	石膏	钙质	铁质	其他
粉砂岩	50～90	0～15	3～5	1～2	5～20		1～5			5～30	1～11	0～4
粉砂质泥岩	5～40	1～3	3～20	1～4	10～40					30～54	5～15	3
粉砂质页岩	10～64	0～10		52			5			12～36	8～10	
钙质粉砂岩	30～50	2～7	10～30			3～15						<3
钙质细砂岩	20～60	3～7	10～20			2～5						
泥岩	10～52	3～6	9～20.3	1～10		0～15	4～50	1～2		10～54	3～15	
泥质粉砂岩	20～90	0～50	8～15	1～2	5～10	0～10	1～5	少	1	5～35	1～20	
泥质细砂岩	40～70	4～8	5～20			3～13						2
砂岩	50～79	1～20	8～15			3	5～15	2～3	1	0～35	0～25	2
铁质粉砂岩	70	1				5						8
细砂岩	45～68	1～15	25～35				5～15	2～5	1	0～35	0～23	8～26

对成都南郊白垩系泥岩矿物成分采用X射线衍射、扫描电镜及能谱分析。矿物成分主要为伊利石、石英、钾长石、方解石、绿泥石、蒙脱石，部分泥岩中含石膏、白云石，结果列于表2.2。

表2.2　成都白垩系泥岩矿物成分分析成果

序号	矿物含量/%							
	蒙脱石	伊利石	绿泥石	石英	钾长石	方解石	白云石	石膏
1	4	10	7	12	3	64		1
2	4	7	3	3	1		4	78
3	7	27	13	29	10	15		
4		31	14	17	10	28		
5	6	22	12	34	17	9	6	22
6		7	4	13	4	72		
7	4	29	14	26	9	18		
8	7	31	13	18	8	23		
9	3	21	10	13	6	46		
10	5	31	12	27	11	13		
11	3	23	13	23	8	30		
12	3	16	7	19	5	46	4	
13	2	3	3	2	1	3	4	83

石英、长石、黏土矿物、可溶盐、胶结物等成分是红层岩石的主要成分，决定了红层岩石的结构与工程性能。如富含石英长石的砂岩结构稳定，力学性能相对较好，是较好的建筑材料和工程岩体。富含黏土矿物的泥岩、页岩，则是典型的软岩，是崩解、膨胀、软化等工程特性的物质基础。富含可溶成分的各类岩石在水的作用下，易发生溶解、溶蚀、腐蚀等问题。胶结物作为碎屑岩的组成部分，铁质、硅质胶结的砂岩、砾岩力学性能较好；钙质胶结物易在水的作用下溶解流失，导致红层岩石结构破坏，强度降低。

1. 黏土矿物

黏土矿物成分主要包括高岭石、蒙脱石、伊利石等，黏土矿物成分结构松散，具有较好的亲水性，是红层泥岩膨胀、崩解、软化的物质基础（见表2.3）。

2. 铁质成分

岩石的颜色通常与其 Fe_2O_3 的绝对含量及 Fe_2O_3/FeO 的大小有关。当 Fe^{3+}的含量接近于或大于2%，$Fe^{3+}/Fe^{2+}>1$ 时，岩石一般呈红色；当 Fe^{3+}的含量>2%，$Fe^{3+}/Fe^{2+}<1$ 时，则呈灰色；当 Fe^{3+}的含量≤1%，$Fe^{3+}/Fe^{2+}<3$ 时，则一般呈浅灰绿色（F. V. Chukhrov，1973）。

表 2.3　黏土矿物分析结果表（据曹珂等，2008）

分　区	地质年代	岩石地层	蒙脱石/%	伊利石/%	高岭石/%	绿泥石/%	伊利石结晶度	伊利石化学指数
梓潼—巴中分区	早白垩世早期	古店组	13	58	13	15	0.27	0.89
			7	70	10	13	0.31	0.94
		七曲寺组	37	38	14	10	0.29	0.77
			53	34	6	7	0.24	0.89
		白龙组	30	54	7	8	0.25	0.84
			24	53	18	4	0.25	0.83
			16	63	9	13	0.25	0.9
			40	52	4	4	0.25	0.91
		苍溪组	0.91	0.28	12	14	0.69	0.6
			0.64	0.25	17	7	0.29	0.48
			0.7	0.26	16	8	0.62	0.13
			0.83	0.27	21	7	0.40	0.32
宜宾分区	晚白垩世	高坎坝组	26	65	3	6	0.41	0.85
			29	57	1	13	0.37	0.65
			37	59	3	1	0.28	0.85
			43	57	0	0	0.37	0.84
			25	68	3	4	0.31	0.7
		三合组	34	51	6	9	0.25	0.86
			33	60	2	5	0.3	0.76
			18	69	5	8	0.4	0.81
	早—晚白垩世	打儿凼组	0	89	3	8	0.27	0.69
		窝头山组	0	88	5	7	0.29	0.53
			7	57	10	26	0.31	0.72
			0	72	10	18	0.33	0.56
剑阁分区	早白垩世早期	剑阁组	34	35	10	21	0.23	0.78
			34	44	10	12	0.24	0.88
		汉阳铺组	36	41	10	13	0.24	0.82
			42	30	9	19	0.25	0.87
		剑门关组	61	19	11	9	0.26	0.78
			55	25	6	13	0.31	0.85
			50	26	13	11	0.28	0.77
			62	22	10	7	0.23	0.83
雅安—成都分区	古近纪	名山组	40	53	7	0	0.26	0.78
			19	46	8	27	0.27	0.74
			1	72	9	19	0.32	0.62
			57	31	4	8	0.34	0.56
			2	75	8	16	0.31	0.7
	晚白垩世	灌口组	2	62	11	25	0.27	0.71
			17	63	6	14	0.28	0.77
			51	34	7	8	0.28	0.76
			63	31	3	3	0.27	0.87
			52	36	7	6	0.27	0.81
	早—晚白垩世	夹关组	31	42	10	17	0.33	0.67
			25	43	8	24	0.29	0.82
			20	49	6	24	0.27	0.74
			31	41	5	23	0.23	0.72
			21	48	9	22	0.25	0.81
			29	46	8	18	0.28	0.71
	早白垩世	天马山组	0	59	16	25	0.36	0.8
			0	62	12	26	0.4	0.8
	晚侏罗世	蓬莱镇组	0	62	9	28	0.33	0.65
			0	33	17	50	0.37	0.76

铁质成分一方面是红层岩石红色调的物质基础，另一方面也是砾岩、砂岩、粉砂岩、泥岩的主要胶结物，直接影响红层岩石力学性能。

3. 石英和长石

红层岩石中，主要碎屑物是石英、长石等矿物颗粒，是碎屑岩矿物成分的主体。以石英、长石为主的红层碎屑岩结构均匀，性能稳定，是较好的建筑材料和工程岩体。

4. 碳酸盐

碳酸盐是红层岩石的主要胶结物成分之一，西南部分红层中碳酸盐成分含量较高，在酸性环境水的作用下可溶解、流失，形成溶蚀空洞等岩溶现象，降低了红层整体性，影响工程安全。

5. 硫酸盐

硫酸盐主要是硬石膏、石膏、芒硝等矿物，其中石膏按其成因可分为原生和次生。原生石膏是指和红层同时形成的化学沉积物，一般顺层发育；次生石膏是指原生石膏溶解后，充填再结晶的产物，常呈网状延伸或陡倾脉状。四川红层中的石膏主要是原生石膏，在白垩纪红层中发育较多。如四川盆地以东邛崃、雅安、洪雅一带，灌口组地层为一套明显的咸湖红色河流相砂泥岩，含石膏、芒硝等蒸发岩系。在南充、达州、西昌南龙川江沿岸等地区可见含膏红层出露，在龙泉山地区红层中也发现厚达 2 m 的石膏岩层。表 2.4 为成昆铁路南段白垩系地层含盐试验结果。

表 2.4　成昆铁路南段白垩系地层含盐试验结果

工点名称	岩石名称	Na_2SO_4/%	$CaSO_4$/%	其他易溶盐/%
中坝隧道	灰绿色粉砂质泥岩	8.91	43.15	10.05
	灰绿色、棕褐色泥质粉砂岩	0.16～1.98	12.28～39.01	0.78～3.85
巴格勒隧道	灰绿色、棕褐色泥质粉砂岩	0.01～2.08	16.63～40.33	1.38～2.23
桐模甸 1 号大桥	灰绿色、棕褐色泥质粉砂岩	0.08～0.33	37.82～45.63	1.47～1.61
桐模甸 2 号大桥	棕褐色泥质粉砂岩	0.07～0.50	3.32～35.08	0.80～3.48
法拉隧道	灰绿色泥岩	8.52	36.69	8.94
	灰绿色泥岩	8.42	41.13	10.79
	灰绿色泥岩、粉砂岩	0.18～1.58	9.86～56.93	1.35～2.68
大田菁大桥	灰绿色粉砂质泥岩	0.37	14.37	1.59
伏井隧道	灰绿色粉砂质泥岩	0.24～0.40	34.17～36.07	1.30～1.44
黑井隧道	灰绿色粉砂质泥岩	4.03	36.06	14.27
		4.67	25.34	5.75
		4.03	45.07	7.67
	深灰色粉砂质泥岩	8.20	23.26	9.88

注：数据摘录自成昆铁路技术总结委员会（1980）。

2.2.3 化学成分

1. 岩石中的氧化物

表 2.5 是西南地区红层化学成分统计表，化学成分主要是硅、铝、钙、镁、钾、铁的氧化物。其中 SiO_2、Al_2O_3、Fe_2O_3、CaO 等化学成分含量较高，约占了全部化学成分的 60%以上，游离的 Al_2O_3、Fe_2O_3 分别为 0 ~ 0.092% 和 0.35% ~ 0.55%。表 2.6 为川中遂宁组和夹关组红色泥岩化学成分。

表 2.5 西南地区红层软岩化学分析结果统计

岩石名称		粉砂岩	粉砂质页岩	泥 岩	泥质粉砂岩	砂 岩
化学成分/%	SiO_2	66.29	60.07	24 ~ 61.1	52.39	55.27 ~ 71.98
	Al_2O_3	11.94	15.81	14.2 ~ 22.6	10.9	10.69 ~ 21
	Fe_2O_3	1.95	4.9	5.3 ~ 7	2.71	1.02 ~ 7
	FeO		1.46	1.35	1.24	
	CaO	3.17	2.71	4 ~ 9.62	0.07 ~ 12.18	4.9 ~ 6.3
	MgO	1.68	0	2.1 ~ 4.27	0.07 ~ 12.18	0.76 ~ 6.28
	TiO_2	0.36		0.94		0.27 ~ 2.88
	K_2O			2.5 ~ 2.6		
	Na_2O			0.9 ~ 2.1		
	MnO	0.033		0.065 ~ 2.5	0.07	0.041 ~ 2.2
	P_2O_5			0.2		
	烧失量			0.6 ~ 0.7		
	SO_3			0.2 ~ 0.3		
	游离 SiO_2			0		
	游离 Al_2O_3			0 ~ 0.092		
	游离 Fe_2O_3			0.35 ~ 0.55		

表 2.6 川中遂宁组和夹关组红色泥岩化学成分（曹珂，2008）

地层层位	取样地点	化学成分百分含量/%							
		SiO_2	Al_2O_3	Fe_2O_3	FeO	CaO	MgO	K_2O	Na_2O
遂宁组	遂宁县常林公社	53.22	14.17	5.21	1.04	7.67	2.81	3.00	1.22
	西充县多扶公社	55.96	13.93	5.74	0.53	6.57	2.24	2.86	1.16
	营山县老林公社	52.14	11.50	3.55	1.41	11.55	2.25	2.38	1.24
	资阳县火车站	49.32	12.14	5.33	0.22	12.52	1.95	2.48	0.96
	资阳县干沟公社	47.28	12.19	4.95		9.90	1.29		
	资阳县龙潭公社					9.22	2.30	2.24	1.15
夹关组	彭山县和平公社	51.59	15.45	6.94	0.22	7.37	2.60	3.32	1.12
	彭山县和平公社					7.77	2.60	2.27	1.23

2. **风化层中的氧化物**

红层风化层中化学成分主要是硅、铝、钙、镁、钾、铁的氧化物。其中 SiO_2、Al_2O_3、Fe_2O_3、CaO 等化学成分含量较高，约占了全部化学成分的 60% 以上。SiO_2 主要以石英颗粒的形式存在，对红层岩土体的强度和结构构造有较大的影响。Al_2O_3、Fe_2O_3、CaO 主要起到胶结的作用，影响红层岩土体的结构连接程度和强度，同时也是红层岩色的主要染色物质。表 2.7 为紫色泥岩及其古风化壳的氧化物组成比较。

表 2.7　紫色泥岩及其古风化壳的氧化物组成比较　%

氧化物	SiO_2	Al_2O_3	Fe_2O_3	TiO_2	MnO	CaO	MgO	K_2O	Na_2O	P_2O_5
母　岩（n=30）	60.05	14.73	6.62	0.80	0.109	10.23	2.63	2.86	1.45	0.170
古风化壳（n=8）	66.75	19.22	7.38	0.83	0.036	0.81	1.66	2.52	0.27	0.044
（母岩/古风化壳）×100	90	76	90	96	303	1263	158	113	537	386

资料来源：中国科学院成都分院土壤研究室（1991）。

由表 2.7 中数据可知，泥岩中 CaO 含量是红层风化壳中 CaO 含量的 12.63 倍，Na_2O 为 5.37 倍，岩石成分在风化过程中氧化钙的损失量最大，其次是氧化钠，说明母岩中的钙和钠在风化过程中容易流失，对岩石结构构造的影响也最明显。

2.2.4　西南红层中的矿产

红层中含有铜、锰、油气、石盐、膏盐等各种矿产，以下主要简述西南红层中与工程建设有关的膏盐矿、盐卤水、天然气三种常见矿产。

1. **膏盐矿**

石膏、硬石膏、芒硝、钙芒硝最典型的分布区是眉山市东坡区、彭山县、丹棱县、洪雅县东北。自贡盐矿、蒲江盐矿、渝东盐矿为四川盆地三大盐矿。安宁盐矿、勐腊盐矿、文卡盐矿是云南著名产盐地。矿层主要赋存在中侏罗统红层中。

膏盐矿床开采形成的地下洞穴对地基稳定性有影响，矿床洞穴的稳定性是工程安全评价的内容之一。此外，膏盐成分的易溶性、腐蚀性问题对工程材料的影响应引起重视。表 2.8 为云南中新生代盐类矿床（点）统计表。

表 2.8 云南中新生代盐类矿床（点）统计表（焦建，2013）

<table>
<tr><th colspan="2" rowspan="2">层位</th><th rowspan="2">矿种</th><th colspan="6">矿床规模</th><th rowspan="2">分布地区</th></tr>
<tr><th>特大</th><th>大型</th><th>中型</th><th>小型</th><th>矿点</th><th>合计</th></tr>
<tr><td colspan="2">新近系</td><td rowspan="3">石膏</td><td></td><td></td><td></td><td></td><td>3</td><td>3</td><td>广南县、景东县</td></tr>
<tr><td rowspan="6">古近系</td><td>始新统</td><td></td><td></td><td></td><td>4</td><td>2</td><td>6</td><td>滇中、滇东地区</td></tr>
<tr><td rowspan="5">古新统</td><td></td><td></td><td></td><td>4</td><td>8</td><td>12</td><td>滇中、兰坪—思茅盆地</td></tr>
<tr><td>钙芒硝</td><td></td><td></td><td>4</td><td></td><td></td><td>4</td><td>滇中地区</td></tr>
<tr><td>岩盐</td><td>1</td><td>3</td><td>6</td><td>4</td><td>8</td><td>22</td><td>滇中、兰坪—思茅盆地</td></tr>
<tr><td>钾盐</td><td></td><td></td><td>1</td><td></td><td>11</td><td>12</td><td rowspan="2">兰坪—思茅盆地</td></tr>
<tr><td rowspan="2">白垩系</td><td>上统</td><td rowspan="2">石膏</td><td></td><td></td><td></td><td></td><td>4</td><td>4</td></tr>
<tr><td>下统</td><td></td><td></td><td></td><td></td><td>5</td><td>5</td><td>滇中、兰坪—思茅盆地</td></tr>
<tr><td rowspan="5">侏罗系</td><td rowspan="3">上统</td><td>岩盐</td><td>1</td><td>1</td><td>1</td><td></td><td></td><td>3</td><td rowspan="2">滇中地区</td></tr>
<tr><td>钙芒硝</td><td>1</td><td>2</td><td>1</td><td></td><td>2</td><td>6</td></tr>
<tr><td rowspan="3">石膏</td><td></td><td>2</td><td></td><td></td><td>6</td><td>8</td><td rowspan="3">滇中、滇西地区</td></tr>
<tr><td>中统</td><td></td><td></td><td>1</td><td></td><td>28</td><td>29</td></tr>
<tr><td>下统</td><td></td><td></td><td></td><td></td><td>6</td><td>6</td></tr>
<tr><td rowspan="4">三叠系</td><td rowspan="2">上统</td><td>岩盐</td><td></td><td></td><td>1</td><td></td><td></td><td>1</td><td>兰坪地区</td></tr>
<tr><td rowspan="3">石膏</td><td></td><td>2</td><td>1</td><td></td><td>16</td><td>19</td><td>滇中、滇西、滇东</td></tr>
<tr><td>中统</td><td></td><td></td><td></td><td></td><td>3</td><td>3</td><td rowspan="2">滇东地区</td></tr>
<tr><td>下统</td><td></td><td></td><td></td><td></td><td>1</td><td>1</td></tr>
</table>

2. 盐卤水

四川盆地和滇中、滇西一些地方的盐卤水主要赋存于红层地层中。四川盆地是一个大型构造盆地，从震旦系至白垩系均赋存地下卤水，其中三叠系储卤层系的地下卤水矿床蕴藏量最丰富。由于白垩纪末规模宏大的四川运动，盆地内形成了约 159 个构造隆起，并伴生了众多断裂，使储存在低孔渗介质中的地下卤水在地动压力的驱使下富集到各个构造隆起之中。四川自贡、大英、重庆万州都是我国著名的井盐卤产区。四川盆地油气产层较多，而地下卤水常与油气储存在同一地质体中，形成气水同产的现象，如威远气田、磨溪气田、遂宁蓬莱盐厂都是气伴卤水或卤水伴气。具体见表 2.9 ~ 表 2.11。

表 2.9　四川盆地沉积盖层特征简表（据李慈君等，1990，有修改）

地层系统				代号	厚度/m	主要岩性特征	卤水
界	系	统	组				
新生界	第四系			Q		砂砾岩，黏土、冲堆积及坡积物	
	新/古近系			N/E	0～1 680	泥岩、粉砂质泥岩及少量砂岩	
中生界	白垩系	上统	灌口组	K_2g	0～1 200	砂岩、粉砂岩、泥岩、硬膏岩及钙芒硝	淡卤水
			夹关组	$K_{1-2}j$	0～745	砂岩夹少量泥岩	
		下统	天马山组	K_1t	0～300	砂岩、粉砂岩、泥岩为主	
	侏罗系	上统	蓬莱镇组	J_3p	150～1 700	砂岩、泥岩	
			遂宁组	J_3sn	100～600	紫红色泥岩	
		中统	上沙溪庙组	J_2ss	450～2 100	砂岩、泥岩呈单向循律层	
			下沙溪庙组	J_2xs	100～600		
			新田沟组	J_2x	150～500	砂岩、泥岩及粉砂岩、页岩	淡卤水
		下统	自流井组	$J_{1-2}z$	150～320	泥岩、泥质灰岩、介壳灰岩及页岩	
			珍珠冲组	J_1z	50～270	紫红色泥岩及砂岩	
	三叠系	上统	须家河组	T_3xj	200～1 800	岩屑石英砂岩及页岩夹薄煤层	淡—浓卤水
			小塘子组	T_3x	0～600	页岩、粉砂岩、石英砂岩	
			马鞍塘组	T_3m	0～320	页岩、粉砂岩夹生物灰岩	
		中统	天井山组	T_2t	0～490	石灰岩夹生物碎屑灰岩	
			雷口坡组	T_2l	0～900	灰岩、白云岩、泥岩硬石膏、石盐及杂卤石	浓卤水
		下统	嘉陵江组	T_1j	400～1 500	石灰岩、白云岩、硬石膏、石盐及杂卤石	
			飞仙关组	T_1f	120～800	石灰岩及砂泥岩	淡卤水

表 2.10　自流井构造地层简表（据地质部第 7 普查勘探大队，1970，有补充）

地层系统					厚度/m	主要岩性特征	储隔性	富水程度	储卤层系
系	统	组	段	代号					
侏罗系	中统	沙溪庙组	沙二段	J_2s^2	400～1 000	暗紫红色，局部砖红色泥岩，粉砂质泥岩，偶夹中细粒砂岩	隔卤层	无	
			沙一段	J_2s^1	130～200	紫红色泥岩、砂岩，砂质泥岩，顶部为黄绿或灰黑色，页岩，底部为灰白色长石石英砂岩	隔卤层	无	
	下统	自流井组	自四段	J_1z^4	30～50	紫红色泥质砂岩，灰色石灰岩	隔卤层	无	
			自三段	J_1z^3	120～130	紫红—砖红色泥岩，中部为灰色细粒砂岩	隔卤层	无	
			自二段	J_1z^2	10	深灰色生物碎屑灰岩，顶部为灰质页岩	隔卤层	无	
			自一段	J_1z^1	50～70	紫红色泥岩，中部夹灰绿色粉砂岩，局部为砂质泥岩	隔卤层	无	
三叠系	上统	须家河组	须六段	T_3xj^6	10～20	砂岩及粉砂岩，中部偶夹砂质页岩，孔隙度及渗透率都较小。岩屑石英砂岩及页岩夹薄煤层	储卤层	中等	上三叠统须家河组储卤层系
			须五段	T_3xj^5	60～100	砂质页岩夹薄层砂岩	隔卤层	无	
			须四段	T_3xj^4	80～150	灰色中细粒石英砂岩，中下部为砂质页岩和页岩	储卤层	中—强	
			须三段	T_3xj^3	38～174	灰黑色页岩，裂隙发育差	隔卤层	无	
			须二段	T_3xj^2	42～227	灰色细中粒长石石英砂岩，偶夹薄层页岩和砂质页岩，裂隙特别发育	储卤层	中—强	
			须一段	T_3xj^1	90～200	深灰色页岩及砂质页岩，裂隙不发育，渗透率较小	隔卤层	无	
	中统	雷口坡组	雷三段	T_2l^3	16～145	灰色及深灰色石灰岩，白云岩夹硬石膏，局部储卤灰岩、白云岩、泥岩硬石膏、石盐及杂卤石	储卤层	中	中下三叠统雷口坡—嘉陵江储卤层系
			雷二段	T_2l^2	51～100	主要岩性为石膏，泥质白云岩，渗透性差	隔卤层	无	
			雷一段	T_2l^1	34～78	上部为浅灰—深灰色白云岩泥质白云岩夹针孔状白云岩及灰岩，白云质灰岩等，下部为黄绿色水云母黏土岩（绿豆岩）	储卤层	中—强	
	下统	嘉陵江组	嘉五段	T_1j^5	48～75	上部为灰褐色硬石膏与泥质白云岩不等厚互层，偶夹白云岩及膏质白云岩，下部为灰褐色白云岩、石灰岩	储卤层	强	
			嘉四段	T_1j^4	60～90	主要为灰褐色石膏夹薄层白云岩或石膏质白云岩，岩致密	隔卤层	无	

表 2.11　四川盆地三叠系深层卤水物理性质和化学成分特性（杨立中，1995）

卤水类别			黄　卤	黑　卤
储卤层			T_3x	$T_2l^1-T_1j^5$、T_1j^3
物理性质	颜　色		淡黄色	黑灰色
	臭　味		无臭，咸味	H_2S 臭，咸味
	沉淀物		橙黄色	黑灰色
	透明度		透明度	半透明
化学组分	阳离子 /（g/L）	K^+	0.150 ~ 1.640	0.100 ~ 25.960
		Na^+	16.000 ~ 71.250	11.000 ~ 100.520
		Ca^{2+}	1.500 ~ 22.950	1.000 ~ 17.380
		Mg^{2+}	0.400 ~ 1.900	0.200 ~ 5.740
		Li^+	0.015 ~ 0.070	0.010 ~ 0.320
		Sr^{2+}	0.160 ~ 2.520	0.035 ~ 0.650
		Ba^{2+}	0.050 ~ 2.850	0
		NH_4^+	0.025 ~ 0.140	0.020 ~ 0.10
	阴离子 /（g/L）	Cl^-	50.000 ~ 164.370	15.000 ~ 210.790
		SO_4^{2-}	0	0.800 ~ 5.790
		HCO_3^-	0.020 ~ 0.320	0.092 ~ 2.205
		Br^-	0.360 ~ 1.630	0.120 ~ 1.675
		I^-	0.07 ~ 0.037	0.010 ~ 0.038
		B_2O_3	0.020 ~ 1.060	0.100 ~ 4.636
		H	0.700 ~ 1.630	0.070 ~ 4.200
	溶解气体（体积%）	N_2	60 ~ 80	55 ~ 95
		CH_4	0 ~ 1	0.1 ~ 36.0
		H_2S	0	0 ~ 1.5
		CO_2	10 ~ 14	3 ~ 8
		Ar	0.8 ~ 1.1	1.7 ~ 2.0
矿化度 /（g/L）			100 ~ 271	100 ~ 353
重水含量 /（r）			4.280 ~ 18.600	4.690 ~ 48.870
Eh 值 /（mv）			+70 ~ +120	−380 ~ −10
pH 值			5.0 ~ 7.0	6.5 ~ 8.0
温度 / °C			25 ~ 37	22 ~ 87
微生物 /（个/L）			7 157 ~ 12 325	170 ~ 220
水化学类型			Cl-Na-Ca	Cl-Na

3. 天然气

西南地区红层中含有丰富的天然气，尤其是四川盆地油气田分布很广泛。按区域构造位置和油气田地质特点，可分为 5 个不同的油气区，即川东气区、川南气区、川西气区、川西北气区和川中油气区。

刘华（2002）等对川西坳陷侏罗系红层天然气成因类型进行了探讨，认为红层浅层气的气源是多源的，有自源、远源的。深部气源背景，浅部扩散渗滤和断裂网络系统是控制红层浅层气的重要因素，其间配置关系直接控制着川西红层浅层气的成藏与分布，也控制着红层气的规模。中浅层油气层发现于自流井组、千佛崖组、沙溪庙组、遂宁组、蓬莱镇组 5 个大组 10 余个含油气层段，如孝泉、新场、合兴场、洛带、新都、蓬莱镇等地。具体见表 2.12 ~ 表 2.14。

地下洞室工程中，天然气成为威胁工程安全的重要因素。在勘察阶段应对具有储气条件的地层条件进行天然气危险性评价，进行专门设计，保证工程安全。

表 2.12 侏罗系红层地表样品残余有机碳含量表

岩　性	紫红色砂岩	黄绿色泥岩（井下多为灰深灰色）	生物灰岩	黑色页岩
有机碳含量/%	0.02 ~ 0.912	0.02 ~ 2.35	0.2 ~ 4.18	0.4 ~ 4.99
有机碳平均含量/%	0.11	0.63	0.41	1.81
样品数/个	20	18	18	61

表 2.13 川西坳陷中段 T_3x^5 气源岩有机碳丰度表

构　造	井　号	C/%	$A/\times 10^{-6}$	转化系数 A/C /%	生气级别
鸭子河	92	2.050 6	446	21.75	好
	91	2.300 0	518	22.52	好
	95	2.176 8	692.3	31.80	好
孝　泉	93	3.278 0	701	31.80	较好
	94	1.957 0	632	21.38	较好
合兴场	138	4.240 0	2 832	66.79	好
	100	5.958 4	1 380	23.16	好
玉　泉	33	0.361 0			差
丰　谷	125	0.435 8			差

表 2.14　川西坳陷深部与浅部源岩天然气特征表

井　号	井深/m	层　位	CH_4	C_2H_6	RO	备　注
川孝 105 井	1 905	J_2s	88.62	5.13		
川孝 109 井	1 777	J_3sn	91.74	5.24		
川孝 129 井	2 333	J_2s	88.53	4.12		
川孝 115 井	2 765	J_2q	82.85	10.18		
新浅 15 井	750	J_3p	87.05	6.31		
新浅 6 井	780	J_3p	91.58	5.05		
新浅 4 井	751	J_3p	89.58	5.34		
新浅 3 井	700	J_3p	90.08	5.59		
龙 7 井	1250	J_3p	87.50	6.69		
川孝 93 井	2 938.5	T_3x^5	91.60	8.4	1.11	
川鸭 98 井	3 600	T_3x^4	93.0	7.0	1.29 ~ 1.33	
川合 100 井	3 000	T_3x^4	90.70	9.3	1.1 ~ 1.5	H_2S 0.116 7
川 39 井	2 996	T_3x^5	88.9	11.1	0.83 ~ 0.99	
丰 1 井	3 400	T_3x^5	86.95	13.05		（175 井） H_2S 0.153 8

2.3　西南红层的岩石结构

2.3.1　碎屑结构

在显微镜下观察砂岩颗粒主要成分为石英碎屑，有少量燧石、长石、方解石，颗粒为棱角、次棱角状，分选性差，其胶结物质有两种：青灰色、灰褐色砂岩为硅质、钙质胶结；紫红色、红褐色砂岩为铁泥质胶结。紫红色、红褐色粉砂岩的颗粒为石英碎屑，一般占 60% ~ 70%，铁泥质胶结物质一般占 30% ~ 40%，有的铁泥质重结晶为绢云母、绿泥石和硅质。表 2.15 为广元—南充高速公路部分红层颗粒粒度分析。

表 2.15　广元—南充高速公路部分红层颗粒粒度分析（陈兴海，2009）

土样编号	0.25 ~ 0.075/mm	0.075 ~ 0.05/mm	0.05 ~ 0.01/mm	0.01 ~ 0.005/mm	<0.005/mm
01 ~ 1	6	11	28	31	24
01 ~ 2	19	12	22	27	20
01 ~ 3	28	12	25	21	14
01 ~ 4	4	11	25	26	34
02 ~ 1	15	20	18	24	23
02 ~ 2	25	13	18	20	24
02 ~ 3	6	13	26	22	33
02 ~ 4	4	11	27	28	30
02 ~ 5	20	14	15	29	22
02 ~ 6	1	25	20	28	26

红层碎屑岩中的砾状、砂状结构强度与胶结物密切相关。碎屑颗粒与胶结物组合主要有3种类型，基底式胶结、孔隙式胶结、接触式胶结。

基底式胶结，碎屑颗粒之间互不接触，散布于胶结物中。这种胶结方式胶结紧密，岩石强度由胶结物成分控制，硅质最强，铁质、钙质次之，碳质较弱，泥质最差。

孔隙式胶结，颗粒之间接触，胶结物充满于颗粒间孔隙。这是一种最常见的胶结方式，它的工程性质受颗粒成分、形状及胶结物成分影响，变化较大。

接触式胶结，颗粒之间接触，胶结物只在颗粒接触处才有，而颗粒孔隙中未被胶结物充满。这种胶结方式最差，强度低、孔隙度大、透水性强。

碎屑岩具有粒状碎屑结构，岩石碎屑含量高达60%~90%，碎屑颗粒之间以孔隙式胶结为主，这类岩石强度较高，抗风化能力较强。黏土岩具泥状结构或含粉砂泥状结构，以基底式胶结和泥质接触式胶结为主，有时表现为碳酸盐胶结。岩石碎屑含量低于20%，一般为5%~10%或更低。这类岩石强度低，抗风化能力弱。含砂泥状结构的红层软岩较之典型泥状结构的红层软岩，强度略高、抗风化能力稍强。

2.3.2 泥质结构

据扫描电子显微镜下观察（如图2.1~图2.6所示），红层泥岩微结构主要有泥质结构、粉砂泥质结构、紊流状结构、架空结构，这种结构特征从本质上决定了红层软岩的低强度性质。泥岩主要成分为粒径小于0.004 mm的铁泥质，有少量重结晶为绢云母、绿泥石，泥质结构。采用扫描电镜对粒径小于0.002 mm的粘土矿物进行微观结构分析，试样一般属不规则粒状和不规则片状叠聚体。

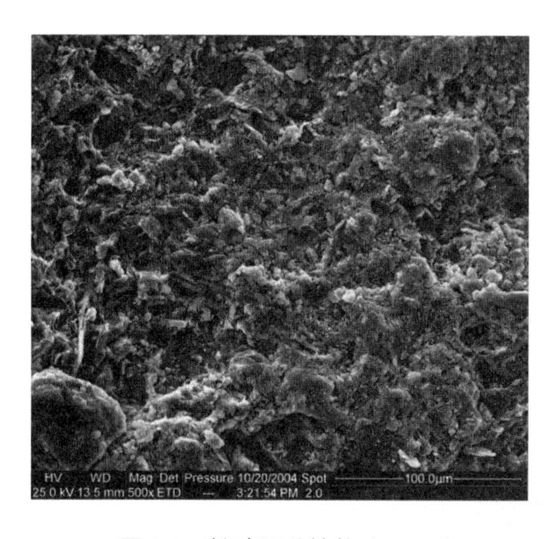

图2.1 粉砂泥质结构（×500）

图2.2 粉砂质矿物碎屑（×2 000）

图 2.3　鳞片状紊流状微结构（×1 000）

图 2.4　鳞片状集聚体（×2 500）

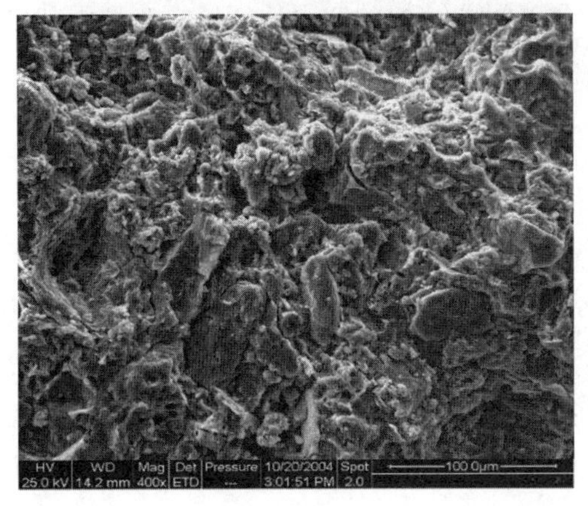

图 2.5　碎屑颗粒呈镶嵌状分布（×400）

图 2.6　鳞片结构（×5 000）

2.3.3　化学结构

红层岩石中常见的有结晶粒状结构，如石膏晶体的结晶粒状结构（如图 2.7 所示）。

图 2.7　石膏晶体放大断面（×500）

2.4　西南红层岩石的构造

2.4.1　西南红层岩石的构造特征

红层主要是沉积岩，沉积构造（层理）特征是识别红层沉积相和标示岩石结构的重要标志。从构造成因的角度，红层成因多样，构造复杂。但西南红层大部分是在流水和静水环境中沉积而成的。由于古地理环境的控制，西南红层岩石的层理构造特征在盆地中部和山前边缘有所不同。在四川盆地中部、云南各山间红层盆地（坝子）中部、川东宽广向斜轴部等古湖泊中部区域，典型沉积构造主要以水平层理、平行层理、沙纹层理、粒序层理、韵律层理为主，也有部分斜层理，层面构造有波纹、干裂、雨痕、虫迹等。而在盆周山前、古构造隆起等区域，典型沉积构造为冲刷面、斜层理、交错层理、波状层理、透镜状层理等，局部也可见软岩变形形成的包卷构造，层面构造有古风化壳、底砾构造、结核构造等。

1. 水平层理

水平层理是在细粒沉积物中，与层面平行的许多细层组成的层理。常见于紫红色泥岩，粉砂质泥岩中，单层厚度小，纹层相互平行并平行于层面，形成于浪基面之下或低能环境的低流态中，及物质供应不足的情况下，主要由悬浮物质缓慢垂向加积沉积而成。在湖盆中部水流相对平缓稳定的浅湖环境中，发育有大型水平层理。如的四川遂宁的侏罗系遂宁组、滇中东部楚雄新平—甸中的侏罗系。

2. 平行层理

平行层理是由相互平行且与层面平行的平直连续或断续纹理组成。常形成与水浅流急的水动力条件下，主要见于较强水动力的河流、湖盆水下分流部分的沉积环境中。平行层理常出现在砂岩中，常伴有冲刷现象等。如蓬溪、遂宁一带的侏罗系蓬莱镇组砂岩地层中发育的平行层理。宜宾地区侏罗系窝头山组、打儿凼组砂岩地层中广泛发育的水平层理。

3. 交错层理

交错层理是由一系列近于平行或一致的细层与层面相交而成的层理。交错层理只限于一个单独的沉积单元内，主要由沙床形体向前推移的前积层组成。在湖滨地区、大型河道等沉积环境中，如川中地区的遂宁组、蓬莱镇组、沙溪庙组地层中发育有大型交错层理。

4. 纹状层理

纹状层理主要出现在粉砂岩、泥质粉砂岩中，是多层系的小型交错层理，可分为流水沙纹交错层理和浪成沙纹层理。主要形成于湖盆中部、大型河道河湾内侧等水动力条件较弱的沉积环境中。如攀西会理地区的侏罗系益门组砂岩中发育的沙纹层理。四川宜宾三合场白垩系三合组红层粉砂岩中具有极发育的沙纹层理。西昌普格县白垩系飞天山组红层中砂岩普遍发育冲刷面。

5. 粒序层理

粒序层理是指在层内由底部粒度由粗逐渐变细或者由细逐渐变粗的粒序变化。其厚度可以从数毫米到 1 m 以上，巨厚的粒序层侧向可延伸数千米。粒序层理主要形成于地壳快速下降的古环境。在四川都江堰东南部的白垩纪夹关组厚层砂岩，厚度由大变小，岩石粒度由粗而细，成分及结构成熟度均由差变好。在云南永仁、祥云等地区，侏罗系主要岩石类型为砂岩、砾岩夹泥岩、粉砂岩，具有粒序韵律沉积，粒序层底部具有冲刷面，大型斜层理发育。

6. 韵律层理

韵律层理又可称为互层层理，由与层面平行或近平行，数毫米至数十厘米等厚或不等厚的，两种或两种以上岩层层的互层组成。其中最常见的是砂质层与泥质层的韵律互层。根据砂质层与泥质层相对厚度不同可以分为 3 种类型：砂质层与泥质层大体等厚互层、较厚砂质层与较薄泥质层互层、较厚泥质层与较薄砂质层互层。

韵律层理主要反映湖泊水陆交互变动频繁的滨湖沉积环境。如川中川东过渡地区的合川下沙溪庙组由灰、灰紫色厚层至块状粗、中粒至细粒长石石英砂岩、长石砂岩—紫红色粉砂岩、泥岩组成的 2～4 个不等厚韵律层。每个韵律层下部均发育大型槽状、平行、斜层理，自下而上粒度由粗变细，砂岩厚度变化为数米至数十米，韵律层上部主要为泥岩夹砂岩或由砂泥岩组成的多个次级韵律构成，富含钙质结核。再如四川盆周的剑阁剑门关组地层中砂泥岩组成的不等厚韵律层。

7. 斜层理

斜层理是由同向倾斜的许多细层重叠组成，细层与层系界面斜交。若相邻层系互相平行，各层系中的细层均向一个方向倾斜，称为单向斜层理。它是当沙浪向一方向运动时形成的，其细层的倾斜方向指示水流的下游方向，常见于河流沉积及其他流动水的沉积物中。如重庆合川侏罗系下沙溪庙组在不同的韵律层中的大型斜层理。四川宜宾第三系柳家组红层砂岩中发育的巨型斜层理。云南安宁、寻甸一带侏罗系冯家河组红层上部具有大型斜层理。云南大姚县蛇甸组红层砂岩中的大型单向斜层理。云南元谋白垩系马头山组红层砂岩中发育有大型陡倾角斜层理。

8. 波状层理

波状层理是由薄的泥层和砂层交替形成的层理。它的特点是泥质层几乎完全充填波谷，并覆盖于波脊之上，所有泥层的形态往往受到下伏沙波表面的影响。一般是滨湖动荡环境。

9. 透镜状层理

透镜状层理是在任何剖面方向上，砂质透镜体都被包围于沉积物中，砂质透镜体内部有发育良好的前积细层，细层倾斜大多为单向。透镜状层理是在水流或波浪作用较弱，砂质供给不足，并且泥质沉积保存较砂质有利的条件下形成。如重庆合川上沙溪庙组中底部出现的透镜状中细砂岩层。西昌普格县白垩系飞天山组红层韵律层上部则发育沙纹层，泥岩多为薄层或透镜体。

10. **冲刷面**

冲刷面构造为流水作用在沉积物顶面上冲刷而成的凹凸不平的面。在此面之上沉积物较粗，并含有下伏层的泥砾，它可代表沉积间断。常形成于盆地边缘、盆周山麓过渡环境。如四川射洪侏罗系上统蓬莱镇组砂岩底部发育有冲刷构造，常有滞留灰质砾岩透镜体。

11. **包卷层理**

包卷层理是指未经构造变动，上下界限明显的沉积岩层中，在可被追索的长度内的层理发生连续揉皱或褶曲的一种构造现象。包卷层理常被限于一个单层内连续分布，并显示出“复式向斜和背斜”的复杂形象，并向岩层的底面逐渐消失。包卷层理大多出现在细砂岩或粉砂岩中，一般反映山麓下部湖水较深的沉积环境。包卷层理一般认为是由沉积物液化作用所形成或由重力滑动和流水牵引作用形成的。在四川峨眉山前的侏罗系沙溪庙组地层中可见这种构造存在。

2.4.2 红层岩石构造对工程的影响

红层岩石的构造对工程岩土体的稳定性有直接影响。根据大量的工程实践，西南红层岩石构造对工程的影响体现在 3 个方面：一是岩层的厚度对红层岩体的力学特征有直接关系；二是相同厚度的不同岩性所表现出的工程性质和引起的工程问题有明显区别；三是不同岩性的岩层的组合关系对工程岩体的力学性质和稳定性的影响有所不同。

1. **岩层厚度对岩体工程的影响**

岩层厚度一般划分为以下 5 种：巨厚层 > 1.0 m；厚层 1 ~ 0.5 m；中厚层 0.5 ~ 0.1 m；薄层 0.1 ~ 0.001 m；微层（纹层）< 0.001 m。

比较而言，同一种岩石，厚度大的岩层组成的岩体，其力学稳定性要好。在岩体结构类型中，巨厚层、厚层岩石组成整体结构、整体强度高，岩体稳定，如川中地区白垩系夹关组巨厚层砂岩岩体，整体稳定性较好，多形成高陡斜坡。而由中厚层或薄层岩石组成的层状岩体，尤其是砂泥岩组成的多韵律层岩体，其整体稳定性不均匀，变形多受结构面控制，稳定性较差。泥岩层常常成为红层边坡的软弱夹层，在降雨等因素的作用下，成为滑动面或滑动带。如川中侏罗系遂宁组、蓬莱镇组中厚层—薄层砂泥岩互层岩体，岩石差异风化严重，风化剥落问题突出。

孙树林（1993）通过野外调查，统计分析，认为岩层厚度（5 ~ 60 cm 范围）与节理间距呈正相关关系，岩层厚度越大，节理间距越大。

2. **不同岩性的工程性质和工程问题**

在红层中的典型岩石中，砾岩、砂砾岩等砾石成分钙质含量较高时可能发生红层地区的岩溶问题，四川、湖南、广东、甘肃等地均有相关的报道。

厚层砂岩由于结构面切割，容易形成大规模崩塌或危岩体。

中厚层砂岩多与泥质岩互层，由于岩体强度不同，差异风化明显，砂岩层形成落石，泥岩层快速风化等，在雨季砂泥岩互层边坡崩塌、滑坡、风化剥落等问题综合出现。中厚层泥质岩由于工程开挖，由于季节循环、冷热循环、干湿循环等因素，岩体中水分变化，产生崩解、泥化、风化剥落等问题。

中厚层、薄层泥质岩在边坡、地基、洞室工程中成为软弱夹层，在水、荷载等不利因素作用下，泥化夹层首先沿着微层理界面或微裂隙开始出现微观破坏，泥化，软化，形成潜在软弱面，在边坡中成为易滑地层，在地基洞室工程中成为软弱层，影响红层工程的安全。如在西南红层地区普遍出现的长大缓倾顺层边坡问题，其关键是泥质岩作为边坡软弱夹层，阻隔地表水及雨水入渗，地下水在砂泥岩界面汇集，软化泥岩夹层，崩解泥化，导致其抗剪强度降低，引起边坡失稳问题。

不同岩层厚度和岩性如图 2.8 ~ 图 2.15 所示。

图 2.8　巨厚层砾岩（四川剑阁）

图 2.9　巨厚层砂岩（成都龙泉）

图 2.10　中厚层砂岩（成都龙泉）

图 2.11　砂岩泥岩互层（成都龙泉）

图 2.12 水平中薄层粉砂岩（南充）

图 2.13 水平薄层泥岩（遂宁）

图 2.14 砂岩夹泥岩（西昌甘洛）

图 2.15 粉砂质泥岩透镜状层理（成都龙泉）

3. 互层组合对岩体工程的影响

根据岩石碎屑物质的颗粒组成，每套红层的岩性通常为交互沉积、软硬相间的砾岩、砂砾岩、砂岩、粉砂岩、泥岩、页岩，有时夹有淡水灰岩或膏盐层。其沉积类型主要有以下几种：

1）红色岩层互层

沉积层全部为红色岩层，红色砾岩、砂砾岩、砂岩、粉砂岩、砂质页岩、页岩、泥岩等互层产出。如四川盆地侏罗系沙溪庙组、遂宁组、蓬莱镇组等地层。在这些软硬相间岩层中，软弱岩层成为红层岩土体薄弱部位，软弱结构面的存在是红层滑坡等病害主要原因。软硬岩层差异风化明显，岩体中节理发育，岩体破碎，常在工程中引起边坡的崩塌破坏。

2）与煤层互层

川南、重庆等地三叠纪、侏罗纪红层中含有煤层，沉积了以含煤为主的湖相沉积地层，如四川广元地区的白田坝组砾岩层普遍超覆假整合于须家河组之上，砾岩层底部之上为数十厘米甚至百余米的含煤泥页岩，夹砂岩或砾岩层，煤层变化大，最多达 6 层，多小于 40 cm，或相变为炭质页岩。再如重庆、威远等地珍珠冲组的綦江层。由于红层岩土体水稳定性较差，常引起矿井井壁失稳破坏或采动引起红层突水问题，也可能出现瓦斯，软岩、煤线中硫化物的腐蚀等问题。

3）与火山岩互层

西南一些地区，红层与二叠纪的玄武岩、凝灰岩接触，如在云南禄劝、寻甸一带的侏罗系禄丰组地层超覆于中三叠统关岭组及上二叠统峨眉山玄武岩组之上。川西理塘第三系热鲁组红层与凝灰岩互层产出。红层与火山碎屑岩、凝灰岩等火山岩互层产出。火山凝灰岩、红层泥岩等均属于软岩，使得岩层中的软弱夹层变得更加复杂，影响工程安全。

4）与蒸发岩互层

在砾岩、砂岩、黏土岩互层地层中夹有石膏、岩盐等蒸发岩薄层。蒸发岩种类有石膏、芒硝、岩盐和钾盐、镁盐等。如四川名山、雅安、洪雅一带紫红色泥岩与钙芒硝、硬石膏互层。云南昆明地区的侏罗系安宁组地层岩性变化不大，主要为一套含盐岩系，含硬石膏泥岩与砂岩组成韵律层。红层中的可溶成分及蒸发岩在环境水的作用下产生岩溶、溶蚀、腐蚀、结晶膨胀、渗漏等化学稳定性问题。

5）红色杂色岩层互层

大多数地区红层沉积的杂色岩层中，非红色的暗色砂岩、页岩和泥岩是红层盆地中的常见岩系，厚度可由数百米至数千米，还有有机质含量较高的灰绿色、灰黑色岩系，其中可能产生炭质页岩和含油页岩。非红色砂岩、泥岩的强度一般较红层岩石高，差异风化更加明显。部分岩石有机质含量较高，对岩土体的物理力学性质有较大的影响。

参考文献

[1] 四川省地质矿产局. 四川省区域地质志. 北京：地质出版社，1991.
[2] 云南省地质矿产局. 云南省区域地质志. 北京：地质出版社，1990.
[3] 贵州省地质矿产局. 贵州省区域地质志. 北京：地质出版社，1987.
[4] 郭永春. 红层岩土中水的物理化学效应及其工程应用研究. 西南交通大学，2007.
[5] 成昆铁路技术总结委员会. 成昆铁路－第二册（线路，工程地质及路基）. 北京：人民铁道出版社，1980.
[6] 王子忠. 红层软岩隧洞围岩变形破坏机制研究. 地球科学进展，第 19 卷增刊，2004.
[7] CHUKHROV F V. Chemicalgeology，112（1），1973.
[8] 曹珂，等. 四川盆地白垩系粘土矿物特征及古气候探讨. 地质学报，2008，82（1）.
[9] 中国科学院成都分院土壤研究室. 中国紫色土（上篇）. 北京：科学出版社，1991.
[10] 戴广秀，任国林. 湖北省丹江口地区红层的某些工程地质性质. 全国首届工程地质学术会议论文集. 北京：科学出版社，1983.
[11] 焦建. 思茅盆地侏罗纪区域成盐找钾研究. 中国矿业大学，2013.
[12] 杨立中，等. 深层地下水渗流的研究. 成都：成都科技大学出版社，1995.
[13] 朱春林. 滇中红层含盐层水文地质特征. 云南地理环境研究，2009，21（6）.
[14] 刘华，等. 川西坳陷侏罗系红层天然气成因类型与上三叠统油气同源性探讨. 天然气勘探与开发，2002，25（3）.
[15] 陈兴海. 四川红层成分分析及成因解析. 四川建筑，2009，29（9）.
[16] 夏祖葆，刘宝珺. 红层问题. 岩相古地理，1990.
[17] 孙树林. 川东北地区节理间距与岩层厚度关系的研究. 河海大学学报，1993，21（4）.

3 红层岩土工程性质

3.1 红层的风化

红层所具有的黏土矿物含量高、可溶盐含量高、钙质泥质胶结弱、固结成岩差、层间结合不良、软硬相间成层等特征，以及我国西南地区昼夜高低温交替、降水丰沛、地下水多的环境，使得红层风化现象十分普遍，严重影响着红层岩石的工程性质。数十年来西南红层地区修建铁路、公路和水电等工程的实践表明，红层风化是红层岩土工程性质中不可分割的重要组成部分。比如红层边坡的风化剥蚀，以其遍布性和长期性而成为西南地区地表岩土工程中的一种“慢性病”。早在 1963 年，成都铁路局就对四川境内未做防护的红层边坡的风化剥蚀进行过工务调查。调查发现在 100 万平方米的铁路边坡面上，每年约有六七万立方米的风化剥蚀物堆积，需耗费大量的劳力进行清除，以保障路基安全。又如，在川东红层地区因砂泥岩互层、软硬岩层差异风化形成的探头石崩落，是该地区自然斜坡崩塌灾害普遍发育的重要原因。三峡库区重庆东段的危岩地灾被列为库区重点整治的四大地灾之一。

我国对红层风化的工程研究，始于 1950 年，铁路系统率先对成渝铁路红层边坡的风化剥蚀进行了研究及处理。此后，四川省水利水电设计院（1959）、成都铁路局（1963）、铁科院西南所（1963）、中铁二院（1975）、西南交通大学（1993）曾就西南地区红层边坡的风化开展过较系统的专门调查。居恢扬、顾仁杰（1982），侯石涛（1987）就我国南方红层风化进行过调查研究。大量的调查研究表明，西南地区红层风化类型，在不同的分区有较为明显的差别，但综合起来，主要以物理风化和化学风化为主，生物风化一般较弱。

3.1.1 物理风化

西南地区由于气候、温差的关系，物理风化特征是非常明显的。在云南滇中地区，红层的物理风化是典型的温差作用形成的碎片状剥落，而西南其他地区，温差风化作用引起的红层泥岩球状风化也非常普遍。

根据 1992 年对地处云南中部的广（通）—大（理）铁路 DK8 ~ DK270 段的风化特征进行的调查表明，该段铁路线路经过地区出露地层为 K_1p、K_2j 及 K_3t 红层，铁路沿线代表性红层边坡风化调查结果见表 3.1。

表 3.1　广大线红层边坡风化特征

序号	里程位置	地层岩性	风化分带及风化深度	风化类型	开挖时间	边坡现状
1	DK11 仰坡	K_1p 紫红泥岩	W_3，5.0 m	碎块、碎粒球状堆积	8～10 个月	表层疏松有草
2	DK11 铁路	K_1p 紫红粉砂岩	W_3，4.0 m	不明显	1～3 个月	未见破坏
3	DK23 便道	J_3t 紫红粉砂岩	W_3，地表	碎粒、局部崩塌	3～5 年	碎块塌落无植被
4	DK23 自然坡	J_3t 紫红泥岩	W_3，地表	碎块散落	自然	表层剥落有树木
5	DK23 铁路	J_3t 紫红泥岩	W_4，10 m	不明显	6 个月	未见破坏
6	DK57 自然坡	K_2 紫红泥岩	W_3，地表	碎粒散落	自然	表层剥落无植被
7	DK57 公路	K_2j 紫红泥岩	W_2～W_3，地表	碎粒散落	5～8 年	表层碎粒成土屑
8	DK57 房边	K_2j 紫红泥岩	W_2，地表	碎　粒	6 个月	疏松土状有植物
9	DK57 钻孔	K_2j 紫红泥岩	W_4，28 m	新　鲜		
10	DK210 房边	K_2m 紫红泥岩	W_2～W_3，10 m	碎粒堆积	2～3 年	坡脚堆积无植被

在风化的物理环境中，温度是一个重要因素。据广（通）—大（理）铁路经过的云南省南华县的气象资料，该区极端地温变化范围是 - 10.1 ~ + 60.5 °C。雨季降雨量大而集中。调查表明，红层的风化主要表现为坡表面一层 1 ~ 3 cm 厚的碎片、碎粒堆积物，其碎片、碎粒坚硬扎手，很少有残积土存在，强烈地提示着温差作用的结果。对风化剥落物进行扫描电镜微观分析，发现岩石微观图像以颗粒形态为主导，这表明红层风化主要以物理风化为主，物理风化的诸多因素中，在自然状态下，温差的作用最为明显。

从野外观测及分析，广（通）—大（理）铁路地区红层边坡剥落破坏的过程归纳为：每年炎热夏季，红层边坡坡面在日光曝晒和突然降雨冷却的交替作用下，边坡表面产生碎片状崩解脱落，其碎片层下为热应力引起的风化裂隙密集带，在风化裂隙密集带中岩体破坏但结构紧密。当有较大降雨时，地表径流将已剥落的碎片从较陡坡面上带走，在坡脚或局部平坦坡面上堆积，因此在陡坡面上总是保留一薄层碎粒、碎片覆盖的风化表面，其下基本为新鲜原岩，植被不能生长。

试验和调查得知，红层边坡风化剥落破坏的主要环境是夏季高温的曝晒与突发性降雨的冷却。坡面最初的风化剥落在 10 d 左右就完成了，1 ~ 3 个月在坡面或坡脚就可能有剥落的碎片堆积。在温差较小的冬季，风化过程较慢。由试验和数值模拟计算得知，红层的风化裂隙在一天的热循环中即可产生，热应力的影响深度一般为 0.2 ~ 0.5 m，因此，坡面隔热是防止坡面风化的主要措施。

通过钻孔揭示，岩石的风化从地表向下依次是：残积土、风化碎片、轻微风化、新鲜岩石。由于观察的是经历漫长地质历史的自然地表坡面，可以推断风化碎片是新鲜岩石最初的风化产物，而后在长期历史中碎片逐渐风化成土。分析得知，在坡脚及坡面局部平坦处，堆积的碎片不易被带走，就地逐渐经历化学风化成土质，有零星植物在这些部位生长。从野外调查看，碎片风化成植被可以生长的风化土的时间大致 2 ~ 5 年。

上述对风化过程的研究，可以为工程建设提供有益支撑。例如，针对滇中红层风化特点，红层边坡的防护，在可能的情况下，根据岩性的差异，可适当提高边坡坡度，以缩小受热面积，利于排水。在自然防护的条件下，可在坡面上开挖阶梯或鱼鳞坑，使风化碎片在原地堆积并继续风化成土，然后种植植被，起隔热和加强坡面联结的作用，保持边坡稳定。坡脚是风化最强烈的部位，一般宜做坡脚矮墙。当对风化较慢的红层边坡采用清表抹面护坡时，仍宜做坡脚矮墙，而且宜选在冬季风化速度较慢时进行施工，并要确保施工质量。对高温差、强热应力作用下的边坡进行防护设计时，宜采用较重型的坡面防护形式，如浆砌片石（条石）等。护坡的厚度最好在 50 cm 左右。坡脚应修筑挡墙，并做天沟以排泄地表水。

除滇中红层外，川东红层也表现出较为明显的物理风化特征。据张俊云等（2006）对川东红层区重庆—涪陵、重庆—合川、重庆—綦江、成都—南充等高速公路和遂宁—重庆、重庆—怀化等铁路红层泥岩边坡的野外调查，川东红层泥岩快速风化的主要形式为碎粒状、碎片状和碎块状，并间有块状剥落。风化堆积物坚硬扎手，很少有残积土存在，反映出红层泥岩边坡以物理风化为主。对风化崩解物进行扫描电镜微观分析，发现堆积物微观图像以颗粒状形态为主，这也是物理风化产物的特征。

在外营力的作用下，红层泥岩边坡的快速风化集中在表层 10 cm 左右的深度内，随着表层的不断崩解、脱落，风化崩解向内部发展。气温变化影响泥岩的风化速率：日气温高及日温差大时，泥岩风化速率大；日气温低及日温差小时，泥岩风化速率小。中雨以上降雨次数对泥岩风化量影响较大，二者呈指数关系；小雨降雨次数对泥岩风化量影响较小。仅有气温的变化，红层泥岩风化崩解较慢。红层表层处于高温状态时，降雨是导致其快速风化剥落的主要外因。在高温季节，降雨能使红层泥岩边坡表面在很短的时间内降温，从而在边坡浅层出现很大的温差，红层表面因降温收缩产生拉应力，造成红层表层破坏。

丁瑜等（2015）以重庆地区红层泥岩、粉砂岩、泥质粉砂岩为对象，对其球状风化剥落的形貌、剥落层序、剥落层数、剥落层厚度、剥落物形态及其堆积特征等进行了分析（如图 3.1 所示）。调查和分析表明，球状风化的形态为椭圆或近圆形，初期为 10 ~ 20 cm 的典型风化球，后期分叉形成更小的风化球；球状风化剥落具有明显由外到内的层序特征，常见层数为 5 ~ 8 层，层厚由外向内逐渐减小。自然环境下，经过局部变形与应力集中、风化裂隙切割、椭球化、拱形开裂与球状逐层剥落等过程，最终形成风化球。球状风化是红层泥质岩典型的风化破坏形式之一，具有风化剥落速度快、风化球分叉明显的显著特征，因此，与硬质岩石相比，风化球尺度小，稳定性差，难以长久保留。

（a）侏罗系上统遂宁组泥岩（摄于涪陵）

（b）侏罗系中统沙溪庙组泥岩（摄于永川）

图 3.1 红层泥岩球状风化剥落（据丁瑜，2015）

3.1.2 化学风化

化学风化是使岩石发生化学成分的改变分解而破坏原岩组成和结构的作用。通常化学风化有氧化、水化、水解等。例如：岩石中含铁的矿物受到水和空气的作用，氧化成红褐色的氧化铁；空气中的二氧化碳和水气结合成碳酸，能溶蚀石灰岩；某些矿物吸收水分后体积膨胀；水和岩层中的矿物作用，改变原来矿物的分子结构，形成新矿物。这些作用可使岩石硬度减弱、密度变小或体积膨胀，促使岩石分解。

物理风化后形成的碎屑产物在平坦或低洼处堆积，随着时间的延续，在西南地区特有的水气作用下经受化学风化成为风化土。此外，物理风化崩解、开裂、破碎的同时，为水气提供通道，加速化学风化。西南红层由于其物质组成、环境水气成分等的影响，其化学风化主要体现为溶蚀效应、酸碱效应、分散效应、膨胀效应、新矿物生成等。

1. 溶蚀效应

红层岩土中的钾、钠等易溶盐，石膏，碳酸钙等关键成分遇不同水质的水后，都会产生溶解、溶蚀和迅速流失现象，破坏岩石结构，导致岩石表层强度降低，并随着时间增长，溶解、溶蚀作用逐渐由岩石表层向内部发展，进一步破坏岩石的完整性。

西南红层岩石中普遍含有钙质（$CaCO_3$），在水的作用下，特别是空气中 CO_2 与水的共同作用下，发生溶蚀，其化学过程可用以下反应式说明：

$$CaCO_3 + CO_2 + H_2O \rightleftharpoons Ca(HCO_3)_2 \rightleftharpoons Ca^{2+} + 2HCO_3^-$$

四川盆地相对封闭的环境，使空气中的 CO_2 容易积聚增多，和频繁的降雨形成 H_2CO_3，渗入地表岩石中，溶蚀红层泥岩中的 $CaCO_3$，这是川中红层化学风化明显高于滇中红层化学风化的原因之一。

通过对红层原岩和风化岩中 Ca^{2+}含量的对比，可以揭示风化作用造成的 Ca^{2+}的流失。中国科学院成都分院（1991）所做的测试分析表明，四川盆地红层泥岩中 CaO 含量是红层风化壳中 CaO 含量的 12.63 倍，Na_2O 为 5.37 倍，经历风化作用后化学成分损失量巨大，硅、铝、铁氧化物的变化不显著（如图 3.2 所示）。

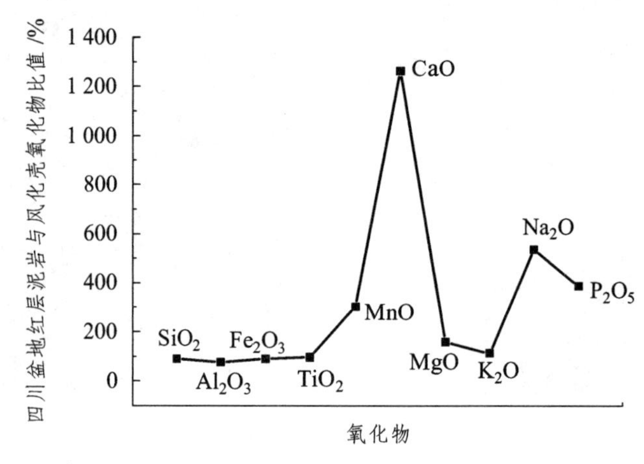

图 3.2　化学成分流失量变化（据中国科学院成都分院土壤研究室，1991）

2007年对达成铁路、成南高速、南充等地的现场调查结果显示：在开挖边坡揭露的岩体中可清楚看到红层泥页岩中的石膏夹层以及被淋蚀为蜂窝状的岩体表面；在公路路堤边坡挡墙排水孔中，有结晶析出的白色碳酸钙固体造成的泄水孔堵塞；在铁路隧道附近岩石边坡表面渗流结晶出芒硝和石膏的白色条带，以及高速公路涵洞顶板渗出碳酸钙晶体形成小型的鹅管现象。这些现象反映了在环境水的作用下，尤其是在酸性环境水的作用下，红层岩土中的可溶成分逐渐流失，破坏岩土结构，连接强度损失，岩土完整性丧失。同时也和可溶成分的溶解度及其与环境的关系有关，大部分可溶盐的溶解度随温度和压力的升高而增加，有利于溶解的发生。而碳酸钙却表现出相反的特性，它的溶解度随着温度的升高而降低，随压力的降低而降低，所以会在岩土内部溶解，流到表面时温度升高，压力降低，溶解度降低，逐渐结晶析出，堵塞排水孔等排水设施，引起岩土内部孔隙水压力升高，产生渗流压力。

在长期溶解、淋蚀、渗流等水的作用下，红层岩土中的易溶盐、石膏、碳酸钙等成分均出现了不同程度的流失、溶蚀现象，这种作用通常也称为淋滤作用。由于长期的淋滤作用，在西南地区山丘坡顶、一些相对不易风化的砂岩平台上，常常有红层化学风化作用后的残积层存留（如图3.3所示）。

图3.3　红层化学风化残积层

2. 酸碱效应

在酸性环境水的作用下，钙质泥岩中的钙质胶结物逐渐流失。试验及相关研究资料表明：试验红层岩土体pH值多数介于7～9，总体偏碱性。因此在红层地区应注意酸性环境水对红层岩土体的腐蚀和影响。尤其是在可以提供酸根离子的石膏、芒硝等含盐地层，以及工程施工、运营期间可能产生的酸性物质对岩土体的影响。徐则民等（2000）对成渝线岩土20 h淋滤试验结果表明，淋滤新鲜泥岩后，溶液Ca^{2+}增加32.35 mg/L，增加了约633%，溶液矿化度增加约171 mg/L，增加了512%，充分说明酸性环境水对碱性红层岩土的强烈溶蚀作用。

西南地区，特别是四川盆地，空气中硫酸根离子的浓度较大，常形成酸雨。四川南充、重庆主城区是酸雨较为严重的地区。根据廖正军等（2000）对1998年重庆市36个降水监测点监测结果统计表明，重庆市降水pH值范围为3.43～8.90，均值为4.88，酸雨pH均值4.59，酸雨频率为45.6%，酸雨量占降水总量的49.8%。冯宗炜、王正波等（1998，2017）对重庆市部分地区所降酸雨的离子浓度进行的测试结果，表明重庆市酸雨的主要离子有SO_4^{2-}、Ca^{2+}、K^+、NO_3^-、NH_4^+（见表3.2）。

表3.2　重庆市部分地区所降酸雨离子浓度（据冯宗炜、王正波等）　mg/L

地　点	Cl^-	SO_4^{2-}	NO_3^-	Na^+	K^+	Ca^{2+}	Mg^{2+}	NH_4^+
真武山	0.98	22.50	0.93	0.55	3.22	8.36	0.48	1.91
观音桥	1.11	37.42	3.46	0.60	0.63	7.02	0.38	3.89
巴南站	3.16	46.83	6.29	1.40	2.73	26.70	1.52	2.98
北碚站	3.62	39.88	5.28	1.06	4.25	21.32	0.80	4.40
沙区站	2.46	46.30	4.04	0.76	0.84	15.29	0.92	3.86
大足站	1.53	20.54	3.70	0.49	0.61	4.43	0.24	2.52
缙云山		12.07	1.60	0.69	1.29	2.45	0.45	1.61

酸雨在红层岩石中$CaCO_3$的酸碱反应如下：

$$CaCO_3+H_2SO_4 \longrightarrow CaSO_4+H_2O+CO_2\uparrow$$

该反应式表达了酸雨中的SO_4^{2-}离子与$CaCO_3$中Ca^{2+}离子结合生成$CaSO_4$沉淀，并释放出CO_2。前者可以解释在边坡泄水孔和隧道排水沟出露地表后硫酸钙等白色沉淀物生成的问题。而后者与水反应后又可形成上节所述的溶蚀效应。

除了酸雨和环境水的固有影响之外，在红层中进行的工程开挖改变了岩土体表面形态和地下水径流条件，可能加剧红层风化中的酸碱效应。据对成昆铁路、大双公路红层研究表明，施工前水质分析结果显示无侵蚀性的地下水，施工后可能会发生变化而具有酸性，对红层岩土体产生腐蚀。通过淋滤试验研究环境水对红层岩土体淋滤后pH值的变化表明，酸性水在淋滤岩土试样后pH值从1.09增加到6.98～8.06，增加幅度5.89～6.97。这说明酸性环境水对红层岩土体的化学影响较强。比较而言，蒸馏水淋滤岩土试样后，pH值增加了0.88；碳酸水淋滤红层岩土试样后，淋滤岩样的水样pH值增加仅为0.24，淋滤土样后水样的pH值略有降低，约为0.68。这说明蒸馏水和碳酸水对红层岩土体的化学影响相对较弱。比较而言，红层岩土体受酸性环境水的影响较大。

3. 分散效应

由于溶蚀、腐蚀等效应使岩体结构破坏，岩土颗粒连接减弱，分散性增强，在水的作用下，原岩颗粒易于流失，产生分散效应。岩石、风化层、土的分散性逐渐增加，渗透性增强。粉粒与黏粒之比逐渐减小，岩土的分散性逐渐增加，造成红层岩石原来的成分改变，也可视为化学风化的一种形式。

图 3.4 为红层泥岩试样脱钙前后 SEM 观察图像，是钙质成分流失后分散效应的微观表现。(a)、(d) 为原岩岩块放大 5 000 和 10 000 倍的 SEM 图像，矿物颗粒或集合体结构紧密；(b)、(e) 为原岩粉末放大 5 000 和 10 000 倍的 SEM 图像，矿物颗粒或集合体结构松散，孔隙增加；(c)、(f) 为脱钙粉末放大 5 000 和 10 000 倍的 SEM 图像，矿物颗粒或集合体结构连接更加松散，孔隙大。这些说明钙质成分流失后，确实破坏了红层岩土的结构连接，导致岩土的分散性增强。

(a) 原岩岩块 (×5 000)　(b) 原岩粉末 (×5 000)　(c) 脱钙粉末 (×5 000)

(d) 原岩岩块 (×10 000)　(e) 原岩粉末 (×10 000)　(f) 脱钙粉末 (×10 000)

图 3.4　红层岩土试样脱钙前后 SEM 图像

4. 膨胀效应

红层泥岩中的亲水矿物，如蒙脱石、伊利石等，吸收水分后，可使岩石发生体积膨胀，促使岩石分解，这就是化学风化中的膨胀效应。

胡文静等（2014）对重庆地区侏罗系中统沙溪庙组红层泥岩进行侧限无荷膨胀和有荷膨胀室内试验，研究了侧限无荷、有荷及不同加水条件下的膨胀性能。结果表明，红层泥岩侧限无荷膨胀呈现 3 个膨胀变形阶段：第一阶段膨胀变形较快，膨胀量较大，此阶段可完成总膨胀量 70% 以上；第二阶段膨胀速率较低，累计膨胀变形可达总膨胀的 95%；第三阶段膨胀随时间持续逐渐趋于稳定。红层泥岩充分膨胀时膨胀力大，最大膨胀力均在 1 300 kPa 以上。除了亲水矿物，膏盐组分也会引起红层岩石的膨胀。有关泥岩膨胀性的详细论述可参看本书第 7 章。

5. **新矿物生成**

水与红层中一些矿物的作用，通过水化作用可以转化为新的矿物，这样就直接改变了矿物的成分，可使岩石硬度减弱、密度变小或体积膨胀，促使岩石分解，使原岩的性质发生变化。比如，硬石膏的水化反应如下：

$$CaSO_4+2H_2O \longrightarrow CaSO_4 \cdot 2H_2O$$

石膏的水化作用不仅是矿物成分的改变，而且其体积增加了63%，造成原矿物颗粒的膨胀，使得原岩体积增大，结构破坏，同时具备化学风化的两种作用。

红层化学风化速度取决于岩石成分和环境。在西南地区，不同分区其化学风化速度是不同的。在常年温湿多雨的川中红层区，化学风化明显快于旱季雨季分明的滇中红层区。钟凯等（2000）研究过滇中红层化学风化的反应速度，堆积在坡脚或坡面平坦处的剥落物质经2~5年的淋滤作用逐渐风化成坡积土。而对川中红层化学风化的调查表明，其红层碎片仅需0.5~1年就可以完成化学风化成为风化土。

红层的化学风化对工程的影响是两方面的。一方面，对红层的开挖破坏了原来的地表土层，影响到植被的恢复和环境的保护，需要加快岩石壤化过程，这样采用安全环保的方法促进红层的化学风化是有利的。但是，另一方面，在更多的情况下，特别是西南红层普遍还有碳酸盐、硫酸盐矿物的情况，化学风化的溶蚀、析出、结晶作用恶化了环境，降低了岩石工程性质，影响了地下水的排泄，甚至造成腐蚀，这些是需要在工程建设中尽力克服的问题。

3.1.3 红层风化带

红层常年受内外营力的作用，特别是风化作用，形成了地表以下一定深度的风化带。风化作用在地表强烈，但随着深度的增大，风化强度逐渐减弱。四川盆地内红层风化带深度一般是30~40 m。由于红层软岩主要矿物成分、结构构造、胶结物成分及胶结程度各不相同，历经风化营力作用之后，风化物的形状也有所区别。这种差异主要表现在工程性质的各向异性，同时也影响红层风化带的划分。

一般将岩石风化剖面划分为全风化带（W_5）、强风化带（W_4）、弱风化带（W_3）、微风化带（W_2）和未风化带（W_1）。

全风化带：全风化带的深度较浅，一般是指在地表的风化破碎层，一般只有几十厘米厚。该层岩体极其破碎，岩石性质极差。

强风化带：强风化带深度，一般是在10 m以内，岩石风化强烈，原岩已经被破坏，易溶物质已经被水带走，泥质及难溶物质留下。一般情况下，这一带的透水性是很小的。

弱风化带：这一带发育的深度是20~30 m，最深可达60 m。一般情况下，带内岩石结构完整，只是原生裂隙发育，层面裂隙和构造裂隙扩大，同时产生一些新的裂隙。该带内裂隙发育不均匀，是地下水的主要含水带。

微风化带：此带发育的深度在 30 m 或 40 m 以下，风化作用影响极弱，裂隙不发育，岩石透水性极弱，基本上可视为相对隔水带。表 3.3 是川中部分城市地区的风化带深度。

表 3.3 川中部分地区风化带深度 m

地 区	风化带厚度	地 区	风化带厚度
广 元	数米至十余米	广 安	29 ~ 60
南 江	6 ~ 20	遂 宁	10 ~ 20
绵 阳	5 ~ 20	自 贡	16 ~ 28
通 江	7 ~ 25	内 江	5 ~ 23
梓 潼	7 ~ 20	泸 州	20 ~ 50
仪 陇	8 ~ 27	宜 宾	30 ~ 50
射 洪	5 ~ 25		

根据西南地区工程实线，一般建筑基础可放置在弱风化带以下，重要的基础则要求放置在微风化带以下。

3.2 红层岩土的工程性质

3.2.1 红层岩石的物理性质

西南红层岩石典型物理性质指标见表 3.4、表 3.5。从表中可知，四川红层软岩天然密度大多为 2.2 ~ 2.61 g/cm^3，干密度多为 1.9 ~ 2.7 g/cm^3，颗粒密度多为 2.1 ~ 2.8 g/cm^3，密度的变化与不同岩石的矿物成分、粒度成分、结构构造及其形成的地质历史有关。孔隙度一般不超过 20%，吸水率一般小于 8.01%。红层软岩虽然矿物颗粒较细小，孔隙较小，但孔隙度较大，含水量也相对较高。遂渝线红层泥岩的含水量在 8% 左右，孔隙度在 11.25% 左右，表明岩石内部的孔隙和裂隙是比较发育的。这些孔隙和裂隙控制了水侵入岩石内部的路径，这为水侵入岩石内部提供了良好的通道，成为岩石内部的薄弱部位。云南红层天然密度大多为 2.54 ~ 2.64 g/cm^3，孔隙度一般不超过 10%，天然吸水率一般小于 3%，表明岩石内部的孔隙和裂隙是不太发育的。整体上看，四川红层孔隙度和吸水率略高于云南红层。

表 3.4　四川红层软岩物理性质指标变化范围

岩石名称	含水量 /%	干密度 /（g/cm³）	密　度 /（g/cm³）	比　重	吸水率 /%	孔隙度 /%
粉砂岩	0.7 ~ 3.5		2 ~ 2.68	2.5 ~ 2.72	0.3 ~ 7.5	0.4 ~ 2.4
风化砂岩		2.55		2.72	1.4	5.92
钙质粉砂岩		2.44 ~ 2.66		2.71 ~ 2.73	0.6 ~ 2.88	2.64 ~ 9.82
钙质砂岩		2.33 ~ 2.65		2.64 ~ 2.72	0.87 ~ 5.34	2.64 ~ 14.65
夹煤砂岩		2.62		2.7	0.7	3.21
煤质页岩		2.63		2.71	1.6	2.6
泥　岩	0.71 ~ 7.34	2.25	2.01 ~ 2.8	2.32 ~ 2.8	1.26 ~ 8.01	0.4 ~ 17.5
泥质粉砂岩		2.57	2.66	2.73	2.44	5.71
泥质砂岩		2.53 ~ 2.59		2.69 ~ 2.73	2.12 ~ 2.81	5.5 ~ 7.82
泥质页岩		2.61		2.71	1.81	3.74
砂　岩	0.4		1.9 ~ 2.73	2.48 ~ 2.72	0.4 ~ 9.4	1.1
砂质泥岩		2.4 ~ 2.41	2.47	2.14 ~ 2.75	3.06 ~ 5.82	10.5 ~ 13
砂质页岩		2.61		2.71	1.64	3.48
细砂岩	0.5 ~ 1.1		2.24 ~ 2.95	2.64 ~ 2.71	1.0 ~ 4.17	
页　岩	1.84	2.61	2.6	2.37 ~ 2.74	0.5 ~ 2.75	4.9

表 3.5　云南红层岩石物理性质指标（据张翔，2015）

岩　性	颗粒密度 /（g/cm³）	块体密度 /（g/cm³）	孔隙率	天然吸水率 /%
泥　岩	2.76	2.57	7.74	2.58
钙质泥岩	2.76	2.64	4.61	1.17
粉砂质泥岩	2.77	2.64	6.18	1.53
泥质粉砂岩	2.77	2.6	6.22	1.71
粉砂岩	2.7	2.54	5.88	1.66
砂　岩	2.73	2.64	3.33	0.59

3.2.2　红层岩石的水理性质

红层岩石的水理特性类型主要有软化特性、渗流特性、崩解特性、膨胀特性、分散特性等 5 种类型。

1. 红层泥岩软化性

红层软岩的黏土矿物含量高，且含可溶物质，黏土矿物具有比表面积大、亲水性强、离子交换容量大等特点，因此水对软岩的强度削弱作用相对较大。软化系数 K_r 是判定岩石水稳定性的重要指标之一。一方面，软化系数的高低，反映了岩石遇水后强度变化的程度，是水岩相互作用力学效应的主要研究内容之一，主要用来评价岩土遇水后强度损失程度。另一方面，岩石软化系数越低，说明岩石对水的稳定性越差，也可以用软化系数的大小评价岩土对水的稳定性。根据常见岩石软化系数的大小，岩石可分为水稳定性弱（$K_r \leq 0.2$）、水稳定性中等（$0.2 < K_r < 0.7$）、水稳定性强（$K_r \geq 0.7$）三组，如图 3.5 所示。红层泥岩崩解性比较强烈，制样困难，烘干试样浸水后迅速崩解，水稳定性弱。

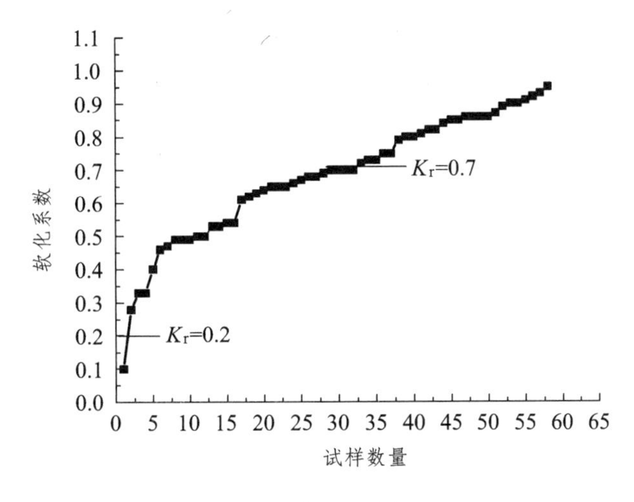

图 3.5 软化系数分级曲线

张翔等（2015）对红层滇中软岩取样进行了室内软化试验，在水中浸泡 48 h 以上再测定其饱和抗压强度，结果见表 3.6。通过试验可见：滇中红层软岩在经过自由浸水 48 h 后，其单轴抗压强度缩小，软化系数为 0.34 ~ 0.63，遇水软化效应明显。朱俊杰（2013）对云南滇中红层软化特性进行研究，其软化系数为 0.42 ~ 0.84。

表 3.6 滇中红层软岩的软化性试验成果（据张翔，2015）

岩 性	干抗压/MPa	饱和抗压/MPa	软化系数
泥 岩	29.60	11.00	0.37
钙质泥岩	35.55	22.25	0.61
粉砂质泥岩	45.92	18.64	0.45
泥质粉砂岩	39.15	21.39	0.50
粉砂岩	53.85	17.86	0.34
砂 岩	107.88	70.20	0.63

大量的试验及工程经验表明，红层岩石的软化系数主要受岩石物质组成影响，泥质含量越高，软化性越强。

2. **渗透性**

成南高速、达成铁路沿线调查发现，由于路堤改变了局部的水文地质条件，在红层软岩土地区常常发现圈椅型斜坡路堤产生渗流破坏，直至整体滑移等病害。为了验证现场调查结果，进行了室内渗透性的模型模拟试验，得到了类似的渗流现象。

红层岩土渗流效应受四个方面因素影响，① 地形地貌：圈椅型的斜坡汇水地形，为地表水、地下水的汇集创造了条件。② 地层岩性：红层岩土及其路堤填料的溶解、溶蚀、软化、流失等效应显著。③ 水的条件：降雨量大，地下水、地表水丰富，沿着路堤渗流。④ 工程活动：工程路堤施工改造局部地形条件，导致地下水和地表水补给、径流、排泄等水文条件发生变化。在调整的过程中，地下水沿着路堤内部孔隙产生渗流，造成斜坡路堤渗流破坏，严重时可能会导致路堤基底渗流滑移。在暴雨季节可能产生路基水毁现象。关于红层的渗透性，本书第 8 章将详细论述。

3. **崩解性**

崩解是具有缺陷的岩土体由于干湿循环等环境条件反复变化，导致岩土体结构构造产生不可逆破坏的分散解体过程。红层软岩开挖暴露后，由于温差、降雨等作用会迅速崩解成碎块状、粒状或泥渣状土。在勘探过程中钻孔取出的泥岩、粉砂岩岩芯，晴天 3 ~ 5 h 就会出现裂纹，2 ~ 3 d 就会崩解成碎块或岩屑；又如红层软岩爆破开挖形成的粒径 20 ~ 30 cm 块石，经 10 d 崩解为粒径 2 ~ 5 cm 碎块并部分泥化，红层软岩崩解后的岩石强度完全丧失。大量相关的试验结果表明，红层软岩一般均属于崩解性岩石，只有崩解速度快慢和崩解程度的不同。一般认为，红层软岩发生崩解的主要原因是其中不同程度地含有亲水性黏土矿物蒙脱石和伊利石。尤其是蒙脱石所具有的叠层状矿物结构，层间联结不够牢固，水的极性分子极易在层组间渗透，导致该黏土矿物的膨胀和收缩。矿物层次的胀缩变化，在宏观上便引起红层软岩的开裂。亲水性黏土矿物中不断胀缩进一步促使红层软岩破裂碎化，形成红层软岩的渐进崩解过程。崩解过程的最终结果，即崩解破坏形式，主要有泥状崩解、碎屑状崩解、碎块状崩解、块状崩解、不崩解 5 种形式。有关崩解的详细论述请参看本书第 4 章。

4. **膨胀性**

红层软岩崩解物具有一定的膨胀特性，湘耒公路红砂岩自由膨胀率平均值为 41.3%，击实样体缩率平均值为 7.45%，具有膨胀性。云南红层软岩黏土矿物主要以伊利石为主，其次为高岭石、蒙脱石，含量 10% ~ 30%，该类矿物微观结构上晶架结构活动性大，亲水能力强，当岩体遇水后，岩体将会体积膨胀。岩石的膨胀性还与岩体的含水率、孔隙比及该类黏土矿物的含量有关，部分试样由于含水率相对较高、孔隙比小，该类地层膨胀性不是很明显。另外影响红层软岩膨胀性最重要的因素为风化程度，全—强风化岩体的膨胀力较弱风化岩体强 14 倍。有关红层岩石膨胀性的详细论述请参看本书第 7 章。

5. **分散性**

分散效应指在水的作用下，红层岩土结构从紧密完整状态到松散破碎状态的现象。在宏观上，分散效应表现在红层岩土结构崩解过程中；在微观上，分散效应表现为红层岩土结构连接的破坏，矿物颗粒或集合体的分散程度，孔隙变化大小等现象。

在宏观现象上，分散效应体现在红层岩土的崩解过程中，岩土从致密完整状态经历崩解作用逐渐分散解体，成块状、碎屑状、泥状等状态存在。在水的作用下，红层岩土中的细小颗粒会被流水带走流失，促进岩土结构分散程度的增加。

3.2.3 红层岩石的热学性质

岩石与温度有关的物理、力学性质，称为岩石的热学性质。红层的热学性质在研究红层的物理风化、红层岩土工程传热、防灾、保温等理论与实践中有重要意义。综合四川地区研究资料，红层岩石的热学参数见表 3.7。

表 3.7 红层泥岩热学参数（据林睦曾，1991）

参 数	取 值
热膨胀系数 /（/°C）	6×10^{-6}
导热系数 /［W/（m·°C）］	2
热容 /［J/（m^3·°C）］	1.64×10^{-6}
导温系数 /（m^2/h）	0.004 4

3.2.4 红层岩石的力学性质

红层岩石（主要包括泥岩、泥质粉砂岩、粉砂质泥岩、砂岩、页岩等）的单轴饱和抗压强度变化范围较大，除部分砂岩具有较高的抗压强度之外，大部分红层岩石抗压强度较低，属于软岩，且抗剪强度、抗拉强度也比较低（相关力学性质指标见表 3.8）。红层软岩的低强度特征使得其在工程中常出现岩体变形、强度衰减等现象，危及工程安全与稳定，在工程实践中应注意岩体强度问题，并考虑其时间效应和环境效应。

点荷载试验是岩石力学中一个简便易行而又应用很广泛的试验。邱恩喜（2009）等对兰渝铁路广南段和南渭段、达成铁路、遂渝铁路、成南铁路、绵广高速、S101 省道、遂回高速、G318 国道、大双公路、南充、蓬溪、峨眉等地的红层岩石取样进行了点荷载试验和波速测试，图 3.6 为岩样点荷载强度直方图，从图中可以看出点荷载强度主要分布在 0.25 MPa 到 1.0 MPa 之间。第一个峰值强度 0.3 MPa，该段分布的均为泥岩或者泥质含量较高的岩样；第二个峰值强度 1.1 MPa，该段分布的均为砂岩岩样。图 3.7 为点荷载强度分布概率曲线及累计分布曲线，从图中可以看出点荷载强度小于 1.0 MPa 的约占 60%，小于 1.5 MPa 的约占 90%。

表 3.8　红层岩石力学性质指标变化范围

岩石名称	软化系数	抗压强度/MPa			动弹模量/($\times 10^4$ MPa)	动剪模量/($\times 10^4$ MPa)	弹性模量/GPa
		干	天　然	湿			
粉砂岩		15 ~ 110		44 ~ 71.8			1.6 ~ 5.3
泥　岩		2 ~ 73	3.91 ~ 5.12	0 ~ 52.6			0.188 ~ 3.5
泥质粉砂岩	0.71 ~ 0.82	14.6 ~ 45.4		10.1 ~ 43.7			
砂　岩	0.52 ~ 0.64	12.7 ~ 154.2		7.2 ~ 131.5	1.72 ~ 5.69	0.67 ~ 2.94	0.24 ~ 36.6
细砂岩		12.7 ~ 185		7.2 ~ 148	1.72 ~ 5.69		11.4
岩石名称	点荷载强度/MPa	泊松比	抗剪强度		抗拉强度/MPa	纵波波速/(m/s)	
			φ/(°)	C/MPa			
粉砂岩			26 ~ 53	0.095 ~ 0.12	1.0 ~ 2.9		
泥　岩	0.3		11 ~ 41	0.05 ~ 0.12			
泥质粉砂岩			38 ~ 44	5.4			
砂　岩		0.18 ~ 0.22	12 ~ 50	0.01 ~ 0.25	1.15 ~ 2.04	2 822 ~ 5 156	
细砂岩			45 ~ 56	0.1 ~ 0.58	2 ~ 3.1		

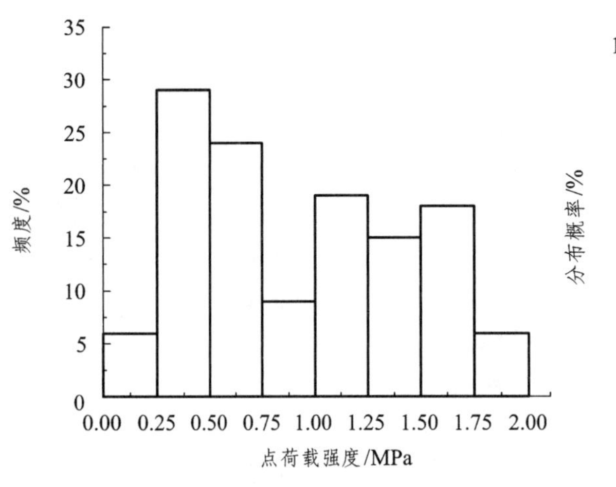

图 3.6　岩样的点荷载强度直方图

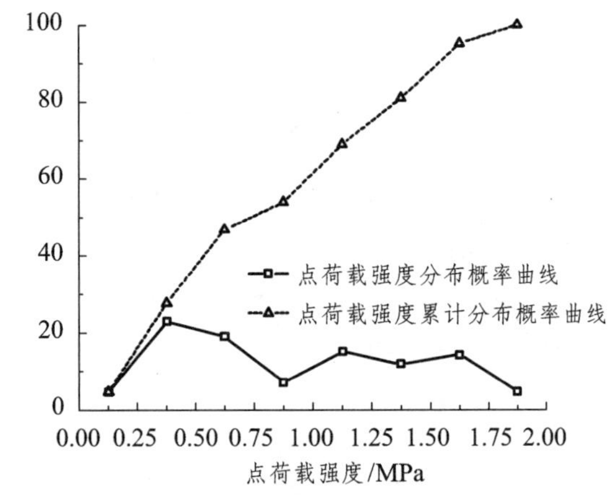

图 3.7　岩样的点荷载强度分布概率曲线

所测岩样的波速为天然状态岩样的纵波速度。图 3.8 为岩样纵波速度直方图，超声波试验岩样共 262 个，从图中可以看出试验岩样纵波速度主要分布为 1 250 ~ 2 500 m/s。图 3.9 为岩样纵波速度分布概率曲线及累计分布曲线，从图中可以看出波速小于 1 500 m/s 的岩样占总试验岩样 32.44%，波速小于 2 000 m/s 的岩样占试验岩样的 54.96%。

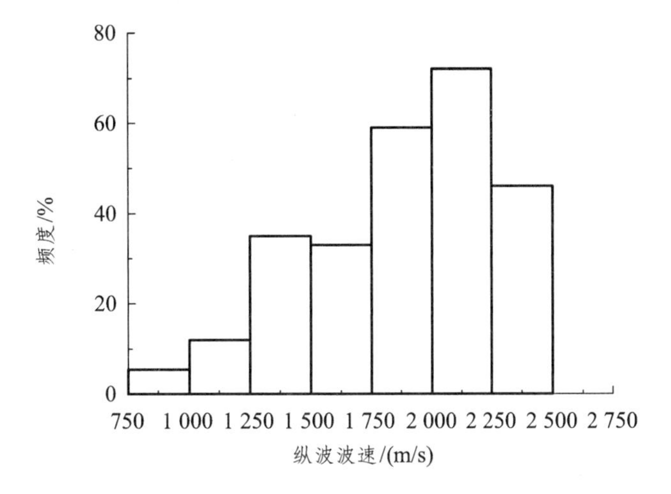

图 3.8 岩样的波速直方图

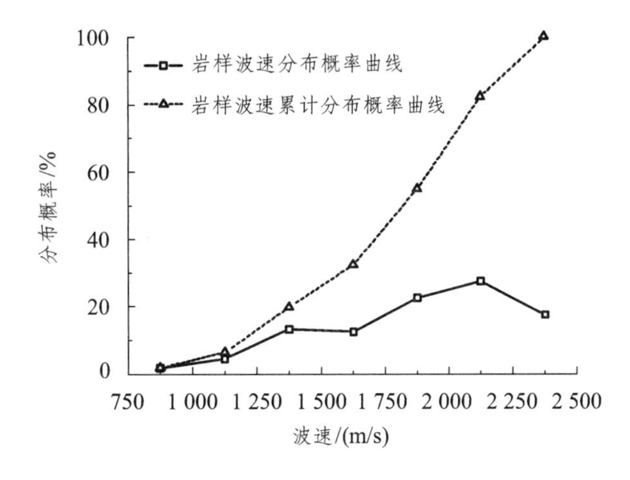

图 3.9 岩样的波速分布概率曲线

侯钦礼等（2015）通过对四川某水电站坝址区红层砂岩、泥岩、泥质粉砂岩及粉砂岩的波速测试表明，各类软岩微新岩体平均波速差异不明显，其中：中砂岩、泥岩、泥质粉砂岩及粉砂岩声波波速值统计平均值均在 3 000 m/s 左右；粉砂质泥岩波速略低，平均值为 2 900 m/s 左右；细砂岩波速值略高，统计平均值约为 3 200 m/s。不同层位同类微新岩体的平均波速存在一定差异，也反映出同类岩石在不同层位的胶结成岩程度上也存在差异。不同岩类、不同风化程度岩体的波速值均有不同程度的变化，其中强风化岩体平均波速较弱风化岩体降低 9% ~ 22%，较微新岩体平均波速则降低 8% ~ 24%。岩体钻孔声波波速分段表明，不同岩类不同风化程度岩体波速分布有一定差异，尤其是微新岩体，岩体波速在不同的波速区间出现频率呈现不同的形态，峰值区间也有所不同。其中，粉砂质泥岩、泥质粉砂岩、粉砂岩及中砂岩峰值区间为 3 000 m/s>V_p≥2 500 m/s，而泥岩、细砂岩峰值区间为 3 500 m/s>V_p≥3 000 m/s。

3.2.5 红层泥化夹层剪切强度特征

红层中的泥化夹层的力学性质，在红层大坝、边坡、地下隧道等工程的稳定性分析中具有极其重要的意义。红层中的泥化夹层，主要为黏土泥岩泥化夹层与碳酸岩泥化夹层。其中泥岩泥化夹层类由于分布广泛，由其控制发育的顺层滑坡比例接近 61%。泥化夹层力学性质的研究成果非常丰富，表 3.9 列出了几组西南红层泥化夹层的部分力学指标。

表 3.9 红层泥岩夹层力学指标

工程名称	夹层类型	C/kPa	φ /（°）
宝成线 K105 顺层边坡	0.1 ~ 0.2 m 薄层泥岩		33.7 ~ 41
长江三峡安坪顺层岸坡（5 个）	泥　岩	17.82 ~ 24.97	14.7 ~ 17.5
重庆钢铁公司古滑坡	泥化夹层	30	22.8
三峡库区云阳五峰山滑坡	夹泥质条带或泥岩	60 ~ 70	17 ~ 19
重庆市万梁高速公路 K43+50 ~ +300 地段顺层岩石高边坡	薄层炭质页岩泥化夹层	5 ~ 10	13 ~ 15

据 2009 年对西南、鄂西顺层边坡的研究，该区泥化夹层黏聚力 C 值峰值强度 5 ~ 25 kPa 占 60.0%，φ 值峰值强度 12° ~ 21° 占总体 78.2%，残余强度 C_r 值 0° 占总体 90%，φ_r 值 10° ~ 12.5° 占总体 80.0%。对比泥化夹层的峰值强度与残余强度，可知残余强度相对峰值强度 φ 值衰减 90% 左右，C 值基本衰减到 0。

然而大部分泥化夹层抗剪强度的试验研究对其存在的软化特征的试验研究不多，应用研究也较少。郑立宁（2012）基于软化理论，对红层泥岩泥化夹层的剪切强度和工程应用进行了系统研究。试验岩样采自四川新建成简快速通道桥夏家沟段路堑边坡，为白垩系上统灌口组粉红色砂泥岩互层中的泥化夹层。采样处受龙泉山区域地质构造影响，岩层顺倾，附近发育一小型断裂错动带，在错动带下盘砂泥岩接触处形成光滑错动面，错动面为上部砂岩下部泥岩形式，层厚一般为 2 ~ 5 cm，局部形成 2 ~ 3 条错动面，路堑边坡沿此软弱夹层局部形成不稳定体，如图 3.10 所示。

图 3.10 砂泥岩软弱夹层特征

图 3.11 试样标注特征

试样采用环刀切取且整平土样的两端，使软弱面处于环刀的高度一半处，按照天然错动方向定向标注，取样后立即密封保存（如图 3.11 所示）。试样取回后，立即密封在石蜡中，且放置于恒温恒湿的保湿盒进行密闭保存。

经室内土工试验分析，得出泥岩泥化夹层的试样天然重度为 20.12 kN/m^3，天然含水量为 20.2%，塑限为 19.0%，液限为 29.3%，物质成分主要为蒙脱石与伊利石，局部含石英及长石质颗粒。

对于现场原状试样，参照国内《工程地质试验手册》、《铁路工程土工试验规程》（TB10102—2004）及《欧洲土工残余强度试验规范》（XPP94-071-2）的试验技术要求，利用应变控制式反复直剪仪进行滑面重合剪切试验。施加垂直压力为 50 kPa、100 kPa、150 kPa、200 kPa 四种，保证裂隙面正好在通过剪切盒中心。剪切速率为 0.02 mm/min，当剪应力超过峰值后，按剪切位移每隔 0.5 mm 测记一次读数，直至最大剪切位移 5 ~ 8 mm 时停止剪切。第一次剪切完成后，反向以剪速 0.6 mm/min 反推回。如此进行几次反复剪，直至最后两次剪切时测力计读数接近为止。

将在固定法向力作用下，不同剪切次数的剪切位移-剪应力曲线绘制在同一坐标轴中，图 3.12 为泥岩泥化夹层在法向力为 50 kPa 时，6 次剪切过程中的剪切位移-剪应力曲线。将该曲线中各次曲线的初剪弹性变形段去掉，可整体绘制成全过程剪切位移-剪应力曲线，如图 3.13 所示。

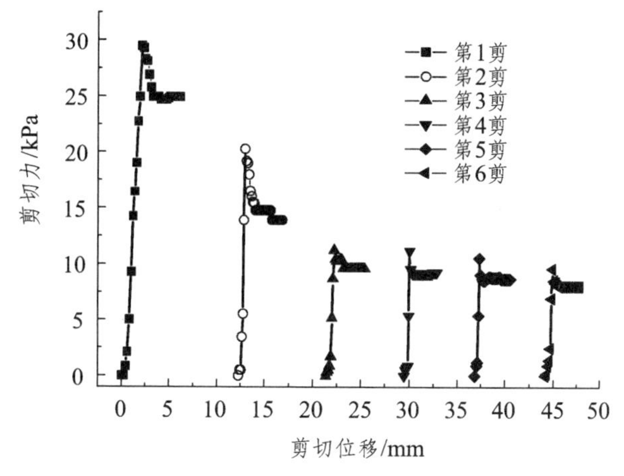

图 3.12　不同剪切次数的剪切位移-应力曲线

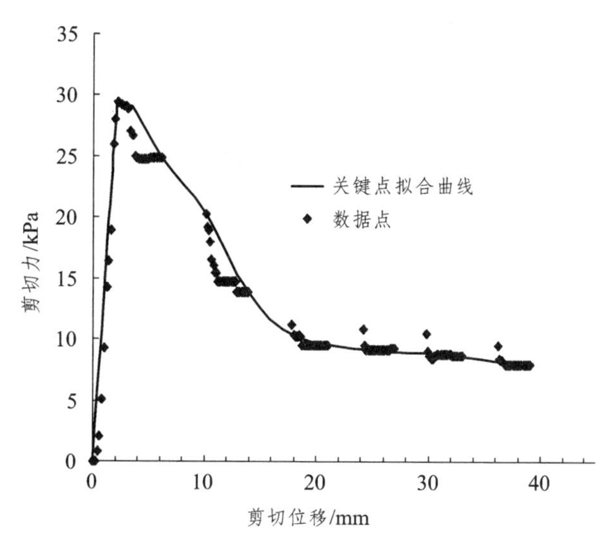

图 3.13　全过程剪切位移-剪应力拟合曲线

采用如上方法，得到不同类型泥化夹层的全过程剪切应变软化曲线簇及峰残剪切强度值曲线，如图 3.14 所示。

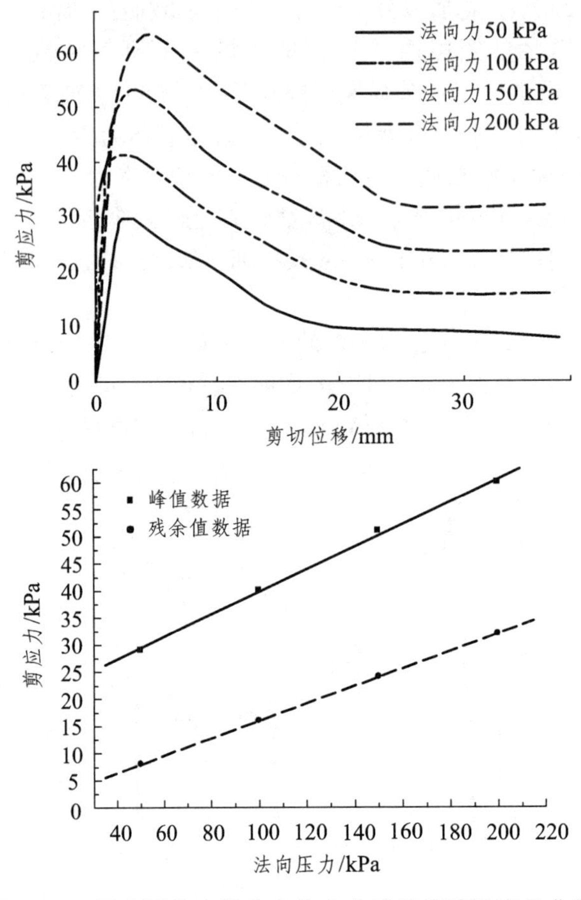

图 3.14　泥岩泥化夹层应变软化曲线及峰残强度值曲线

基于川本的三线型应变软化模型设置，假设岩土材料初始产生线弹性变形，弹性变形期间材料强度参数维持峰值强度（φ_p、C_p）不变；当应变达到γ_e时，最大应力τ达到最大值τ_p；峰值后进入线性软化阶段，强度参数（φ、C）随着剪切位移进行线性衰减；当应变达到γ_p时，最大应力τ达到最小值τ_r，材料强度参数达到残余强度（φ_r、C_r）且保持不变（如图 3.15、图 3.16 所示）。

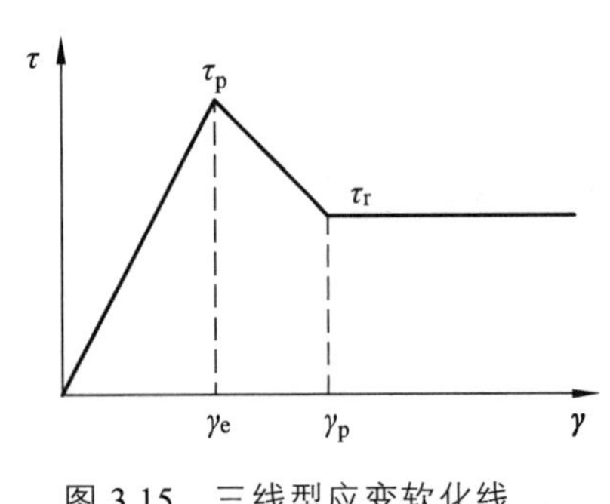

图 3.15　三线型应变软化线

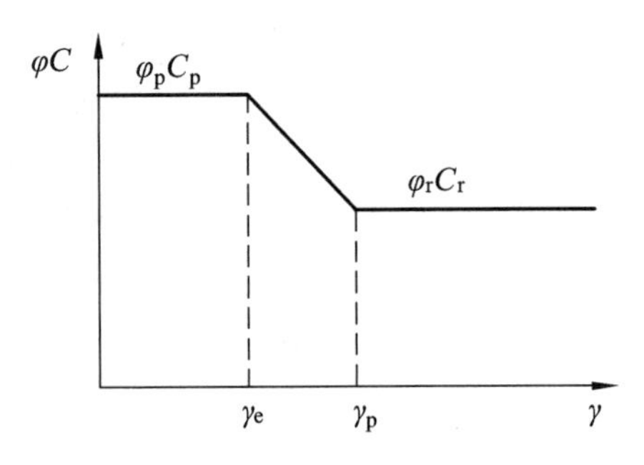

图 3.16　应变软化强度衰减折线

在三线型强度衰减模型中，需要确定应变软化过程中的塑性剪应变（γ_p），但直剪试验中需要确定塑性剪切位移（L_p）即可。塑性剪切位移（L_p）值即为当试样强度超过峰值之后为起始，进入应变软化状态直至稳定的残余值时的剪切位移值。本书中采取简化的三线型塑性剪切位移（L_p）值取法，由于软化阶段曲线往往呈现软化初期衰减速度较快，之后逐步趋缓的特点，利用快速软化段的曲线斜率拟合切线作为软化直线段（如图 3.17 中直线 *AB*），交会残余值水平线 *BC* 于 *B* 点，峰值 *A* 点的铅垂线交 *BC* 线于 *D* 点，则 *B*、*D* 点之间的距离即为塑性剪切位移（L_p），得出不同法向压力下 L_p 值，取其均值便得到应变软化强度衰减模型中的 L_p 值。

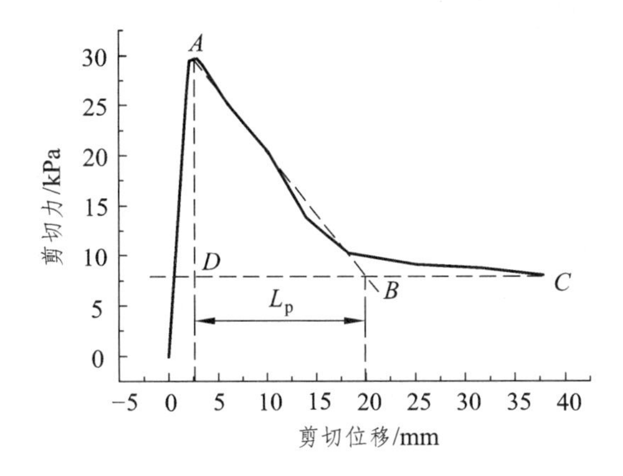

图 3.17　塑性剪切位移（L_p）计算曲线

通过如上计算，得出泥化夹层的应变软化计算参数主要包括峰值强度（φ_p，C_p），残余强度（φ_r，C_r），及塑性剪切位移（L_p），具体为：$C_p = 19.8$ kPa、$C_r = 1.1$ kPa、$\varphi_p = 11°$、$\varphi_r = 9°$、$L_p = 20.2$ mm。

建立泥岩应变软化强度衰减模型，如图 3.18 所示。

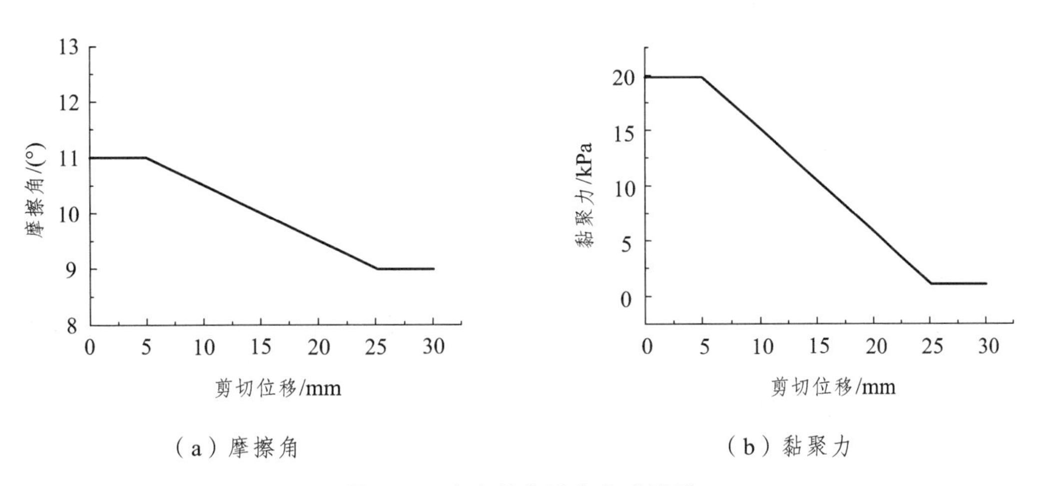

（a）摩擦角　　　　（b）黏聚力

图 3.18　应变软化强度衰减模型

由图 3.18 可知，泥岩泥化夹层摩擦角峰值变化较小（$\varphi_p = 11°$、$\varphi_r = 9°$），泥岩泥化夹层强度峰值黏聚力变化较大（$C_p = 19.8$ kPa、$C_r = 1.1$ kPa）。

传统试验往往是忽略应变软化效应，无视剪切强度由峰值过渡至残余值的全过程动态变化特征，取值是否合理准确往往难以定论。而泥化夹层抗剪强度参数对顺层边坡稳定性计算至关重要，部分学者研究认为顺层路堑边坡广泛存在渐进性失稳特征及首段局部破坏模式，且渐进性失稳与层间夹层的应变软化特征有关。

3.3 红层软岩岩体结构特征

3.3.1 红层软岩结构特征

红层软岩结构具有层次含义，包括宏观、细观、微观 3 个层次尺度（见表 3.10）。对比不同层次稳定性程度相同的岩土体结构，其结构特征具有较大的相似性，都可以分为致密结构、定向结构、松散结构 3 种类型。从宏观区域到微观结构，结构稳定性弱的岩土体表现出破碎、松散，对扰动敏感等结构特征，结构稳定性强的岩土体表现出致密、均匀、对扰动不敏感等特征。

表 3.10　红层岩体结构分类

结构尺度	宏　观	细　观	微　观
结构类型	整体结构、块状结构、层状结构、碎裂结构、散体结构	碎屑结构、泥质结构、化学结构	絮凝结构、架空结构、定向结构、粒状结构
结构要素	结构面、结构体	矿物颗粒、胶结物	矿物颗粒、胶结物
描述参数	结构面产状、块度、完整性	组成、孔隙、胶结物	定向度、孔隙、胶结物
测试参数	波速比、结构类型	单轴抗压强度、崩解、灵敏度	定向度、连接强度
工程意义	岩体工程稳定性	岩石工程性能	特性微观机理

1. 宏观结构

宏观结构主要是指工程尺度范围内的岩体结构，它由结构面和结构体组成。结构面和结构体的不同组合形成了 5 种典型类型。整体结构、块状结构结构面较少，岩体结合致密，整体结构稳定性强；层状结构具有显著的各向异性和定向结构特征，结构稳定性中等；碎裂结构、散体结构，结构面发育，结构松散，结构稳定性差。

岩体结构类型、完整性系数、风化系数是常用岩体结构工程评价参数。研究宏观层次岩土体结构稳定性，挖掘岩土体结构的内涵和外延，有助于岩土体参数选择和工程设计，是工程勘察、设计、施工中的关键问题。

红层岩体多属于软硬岩互层组合，定向分布特征显著，差异风化现象突出，可以在层状结构基础上，借助风化系数、完整性系数、坚硬程度等参数进行进一步宏观结构分类，综合评价其结构稳定性。

2. 细观结构

细观结构是岩石尺度上的结构特征。岩浆岩、沉积岩、变质岩具有各自的结构特征，通过横向比较，其中：块状结构、结晶结构、硅质胶结岩石中矿物成分连接程度高，结构致密，结构稳定性强；页理、片理、流纹结构岩石中矿物成分定向排列显著，是岩石结构中的力学不连续面，结构稳定性差；钙质、泥质胶结、泥质结构岩石物质中成分连接松散，主要表现为力学强度低，结构稳定性最差。

细观结构评价可以通过岩矿鉴定、性能试验，鉴定岩土体的地质结构特征、工程结构特性，进一步判断岩块的结构特征，建立工程性能与结构稳定性的联系。

不同类型红层岩石，如砾岩、砂岩、粉砂岩、黏土岩结构差异显著，差异风化明显，结构稳定性变化大。钙质成分含量高的砾岩岩溶问题突出；泥质结构的黏土岩风化崩解迅速，结构稳定性差。

3. 微观结构

微观结构是借助电子显微镜观察岩石微观尺度上的结构特征，虽然微观结构具体类型复杂多样，但概括起来也可以分为致密结构（基质结构、粒状结构）、定向结构（畴状结构、定向结构）、松散结构（海绵结构、絮凝结构、架空结构）三种类型。

微观分析是岩土体工程微观机理的基础，通过微观结构的统计分析，可以定性判断岩土体的工程性能及其变化本质，是岩土体结构稳定性的基础。

红层岩土中的微观结构特点是黏土矿物的絮凝结构、架空结构、定向结构、粒状结构的钙质胶结成分等都是微观结构稳定性的制约因素。

3.3.2 红层岩石岩性组合特征

根据对红层软岩地区大量地表工程的调查分析，红层软岩岩性组合最为显著的特点是不同力学性质的岩层互层组合，即砂岩、粉砂岩、泥质粉砂岩、粉砂质泥岩、泥岩等互层组合，在红层岩体中实际上单一的岩性组合是少见的，红层软岩岩性组合主要归纳如下几种。

1. 软质泥质岩为主的层状结构

以软弱泥质岩为主，如泥岩、粉砂质泥岩、泥质粉砂岩等，夹少量薄层硬岩，但对整个边坡岩体性质影响不大（如图 3.19 所示）。岩性较为单一的软岩坡体难以形成高陡边坡，但一般软质岩自然斜坡地面坡度较缓，公路开挖边坡中坡度不是很高，只要以缓坡比开挖，一般为风化剥落问题，不会发生大的岩体失稳灾害。

图 3.19　软质泥质岩为主的层状结构

2. **软硬相间的砂泥岩互层结构**

岩体为砂岩、粉砂岩、泥质粉砂岩、粉砂质泥岩、泥岩等各种力学性质岩层互层，是红层软岩中最为普遍、最为典型的岩性组合形式（如图 3.20 所示）。软硬互层结构岩体在地质构造过程中容易产生层间错动，形成软弱夹层，软硬互层岩体中的硬岩中构造节理发育，常成为地表水和地下水渗透的通道，而软岩为相对不透水层，且具有浸水软化的特征，因此软硬互层结构稳定性低于单一的软岩岩体结构。

图 3.20　软硬相间的砂泥岩互层结构

3. **巨厚层硬岩为主的层状结构**

岩体中以巨厚层硬岩为主，但夹有软岩，软岩的空间位置和力学性质对岩体的变形和破坏有重要的影响（如图 3.21 所示）。

滇中红层岩体多由薄—中厚层状泥岩、泥质粉砂岩、粉砂质泥岩、粉砂岩、砂岩等组成，一般呈互层状产出（刘成，2007）。根据岩性、岩石强度、岩体完整性指标、结构面条件等将红层软岩地区岩体划分为坚硬块状岩类岩组、较坚硬块状岩类岩组、软弱层状碎裂状岩类岩组、散体状岩类岩组等 4 个工程地质岩组。滇中红层多为砂岩、粉砂岩、泥岩互层，层与层之间的层面结合力差，当岩体解除约束力，出现临空面时，极易顺层面解体滑落。

图 3.21 巨厚层硬岩为主的层状结构

3.3.3 红层岩石结构面类型

程强（2003）根据对四川盆地、西昌—滇中地区和甘肃地区红层软岩公路开挖边坡工程的大量调查研究，红层软岩中结构面有如下几类。

1. 层面、软岩夹层、层间错动带类

层面为红层沉积和成岩过程中所形成的物质分异面，红层层间结合较差，岩层面抗剪强度低，常构成边坡滑动破坏的滑动面。在砂泥岩互层结构中，红层坡体中所夹的软弱泥岩层强度远低于上下硬层，也常构成边坡滑动破坏的滑动面。

在红层软岩长期的构造演化过程中，不同岩层常发生层间错动，构造影响程度不同，层间错动程度也不同。在构造作用下，红层中硬岩层面错动常形成沿错动方向的擦痕，层面被磨光，层间抗剪强度进一步降低。红层中的软岩层面则容易发生泥化现象，表面常形成较薄的泥化膜；而软岩夹层，在构造作用下常产生层间错动，层间劈理发育，岩层抗剪强度大幅降低。

2. 构造节理类

在近水平红层中，一般发育两组近正交的陡倾节理，节理面多平直，通常为剪节理。

倾斜地层在构造演化过程中，形成了大量的构造节理，大量调查表明倾斜地层中的节理大部分是近于正交的，并且是与层面接近垂直的。同时，在上述节理之间，也发育有斜节理。

红层中的构造节理，除构造作用影响外，一般还经历卸荷、风化、水的改造作用，尤其是边坡工程范围内的岩体。红层中的构造节理在卸荷作用下，节理间距进一步张开扩大，尤其是边坡工程范围内浅层岩体，卸荷作用更为突出。在水流作用下，构造节理常被各种物质填充，包括钙质填充、泥质填充等。钙质填充对构造节理抗剪强度有加强作用，但泥质填充大幅降低节理面的抗剪强度。

3. 小断层

红层中小断层较为发育，延伸长度一般不长，但对岩体的稳定性有重要影响。从工程的角度来讲，可归入层间错动带和构造节理类一并研究。

4. 次生卸荷裂隙、风化裂隙

在河谷岸坡的陡坡地段，因河流下切的卸荷作用，岩体常发育有卸荷裂隙。表层岩体在风化作用下，常发育有密集的风化裂隙，风化裂隙仅影响浅表层稳定。

3.3.4 红层岩石结构面特征

1. 红层岩石结构面的表面形态特征

红层岩石结构面的表面形态包括结构面表面的平整程度、光滑程度、粗糙程度等，结构面的表面形态与结构面的形成和后期改造过程有密切的关系，同时对结构面的抗剪强度也有重要的影响。

原生层面主要为成岩过程中的物质分异面，主要为沉积间歇性的层面和层理，也包括不整合面及假整合面。受沉积环境影响，原生层面的表面往往呈波状起伏，岩性不同，起伏的程度也不同，某些岩层层面较为平直，某些层面则较为粗糙，起伏较大。

红层岩石在构造运动作用下，常产生层间错动，原生层面在构造错动作用下，岩石层面常被泥化，形成泥化膜，或张开后被钙质、泥质充填，硬岩层面常产生沿构造方向的擦痕。

红层岩石的构造节理多为剪切节理，表面多呈平直状态。

2. 红层岩石结构面的接触状态

根据大量的现场调查研究，红层软岩的接触状态可以分为如下类型：

原生层面的紧密接触：原生层面没有经过构造改造，层面紧密接触，一般来讲抗剪强度较高。

构造错动层面的泥膜—软岩夹层接触：岩层经过构造错动后，层间夹有泥膜或软岩夹层，原生层面的粗糙面在剪切作用下失去了咬合作用，剪切沿泥膜或软岩夹层，因而导致层间抗剪强度的极大降低。

构造节理间的闭合—无充填接触：构造节理呈闭合状态，节理间无充填，抗剪强度受岩性控制，抗剪强度一般较高。

构造节理张开—碎屑充填：构造节理在构造及卸荷作用下呈张开状态，节理间无充填或充填岩粉、碎屑等，无充填的抗剪强度受岩性控制，抗剪强度一般较高，有充填的抗剪强度受充填物控制。

构造节理张开—泥质充填：构造节理在构造或卸荷作用下张开，节理间充填细粒土，抗剪强度受充填物控制，抗剪强度大为降低。

3. 红层岩石结构面两侧岩体性质的差异性

红层软岩的典型特征为软硬互层结构，因此结构面两侧岩体性质的差异对结构面的性质有重要影响。硬岩中的层理，如砂岩层面，强度相对较高（结构面中有细粒土充填物除外），在红层软硬互层边坡中一般不作为剪切滑移面。软岩中的层理，如泥岩层面等，强度相对较低，在红层软硬互层边坡中可能成为剪切滑移面。软岩和硬岩间的层理，在构造作用下多产生泥膜、泥化夹层、层间错动。砂岩易于透水，而泥岩为相对隔水层，因此软硬岩层接触面常为地下水渗透的边界面，结构面遇水软化后强度大幅降低。一般易为红层边坡中的剪切滑移面。

3.3.5 红层软岩结构面充填类型

红层软岩结构面的空间位置和力学性质往往决定红层软岩岩体的变形特征和力学特性，从结构面抗剪强度角度，红层软岩结构面分为如下几类：

张开少充填：结构面无充填，或充填碎石、黏土等，主要为构造节理面，结构面两侧多为砂岩，多见于近水平岩层和缓倾地层；结构面起伏粗糙或平直，结构面间无充填，或充填碎石，或充填黏土；结构面一般张开，少则 3 ~ 10 mm，多则 10 ~ 50 mm，有时更大。结构特征如图 3.22（a）所示。此类节理一般不构成岩体破坏的剪切面，但多为边界面，且为地表水下渗和地下水富集、运移的通道。

闭合无充填：主要为层理和闭合的构造节理，沉积结构面层间有较好的胶结性，几乎无充填，节理则处于闭合状态。结构特征如图 3.22（b）所示。

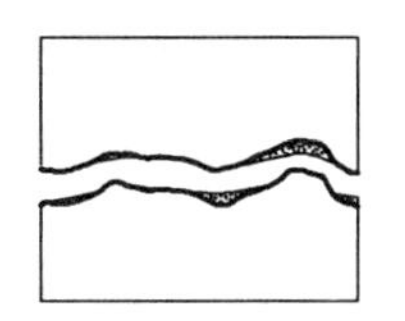
（a）张开少充填

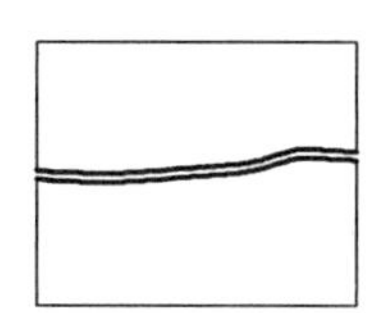
（b）闭合无充填

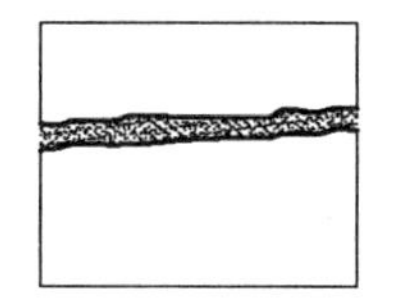
（c）薄层泥质充填

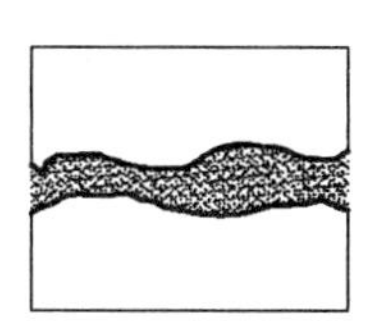
（d）厚层泥质充填

图 3.22 红层岩体的 4 类结构面示意

薄层泥质充填：主要为构造节理面，以及层间错动泥化层。构造节理雨水下渗时带来的泥质充填，层间充填光滑薄层物，层间充填物厚度 2 ~ 5 mm。结构特征如图 3.22（c）所示。层面甚至构造节理构造错动，形成泥化层。

厚层泥质充填：岩层间的充填物呈厚层状，一般 5 ~ 30 mm，充填物大多是泥质岩类遇水后形成的泥化物。结构特征如图 3.22（d）所示。

3.3.6 红层软岩结构工程评价参数

为建立红层软岩结构稳定性评价标准，选择结构类型、波速比、单轴抗压强度、崩解类型、结构灵敏度等有代表性参数，对其结构稳定性意义进行综合分析与评价。

1. 红层软岩宏观结构参数分析

岩体结构类型是红层软岩结构稳定性判别的基础，综合《岩土工程勘察规范》（GB 50021—2001）对岩体结构类型的研究，可以将散体结构、碎裂结构、层状结构、块状结构、整体结构对应于结构稳定性的强、中、弱三种类型（见表 3.11）。

表 3.11　红层软岩结构稳定性判别标准

<table>
<tr><th colspan="2" rowspan="2">判别指标</th><th colspan="5">结构稳定性</th></tr>
<tr><th colspan="2">弱</th><th colspan="2">中</th><th>强</th></tr>
<tr><td rowspan="3">结构类型</td><td>宏　观</td><td>散体</td><td>碎裂</td><td>层状</td><td>块状</td><td>整体</td></tr>
<tr><td>细　观</td><td>土状</td><td>泥质</td><td>片状</td><td>碎屑</td><td>结晶</td></tr>
<tr><td>微　观</td><td>絮凝</td><td>架空</td><td>定向</td><td>粒状</td><td>基质</td></tr>
<tr><td rowspan="2">野外判别</td><td>风化系数 W_r</td><td>$W_r \leqslant 0.4$</td><td>$0.4 < W_r \leqslant 0.6$</td><td>$0.6 < W_r \leqslant 0.8$</td><td>$0.8 < W_r \leqslant 0.9$</td><td>$0.9 < W_r \leqslant 1$</td></tr>
<tr><td>完整性系数 I_r</td><td>$I_r \leqslant 0.15$</td><td>$0.15 < I_r \leqslant 0.35$</td><td>$0.35 < I_r \leqslant 0.55$</td><td>$0.55 < I_r \leqslant 0.75$</td><td>$I_r > 0.75$</td></tr>
<tr><td rowspan="5">室内判别</td><td>坚硬程度 f_r/MPa</td><td>$f_r \leqslant 5$</td><td>$5 < f_r \leqslant 15$</td><td>$15 < f_r \leqslant 30$</td><td>$30 < f_r \leqslant 60$</td><td>$f_r > 60$</td></tr>
<tr><td>崩解模式</td><td>1</td><td>2</td><td>3</td><td>4</td><td>5</td></tr>
<tr><td>结构灵敏度 S_r</td><td>$S_r \leqslant 0.13$</td><td>$0.13 < S_r \leqslant 0.25$</td><td>$0.25 < S_r \leqslant 0.5$</td><td>$0.5 < S_r \leqslant 1$</td><td>$S_r > 1$</td></tr>
<tr><td>胶结系数 C_r</td><td colspan="2">$1 \leqslant C_r \leqslant 2$</td><td>$2 < C_r < 5$</td><td>$5 \leqslant C_r \leqslant 10$</td><td>$C_r > 10$</td></tr>
<tr><td>分散度 D_r</td><td colspan="2">$D_r > 50\%$</td><td colspan="2">$30\% < D_r \leqslant 50\%$</td><td>$D_r \leqslant 30\%$</td></tr>
</table>

风化系数是判断岩土体风化程度的重要指标，同时也是岩土体结构性的综合性指标，风化系数的大小表明了岩土体结构程度的强弱，进而说明其工程性能的高低及其对工程稳定性的影响。综合《岩土工程勘察规范》（GB 50021—2001）对风化系数的研究，将风化系数的5个等级对应于结构稳定性程度（见表 3.11）。红层岩土体由于暴露地表时间不同，风化程度差异显著，长期裸露岩石风化程度大，结构稳定性差。

完整性系数是岩土体结构性能的综合性参数，完整性的差异同时表明岩土体结构性差异及其对岩土体工程性能的影响。完整性系数表征了岩土体整体结构变化程度，是评价岩土体结构特征的重要参数。红层岩土体完整性与岩体结构、风化程度密切相关。

2. 红层软岩细观结构参数分析

1）岩石坚硬程度

岩石坚硬程度和结构稳定程度密切相关，综合《岩土工程勘察规范》（GB 50021—2001）对岩石坚硬程度的分类研究，可以将红层软岩按照结构稳定性对应为强、中、弱三类（见表 3.11）。

2）崩解模式

通过大量的红层岩石崩解性试验，崩解破坏可划分为 1（泥状）、2（碎屑状）、3（碎块状）、4（块状）、5（不崩解）五种崩解模式。崩解前后岩土体积变化显著，且是不可恢复的，说明崩解作用持续破坏的根本在于结构变化的逐步累积破坏。不同的崩解破坏形式表明岩石的崩解性能差异的大小，同时也表明其结构连接抵抗水、力等因素的破坏能力的程度。

将崩解破坏模式对应于结构稳定性的强、中、弱三级，不崩解岩石结构稳定性强，泥状、碎屑状崩解岩石结构稳定性差。

3）结构灵敏度

灵敏度在土力学中指土样重塑前后无侧限抗压强度比值，用来说明岩土体工程性能对结构变化的敏感程度。灵敏度比值越小，结构差异越大，强度变化幅度越大，说明结构性能对岩土体工程性能的影响越大，同时也表明，在应用该类岩土体时应注意施工阶段对原状岩土体的扰动。

参考灵敏度分析思路，结构破坏前后岩土体干密度、孔隙比、膨胀性、崩解性、应力、应变等参数指标均可以作为岩土体结构灵敏度的判别参数，进行判断分析，扩大了灵敏性含义的内涵和外延，使灵敏度的应用更加广泛。综合土力学中的灵敏度研究（Mitchell J K，1998），提出“结构灵敏度”的概念，将红层岩土结构稳定性划分为强、中、弱三级（见表 3.11）。

4）胶结系数

曲永新等（1991）通过综合研究，提出用“成岩胶结系数”评价泥质岩成岩胶结程度的综合指标和评价方法，系数越大成岩胶结程度越高，岩土体结构连接越紧密。胶结系数的重要性在于破坏岩土体结构后，通过充分吸水，进而进行最大吸水率的比较，破坏结构的岩土体粉末吸水强烈，说明了结构对岩土体吸水性能、密实程度的控制作用。结合既有研究成果，根据胶结系数的 4 个等级，对应于结构稳定性强度。

5）分散度

分散度是由于黏土中不稳定结构在流水的冲蚀下流失的现象，双比重法是判断黏土分散度的重要指标。在测定岩土体比重时，测定使用分散剂前后岩土体比重，比较岩土结构对岩土体分散性的控制。前后两次比重曲线差异说明了结构连接对黏土颗粒的约束作用程度的大小。差异越大，说明岩土体结构约束能力越强，结构稳定性越高。

分散度定义为 0.005 mm 处不加分散剂颗粒百分比与加常规分散剂颗粒百分比的比值。分散度大于 50% 为分散性黏土，结构稳定性弱；30%～50% 为过渡性土，结构稳定性中等；小于 30% 定义为非分散性土，结构稳定性强。红层泥岩崩解破碎，细小成分流失，岩土结构分散程度增加，在红层填料路堤中，由于排水不畅而出现流土等渗流破坏现象。

3. 结构稳定性判别标准的建立

综合宏观到微观不同尺度岩土结构类型，由风化系数、完整系数、坚硬程度、胶结系数、结构灵敏度、分散度、崩解模式组成了红层岩土体结构稳定性判别标准（见表 3.11）。同时也对不同结构稳定性的红层岩土的工程地质特征进行了初步总结（见表 3.12）。关于结构稳定性判别表的说明：①根据结构稳定性判别标准，红层软岩多数属于结构稳定性较差的岩土体，这和红层软岩看作是易风化崩解、遇水稳定性差、强度低、变形大等问题较为突出是一致的，正是因为红层岩土体的结构稳定性差，才从根本上决定了它的工程性能的特殊性。②各项判别标准都有大量独立的试验资料积累，但各判别指标间的相关性仅在红层软岩中得到初步验证，结构稳定性判别标准还有待进一步完善。

表 3.12　不同结构稳定性红层软岩工程地质特征

结构稳定性	基本特征	工程地质评价	主要工程地质问题
弱	不同尺度结构特征以松散、破碎、对扰动敏感为特点；风化系数多小于 0.6，完整系数多小于 0.35，饱和单轴抗压强度多小于 15 MPa，胶结系数 1～5，崩解模式 1～2，结构灵敏度小于 0.25，分散度大于 50%	区域性工程地质问题突出，岩土体结构松散、破碎，风化程度深，岩土体完整性差、场地稳定性差；岩土体风化崩解迅速、破碎后岩土体分散性增加、对结构扰动反应灵敏，敏感性高，水稳定性、力学稳定性差	场地、地基条件复杂，扰动后岩土体结构变化突出，边坡、洞室、地基等工程变形、破坏问题显著，力学稳定性差；崩解、膨胀、软化、翻浆、流土等水稳定性问题在雨季显著增多，具有明显季节性、周期性
中	不同尺度结构特征以过渡特征为主；风化系数多为 0.6～0.8，完整系数多为 0.35～0.55，饱和单轴抗压强度多为 15～60 MPa，崩解模式多为 2～4，胶结系数多为 2～10，结构灵敏度多为 0.25～0.5，分散度多为 30%～50%	区域性工程地质问题较多，岩土体结构多处于松散和致密过渡阶段，风化程度中等，完整性较好，扰动后结构变化明显；部分岩土体具有崩解、软化等现象；水稳定性、力学稳定性需要进行综合分析评价	由于工程扰动，岩土体结构变化明显，影响边坡、地基、洞室的稳定性，产生明显的变形、破坏现象；在软硬岩互层的岩土体中，差异风化明显，由于节理切割，崩塌、落石等问题较多
强	不同尺度结构特征以致密、坚硬、对扰动不敏感为特点；风化系数 1～0.8，完整系数大于 0.75，饱和单轴抗压强度多大于 60 MPa，胶结系数大于 10，崩解模式 4～5，结构灵敏度 0.5～1，分散度小于 30%	岩土体区域稳定性好，工程地质问题较少；岩土体结构致密、坚硬，不易风化、完整性好，工程稳定性强；水稳定性、力学稳定性强	场地稳定性强，工程安全性高；施工中变形、破坏问题少，力学稳定性强

3.4　红层风化松软土工程性质

红层松软土是在红层地区发育的一类软弱黏性土的总称，包括以残积、坡洪积、湖积和冲积等为主的黏土、淤泥质土、粉质黏土、粉土等土类。

与沿海软土和内陆软土相比，其在物质成分（钙质、铁质含量高，有机质含量少）、含水量（低于沿海软土和内陆软土）、孔隙比（低于沿海软土和内陆软土）、抗剪强度（强度大小接近，但不同试验方法的结果变化不大）、渗透性（比沿海软土弱）等方面还具有一定的特殊性，这和红层松软土的物质成分及其结构构造特征有密切关系。

3.4.1　红层松软土的物理力学特性

通过对西南红层松软土 635 组试验数据的统计分析，红层松软土主要土类的物理指标见

表 3.13。由于不同土类的数据多少不同，有的仅列出了其中的代表值，对于数据较多的土类，列出了其相应物理指标的变化范围。这些物理性质是红层松软土的物质成分适应其沉积环境而形成的，因此物理性质是红层松软土沉积环境的宏观表现。

表 3.13 不同红层松软土的物理指标变化范围

土样名称	天然含水量	液　限	塑　限	塑性指数	液性指数	天然密度	比　重	孔隙比	饱和度
	w/%	w_L/%	w_p/%	I_p/%	I_L	ρ/(g/cm^3)	G_s	e_o	S_r/%
粉　土	22.1 ~ 29.0	22.7 ~ 29.8	13.2 ~ 20.6	7.8 ~ 10.0	0.8 ~ 1.3	1.95 ~ 2.06	2.67 ~ 2.73	0.584 ~ 0.806	94.3 ~ 100
粉质黏土	19.8 ~ 44.4	22 ~ 50	11.3 ~ 25.6	10.2 ~ 25.1	0.2 ~ 1.7	1.7 ~ 2.1	2.6 ~ 2.8	0.6 ~ 1.2	75.5 ~ 100
淤泥质土	33.9	42.0	21.6	20.4	0.6	1.87	2.77	0.983	95.5
黏　土	21.5 ~ 48.3	30.1 ~ 56.7	12.9 ~ 28.9	17.1 ~ 28.4	0.2 ~ 1.3	1.7 ~ 2.1	2.6 ~ 2.8	0.6 ~ 1.4	86 ~ 100
膨胀性黏　土	35.3 ~ 43.3	45.0 ~ 52.6	23.5 ~ 26.5	21.5 ~ 26.1	0.53 ~ 0.8	1.76 ~ 1.82	2.68 ~ 2.73	1.03 ~ 1.18	93.6 ~ 99.2

现场调查发现，红层松软土多赋存于低洼汇水的地形地貌环境，导致其界限含水量总体偏高，如天然含水量最高可以达到 48.3%，液、塑限及其相应指数的变化范围也较高，初始孔隙比、饱和度都比较高，说明红层松软土可能有低强度、高压缩性和变形性能。但红层松软土的不同土类相应的物理指标变化有较大的差异，这和其物质成分、结构构造和形成历史有关。

与沿海软土相比，由于物质成分和结构构造的差异，红层松软土的天然含水量（19.8% ~ 44.4%）约为沿海软土的天然含水量（35% ~ 90%）的 50%，红层松软土的液限（22% ~ 56.7%）、塑限（11.3% ~ 28.9%）、塑性指数（10.2 ~ 28.4）大体上和沿海软土的液限（34% ~ 55%）、塑限（20% ~ 30%）、塑性指数（14 ~ 30）比较接近；红层软黏土天然密度（1.7 ~ 2.1 g/cm^3）略高于沿海软土（1.5 ~ 1.85 g/cm^3）；红层松软土孔隙比（0.584 ~ 1.2）小于沿海软土（1.0 ~ 1.5），说明红层松软土更密实一些，压缩性可能会小一些。

与内陆软土相比，红层松软土的天然含水量（19.8% ~ 44.4%）约为内陆软土的天然含水量（42% ~ 90%）的 50%，红层松软土的液限（22% ~ 56.7%）、液性指数（0.2 ~ 1.7）、塑性指数（10.2 ~ 28.4）大体上和内陆软土的液限（34% ~ 78%）、液性指数（0.86 ~ 1.68）、塑性指数（12 ~ 34）比较接近；红层松软土的天然密度（1.7 ~ 2.1 g/cm^3）略高于内陆软土的天然密度（1.47 ~ 1.85 g/cm^3）；红层松软土的孔隙比（0.584 ~ 1.2）约为内陆软土的孔隙比（0.93 ~ 2.3）的 50%，表明红层松软土的密实度大于内陆软土和沿海软土，而内陆软土的密实度小于沿海软土。

3.4.2 红层松软土力学指标

根据收集到的试验资料，红层松软土不同土类的基本力学指标见表 3.14。

表 3.14　红层松软土抗剪强度指标取值范围

土样名称	直接快剪		固结快剪		土样名称	三轴 UU		三轴 CU	
	黏聚力	内摩擦角	黏聚力	内摩擦角		黏聚力	内摩擦角	黏聚力	内摩擦角
	C/kPa	φ/(°)	C/kPa	φ/(°)		C/kPa	φ/(°)	C/kPa	φ/(°)
粉质黏土	1.2 ~ 38.1	0.5 ~ 15.3	1.8 ~ 55.5	3.9 ~ 29.9	粉质黏土	7.9 ~ 30.5	3.0 ~ 10.5	15.8 ~ 32.1	6.3 ~ 9.9
黏土	2.8 ~ 42.2	1.3 ~ 13.2	9 ~ 68	4.7 ~ 32.3	黏土	8.6 ~ 25.5	2.4 ~ 6.6	21.8 ~ 33.9	6.5 ~ 6.9
淤泥质土	10	3.6	18.3	13.1					
膨胀土	23.7 ~ 26.9	3.0 ~ 5.2			沿海（上海）软土（《工程地质试验手册》，铁道部第一勘测设计院，1995）				
黏土（膨胀土）	11.3 ~ 13.9	2.2 ~ 3.6	14.1 ~ 22.4	2.0 ~ 13.2	灰色淤泥质亚黏土	30 ~ 40	0	5	30

天然直接剪切强度黏聚力 2.2 ~ 26.9 kPa，内摩擦角 0.5° ~ 5.3°；固结快剪强度黏聚力 1.8 ~ 22.4 kPa，内摩擦角 2.0° ~ 29.9°；三轴剪切强度（UU）黏聚力 7.9 ~ 30.5 kPa，内摩擦角 3.0° ~ 10.5°；三轴剪切强度（CU）黏聚力 15.8 ~ 32.1 kPa，内摩擦角 6.3° ~ 9.9°。由于物质成分、物理性质的差异，不同土类之间还有具体的差异。

红层松软土固结快剪强度（黏聚力 1.8 ~ 22.4 kPa，内摩擦角 2.0° ~ 29.9°）比沿海软土（固结快剪强度黏聚力 5 ~ 17 kPa，内摩擦角 1° ~ 18°）、内陆软土（固结快剪强度黏聚力 9 ~ 23 kPa，内摩擦角 2° ~ 19°）要高，但相差不大。但三轴试验结果却有较大的差异，如沿海软土三轴剪切强度（UU）黏聚力 30 ~ 40 kPa，内摩擦角 0°，三轴剪切强度（CU）黏聚力<5 kPa，内摩擦角 26° ~ 34°，这和沿海软土的高分散性和松散的结构有关，因而强度低；而红层松软土的三轴试验结果随着试验条件的变化，虽有大小的改变，但总体上还是表现出剪切强度的均匀性，说明了红层松软土在结构构造上的均匀性。

3.4.3　红层松软土的固结压缩特性

红层松软土固结压缩指标的变化见表 3.15。垂直压缩系数 0.2 ~ 1.3 MPa^{-1}，水平压缩系数 0.2 ~ 1.4 MPa^{-1}；垂直压缩模量 2.2 ~ 10.5 MPa，水平压缩模量 1.4 ~ 8.9 MPa；垂直固结系数 0.1×10^{-3} ~ 4.4×10^{-3} cm^2/s，水平固结系数 0.1×10^{-3} ~ 4.5×10^{-3} cm^2/s。与沿海软土相比（垂直压缩系数 0.2 ~ 1.5 MPa^{-1}，垂直压缩模量 1.8 ~ 12 MPa，垂直固结系数 0.72×10^{-3} ~ 7.97×10^{-3} cm^2/s，水平固结系数 1.25×10^{-3} ~ 8.14×10^{-3} cm^2/s），二者相差不大，表明红层松软土与沿海软土都属于中—高压缩性的土，具有较大的变形，对路基的稳定性影响大。图 3.23、图 3.24 为红层松软土高压固结典型曲线图。

表 3.15　红层松软土固结指标

定　名	压缩系数		压缩模量		固结系数	
	垂直	水平	垂直	水平	垂直	水平
	$a_{1\text{-}2}$/MPa^{-1}		$E_{s1\text{-}2}$/MPa		C_v/（$\times10^{-3}$ cm^2/s）	
粉质黏土	0.2～0.9	0.2～0.8	2.2～10.5	1.9～8.9	0.2～4.4	0.4～4.5
膨胀土	0.46～0.62		3.14～3.72		0.229	
淤泥质土	0.68		2.91		0.280	
黏　土	0.3～1.3	0.3～1.4	1.4～9.5	1.4～6.1	0.1～3.0	0.1～4.1
黏土（膨胀土）	0.53～0.90		2.43～2.87		0.411～0.99	

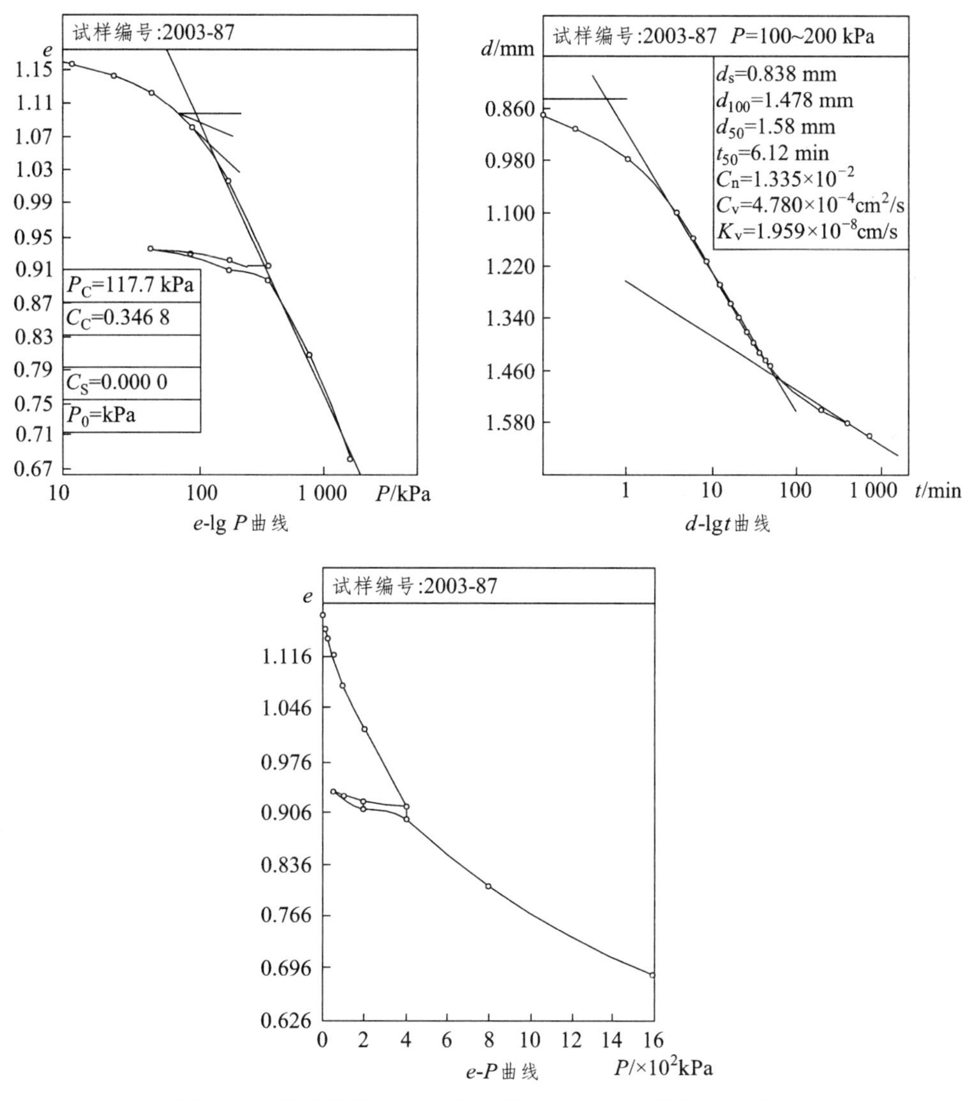

图 3.23　遂渝铁路 DK10 红层松软土高压固结典型曲线图

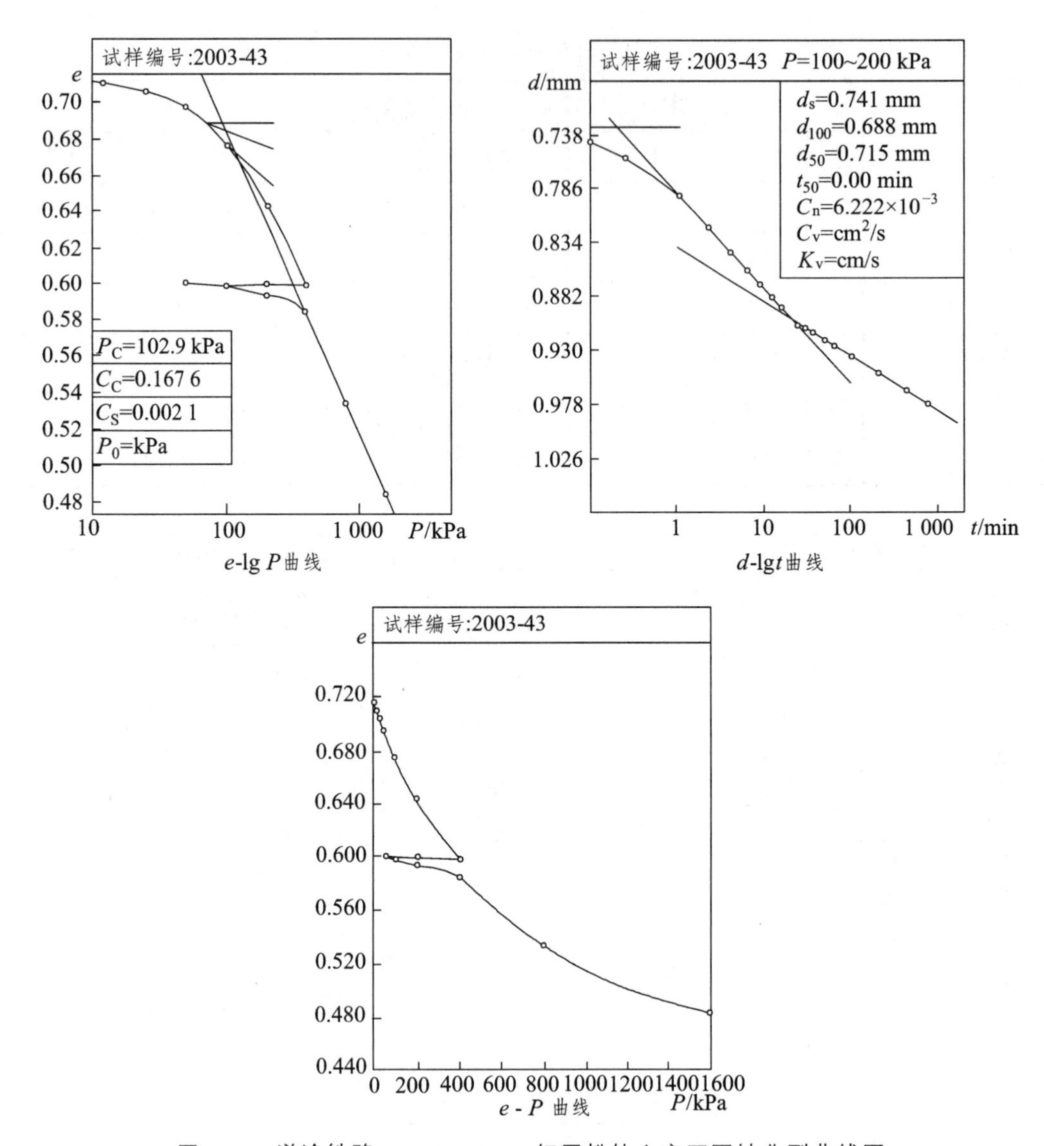

图 3.24 遂渝铁路 DK10、DK61 红层松软土高压固结典型曲线图

红层松软土压缩曲线从低压到高压曲线呈渐变特征，孔隙比变小速率不大，先期固结压力 P_C 为 100 ~ 200 kPa，超固结比 OCR 一般大于 1，属超固结土。而沿海地区如福厦铁路软土压缩曲线在低压区呈陡变特征，表明孔隙比变小速率大；P 为 100 ~ 200 kPa 的压缩系数 1 ~ 2.5 MPa^{-1}，属高压缩性，超固结比 OCR < 1，属欠固结土。鉴于红层软黏土的压缩特性，采用粉喷桩、碎石桩等加固效果可能会更好。

3.4.4 红层松软土地基承载力

由于这方面的资料较少，本书仅结合遂渝线 DK10、DK61 工点红层软黏土的地基承载力结果进行讨论。

根据国家标准《建筑地基基础设计规范》(GB 50007—2002)，由土的抗剪强度标准值计算的红层松软土地基承载力特征值与现场螺旋板载荷试验确定的地基承载力标准值相近（见表 3.16），而根据铁路行业规范和红层松软土天然含水量（w）、天然孔隙比（e）、液性指数（I_L）的平均值和相应的变异系数，查表计算得到的地基承载力基本值和标准值偏大。建议由室内试验资料推算地基承载力时，室内试验指标的选用以天然抗剪强度标准值为主，辅以物理指标。

表 3.16 遂渝线 DK10、DK61 工点红层松软土地基剪切强度标准值与承载力特征值

工点	土名	天然含水量	天然孔隙比	液性指数	天然状态剪切强度标准值		固结不排水状态剪切强度标准值		承载力特征值
					黏聚力	内摩擦角	黏聚力	内摩擦角	
		w/%	e	I_L	C/kPa	φ/(°)	C/kPa	φ/(°)	f_a/kPa
DK10	软土	42.7	1.151	1.3	8.0	3.0	11.0	8.0	40
	松软土	33.8	0.885	0.6	12.6	5.1	17.5	10.0	63
	粉质黏土	26.2	0.714	0.3	40.0	9.0			150
DK61	松软土	26.1	0.699	0.5	19.0	8.6	22.0	12.0	101
	粉质黏土	23.8	0.657	0.5	30.0	15.0			180
四川红层区松软土		28.3	0.777	0.6	19.0	7.0	22.0	11.0	95

工点名称	直接剪切强度及估算地基承载力			螺旋板载荷试验		
	标准值		承载力特征值 f_a/kPa	承载力特征值 f_a/kPa		修正后承载力 f_a/kPa
	C/kPa	φ/(°)		一般范围	标准值	
DK10	12.6	5.1	63	39～86	57	64
DK61	19.0	8.6	101	52～150	103	112
	估算地基承载力的基础宽度 b 取 6 m，埋深 d 取 0.5 m					

3.4.5 红层松软土的分类及判别指标

红层松软土可按现行规范或按物理指标进行分类，其判别标准有原位测试指标判别标准、软土判别标准、松软土室内试验指标判别标准、松软土综合判别标准等，通过对四川地区红层松软土物理力学指标测试结果，红层松软土可按以下方式进行分类，并建立了相应的判别标准。

1. 红层松软土的分类

大量的试验研究表明，红层地区的松软土可分为 3 类：

第一类是绝大多数物理力学指标符合现行国家或行业软土判别标准的软土。

第二类是绝大多数物理性指标不符合软土判别标准，而抗剪强度、静力触探比贯入阻力 P_s、地基承载力[σ]等力学指标达到或接近软土判别标准的流塑—软塑状的黏土、粉质黏土、粉土等，即红层松软土。

第三类是除第一、二类外，呈硬塑状的粉土、粉质黏土等。

对路基工程影响较大的是第一、二类土。鉴于目前工程界对第一类土的判别标准研究比较成熟，而对第二类土的研究甚少，有必要对红层松软土的判别标准进行探索研究。

2. 红层松软土判别标准研究

《京沪高速铁路工程地质勘察暂行规定》（铁建设〔2003〕13 号）规定的松软土判别标准见表 3.17。

表 3.17 松软土原位测试指标判别标准

名称	地基土指标
粉、细砂	$P_s<5.0$ MPa 或 $N<10$
粉土	$P_s\leqslant 3.0$ MPa（不含软粉土）或$[\sigma]<0.15$ MPa
粉质黏土、黏土	$P_s\leqslant 1.2$ MPa（不含软土）或$[\sigma]<0.15$ MPa

注：P_s—静力触探比贯入阻力；N—标准贯入试验锤击数（杆长修正后）；$[\sigma]$—地基承载力。

《岩土工程勘察规范》（GB 50021—2001）规定，天然孔隙比大于或等于 1.0，且天然含水量大于液限的细粒土应判定为软土，包括淤泥、淤泥质土、泥炭、泥炭质土等。《铁路工程岩土分类标准》（TB 10077—2001）规定，天然孔隙比大于或等于 1.0，天然含水率大于或等于液限，压缩系数大于或等于 0.5 MPa^{-1}，不排水抗剪强度小于 30 kPa 的黏性土，应判定为软土，见表 3.18。

表 3.18 软土判别标准及分类

<table>
<tr><th colspan="3">名称</th><th>软黏性土</th><th>淤泥质土</th><th>淤泥</th><th>泥炭质土</th><th>泥炭</th></tr>
<tr><td rowspan="8">分类指标</td><td>有机质含量</td><td>%</td><td>$w_u<3$</td><td colspan="2">$3\leqslant w_u<10$</td><td>$10\leqslant w_u\leqslant 60$</td><td>$w_u>60$</td></tr>
<tr><td>天然孔隙比</td><td></td><td>$e\geqslant 1.0$</td><td>$1.0\leqslant e\leqslant 1.5$</td><td>$e>1.5$</td><td>$e>3$</td><td>$e>10$</td></tr>
<tr><td>天然含水率</td><td>%</td><td colspan="3">$w\geqslant w_L$</td><td colspan="2">$w\geqslant w_L$</td></tr>
<tr><td>渗透系数</td><td>cm/s</td><td colspan="3">$K<10^{-6}$</td><td>$K<10^{-3}$</td><td>$K<10^{-2}$</td></tr>
<tr><td>压缩系数</td><td>MPa^{-1}</td><td colspan="3">$a_{0.1:0.2}\geqslant 0.5$</td><td colspan="2"></td></tr>
<tr><td>不排水抗剪强度</td><td>kPa</td><td colspan="3">$C_u<30$</td><td colspan="2">$C_u<10$</td></tr>
<tr><td>静探比贯入阻力 P_s</td><td>kPa</td><td colspan="5">$P_s<800$</td></tr>
<tr><td>标贯锤击数 N</td><td>击</td><td>$N<4$</td><td colspan="2">$N<2$</td><td colspan="2"></td></tr>
</table>

注：当粉土的物理力学性质大部分与表中指标相符时，可定名为“软粉土”。

从表 3.17、表 3.18 对比可见，软土的判别标准较完善，反映了室内试验指标与原位测试指标相互印证、综合判别的原则。而松软土的判别标准仅反映了原位测试指标的单一判别，未反映室内试验物理力学指标的判别标准。因此，有必要研究松软土室内试验指标判别标准，并与《京沪高速铁路工程地质勘察暂行规定》（铁建设〔2003〕13 号）原位测试判别指标相结合，建立综合判别标准体系，以便更准确地判别松软土，满足工程设计需要。

3.5 红层填料工程性质

红层软岩是一种特殊岩土，具有抗压强度低，易风化，遇水易软化、崩解、膨胀，填筑密实度对含水量很敏感等特点。经室内试验和现场填筑路堤试验证明，以红层软岩作为填料时，在控制好最佳含水量、施工工艺条件下，压实质量双控指标（K_{30}、K_h）均能达到速度200 km/h快速铁路设计标准要求。因此，红层软岩可作为路堤填料（属C组填料），但必须控制含水量并设置防水措施。当采用软岩全风化层作填料时，应采取改良或加固措施。

3.5.1 压实特性

红层泥岩作为路堤填料，填筑密实度对含水量很敏感。击实试验（如图3.25所示）表明，红层泥岩填料的最佳含水量和最大干重度分别为12.81%、18.55 kN/m³。不排水静三轴试验（如图3.26、图3.27所示）表明，压实系数为0.87、0.90、0.93、0.95、0.97、0.98的情况都说明，填料的C、φ值随压实度的增加而增加。

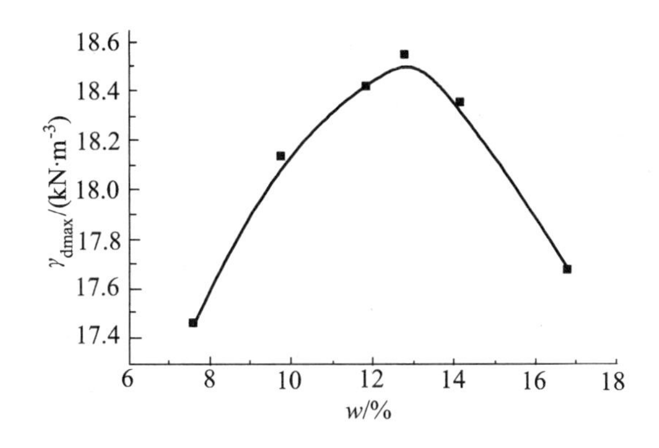

图3.25 红层泥岩填料击实曲线

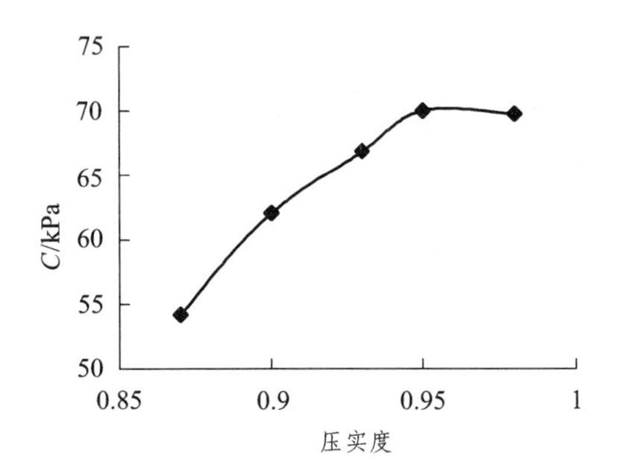

图3.26 红层泥岩填料C随压实度的变化

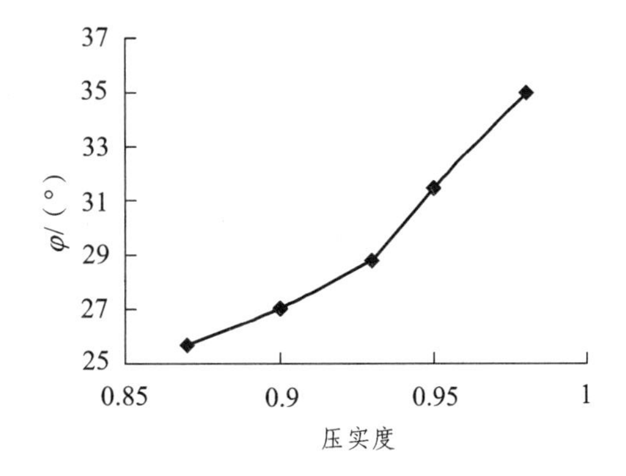

图3.27 红层泥岩填料φ值随压实度的变化

3.5.2 抗压强度

相同含水量条件下，红层软岩填料的单轴抗压强度随着级配和压实度的变化而变化（如图 3.28 所示）。总的趋势是随着压实度的增加，填料的单轴抗压强度都呈逐渐增加的趋势。随着级配的变化，级配 1（C_u=4.5，C_c=0.89，估算值）和级配 2（C_u=10.8，C_c=0.83，估算值）试样属于粗粒土的范围，其强度反而比属于细粒土范围的级配 3（C_u=5，C_c=1.25，估算值）试样的强度低，粗颗粒含量越高，试样的强度越低。这说明红层填料的单轴抗压强度受填料粒径的影响较大，主要是因为细粒土级配较好，经过压实，可以充分密实，试样内部孔隙较小，粗粒土虽然达到相同的密实度，但内部颗粒的空间排列、孔隙等物理特征即级配都比细粒土差，导致其抗压强度的降低。

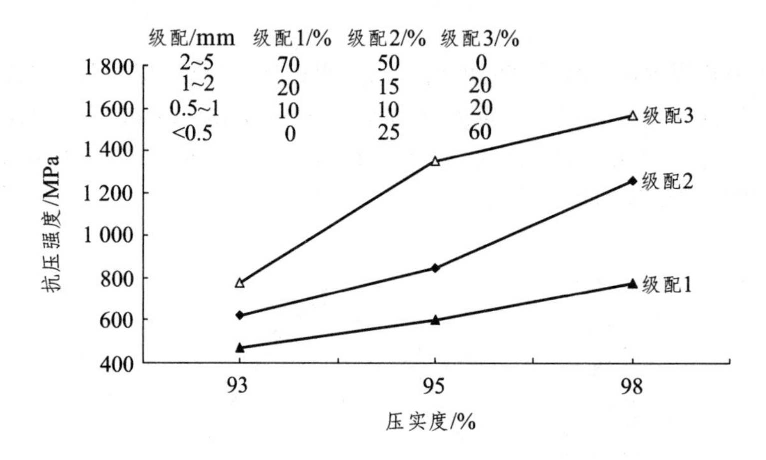

图 3.28　相同含水量、不同级配、不同压实度下红层填料的单轴抗压强度曲线

随着时间的增加，相同含水量下试样的单轴抗压强度没有明显的变化，可能是因试样放置时间较短或试样在室温条件件下抗压强度的变化很小（如图 3.29、3.30 所示）。总体上，试样的单轴抗压强度随含水量的增加而降低。

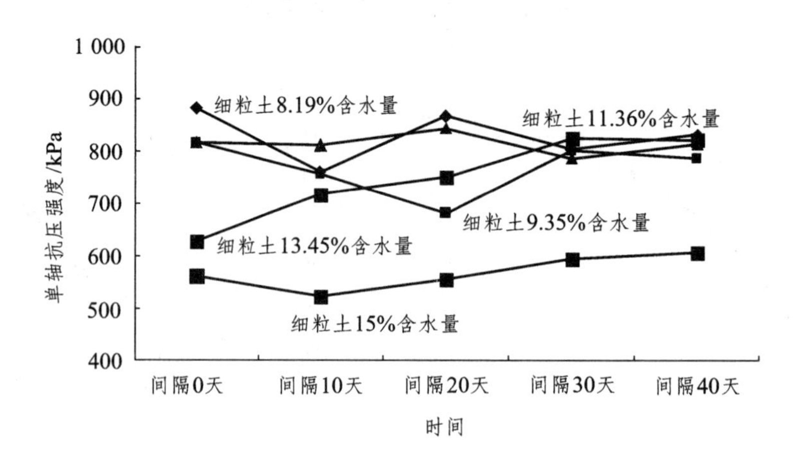

图 3.29　细粒填料试样放置时间与单轴抗压强度曲线

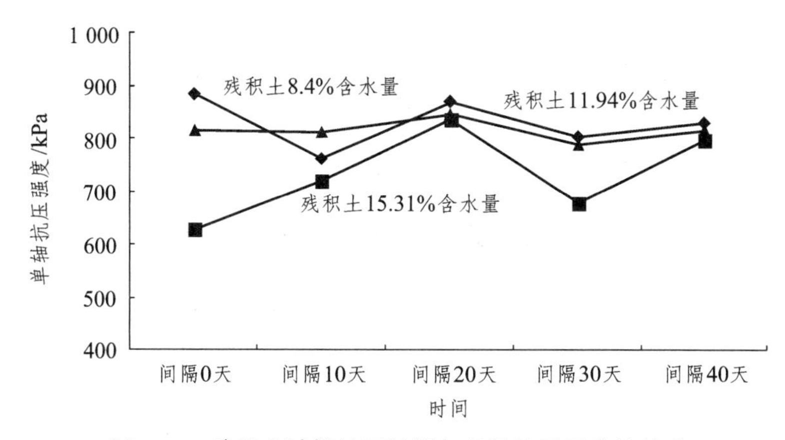

图 3.30 残积土试样放置时间与单轴抗压强度的关系

3.5.3 抗剪强度

含水量的变化，对三轴强度的影响较大，饱和试样的三轴强度比最优含水量试样的强度大幅度降低。红层泥岩<2 mm 粉碎样三轴固结不排水抗剪强度包线如图 3.31 所示，饱和试样的黏聚力 C=120 kPa，内摩擦角 φ=17°，最优含水量试样的黏聚力 C=314 kPa，内摩擦角 φ=20°。通过比较可以看出：饱和试样的黏聚力约为最优含水量试样的 38%，降低了 62%；饱和试样内摩擦角偏低，比最优含水量试样的低约 15%。这说明含水量的变化对三轴固结不排水强度的黏聚力影响较大，而对内摩擦角影响相对较小。

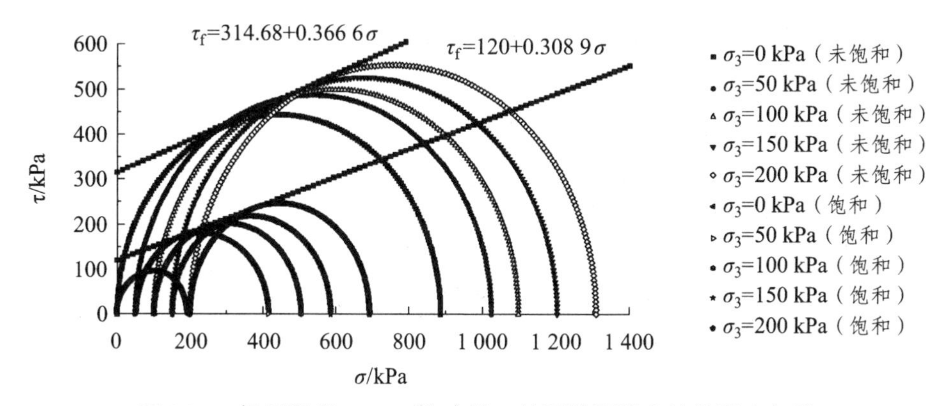

图 3.31 红层泥岩<2 mm 粉碎样三轴固结不排水抗剪强度包线

试验结果（如图 3.32 ~ 图 3.34 所示）表明，87%、90%、93%、95%、98% 压实度时的三组试样黏聚力的变化范围分别为 54 ~ 119 kPa，62 ~ 136 kPa，66.87 ~ 201.97 kPa，69.77 ~ 230.15 kPa；三组试样内摩擦角的变化范围分别为 20° ~ 31.65°，25° ~ 31.2°，28.8° ~ 46.28°，34.98° ~ 58.45°。总体上试样的抗剪强度指标随着压实度的增加而呈现逐渐增加的趋势，98%压实度时的黏聚力约为 87% 压实度的 1.29 ~ 1.93 倍，内摩擦角为 1.75 ~ 1.85 倍，随压实度的变化，黏聚力变化的起伏较大，而内摩擦角的变化起伏较小。而且对于红层软岩来说，其重塑试样的结构构造特征及其与水的相互作用等因素的影响，使其结果表现出很大的不可预测性，还有待于深入研究。

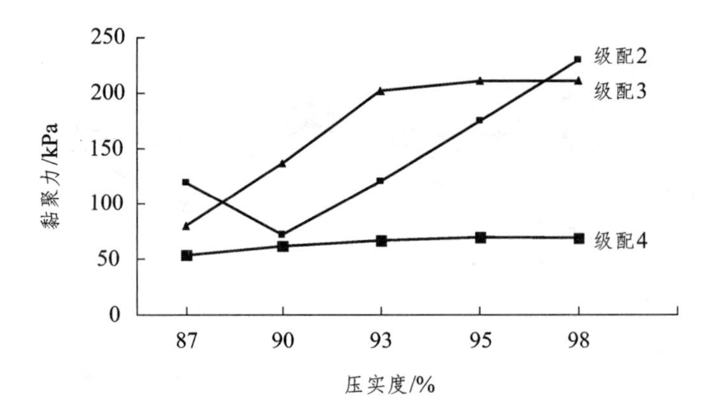

图 3.32　红层软岩填料抗剪强度随压实度变化曲线

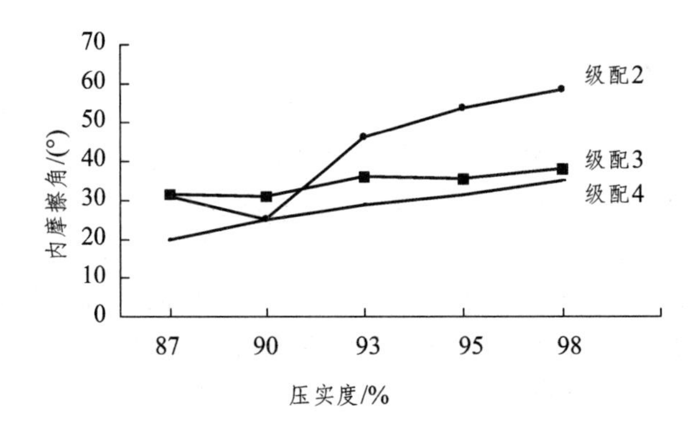

图 3.33　不同级配试样抗剪强度随压实度的变化曲线

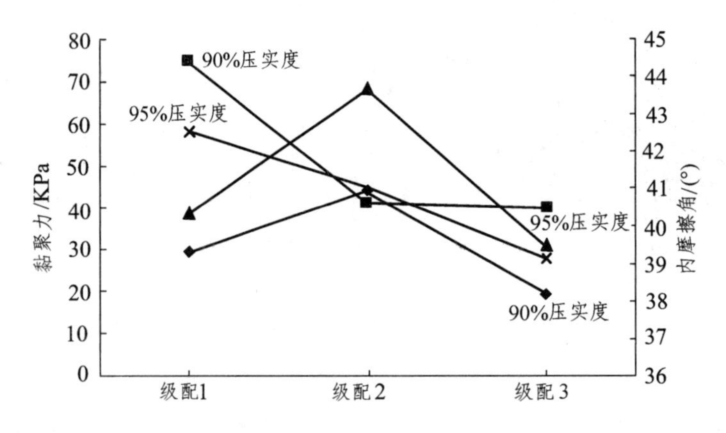

图 3.34　红层填料饱和试样抗剪强度随级配变化曲线

随着级配的变化，级配 1（C_u=4.5，C_c=0.89，估算值）和级配 3（C_u=5，C_c=1.25，估算值）试样的黏聚力比级配 2（C_u=10.8，C_c=0.83，估算值）试样的低，而内摩擦角级配 1 明显高于级配 2 和级配 3，但绝对值不大，仅 4° 左右。95% 压实度试样的黏聚力总体比 90% 压实度试样的黏聚力高出 10 kPa 左右。试验结果表明，对于红层软岩填料来说，填料的粒径和级配特征以及压实度的影响都是明显的。由于试验资料有限，仅能予以简单讨论，这方面的试验还有待于进一步加强。

饱和试样和最优含水量试样的强度变化表明，含水量的变化对红层软岩填料的影响是至关重要的。成南高速公路现场调查发现，部分路段发生的变形沉降，多与填筑路基岩土体的含水量变化或周围水文地质环境有关，如成南高速公路 DK32+300 段、K179+060 ~ K179+220 段路基滑坡。

3.5.4 红层填料 CBR 强度

CBR 试验是美国加利福尼亚承载比试验的英文缩写。美国材料试验协会（ASTM）标准 D193—93《CBR 标准试验方法》指出，试验的目的是用于评估公路基层、底基层及垫层材料（最大颗粒尺寸小于 19 mm 的黏性材料）的潜在强度，它是柔性路面设计方法的一个组成部分。

如图 3.35 所示，红层软质岩填料的 CBR 强度较低，而 CBR 软化系数变化却不是特别大。压实系数为 0.87、0.90、0.93、0.95、0.98 时，CBR 强度分别为 6.45%、8.62%、9.54%、9.61%、10.68%，CBR 软化系数分别为 0.63、0.67、0.46、0.47、0.36。随着压实度的增加，试样的 CBR 强度呈现明显增加的趋势。浸水前后 CBR 值变化较大，其差值也随着压实度的增加而增大，87% 压实度时降低了 37%，95% 压实度时达到 53%，100% 压实度时则达到 85%。这说明红层软岩填料的水稳定性差，从工程安全考虑，将红层软岩填料划分为 C 类是合适的。

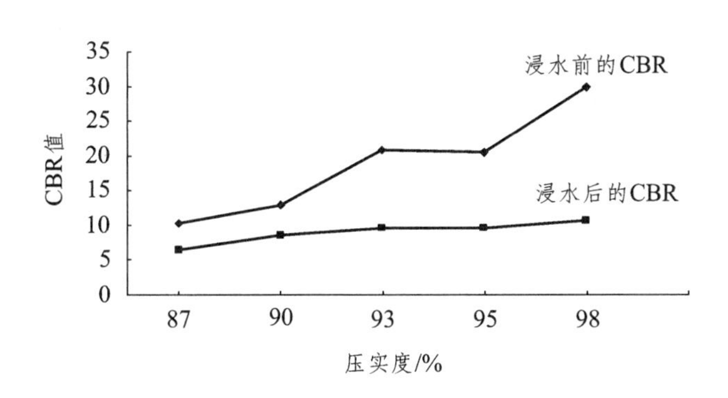

图 3.35 细粒填料 CBR 值随压实度变化曲线

3.5.5 渗透特性

根据常规渗透系数试验方法，测得不同压实度下红层填料渗透系数，如图 3.36 所示。渗透系数在 7×10^{-5} cm/s 到 1.26×10^{-6} cm/s 之间，试验填料透水性较低。

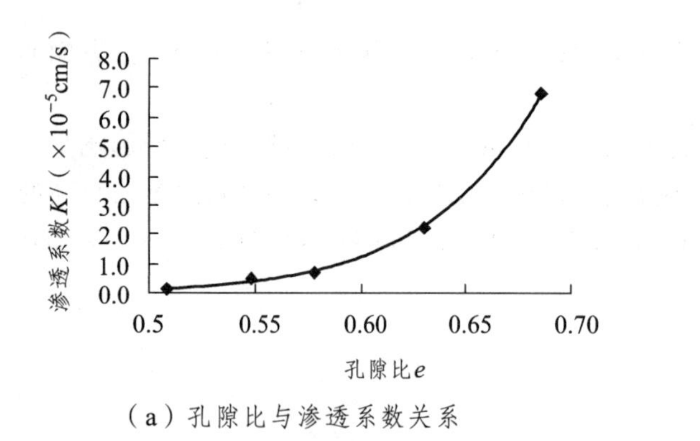

（a）孔隙比与渗透系数关系

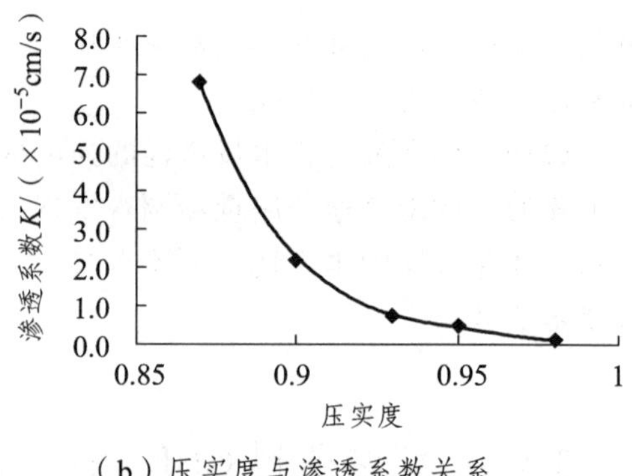

（b）压实度与渗透系数关系

图 3.36　渗透系数与孔隙比、压实度的关系

采用改进型的渗透试验装置测试了红层填料的渗透系数。红层填料试样分层填筑，依照室内渗透仪测定渗透系数原理，将水从下而上通过土体。红层泥岩填料控制为最优含水量，在 0.87、0.90、0.93、0.95、0.98 等 5 种压实度下分别进行试验。试验结果表明：随着压实度增加，模型出水所需时间越长；相同压实度下，垂直渗透模型出水所需时间要比水平渗透模型长。当渗流达到稳定，测得不同时间下水头值变化，红层泥岩填料在不同压实度标准下，其水平渗透系数和垂直渗透系数平均值大致在 10^{-5} cm/s 数量级（如图 3.37、3.38 所示）。

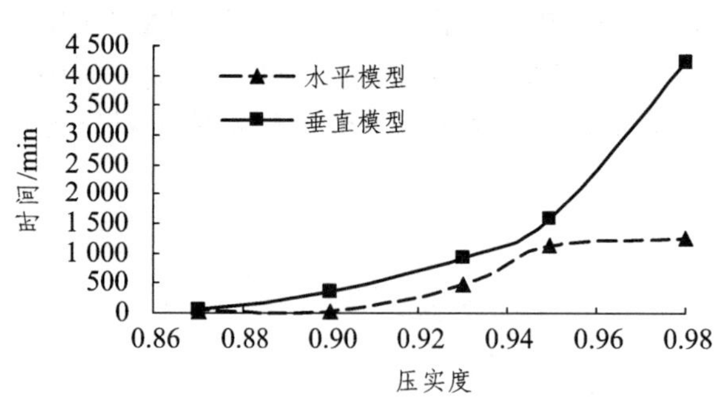

图 3.37　压实度与出水时间关系曲线

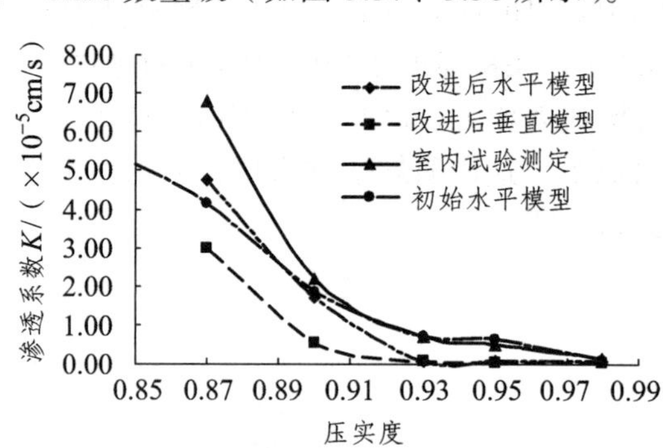

图 3.38　压实度与渗透系数关系曲线

当红层填料压实度小于 0.93 时，填料渗透性差异显著；当压实度大于等于 0.93 时，填料渗透性差异减小，提高压实度可以改善路基填料渗透性能。

对于同一尺度下水平和垂直渗透系数，相同压实度下，水平渗透系数要比垂直渗透系数大，其各向异性比值在 1 到 4 之间，在 0.87、0.90 压实度时，各向异性比较大，分别为 1.6、3.15；在 0.93、0.95、0.98 压实度时填料渗透型差异减小，各向异性比较小，分别为 1.45、1.38、1.38。这是由于分层填筑影响造成的层面，使得平行于层面渗透性相对大于垂直层面渗透性，表现出一定各向异性。红层填料的渗透试验及其装置在本书第 8 章有详细论述。

3.5.6　膨胀特性

红层填料地区，应注意控制酸性水对红层填料的影响，失去钙质成分，将会导致红层填料或岩土体的膨胀性能增加，尤其是路堤填料的膨胀将会导致路堤路面膨胀变形或开裂，危及红层构筑物的工程安全。

从图 3.39 可以看出试样的膨胀率随压实度的增加而增加，但膨胀量较小，0.2 mm 左右，说明红层填料压实后的膨胀性能较小。不同压实度下红层填料的线膨胀率逐渐增加，随着压实度的增加，红层填料遇水后膨胀性逐渐增加，但线膨胀量的绝对值是较小的。有关红层填料膨胀性的详细论述请参看第 7 章。

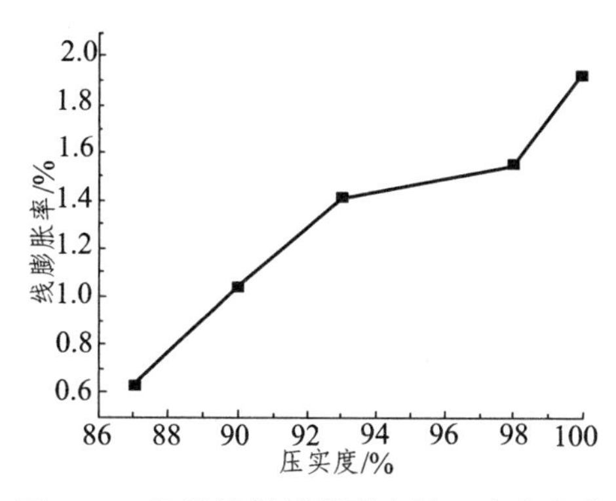

图 3.39　红层填料线膨胀率随压实度变化

参考文献

[1] 钟凯，刘爱萍，谢强．红层边坡风化剥落过程的调查与试验研究．路基工程，2000（4）.

[2] 钱惠国．广大线红层路堑边坡风化带的最优分割．西南交通大学学报，1996，31（5）.

[3] 谢强，蒋爵光，钱惠国．广大线红层边坡风化剥蚀中温度作用的数值分析．四川省岩石力学与工程学会首届学术会议论文集，1994.

[4] 钱惠国．广大线红层路堑边坡风化带的最优分割．西南交通大学学报，1996（5）.

[5] 王磊，李萼雄．红层边坡风化过程的化学分析．成都科技大学学报，1996（6）.

[6] 郭永春，谢强，文江泉．红层特殊岩土化学性质工程判别准则试验研究．水文地质工程地质，2009，36（6）.

[7] 郭永春，谢强，文江泉．红层岩土水理性质工程判别准则试验研究．水文地质工程地质，2008（4）.

[8] 谢强．铁路岩石边坡研究．西南交通大学，1991.

[9] 郭永春，谢强，文江泉．红层软岩结构特征与工程评价初探．水文地质工程地质，2010，37（6）.

[10] 郭永春，谢强，文江泉．水热交替对红层泥岩崩解的影响．水文地质工程地质，2012，39（5）.

[11] 邱恩喜．道路软岩边坡设计研究．西南交通大学，2009.

[12] 谢承平．软岩边坡主要影响因素及稳定性分析研究．西南交通大学，2009.

[13] 郑立宁．基于应变软化理论的顺层边坡失稳机理及局部破坏范围研究．西南交通大学，2012.

[14] 李娅，赵文．采用动态变形模量 E_{vd} 测试路基压实质量的适用性研究．铁道建筑，2009（8）.

[15] 董秀文. E_{vd}检测路基压实质量标准的试验研究. 西南交通大学，2005.
[16] 赵阳. 泥化夹层抗剪强度特征试验研究. 西南交通大学，2011.
[17] 徐彩风. 红层填料渗透特性及渗流作用下路堤稳定性研究. 西南交通大学，2007.
[18] 魏安辉. 川中红层工程地质特性与路用性研究. 西南交通大学，2006.
[19] 周立荣. 红层边坡浅层破坏机理及生态防护技术. 西南交通大学，2010.
[20] 张俊云，周德培. 红层泥岩边坡快速风化规律. 西南交通大学学报，2006，41（1）.
[21] 魏永幸，张仕忠，甘鹰，等. 四川盆地红层泥岩的基本特性和膨胀性及软化的试验研究. 工程勘察，2010（S1）.
[22] 丁瑜，周忠浩，吴立新，等. 重庆地区红层泥岩球状风化剥落特征及其形成机制，中国地质灾害与防治学报，2015，26（1）.
[23] 中国科学院成都分院土壤研究室. 中国紫色土（上篇）. 北京：科学出版社，1991.
[24] 廖正军，唐亮. 重庆市酸雨成因及控制对策. 环境保护科学，2000（4）.
[25] 冯宗炜，小仓纪雄. 重庆酸雨对陆地生态系统的影响和控制对策——中日酸雨合作研究总结，12. 环境科学进展，1998，6（5）.
[26] 王正波，张明，陈建军，等. 酸雨对重庆武隆鸡尾山滑坡滑带页岩物理力学性质的影响. 水文地质工程地质，2017，44（3）.
[27] 胡文静，丁瑜，等. 重庆地区红层泥岩侧限膨胀性能试验研究. 第三届全国工程风险与保险研究学术研讨会，2014.
[28] 李树鼎. 四川盆地红层软岩风化物及风化带的一般特征. 地基基础，2003，23（6）.
[29] 张翔，李宗龙，马显光. 滇中引水工程隧洞软岩工程地质特性研究. 工程地质学报，2015，23（suppl.）.
[30] 张中云，蒋关鲁，王智猛. 红层泥岩改良土填料物理力学特性的试验研究. 四川建筑，2008，28（1）.
[31] 刘俊新，刘育田. 西南红层泥岩压实粉碎土的真三轴试验研究. 浙江工业大学学报，2015，43（3）.
[32] 侯钦礼，杨汉良，张必勇，等. 某大型水电站坝址区软岩特性研究，中国水运，2015，15（6）.
[33] Mitchell J K. 岩土工程土性分析原理. 高国瑞，译. 南京：南京工学院出版社，1998.
[34] 胡厚田，赵晓彦. 中国红层边坡岩体结构类型的研究. 岩土工程学报，2006，28（6）.
[35] 成昆铁路技术总结委员会. 成昆铁路：第二册（线路，工程地质及路基）. 北京：人民铁道出版社，1980.
[36] 刘成. 滇中红层工程地质特征研究. 云南地质，2007，27（4）.
[37] 程强. 红层软岩开挖边坡致灾机理及防治技术研究. 西南交通大学，2003.
[38] 王贤能，黄润秋，黄国明. 边坡岩体浅层破坏的热应力效应研究. 工程地质学报，1997，5（3）.
[39] 林睦曾. 岩石热物理学及其工程应用. 重庆：重庆大学出版社，1991.

4　红层泥质岩类的崩解

崩解是指由于含水量变化导致岩土体结构构造产生不可逆破坏的分散解体过程及其现象的统称。含水量变化是导致崩解现象发生的直接诱发因素。

红层泥质岩类的易崩解是红层非常典型的特殊性质之一。在边坡工程中，由于风化速度快引起风化剥落频繁、水沟堵塞、排水不良、路基翻浆等问题。在宝成线、成昆线、成渝线、广大线等线路上，强烈的崩解特性使红层软岩的风化剥落问题特别突出，大量的剥落物堵塞侧沟，导致排水不畅，进而引起路基翻浆冒泥，影响行车安全。在填方工程中，干湿循环可以加速大块填料崩解，减少工程破碎工时，降低施工成本。在基坑、隧道等开挖工程中，由于开挖揭露新鲜的红层泥岩裸露，原有赋存环境被破坏，导致浅层泥岩含水量反复变化，泥化崩解现象快速发生，引起基坑边坡坡面、洞室表面局部变形塌落。因此，在基坑、隧道开挖施工中，应考虑红层泥岩崩解速度问题，及时采取开挖面的防护措施。

关于红层崩解现象的研究主要集中在各类工程实践中，其中比较有代表性的是铁路、公路、水电等行业的工程研究。主要探索红层泥质岩类崩解原因、条件、影响因素等，提出红层泥质岩类崩解的工程参数，为工程问题防治提供可供参考的依据。

4.1　红层泥质岩崩解现象与问题

4.1.1　红层泥岩崩解现象

据对成南高速沿线，达成铁路部分路段，遂渝线遂宁、合川等部分路段调查（郭永春，2007），红层泥岩野外崩解基本形式有泥状崩解、碎屑（片）状崩解、碎块状崩解、块状崩解、无崩解 5 种基本类型（如图 4.1 所示）。

泥状崩解：以泥岩为代表，崩解堆积物呈泥状，崩解迅速完全。

碎屑（片）状崩解：以粉砂质泥岩为代表，崩解物呈鳞片状、壳状崩落，碎屑粒径大小为 1 ~ 5 mm 的细小碎屑，崩解较完全。

碎块状崩解：主要表现为失水后表面裂隙发育，切割岩石，浸水后试样呈 5 ~ 10 mm 碎块状堆积。

块状崩解：主要表现为试样失水后表面有较大的裂隙切割岩石，浸水后试样沿着这些裂隙崩解破坏，崩落的块体粒径大于 10 mm。

无崩解：对于一些天然含水量泥质岩或砂岩，浸水后没有明显的崩解现象。

（a）泥状和碎屑状

（b）碎屑状和碎块状

（c）块状崩解

（d）无崩解

图 4.1　红层泥岩崩解类型

4.1.2　崩解的主要工程地质问题

在边坡工程中，红层崩解主要表现为坡面风化剥落。随着季节变动，风化剥落反复进行，使红层边坡坡面松散破碎，在集中降雨条件下，坡面冲刷、滑塌等问题突出。风化剥落的碎屑物质堆积在坡脚和测沟中，容易造成路面排水不畅、路面积水等问题。在宝成铁路、成昆铁路、成渝铁路、广大铁路等红层泥岩分布区段，强烈的崩解特性使得红层泥岩风化剥落现象十分突出，大量的剥落物堵塞侧沟，导致排水不畅，进而引起路基翻浆冒泥，影响行车安全。

在基坑、隧道等开挖工程中，由于开挖揭露新鲜的红层泥岩裸露，原有赋存环境被破坏，导致浅层泥岩含水量反复变化，泥化崩解现象快速发生，引起基坑边坡坡面、洞室表面局部变形塌落。因此，在基坑、隧道开挖施工中，应考虑红层泥岩崩解速度问题，及时采取开挖面的防护措施。

4.2　红层泥质岩崩解的试验研究

关于岩石崩解试验并没有标准的试验仪器和方法，多数试验装置是根据崩解的定义自行研制的。现有岩石崩解试验方法主要分为 3 种：第一种是仿照湿化仪原理，利用现有仪器设备进行组装，可以测试岩石试样崩解率的试验装置；第二种是利用烧杯等容器，直接将试样浸泡，测试试样崩解形式；第三种是耐崩解性试验，这是国际岩石力学学会试验室委员会所推荐方法，但试验原理和装置与崩解试验是不同的。试验的仪器和具体操作步骤见《铁路工程岩石试验规范》(TB 10115—2014)。

4.2.1 室内崩解试验

室内崩解试验是将试样完全浸泡在水中，研究红层泥质岩在浸水条件下的崩解破坏现象。试样为侏罗系遂宁组红色泥岩，所有试样均取自同一层位厚层岩层，试样大小为 15 cm × 15 cm × 15 cm 左右，试样质量为 3 ~ 5 kg。分别进行浸水条件和自然环境下的风干样、烘干样、原状样、浸水样的崩解试验。

红层泥岩崩解试验试样处置方式如下：原状样在现场密封，含水量 8.16%；风干样，室内风干 44 d；烘干样在烘箱烘干 24 h；浸水样用砂浴浸泡 33 d，含水量 8.99%。

反映崩解速度主要指标是崩解率，崩解率的计算原理为下述表达式：

$$A_t = \frac{M_0 - M_t}{M_0} \times 100\% \tag{4-1}$$

式中 A_t——t 时刻崩解率（%）；

M_0——试样原质量（g）；

M_t——t 时刻试样剩余质量（g）。

1. 风干样的浸水崩解

风干试样取回后在室内自然放置了 44 d，测得其含水量为 7.12%，裂隙有一定程度的发育。在浸水崩解中，重点研究了该试样的崩解情况，崩解速率最快，数据也较全面。试验的过程见表 4.1 所述，崩解率随时间的变化如图 4.2 所示，从图上可以看出崩解过程中试样质量上的变化。

表 4.1 试样崩解过程描述

序号	崩解现象
1	试样刚放入时产生一些小气泡，掉下一些小颗粒
2	11 min 后有一大块落下，有小片状块体纷纷下落，正前方有一正在发育的裂隙，已经贯通，长约 5 cm
3	13 min 后又有大块掉落，落下的最大块体粒径 3 ~ 4 cm。大部分落块粒径不超过 1 cm
4	17 min 后又有一大块落下；正前方的纵向裂缝已宽约 0.5 cm
5	18 min 后整个试样突然大规模崩解，有少量气泡冒出
6	19 min 后剩余部分颗粒明显呈椭圆；又有少量气泡冒出；陆续有小块状块体下落；试样表面附着有小气泡
7	27 min 试样几乎全部下落，只剩几块小的椭圆形块体
8	大约 40 min 时，金属网上的试样已基本破碎完毕，只剩几块椭圆形小块且其形态不再随时间发生变化，落下的块体也已经分解破碎，崩解试验结束

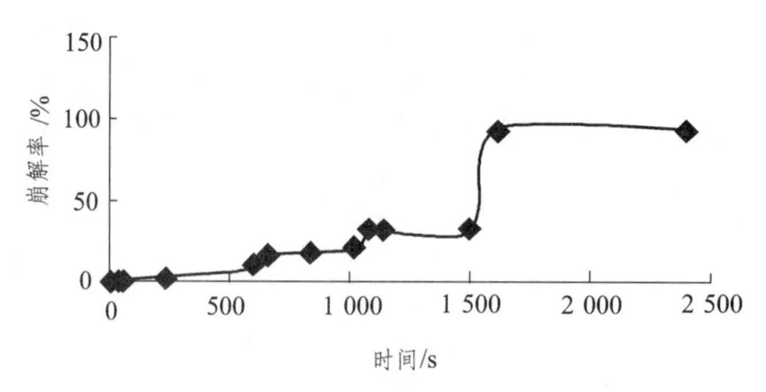

图 4.2　红层泥岩崩解率随时间变化

在试验过程中，发现试样并非是以小块形式连续脱落，而是偶尔脱落大块，记录的数据都对应着质量显著变化时刻。如 500 s 时，计算出的崩解率仍然是 1.11%，直到 600 s 时才突变到 11.14%，关键点的连线只能够反映出崩解率变化的大致趋势。

1）崩解过程

图 4.2 可以看出，在试样放入水中的前 10 min，崩解率一直接近于零。在这段时间内，水逐步进入试样的孔隙中，一部分空气被挤出，形成许多小气泡，还有一部分空气被水包围在孔隙中。被封闭的孔隙或孔隙中的气体压缩导致了张应力的产生，使得试样沿着一些软弱部位产生明显裂隙，但试样的整体外观还是好的。由于试样含泥质较多，浸水后强度降低，裂隙得以迅速发展。

在大约 10 min 的时候，落下一大块，崩解率突然上升。水的进一步浸入使得试样强度进一步降低，接着陆续有碎片和小块脱落。此时的试样如图 4.3（a）所示。仅 1 min 后，试样从中部裂开，形态发生明显变化。但是由于块体没有从网上落下，故计算出的崩解率变化不大。

到了第 27 min，左边的大块突然崩落，右边小块上也有部分震落，崩解率急剧上升到 93% 以上，此时网上所剩块体质量已经很小，如图 4.3（b）所示。

（a）试验前

（b）试验后

图 4.3　崩解前后试样形态

2）崩解物

红层泥岩的崩解物大致外观如图 4.4 所示。其颜色仍为红褐、黄色，形态非常破碎，大部分呈鳞片状、壳状，均从块体上层层剥落。有些碎屑由于浸水时间长、泥质含量高，已呈泥糊状。

图 4.4　泥岩崩解物的外观

2. 新鲜样浸水崩解试验

新鲜样含水量为 8.16%，因没受到风干或烘干作用，裂隙也不发育。崩解的诱发因素是岩石含水量的改变，新鲜试样的含水量比较大，因而不会继续大量吸水，含水量也不会发生显著变化。

经过 20 多天的观察，并没有发现新鲜样在外观和质量上的变化，只在试验开始瞬间有很少量小气泡冒出，风干样试验中各种现象均没有在新鲜样试验中出现。

从同一岩样浸水前后的比较可以看出，试样浸水前后没发生变化。在后续观测中，试样形态和质量依然没发生改变，在保持含水量基本不变的情况下，可以认为新鲜泥岩样的在水中是不崩解的。

在新鲜试样进行浸水试验的同时，还将一块新鲜试样从现场取回来后就直接浸泡在水中 20 多天，试样也没有显著的变化。这说明，新鲜的泥岩如果进行及时的防水保水处理，是可以抑制崩解现象的出现的，在现场施工开挖过程中，对于易崩解岩石应采取及时的防水保水措施。

3. 烘干样的浸水与浇水条件下的崩解

取原状新鲜样在 105 °C 烘干 24 h，由于短时间内大量失水，试样表面出现了许多较长且相交的裂隙，宽度 0.3 ~ 0.4 mm。试验时取两块烘干样试样，模拟不同的环境，进行了两个试验，分别为浇水和浸水试验。

试样一（浇水试验）模拟烈日暴晒下骤降暴雨的情况。试样从烘箱中取出后浇水，观察试样变化情况。几分钟后，整个试样破碎成若干大块，如图 4.5 所示，崩解的块体呈不规则块状，仍有一定的强度，且破裂面也不规则，因而能够稳定地堆砌在铁丝网上。

图 4.5　烘干样趁热浇水后的崩解形式

图 4.6　烘干样浸水后崩解情况

试样二（浸水试验）烘干冷却后开始浸水，试样迅速崩解，裂隙更加密集，表面破碎，松散的鳞片状细小碎片掉落到网下，没有大块残留，如图 4.6 所示。崩解率随时间的变化曲线如图 4.7 所示。

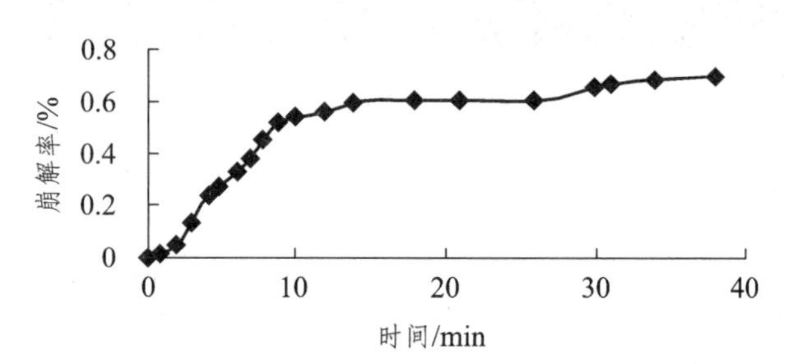

图 4.7　烘干样浸水后崩解率随时间的变化曲线

4. 试验结果讨论

对不同条件下的崩解速率和方式进行归纳总结，含水量大于或等于天然含水量的试样浸水不崩解，而风干样、烘干样崩解快速彻底。烘干样浇水的试样裂隙发育程度低于冷却浸水试样，浇水试样崩解为不规则大块，冷却浸水试样崩解为细小鳞片状碎屑，见表 4.2。

表 4.2　红层泥岩崩解试验结果

试样类型	处理方法	含水量/%	裂隙情况	崩解时间	残留物形态
风干样	浸　水	7.12	层理方向及上下底面均有狭长裂隙	约 40 min	鳞片状、薄壳状小片体，椭圆形结核
新鲜样	浸　水	8.16	极　少	不崩解	保持原状
浸水样	浸　水	8.99	极　少	不崩解	保持原状
烘干样（烘 24 h）	趁热浇水	1.66	少　量	20 ~ 30 min	不规则大块
烘干样（烘 24 h）	冷却浸水	1.66	狭裂隙密集	约 20 min	细小鳞片状堆积物

红层泥岩的崩解特性是其水敏性特征的典型代表。在崩解模拟试验中，同种红层软岩在不同的外部环境的影响下，表现出了不同的崩解特征。其中含水量的变化、温度的变化、裂隙的发育程度对崩解特性的影响较为显著。原状试样（含水量 8.16%）长期浸水也不崩解，

而风干样（含水量 7.12%）、烘干样（含水量 1.66%）遇水即发生强烈崩解，并在短时间内崩解破碎，成为碎块或土状。其原因是温度的变化导致试样中的裂隙极为发育，为水进入岩石内部创造了条件，加剧了泥岩的崩解，干湿循环的反复变化对泥岩的破坏最为剧烈。

4.2.2 室外崩解试验

采用在室外自然环境中加侧限和不加侧限的两种条件下，观察红层泥岩在自然状态条件下的崩解发展情况。

将岩样分为 A、B 两组，每组 4 个；将 A 组放入装样盒中，两个层面方向水平，另两个层面方向竖直，将试样的其他面用塑料膜包裹住，使之不透水，并将四周空隙中填入水泥，组成有侧向约束的试验组；B 样保持原状，为无侧向约束的试验组。每天描绘上表面的裂隙，测量裂隙数量、长度，记录当天温度、湿度。

1. 层面垂直有围限崩解试验

试验过程中主要的变化过程见表 4.3。岩样放置于室外后，前两天有少量降雨，岩块表面出现了少量微裂隙，裂隙主要沿岩块出露面四周分布。左上角表面出现龟裂裂隙，整体表面裂隙发育。表面裂隙以片状剥裂为主，片状剥裂体直径 1.5 ~ 3 cm。部分片状剥裂相互重叠。随着表面裂隙的发育加深，原较短裂隙延伸并相互连通，逐渐形成网格状裂隙。表面裂隙发展后期，原裂隙宽度增加，沿原来网格状裂隙两侧次生微裂隙发育增多，将原网格切割成更小网格。最终，岩体表面龟裂并从岩体表面脱离，但由于泥岩出露面向上，使崩解碎屑物堆积在岩体表面，不能掉落下来。

表 4.3　室外层理垂直出露面有围限试验主要变化摘录表

日期	2012.4.6	4.8 阴转阵雨	4.9	4.20 阵雨	5.26
裂隙素描图	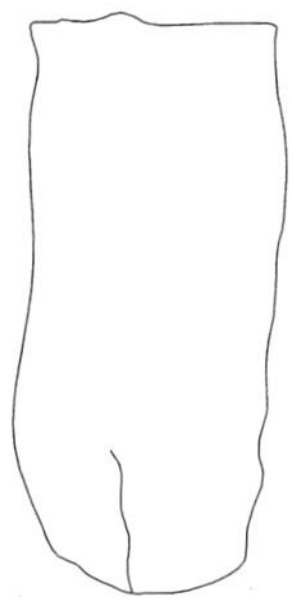	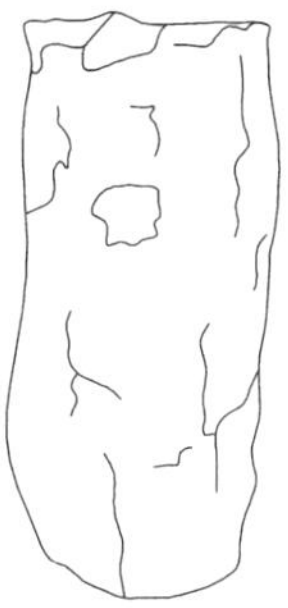			
文字描述	尺寸 12 cm×24 cm，露出部分最厚处 4.5 cm，为下部突出部分。表面下部有一纵向裂缝	表面裂隙以片状剥裂为主，片状剥裂体直径 1.5～3 cm。部分片状剥裂相互重叠	表面裂隙发育加深，原较短裂隙延伸并相互连通，形成网格状裂隙	右侧下方边缘，岩块体层状沿纵向发育的裂隙脱落	表面变松散，大量片状，长条状崩解碎屑堆积

泥岩风化主要集中在试验前 16 d，经过长时间的风化，泥岩岩样仍然保持完整，测得泥岩的风化深度约为 1.5 cm。

2. 层面平行有围限崩解试验

试验过程中主要的变化过程见表 4.4。试验岩样放置于室外后前两天有少量降雨，岩块表面出现了少量微裂隙，裂隙的表现形式主要为多边形的网格状。表面次生裂隙发育增多，片状剥裂隙多被垂直剥裂隙方向裂隙切割。随着试验时间的过去，表面裂隙大量增加，原裂隙发展延伸后相互贯通，呈网状发育。网状裂隙继续生成次的裂隙，次生裂隙以树枝状向主裂隙两侧延伸，最后次生裂隙再次相互贯通，形成了更加细密的网状裂隙构造。在网状裂隙发育的过程中，岩样表面部分区域因为表面膨胀的原因而突起。最后表面崩解碎屑物在上表面堆积，形成一层松散堆积层。崩解碎屑物的形成多以小片状为主，片状直径为 2～5 mm。

表 4.4　室外层理平行出露面有围限试验主要变化摘录表

日期	2012.4.6	4.8 阵雨	4.9	4.18	5.15
裂隙素描图	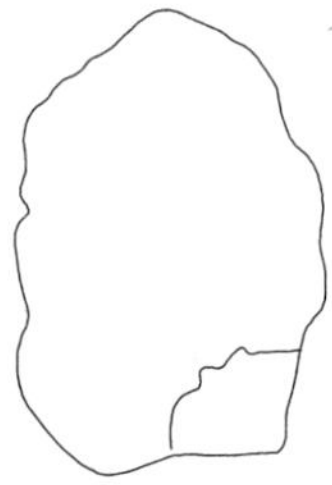	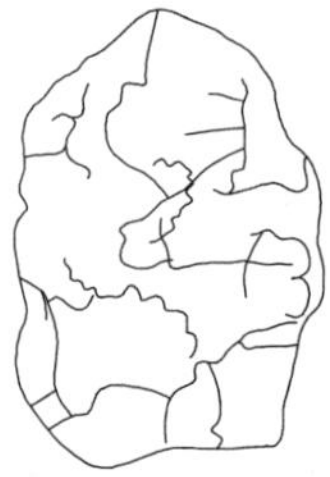	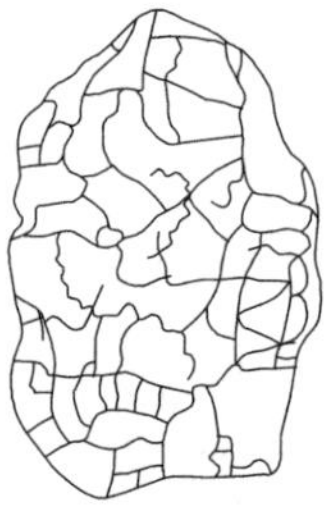	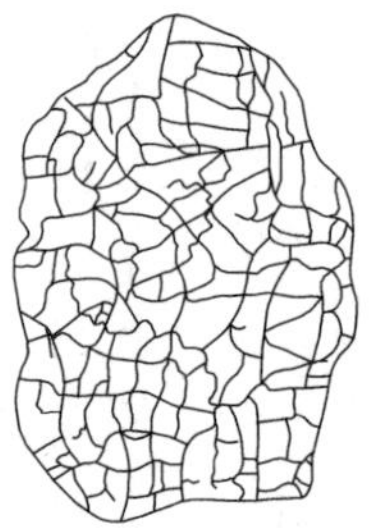	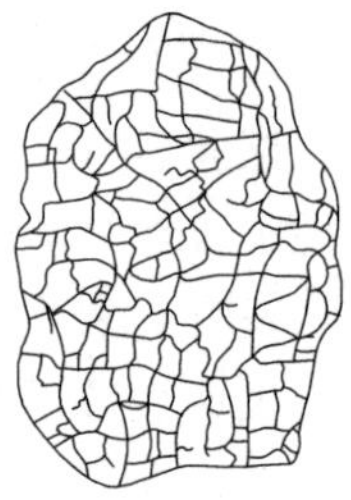
文字描述	尺寸 15 cm × 20 cm，右下角有一较宽裂隙，右侧有一纵向微裂隙与之相连，中部偏上有 3～4 个鳞片状剥裂隙	表面次生裂隙发育增多，片状剥裂隙多被垂直剥裂隙方向裂隙切割	表面裂隙大量增加，原裂隙发展延伸后相互贯通，呈网状发育	表面裂隙密集发育，将原网状裂隙进一步切割，成为网格更小的网状分布裂隙。表面因膨胀而稍微突出	表面变松散，大量片状崩解碎屑堆积。经测量风化深度小于 1 cm

泥岩风化主要集中在试验前 16 d，经过长时间的风化，泥岩岩样仍然保持整体的完整性，测得泥岩的风化深度小于 1 cm。

3. 层面垂直无围限崩解试验

试验过程中主要的变化过程见表 4.5。试验岩样放置于室外后前两天有少量降雨，岩块表面出现了少量微裂隙，裂隙主要为一条纵向顺层裂隙和两条横向裂隙。在试验组的试验过程中，泥岩岩样主要的变化是纵向裂隙的扩展延伸，同时横向裂隙发展出次生裂隙。这些次生裂隙主要为纵向顺层裂隙，次生裂隙在扩展的过程当中，相互之间或与主裂隙能贯通。开成不面积大小不一，形状不规则的网格状构造。这些网格状的构造最终将岩块切割成相互独立的小块，这是该组试验中泥岩崩解的主要表现形式。试验结束后，泥岩仍保持基本的完整性，只有一小部分发生解体脱离岩块。侧面有小的层片状碎屑物的掉落，掉落物的数量较少。

表 4.5 室外层理面垂直无围限试验主要变化摘录表

日期	2012.4.6	4.8 阵雨	4.9	4.19 阵雨	5.26
裂隙素描图	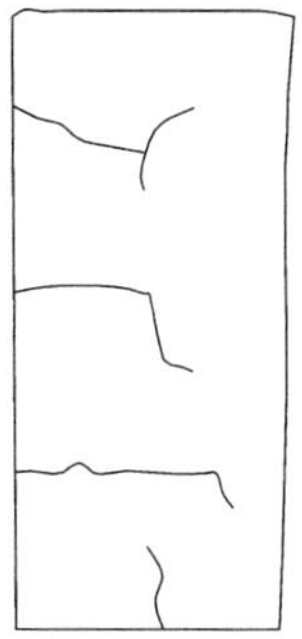	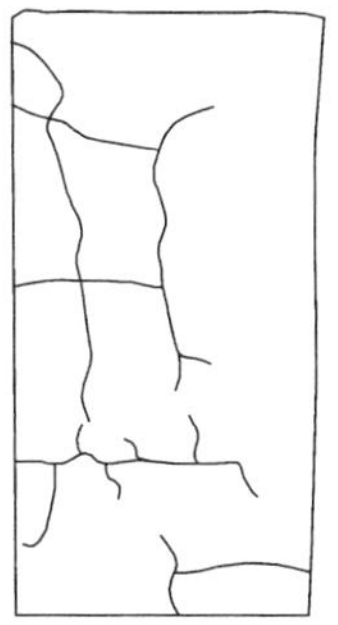	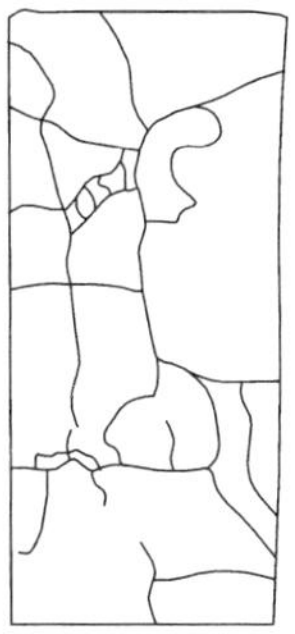	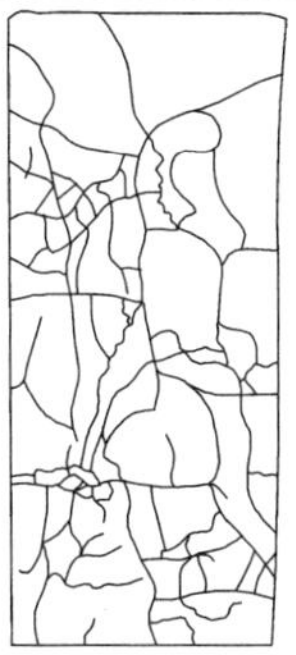	
文字描述	尺寸 20 mm × 8.5 mm × 12.5 mm。上表面，中下部有一条横向贯通裂缝，长约 8 cm，纵向有一条不连续裂缝，底部裂缝长 4 cm，顶部叉状裂缝不明显	中间主裂隙左侧网状裂隙发育，其左侧面上方可见横向裂隙深入，切割厚度约 0.8 cm，裂隙长 4 cm。下边横向主裂隙，次生节理发育，片状剥裂直径 1.0 ~ 1.5 cm。侧面无明显变化	沿主裂隙周围次生微裂隙发育，中间两条主裂隙交点处裂隙上方裂隙宽 0.7 mm，越往上走越窄，最终宽 0.2 mm，交点下方裂隙宽度均匀，为 0.2 mm，贯通，裂隙两侧微裂隙发育，片状剥裂隙增加	主裂隙宽度扩展，达到 1.0 ~ 1.5 mm，表面网状次生裂隙增多	基本破碎解体

4. 层面水平无围限崩解试验

试验过程中主要的变化过程见表 4.6。试验岩样放置于室外，起初岩体表面光滑，有 3 条微裂隙分布在岩块表面四周。放置后 2 天有少量降雨，岩块表面出现了少量微裂隙发育增多现象，裂隙的发育多集中在岩样表面的四周边缘。在之后的试验过程中可以看出，表面微裂隙的发展，由岩块边缘向表面内部发展，最后在整个表面发育出不规则形状的网状裂隙构造。边缘由于裂隙扩展等，发生散落现象。侧面有小的层片状碎屑物掉落，掉落物的数量较少。

5. 试验结果

在有无围限、岩块层面与出露面的关系 2 种变量控制下，所做的 4 组崩解试验，其崩解现象差异较大。这说明，岩块侧向有无约束和岩块层面与出露面的角度对崩解的发生影响明显。

从有侧向约束的试验组与无侧向约束的试验组的试验结果对比中可以看出来：当岩块有侧向约束时，岩体崩解现象只集中在表面，其在深度的影响上较轻微，裂隙的发育扩展较浅。分析其可能的原因：一是因为在有围护的条件下，水分无法从岩块体的四周进入，从而减少了岩块内部整体含水率的变化；二是当有围护存在时，岩块受到侧向压力的约束作用，一方面抵消了因为膨胀作用而产生的内应力，一定程度上阻止了裂隙的扩展，另一方面因为侧向压力的作用，岩块体裂隙扩展不明显，减少了水分的进入，从而使水的毛细作用和与矿物的相互作用减弱，一定程度上减弱了崩解的发生。

表 4.6 室外层理面垂直无围限试验主要变化摘录表

日期	2012.4.6	4.8 阵雨	4.9	4.18 阵雨	5.15
裂隙素描图					
文字描述	尺寸：下边宽17 cm，上边宽约8 cm，纵向22 cm，表面平整无裂隙，侧面底部有一横向切割贯通裂隙	顶部裂隙扩展明显，表面微裂隙发育增多。四周大裂隙处呈切角裂隙，顶部两处切角剥裂扩展，左侧的长6 cm，右侧的长4.5 cm，右侧裂隙内侧1 cm处新增一条平等裂隙	表面裂隙发育，裂隙长度增加，大部分裂隙已经相互贯通，下边缘破裂处掉落。前表面下部边缘片状破裂发育增多，切角破裂呈多层发育，贯通	上表面顶部一条沿边裂隙发育较宽，长11 cm，宽1 mm。底面边缘切角裂隙发育，主要集中在底面往上3 cm处	边缘脱落，表面网格状裂隙加深。整体结构完整

在层面是否与出露面垂直的对比试验中，可以看出的是，当岩样层面与出露面相垂直时，崩解程度略有加深。在有围限且岩样层面与出露面平行时，除了表面有小颗粒与小的层片状碎屑脱落外，基本无其他变化；有围限且层面与出露面垂直时，表面情况与上相似，同时水泥围护有开裂，说明此情况下膨胀力要大得多，可能是膨胀方向差异的原因。但更重要的时，这种情况下，纵向裂隙发育。水分进入岩块内部量多于前者，使其含水量变化较大，膨胀性增强。

无围护情况下，泥岩无侧向约束。层面垂直时，多以纵向顺层裂隙发育为主，并与其次生横向裂隙交叉切割，促进崩解发生。层面水平时，表面裂隙多以网状发育为主，并与侧面顺层裂隙相互切割，形成崩解。

试验观察表明，泥岩裂隙发育情况可分为3个阶段：① 裂隙在放置于自然环境中后，在开始的3 d内裂隙发育较快，之后在没有降雨的情况下，裂隙变化不明显；② 在每次降雨后，泥岩含水量发生变化的过程当中，裂隙发育迅速，当一个干湿循环完成后，裂隙变化不明显；③ 在自然环境中放置大约18 d后，泥岩裂隙便不再发生明显变化。

4.2.3 崩解扩容及强度损失试验

考虑有侧向约束条件下，将标准的 $\phi5$ mm × 10 cm 烘干样装入有机玻璃管或钢管，下部吸水，上部测量体积的变化，可以得到体积的变化率、干密度的变化率、吸水率指标。由于有侧向约束，虽然试样吸水崩解，产生大量的裂隙切割岩样，形成类似宏观岩体中的碎裂结构或散体结构，但这样获得的密度更接近于破碎岩体的综合密度，且仍具有一定的强度，符合工程实际。

经历 2 个循环后，没有约束试样表面产生了大量的裂隙，结构面发育。而有约束试样的表面仅有少量裂隙。说明在现场条件下，岩土体发生崩解的速度并不是很快。有约束试样的竖向扩容量为 3.5 mm，扩容率为 3.5%，吸水率为 8%。

崩解扩容后岩土体密度减小，结构强度将会有所降低。由于侧向约束的保护，结构强度的降低幅度不会很大，所以在确定具有崩解性岩土体强度时，应该考虑侧向约束的有利影响，不应将计算强度指标取值过低。

在崩解扩容的过程中，由于侧向约束的作用，侧向的变形都转变为竖向变形，将会使得岩土体竖向扩容量增大，因此在考虑扩容变形的计算中，采用竖向扩容率参数进行计算是符合实际情况的。

作为探索性试验，用回弹仪测量试样浸水前后的回弹强度变化，崩解后回弹值 12.5，崩解前回弹值 14，回弹强度仅损失 10%，说明在有侧向约束条件下，虽然吸水崩解，但仍具有较高强度，不至于丧失殆尽。

4.2.4 崩解过程波速测试

钟凯（2000）在野外调查测试基础上，采集新鲜岩样对广大线红层风化过程进行了试验观测，并将其试验结果与野外状况进行了对比分析。

根据野外调查，广大线红层风化在近期是以物理风化为主的，因此，选用新鲜的岩样进行试验。采集的岩样为 DK57 试验钻孔 26.3 ~ 29.2 m 处新鲜的紫红色粉砂质泥岩。据电镜资料显示，岩样化学风化程度较低，主要微观结构为颗粒堆积，确认为未遭受风化的新鲜岩石。

据南华县气象资料，在试验中考虑的风化因素是温度和水，温度为 + 60 ~ 0 °C，水温为 + 5 °C 左右。试验方法是加热与冷却循环（见表 4.7），冷热循环时间分为 3 类：炎热夏季日循环、年度内炎热夏季与寒冷冬季循环、夏季持续高温与冬季持续低温循环。每一类分别按有水冲刷与无水作用作对比试验。

表 4.7 风化过程试验方案

项　目	日温差变化	年季节变化	持续夏季	持续冬季	水的作用
试样编号	Ⅴ、Ⅵ	Ⅲ、Ⅳ	Ⅱ	Ⅰ	Ⅱ、Ⅲ、Ⅳ、Ⅵ
试验方法	60 °C 加热 1 h，20 °C 冷却 1 h 循环	60 °C 加热 12 h，20 °C 冷却 12 h 循环	60 °C 加热 12 h，20 °C 冷却 12 h 循环	按 12 h 冷热循环 10 d 后，在 0 ~ 10 °C 自然温差持续 90 d	加热取出后立即喷水浸湿表面

每次温度转换时，对试样的裂隙发展情况进行观察记录，用声波仪测定声速以间接反映试样内部裂隙发育情况，并称重测定剥落量。

依设计方案进行 101 d 累计达 2 424 h 的试验观测，其试验结果曲线绘于图 4.8、图 4.9。

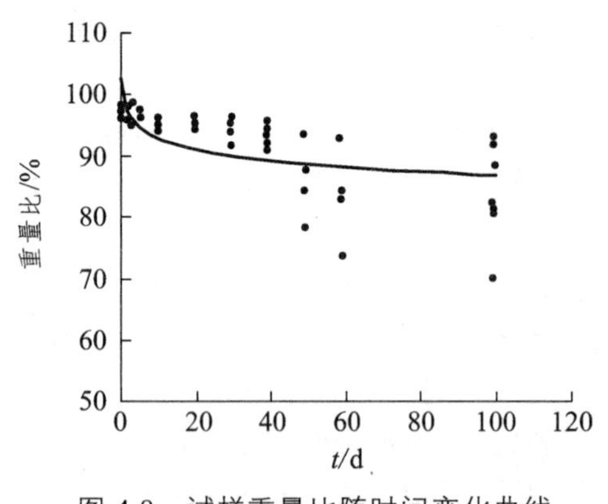

图 4.8 试样重量比随时间变化曲线

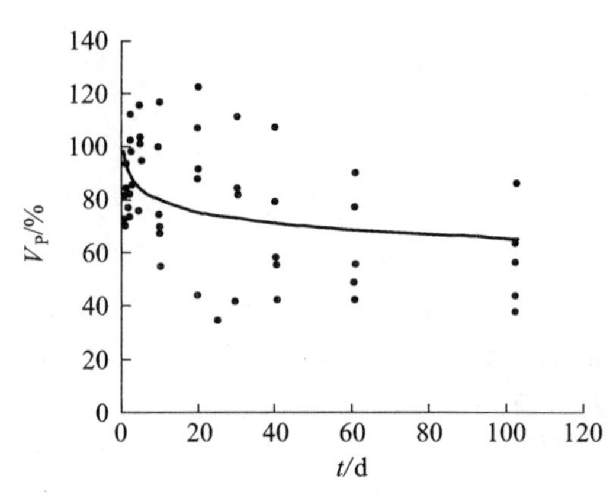

图 4.9 试样声速随时间变化曲线

试验表明：

（1）从声速变化和外表裂隙加大增多现象，可以判断出试样内部出现裂隙的时间均在 24 h 内。

（2）从观测记录可知，在试验进行到 5 d 时，Ⅲ、Ⅳ、Ⅵ号试样表面裂隙增大幅度最大，表明高温差引起的岩石风化速度更大。

（3）从观测记录可以看出，试样经加温、喷水等试验步骤至第 5 d 时，Ⅲ、Ⅳ、Ⅵ号试样重量明显下降，试样开始掉块，产生剥落。至第 10 d 时，各试样重量均有明显减少，波速明显下降，出现碎片状掉块，表明试样普遍产生了剥落。试验表明，在高温差下岩石产生风化剥落的时间周期仅 10 d 左右。如果有水的作用，剥落的时间周期还更短。

4.2.5 崩解过程 CT 试验

吕勇刚（2015）利用医用 CT 技术，观察了泥岩崩解过程中裂隙的发育规律。将不同浸泡时间的泥岩试样放入 CT 机，观测不同浸水时间时泥岩内部裂隙分布和扩展规律。测试数据显示，干燥泥岩内部具有初始网状裂隙，水的入侵，初始裂隙逐渐扩张，导致泥岩最后崩解破坏，在泥岩试样内部形成网状发育裂隙。

4.2.6 崩解分形试验

刘俊新（2007）为了分析红层填料在大气条件下崩解情况，取侏罗系遂宁组红色泥岩试样进行了分形崩解试验，其过程如下：

在工地上的取 10 kg，其大小为 20 mm 以上的红层碎屑土，在试验室内，分别用直径为 20、10、5、2、1 mm 等不同规格的筛子进行筛分，记录颗粒级别；将所有岩石碎块重新混合到一起，并每天定期洒水让试样进行干湿循环使之崩解。若干天后，重复第二步，并比较前后两次颗粒级别的变化幅度，着重观察最小粒径所占的百分数。如果颗粒级别在一较长时间内变化幅度很小，说明崩解基本停止，崩解试验终止，表 4.8 为崩解过程中各级配的变化情况。

表 4.8 大气条件下的渐近崩解试验过程中颗粒级别变化 %

日 期	粒 径					
	>20 mm	<20 mm	<10 mm	<5 mm	<2 mm	<1 mm
2006-09-18	1.000	0.288	0.164	0.070	0.020	0.015
2006-09-25	1.000	0.438	0.274	0.126	0.030	0.021
2006-09-28	1.000	0.519	0.325	0.148	0.037	0.026
2006-10-08	1.000	0.707	0.461	0.219	0.059	0.039
2006-10-19	1.000	0.750	0.539	0.263	0.063	0.040
2006-10-29	1.000	0.792	0.615	0.307	0.066	0.042
2006-11-09	1.000	0.819	0.665	0.337	0.069	0.043
2006-11-19	1.000	0.824	0.673	0.346	0.071	0.044
2006-11-29	1.000	0.829	0.682	0.354	0.072	0.045
2006-12-10	1.000	0.834	0.690	0.363	0.074	0.046
2006-12-20	1.000	0.839	0.699	0.372	0.076	0.047
2006-12-31	1.000	0.844	0.707	0.381	0.078	0.048
2007-01-10	1.000	0.850	0.716	0.390	0.080	0.049
2007-01-21	1.000	0.855	0.725	0.399	0.082	0.050
2007-01-31	1.000	0.860	0.734	0.408	0.083	0.051
2007-02-10	1.000	0.865	0.743	0.417	0.085	0.053
2007-02-21	1.000	0.871	0.751	0.426	0.087	0.054
2007-03-03	1.000	0.876	0.760	0.435	0.089	0.055
2007-03-14	1.000	0.882	0.769	0.445	0.091	0.056
2007-03-24	1.000	0.902	0.828	0.527	0.119	0.073
2007-04-03	1.000	0.924	0.870	0.668	0.175	0.096
2007-04-14	1.000	0.923	0.875	0.695	0.190	0.102
2007-04-24	1.000	0.923	0.880	0.722	0.205	0.109
2007-05-05	1.000	0.923	0.884	0.749	0.221	0.116
2007-05-15	1.000	0.922	0.889	0.777	0.236	0.122
2007-05-26	1.000	0.922	0.894	0.805	0.252	0.129

对红层泥岩在大气条件下渐近崩解试验过程采用质量求分维数的方法进行分维数分析

（如图 4.10 所示）。从表 4.8 和图 4.10 中可知：泥岩崩解是一个时间过程，在该过程中其颗粒组成一直处于变化之中，其分维数也不断变化。在不同的试验条件下，崩解的速度不同，分维数的变化快慢不同，但崩解达到一定程度时，颗粒级别达到稳定，崩解最终趋于停止，分维数趋于一个稳定值。对于本次试验 250 d 后，其分维数为 2.276，基本已达到稳定。

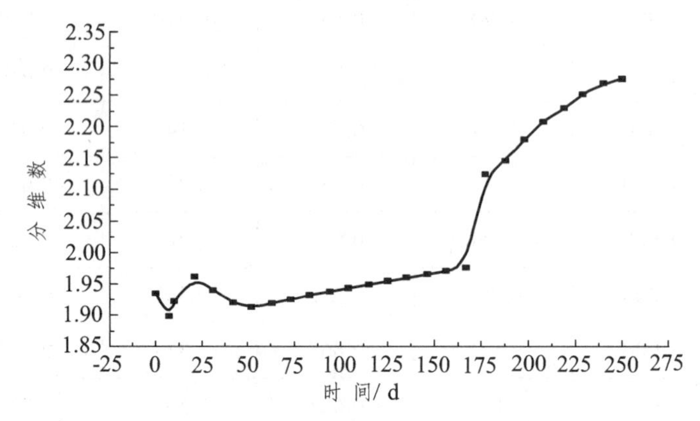

图 4.10　大气条件下渐过崩解试验颗粒分维数随时间的变化

4.2.7　耐崩解指数试验

耐崩解试验是由 Frankin 于 1970 年提出的，其目的是测试易崩解岩石在扰动条件下抗崩解的能力，其衡量的标准通常是耐崩解指数 I_{d2}，它是指试件经过烘干与浸水两次标准循环后的残留质量与原质量之比，以百分数表示。试验的仪器和具体操作步骤见《铁路工程岩石试验规范》（TB 10115—98）。

试验所用试件分别取原状新鲜样和饱和样，敲击小块然后经烘干，为不规则块状，其粒径小于 2 cm。将两种试件分别放入两个筛筒中，称重后并安装好，如图 4.11 所示。接上电源转动筛筒，以 20 r/min 的速度旋转 10 min，此为一个循环。试验完成后再将筛筒放入烘箱烘干 24 h，然后进行第 2 次循环。

图 4.11　耐崩解试验的装置

耐崩解指数的计算也按照规范进行，计算如下：

$$I_{d2} = \frac{M_r - M_0}{M_s - M_0} \times 100\% \tag{4-2}$$

式中 I_{d2}——岩石（二次循环）耐崩解指数（%）；

M_r——筛筒与残留试件烘干质量（g）；

M_s——筛筒与原试件烘干质量（g）；

M_0——筛筒质量（g）。

在试验中，为了获取更多更可靠的数据，进行了多次循环，直至筛筒中试件质量变化很小为止。试验结果见表 4.9、表 4.10 及图 4.12。

表 4.9　原状新鲜样耐崩解试验记录

循环次数	循环前干试样与筒总质量/g	试样干质量/g	耐崩解指数/%
0	374.97	180.32	—
1	311.27	116.62	64.67
2	282.94	88.29	48.96
3	262.76	68.11	37.77
4	250.92	56.27	31.21
5	242.41	47.76	26.49
6	236.52	41.87	23.22
7	231.22	36.57	20.28
8	227.70	33.05	18.33
9	224.46	29.75	16.5

表 4.10　原状浸水样耐崩解试验记录

循环次数	循环前干试样与筒总质量/g	试样干质量/g	耐崩解指数/%
0	422.5	230.29	—
1	274	81.79	35.52
2	252.3	60.09	26.09
3	238.68	46.47	20.18
4	229.84	37.63	16.34
5	223.3	31.09	13.50
6	218.91	26.70	11.59
7	215.52	23.31	10.12
8	212.85	20.64	8.96
9	211.11	18.9	8.21

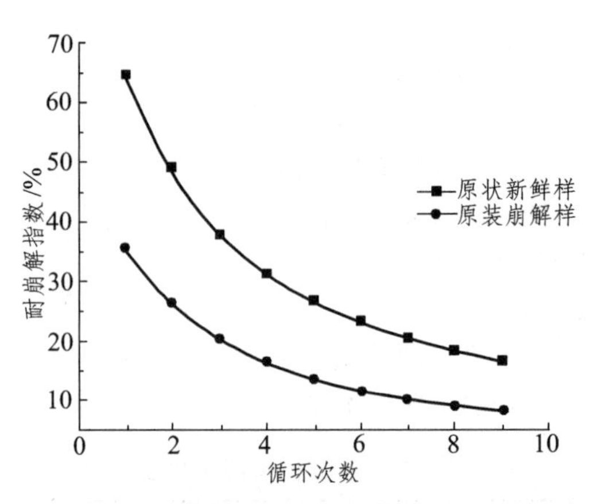

图 4.12　耐崩解随循环次数的变化曲线

第一次循环结束后，试样经循环后变为浑圆状小块，粒径较小，最大不超过 1 cm。循环以后水槽中的水被泥岩染成黄褐色，流失的小颗粒呈块状，在室外放置几天后犹如砂状，芝麻粒般大小。

由式（4-2）计算得新鲜样的耐崩解指数为 48.96%，浸水样的耐崩解指数为 26.09%，二者差异显著。从曲线上也可以看出，新鲜样的耐崩解指数总是大于浸水样的耐崩解指数，说明浸水样的耐崩解性能较差。浸水样已经浸水多日，再经烘干即相当于多受到了一次干湿循环，且它的初始含水量大于新鲜样的含水量，经过相同时间的烘干，其裂隙更发育一些。在这样的情况下，浸水样的耐崩解指数明显降低。

红层崩解与其岩石的成分、结构等关系密切。以滇中引水工程为例（朱俊杰，2013），沿线软岩以钙质胶结为主，耐崩解性较好，部分地层以泥质胶结为主，崩解明显。另外，软岩崩解性与微裂隙发育有关，对于微裂隙发育的岩块，崩解明显（见表 4.11）。从试验成果可见，耐崩解性差异较大，部分试样第 2 次循环即已完全崩解（如图 4.13 所示），发生完全崩解的试样占试验总数的 1/3。

表 4.11　滇中红层软岩耐崩解性试验成果（朱俊杰，2013）

编号	烘干质量 a /g	烘干质量 b /g	烘干质量 c /g	烘干质量 d /g	烘干质量 e /g	耐崩解性指数			
						I_{d2}	I_{d3}	I_{d4}	I_{d5}
1	233.27	207.68	159.32	崩解	—	89.03%	76.71%	0.00	—
2	192.07	165.95	118.45	112.97	崩解	91.15%	71.38%	95.37%	—
3	154.53	154.31	154.08	150.78	146.21	99.86%	99.85%	97.86%	96.97%
4	118.13	112.87	110.65	101.69	98.87	99.77%	98.03%	91.90%	97.23%
5	179.27	150.56	145.32	121.35	110.78	86.39%	96.52%	83.51%	91.29%
6	185.32	122.38	122.11	121.01	118.78	99.84%	99.78%	99.10%	98.16%
7	169.16	155.42	153.78	152.36	151.09	98.54%	98.94%	99.08%	99.17%
8	132.47	131.54	131.04	130.28	129.63	99.30%	99.62%	99.42%	99.50%
9	137.65	132.15	131.68	127.81	119.32	99.52%	99.64%	97.06%	93.36%

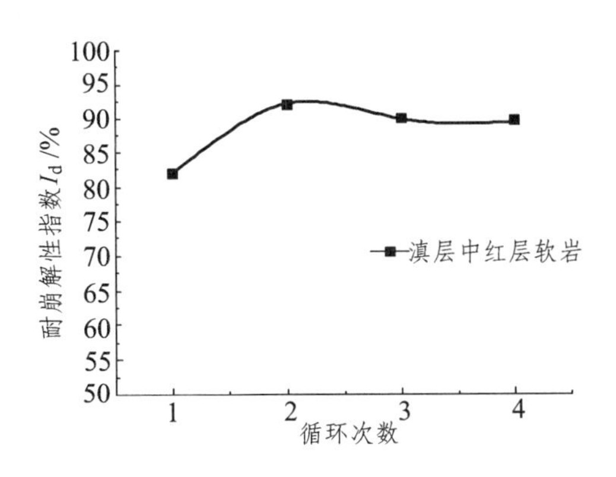

图 4.13 滇中红层软岩耐崩解性指数与循环次数的关系（朱俊杰，2013）

从上述试验结果可以看出，对于同一种泥岩，其矿物成分和颗粒尺寸等因素并没有显著差异，控制耐崩解性能的是胶结物成分、含水量、裂隙发育程度、试样所受到干湿循环的次数，这与目前的理论和崩解试验所得出的结论是一致的。

4.3 红层泥质岩开挖崩解过程

由于工程开挖，原来封闭的环境被改变，红层泥岩的一个或几个侧面直接暴露出来，受到温度、水、空气等因素的直接影响，从原来完整的岩石经历物理、化学等风化因素的影响，表层泥岩崩解破碎，由于雨水、风力、自重等因素的作用，崩解后的碎屑脱离原有岩块，滚落在坡脚堆积，形成细小碎屑。原有的岩石产生新的崩解破坏，周而往复，导致红层泥岩边坡持续性崩解剥落。由此可能产生淤埋排水沟、掩埋路面，进而导致落石崩塌、路基滑坡等工程地质问题。

根据现场调查和室内模拟研究，崩解过程大致可以分为 4 个阶段。

1. 赋存环境变化阶段

存在着缺陷的红层岩土体经过漫长的地质时间已经与周围的自然环境达到了一定的平衡状态。工程开挖导致其赋存环境发生变化。地质因素或人为因素对岩体造成的损伤破坏，黏土岩类在岩石形成过程中形成的物质组成、结构构造，形成的各类结构面等是产生岩土体缺陷的物质基础，这些损伤为岩土体产生风化崩解提供了物质基础。

2. 环境要素激发阶段

环境变化引起含水量的变化，即产生干湿循环、水分迁移、气候环境的变化、工程活动等的影响，导致岩土体既有赋存环境发生变化，在调整的过程中产生温度变化、水文迁移、干湿循环、冷热循环等变化，引起岩土体本身结构构造发生变化与环境变化相适应，导致崩解现象的发生，收缩破裂、膨胀破裂，溶蚀、风化剥落等崩解现象的出现。

在实际的崩解过程中，水、热、力等环境因素是同时与红层泥岩相互作用的，主要有以下几个过程：红层泥岩内外温度差产生热应力，引起裂隙；温度差引起岩石内部水分的散失，产生收缩应力；外部水的侵入，使得红层泥岩表层水环境发生显著变化，主要有浓度差引起双电层厚度变化改变泥岩微观结构、毛细作用促进水分渗入泥岩内部、气压致裂破坏等。

3. 周期循环积累阶段

环境一旦发生变化，将反复发生，具有一定的周期性和长期性，日周期、月周期、年周期的干湿循环、冷热循环导致红层泥岩内部产生不可逆破坏逐渐积累，引起岩土体工程崩解性能的反复变化，进而引起工程结构物工程安全性能的反复变化，影响其安全使用，工程人员必须采取必要的措施减小崩解破坏对工程安全的影响，保证工程运营安全。

4. 剥落脱离阶段

岩土体变形破坏累积到一定程度，便发生明显的宏观不可逆破坏，与环境影响相互协调，再次达到稳定状态。在雨水冲刷、风力、重力等外部营力作用下，崩解碎屑脱离坡体，在坡脚堆积。如果破坏程度不影响工程安全运营，则形成的工程地质系统的稳定性是比较高的，不需要更多的人为干预去保持稳定。如果崩解破坏的结果影响到了工程安全，如风化剥落产生的碎屑堵塞排水设施，引起坡面变形破坏等问题，必须采取抹面、喷浆等措施进行整治。

4.4 红层泥质岩崩解机理

崩解是黏土岩类较为显著的水理特性，水、热、力等因素的变化对黏土岩产生较为显著的影响。干湿循环导致崩解是研究者的共识。在干湿循环作用机理上主要有气压致裂、黏土矿物水化、胶结物溶蚀弱化胶结强度等观点；此外，还有文献用双电层理论、储存应变能和胶结连接等物理化学观点解释硬黏土的崩解机理。

黏土岩赋存环境改变导致崩解因素的改变。这些因素主要有物理的（水、热、气等）、化学的（溶解、水化等）、力学的（应力、渗流、毛细力等）。由于初始状态改变，各因素的变化为红层泥岩微细裂隙的产生提供了驱动力，如应力差、浓度差、温度差、水头差、气压差、重力差等。正是由于各类动力差引起的热应力、收缩应力、膨胀应力、气压力、渗透力等力学机制与红层泥岩矿物颗粒之间的连接强度相互抗衡，最终超过红层泥岩的连接强度，产生微细裂隙；随着时间的积累，不可逆破裂逐渐增多，最后导致红层泥岩产生显著的破裂，进而破坏。各因素的作用具体分析如下。

1. 应力差与卸荷裂隙

红层泥岩是经历地质过程产生的，在成岩过程中，不可避免地产生了各种空隙，包含在岩石之中。地面下 h 深度处红层岩体，其在温度、水、自重应力等因素作用下的应力状态：垂直应力 $\sigma_v = \gamma h$ 、水平应力 $\sigma_h = k_0 \gamma h$ ，其中，γ 为岩石的密度，k_0 为侧压力系数。岩石处于封闭状态，岩石的内外应力处于基本平衡状态，其基本结构状态得以保持。成岩过程中形成的微细裂隙存在于岩石内部，是岩石工程性能的缺陷部位，也是岩石进一步破裂的结构基础。

工程开挖剧烈改变了岩石的赋存环境，从原来的封闭平衡状态，变成边坡、地基或洞室等工程环境。其基本变化是由于开挖卸荷，原有密闭裂隙张开，同时应力分布调整，引起工程岩体应力状态发生变化，形成二次应力。在开挖面一定深度范围内，岩体二次应力 σ 与初始应力 σ_0 的应力差 $\Delta\sigma$ 满足强度条件时，岩石产生开裂破坏，尤其在开挖面表层一定深度范围内，卸荷裂隙较为发育，后续的破裂多数沿着既有裂隙进一步扩展。

2. 温度差引起的应力

1）热应力

新鲜的岩石同时受到地表昼夜、四季等温度变化的影响，在岩石表层一定深度范围内产生热应力的胀缩效应，引起岩石裂隙的发育。热应力 σ 可按下式计算：$\sigma = \alpha E \Delta T$ 。其中：E 为岩石的弹性模量；α 为热膨胀系数；ΔT 为环境变化引起的岩石内部温度差。当热应力超过岩石的抗拉强度，将会产生开裂破坏。

以四川遂宁组红层泥岩为例：取 $E = 2\ 000$ MPa，$\alpha = 6\times10^{-6}$/°C，$\Delta T = 20$ °C。在 0.4 m 深度处，经过 0 ~ 3 h 的日照时间，其热应力就可以达到 100 kPa；在 0.3 m 深度处，日照时间超过 1 h，其热应力就超过 100 kPa，日照达到 3 h，热应力已经超过 200 kPa，达到或超过了红层泥岩的抗拉强度 200 kPa，导致岩石内部裂隙产生，破坏岩体。

2）水分蒸发引起的收缩应力

温度变化引起岩石内部水分蒸发，岩体内温度的变化产生的热能 $E_x = \rho_c m \Delta T$ ，其中：ρ_c 为岩石的热容，取 $\rho_c = 1.64 \times 10^6$ J/（m^3 · °C）；m 为岩石的质量。单位体积红层岩体由于温度变化 20 °C 产生的热能 $E_x = 1.64 \times 10^6 \times 20 = 32.8 \times 10^6$ J，足以克服岩体内单位质量水分的蒸发能 $E_w = 2.45 \times 10^6$ J，导致岩体内水分散失。

由于失水收缩，在岩石孔隙或裂隙之间的水分，产生液桥力 $\Delta p = 2T_s / d$ ，其中：T_s 为水的表面张力；d 为裂隙宽度，液桥力使黏土矿物颗粒之间拉裂，产生微观裂隙，客观上促进了岩石结构的进一步破坏。取水的单位面积的表面张力在 20 °C 时为 $T_s = 72.7 \times 10^{-5}$ N/cm，假设裂隙宽度为 0.001 cm，则 $\Delta p = 153.4$ kPa，接近红层泥岩的抗拉强度，有拉裂岩石颗粒之间连接的可能。

3. 浓度差引起的结构变化

浓度差是指孔隙溶液的浓度和双电层溶液浓度的差异，引起孔隙溶液与双电层之间产生离子吸附，引起双电层厚度的反复变化。遇水前，岩石中水分的蒸发导致孔隙或裂隙中溶液的浓度升高，引起黏土矿物颗粒负吸附，即产生反向离子交换，导致扩散层变薄，黏土颗粒相互靠近，本质上起到了强化泥岩结构的作用，维持泥岩的结构强度。遇水后，孔隙溶液浓度降低，孔隙溶液活度大于双电层水溶液活度时，即孔隙溶液浓度低于双电层水溶液浓度，产生离子交换，导致结合水膜变厚，双电层扩张，本质上减弱了黏土颗粒之间的结构连接。黏土颗粒之间的连接强度降低，客观上促进了岩石微观结构的进一步破坏。

4. **水头差与毛细作用**

在溶解、水化作用的同时，在毛细作用下，水溶液沿着微细裂隙深入岩石内部。理论上，裂隙开度越小，毛细深度越深，通过毛细作用把水溶液带到岩石内部，继续产生溶解、水化膨胀作用，促进岩石微细裂隙的进一步发展。

毛细水的作用深度 H_k 可用下式计算：$H_k = (2T_s \cdot \cos\theta) / (r \times \gamma_w)$。其中：为 T_s 水的表面张力，20 °C 时为 $T_s = 72.7 \times 10^{-5}$ N/cm，θ 为水的接触角，为简单计，取 $\theta = 0$；r 为裂隙宽度；γ_w 为水的重度。代入上式，可简化为 $H_k = 0.153/r$，单位为 cm。设岩石表面裂隙宽度为 0.01 cm，代入上式，则 20 °C 时毛细水的有效作用深度约为 15.3 cm，即水对岩体进一步软化、溶蚀的深度。实际上岩石表面裂隙开度会更小，毛细水侵入深度可能会更深。因此，在这个深度范围内，泥岩中的黏土矿物吸水膨胀，可溶盐分溶解，红层泥岩裂隙会进一步被破坏、泥化、溶解，使得既有裂隙进一步扩张、润滑。

5. **气压差与气压致裂效应**

毛细作用过程中，水柱隔绝裂隙内外空气传输，压缩内部孔隙中的空气。假设裂隙中的空气满足等温压缩条件，则有 $P_1V_1 = P_2V_2$，其中，P_1 为毛细水刚封闭“V”型裂隙瞬间的空气压力，近似等于大气压 10^5 Pa，V_1 为封闭瞬间“V”型裂隙体积，压力持续增大，水分进入裂隙，空气体积减小为 V_2，在岩石内部“V”型裂缝中产生较大的压应力 P_2，形成气压致裂效应，促进岩石进一步破裂。设开始时岩石空隙中的空气压力为大气压 1.01×10^5 Pa，体积为 V_1，在毛细作用下，外界水分渗入岩石内部，压缩既有空隙中的空气，使其体积减小，假设气体体积减小 10 倍，则空隙中的压力 P_2 约为 1 MPa，足以引起岩石裂隙的进一步扩张。

6. **周期效应**

经历上述微细观结构破裂过程，产生不可逆的结构破坏，使岩石的完整性丧失。但仅仅一次的改造，引起的变化还很少和很微小，不足以引起岩石的显著变形破坏，更重要的因素是这些改造因素的时间效应和循环效应，使得这些改造变形持续积累，量变引起质变，最终产生显著的变形破坏。

水、热等因素随着时间、季节的变化而呈现周期性变化。夏季水量多，温度高，冬季温度低，水量少；白天温度高，晚上温度低；每月雨水、温度的交替变化，也使得水、热等环境因素既有时间的周期性，也有影响因素交替作用的周期性，即干湿循环效应。各种周期效应的结果，进一步加剧了岩石微细结构的破坏和不可逆积累。

这种周期效应在红层泥岩崩解破坏过程中表现得较为典型，如张俊云（2006）给出了野外观测红层边坡崩解时间资料（如图 4.14 所示），总体呈现崩解量随季节的起伏变化规律，雨季崩解量达到峰值，旱季崩解量降到低值，但仍有一定程度的崩解，但崩解程度显著降低。G318 国道龙泉山段，边坡坡面风化剥落物也呈现出显著的周期性，冬季少，夏季多，在雨水的冲刷力（雨滴溅蚀力）、风压力、重力以及振动的作用下，剥落的岩石碎屑在坡脚堆积，堵塞排水沟，影响线路安全。

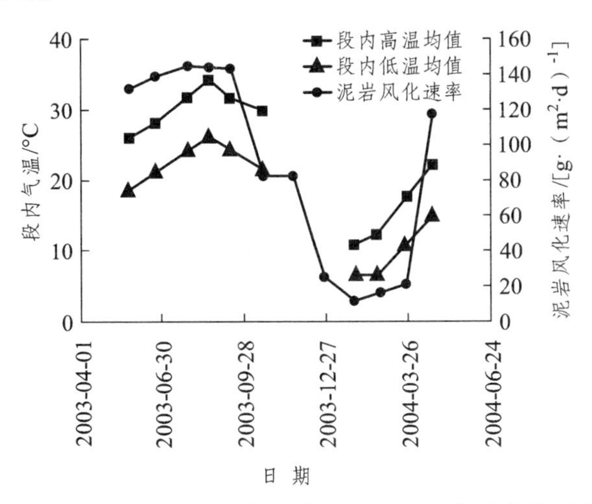

图 4.14　各监测时间段气温均值和泥岩风化速率的对比

对上述红层崩解各要素的作用的分析总结见表 4.12。

表 4.12　红层泥岩崩解要素与作用机制

内　容	经历阶段	主要作用	动　力	水的形式	基本机制	基本过程
1	开挖卸荷	应力重分布	应力差	—	应力重分布	应力释放，使原有裂隙张开
2	温度效应	热膨胀	温度差	—	热应力	热膨胀引起膨胀裂隙
3		蒸发作用	温度差	毛细水	表面张力	表面张力引起收缩应力
4			浓度差	结合水	离子交换	双电层变薄引起收缩应力
5	水敏过程	溶　解	浓度差	重力水	溶解	可溶成分溶解，脱离骨架
6		渗　透	浓度差	结合水	离子交换	离子交换，结合水膜变厚
7	水力破坏	毛　细	气压差	毛细水	等温变化	毛细水侵入细小裂隙，导致空气压力增高
8		渗　流	水头差	重力水	渗透力	动水压力溶解携带可溶、细小成分流失
9		冲　刷	重力差	重力水	冲刷力	雨滴击打表面碎屑，使之脱离岩石表面
10	周期效应	新鲜岩石经历热、水等因素的日循环、月循环、季节、年循环等的周期变化，破坏逐步累积				

4.5 红层泥质岩崩解性评价方法

4.5.1 红层崩解的主要评价参数

在对岩土体崩解性认识的基础上，如何将崩解性的相关指标应用到工程实践中，还有较大的困难。难点在于崩解过程的描述多是定性的，定量指标的获取存在较大的困难。目前关于崩解指标主要有以下几类。

1. **崩解形式**

许多文献对红层软岩崩解形式进行了分析总结，并根据崩解形式将红层软岩分类，并用于工程实践，这类指标具有定性的意义。

工程地质试验手册中也根据不同的崩解形式将膨胀性岩石分为 4 类。根据不同的崩解破坏形式，可以将红层软岩分为 4 类：Ⅰ类为泥状崩解红层软岩，主要包括泥岩、粉砂质泥岩等；Ⅱ类为碎屑状和碎块状崩解红层软岩，主要包括泥质粉砂岩、粉砂岩等；Ⅲ类为块状崩解软岩，主要指岩石内部微节理或裂隙发育、浸水后产生机械性破坏为主的红层软岩；Ⅳ为不崩解红层软岩，主要指胶结性相对较好的砂岩、页岩等。

在工程中，对于不同崩解类别的红层软岩采取的防护措施也应有所不同。其中Ⅰ类、Ⅱ类必须考虑防风化崩解措施，尽快封闭开挖的裸露面。对于Ⅲ类软岩要考虑增强支护措施，提高其侧向约束，进而保证岩体的强度。

林进也（1994）介绍了日本学者根据泥岩崩解程度的不同，根据岩石中累积崩解后岩石裂隙的发育程度和形状而赋予不同的指标值，将崩解指标划分为 0 ~ 4 的 5 个等级，并用来进行崩解程度分类，崩解指标从 0 ~ 4，崩解程度逐渐增加。

大量的崩解试验主要集中在崩解过程的描述，较为一致的结果是崩解破坏模式的基本上是类似的，综合相关研究成果，归纳整理见表 4.13。

表 4.13 崩解破坏形式

试验方法	崩解破坏形式					资料来源
综合研究	无崩解	少量裂隙	许多裂隙	细小碎屑	泥状物	林进也
室内模拟	不崩解	块状崩解	粒状崩解	渣状崩解	泥状崩解	刘晓明
现场调查	局部崩塌	碎块状	碎片状	碎粒状		李萼雄
室内研究			碎块状	碎块状与泥状混合	泥　状	王幼麟
综合研究	不崩解	碎块状	角砾状	碎屑状	泥状崩解	朱效嘉
综合研究	不崩解	块　状	碎块状状	碎屑状	泥　状	郭永春

对比以上研究成果，比较统一的崩解形式是存在泥状崩解和不崩解的形式，而对于中间过程的崩解形式略有区别，差异主要在于对崩解物粒径大小的区分上。

2. 崩解率

崩解量、崩解率、崩解速率等是室内模拟崩解过程中对崩解试样的测量指标，相对来说，有一定的量化意义，但是由于试样剧烈崩解，崩解过程迅速，不同试样之间的差异不明显。明显的仍然是崩解过程的破坏形式，在大量的崩解试验过程中证明了这一点。

该类指标在工程实践中的应用仅仅具有定性的意义。试验中大部分红层泥岩、粉砂岩试样的崩解率接近100%，崩解速率较快，一般在10到20 min内崩解完成。

3. 耐崩解指数

耐崩解性试验是国际岩石力学学会试验室委员会所推荐方法，主要用来评估岩石遭受干湿循环之后对软化和崩解所表现抵抗能力，它用干湿循环过程中试样质量损失来衡量岩石耐崩解性。

由于试验是在岩石含水量急剧变化而在动力扰动环境中进行，故与一般岩石崩解的静态环境差异较大。较多文献研究了耐崩解指数与岩石强度的相关关系及其工程分类，但效果不理想。在红层软岩耐崩解性研究中发现，经过一定的循环次数后，剩余试样表面被泥质成分包裹，崩解性明显降低。

图4.15是红层软岩经历9个循环的耐崩解指数的变化情况。可以看出经历2～3个循环后，崩解量变化较大，试样颗粒由大逐渐变小；随着反复的干湿循环，泥岩碎块表面随着筛网的反复旋转被泥质成分包裹，透水性减弱，崩解程度逐渐降低；经历5个循环以后试样的耐崩解指数逐渐趋于平缓，变化不大。崩解残余物与风干样的残余物中的球形颗粒基本相同。

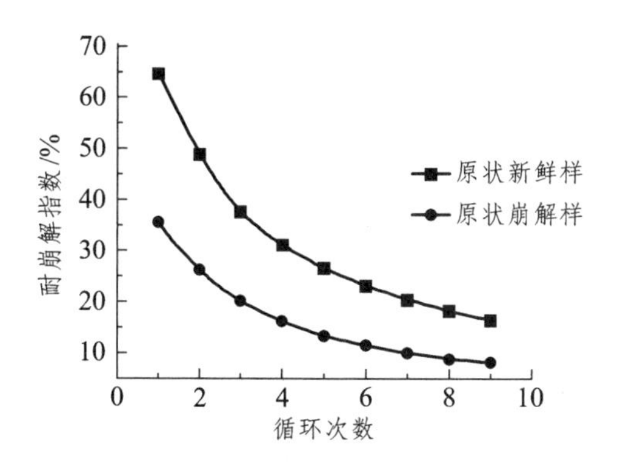

图4.15 耐崩解指数随循环次数的变化曲线

4. 崩解颗粒的分形维数

刘晓明（2016）通过对红层软岩崩解颗粒物的颗粒分析，利用分形理论，研究了红层崩解颗粒物的分形特征，提出利用崩解颗粒物分形维数作为崩解过程的判别指标，研究认为颗粒物分形维数在2.6～2.7时，崩解基本稳定，为红层填料的制备提供依据。

4.5.2 红层泥质岩类崩解的工程评价

1. 崩解作用深度

在红层泥岩胀缩变化的过程中，差异变形过渡带，如白天差异膨胀拉裂带、夜间内外胀缩挤压带都是红层泥岩中微裂隙较为发育部位，这些破裂部位成为岩屑与基岩岩体剥离的薄弱环节，类似岩体结构面。雨水、空气的侵入，更容易在这些部位聚集和软化细小黏土颗粒，进一步加剧了红层泥岩的崩解。

微裂隙的存在是红层泥岩发生崩解的结构基础，除了原生微裂隙，红层泥岩在温度作用下的热胀冷缩和蒸发拉裂作用，是产生更多微裂隙的主要动力。在南方高温环境中，昼夜温差起伏，使得红层泥岩产生频繁的热胀冷缩裂隙和蒸发拉裂，为崩解作用的进一步发展奠定了结构基础。正是这些微裂隙结构，为水、空气的侵入提供了空间条件和作用空间。

由于红层泥岩是热的不良导体，当地温度在新鲜岩石表层的影响深度是有限的。

在红层泥岩崩解过程中，热应力的有效作用深度为 0 ~ 30 cm，毛细水的有效侵入深度为 0 ~ 15 cm，野外观测的每年崩解作用的深度为 10 ~ 15 cm（张俊云，2006）。综合上述三方面的结果，初步提出红层泥岩在一年内的有效崩解深度约为 15 cm，即红层泥岩一年内可能剥落的厚度约为 15 cm。实际上，由于已崩解破坏的岩体的覆盖作用，其下部新鲜红层泥岩的崩解速度将会急剧减慢，工程实践中，将开挖的坡面及时采取喷浆“抹面”植被等坡面防护措施也可以起到类似的效果。

2. 崩解作用速度

研究资料表明（何毓蓉，1991），自然状态下裸露泥岩年风化厚度，一般平均可达 2 ~ 4 cm，最高可达 6 ~ 8 cm，最低在 0.1 cm 以下；泥岩岩块在露天条件下自然风化崩解 2 个月，大部分崩解成碎块或碎屑，风化一年后，小于 1 mm 颗粒平均含量约 18%，最高可达 51%，容易被地表流水带走。烘干红层泥岩岩块，放入水中，完全崩解破坏仅需 1 min 左右，甚至更短。

如果泥岩岩块侧向密封，仅一面暴露，经历 2 个干湿循环（烘箱烘干、完全浸水），崩解速率显著降低，仅表层出现网纹状裂隙，由于裂隙增加，导致体积膨胀变形，崩解膨胀率约为 3.5%，这个结果和野外观察结果接近。

说明红层泥岩赋存条件对崩解速率影响较大，室内的无约束浸水崩解试验是红层泥岩遭受极端条件下的试验速率，现场有侧向约束条件下的崩解速率要比室内试验结果低得多。在现场开挖施工中，在现有的机械化施工条件下，红层泥岩表面的防护时间是足够的。

3. 崩解作用程度

红层泥岩崩解作用程度的判别可以参考指标有崩解形式、耐崩解指数、崩解率、崩解时间、颗粒物维数等指标。对比研究表明：崩解形式指标简单明了，使用方便。其主要是根据烘干泥岩试样浸入水中崩解速度和破碎程度来判别，可以分为泥状崩解、碎屑状、碎块状、块状、不崩解五个等级。耐崩解指数是国际岩石力学学会试验室委员会推荐的方法，主要用来评估岩石遭受极端干湿循环之后对软化和崩解所表现的抵抗能力，它用干湿循环过程中岩石试样质量损失来衡量岩石的耐崩解性。由于试验是在岩石含水量急剧变化和在动力扰动环境中进行，故与一般岩石崩解的静态环境差异较大。崩解颗粒物维数在红层路基填料制备方面，具有一定的参考意义。对于已经崩解的泥岩、粉砂岩等红层岩石，崩解多在短时间内完成，崩解率和崩解时间等指标差异不大，不适合作为崩解程度的工程判别指标。

4. 崩解性工程评价标准

根据对崩解深度、速度、程度的分析，可以初步建立红层泥岩崩解性工程评价标准。崩解速度和崩解形式在室内或现场试验中比较容易获得，可以作为崩解程度的主要评价参数。总结几方面的研究成果，初步提出如下崩解性的分级方案（见表 4.14）。

表 4.14 崩解性工程评价分级标准

崩解程度	崩解形式	崩解速度	典型特征	备 注
强	泥 状	经历干湿循环迅速泥化崩解	以泥岩为代表，崩解堆积物呈泥状，崩解迅速完全	（1）崩解性判断必须经历干湿循环；（2）含水量变化是崩解现象发生动力
中	碎屑状	经历干湿循环后出现碎块状崩解	以粉砂质泥岩为代表，崩解物呈鳞片状、壳状崩落，碎屑粒径大小为 1～5 mm 的细小碎屑，崩解较完全	
	碎块状		表现为失水后试样表面裂隙发育，浸水后试样呈 5～10 mm 碎块状堆积	
弱	块 状	经历干湿循环后出现块状崩解	主要表现为试样失水后表面有较大的裂隙，浸水后试样沿着这些裂隙崩解破坏，崩落的块体粒径大于 10 mm	
未	不崩解	经历干湿循环无明显崩解	对于一些天然含水量试样或砂岩试样，浸水后没有明显的崩解现象	

4.6 红层泥质岩崩解防治建议

4.6.1 崩解对工程的影响

在边坡工程中，红层崩解主要表现在坡面风化剥落问题。随着季节变动，风化剥落反复进行，使红层边坡坡面松散破碎，在集中降雨条件下，坡面冲刷、滑塌等问题突出。风化剥落的碎屑物质堆积在坡脚和测沟中，容易造成路面排水不畅、路面积水等问题。

在基坑、隧道等开挖工程中，由于开挖揭露新鲜的红层泥岩裸露，原有赋存环境被破坏，导致浅层泥岩含水量反复变化，泥化崩解现象快速发生，引起基坑边坡坡面、洞室表面局部变形塌落。

4.6.2 崩解问题的防治建议

结合红层泥岩崩解速度、崩解深度和崩解程度，可以指导红层路基填料选择、边坡快速风化、风化剥落等问题的设计施工，进而有针对性地对开挖过程中的红层泥岩采取不同的工程措施（见表 4.15）。如：在广大线对红层边坡坡面喷浆、抹面等措施；在成渝线采取的种草等绿色防护措施，必要时采取坡面浆砌片石、格栅等措施。对于基坑边坡、隧道开挖面，开挖后，及时对坡面进行喷锚支护等措施。

表 4.15　崩解问题的防治对策简表

<table>
<tr><th rowspan="2">工程类型</th><th rowspan="2">原则与问题</th><th rowspan="2">基本释义</th><th colspan="4">防治对策</th></tr>
<tr><th>勘察阶段</th><th>设计阶段</th><th>施工阶段</th><th>运营阶段</th></tr>
<tr><td rowspan="4">挖方边坡</td><td>防水保湿</td><td>崩解的直接诱因是岩土体中含水量的变化</td><td>判断泥质岩的崩解速度、程度、深度</td><td>根据崩解建议设计防水保湿措施</td><td>按照设计深度进行措施施工</td><td>坡面防护措施破坏应及时维修</td></tr>
<tr><td>抑制冷热循环</td><td>冷热循环加剧水分变化，同时产生不均匀热应力拉裂岩石</td><td>确定泥质岩的受温度影响程度</td><td>根据温度作用程度设计抹面喷浆厚度</td><td>按照设计深度进行措施施工</td><td>坡面防护措施破坏应及时维修</td></tr>
<tr><td>抑制风化剥落</td><td>由于干湿循环和冷热循环作用，边坡坡面风化剥落频繁</td><td>提出防治风化剥落的方法原则</td><td>设计抹面、喷浆、干砌、植被等措施</td><td>按照设计措施进行施工</td><td>坡面防护措施破坏应及时维修</td></tr>
<tr><td>新鲜开挖面及时封闭</td><td>红层泥质岩类风化速度快，边坡开挖面应及时封闭</td><td>提出泥质岩开挖措施建议</td><td>提出开挖施工措施注意事项</td><td>开挖施工时间、防排水措施</td><td></td></tr>
<tr><td rowspan="4">地基</td><td>新鲜及时封闭开挖面</td><td>红层泥质岩类风化速度快，基坑开挖面应及时封闭</td><td>提出泥质岩开挖措施建议</td><td>提出开挖施工措施注意事项</td><td>开挖施工时间、防排水措施</td><td></td></tr>
<tr><td>地基承载力</td><td>由于风化崩解，红层泥质岩类地基承载力会降低</td><td>根据持力层深度确定地基承载力</td><td>根据地基承载力设计地基基础</td><td>施工阶段注意防排水</td><td></td></tr>
<tr><td>防水保湿</td><td>崩解的直接诱因是岩土体中含水量的变化</td><td>判断泥质岩的崩解速度、程度、深度</td><td>根据崩解建议设计防水保湿措施</td><td>按照设计深度进行措施施工</td><td>注意地面渗水、下水管道渗漏</td></tr>
<tr><td>抑制冷热循环</td><td>冷热循环加剧水分变化，同时产生不均匀热应力拉裂岩石</td><td>确定泥质岩的受温度影响程度</td><td>根据温度作用程度设计抹面喷浆厚度</td><td>按照设计深度进行措施施工</td><td>注意地下室加热设施地基的监测</td></tr>
</table>

续表

工程类型	原则与问题	基本释义	防治对策			
			勘察阶段	设计阶段	施工阶段	运营阶段
隧道	新鲜及时封闭开挖面	红层泥质岩类风化速度快，基坑、洞室开挖面应及时封闭	提出泥质岩开挖措施建议	提出开挖施工措施注意事项	开挖施工时间、防排水措施	
	防水保湿	崩解的直接诱因是岩土体中含水量的变化	判断泥质岩的崩解速度、程度、深度	根据崩解建议设计防水保湿措施	按照设计深度进行措施施工	壁面防护措施破坏应及时维修
	抑制冷热循环	冷热循环加剧水分变化，同时产生不均匀热应力拉裂岩石	确定泥质岩的受温度影响程度	根据温度作用程度设计抹面喷浆厚度	按照设计深度进行措施施工	注意洞室通风及温度监测
路堤	路堤填料	可以利用红层泥岩崩解备置路堤填料	合理选择路堤填料	根据工程等级确定压实标准	按照设计要求合理施工	注意防排水设施的渗漏
	路堤渗流	由于水的渗流，软化崩解、溶蚀泥质岩，可能引起路堤渗流破坏	提出斜坡路堤、防排水设计的渗流要求	按照勘察原则设计防排水及防渗措施	按照设计要求合理施工	注意防排水设施的渗漏

参考文献

[1] 郭永春. 红层岩土中水的物理化学效应及其工程应用研究. 西南交通大学，2007.

[2] 郭永春，谢强，文江泉. 水热交替对红层泥岩崩解的影响. 水文地质工程地质，2012，39（5）.

[3] 郭永春，谢强，文江泉. 红层泥岩崩解特性室内试验研究. 路基工程，2008（2）.

[4] 钟凯，刘爱萍，谢强. 红层边坡风化剥落过程的调查与试验研究. 路基工程，2000（2）.

[5] 宋磊. 红层软岩遇水软化的微细观机理研究. 西南交通大学，2014.

[6] 吕学伟. 红层泥岩崩解机理的实验研究. 西南交通大学，2013.

[7] 魏安辉. 川中红层工程地质特性与路用性研究. 西南交通大学，2006.

[8] 郭永春. 红层泥岩崩解驱动力与机制分析. 2016 年全国工程地质学术年会论文集，2016.

[9] 李莩雄. 边坡风化的化学热力学分析和数值模拟的研究. 西南交通大学，1994.

[10] 刘俊新. 非饱和渗流条件下红层路堤稳定性研究. 西南交通大学，2007.

[11] 吕勇刚，陈涛. 水环境下泥岩崩解过程的 CT 观测与数值模拟研究. 中国港湾建设，2015，35（5）.

[12] 张俊云，周德培. 红层泥岩边坡快速风化规律. 西南交通大学学报，2006（1）.

[13] 龚先兵. 高速公路红砂岩地带路基修筑技术. 湖南科学技术出版社，1999.
[14] 林进也. 兰姆塔康抽水蓄能电站粉砂岩崩解性研究. 贵州工学院学报，1994，23（6）.
[15] 刘晓明. 红层软岩崩解性及其路基动力变形特征研究. 湖南大学，2006.
[16] 王幼麟，蒋顺清. 葛洲坝工程某些粉砂岩软化和崩解的微观特性. 岩石力学与工程学报，1990，9（1）.
[17] 朱效嘉. 软岩的水理性质. 矿业科学技术，1996（3-4）.
[18] 中国科学院成都分院土壤研究室. 中国紫色土（上篇）. 北京：科学出版社，1991.
[19] 朱俊杰. 滇中引水工程红层软岩力学特性研究及其隧道围岩分级. 成都理工大学，2013.
[20] 何毓蓉. 米仓山林区土壤的肥力特征及保护研究. 水土保持学报，1991（4）.

5 红层软岩的流变

红层中陆相沉积的砂泥岩多属于软岩。在西南地区，由于降雨量大、地下水较为丰富，红层软岩的软化、流变等力学特征非常普遍。红层软岩的流变对各类边坡、地基、地下洞室工程的稳定性产生重要影响。在国外，早在 20 世纪 30 年代，Griggs 对页岩、砂岩等软岩的蠕变特性进行了研究。周德培等（1988）对红层砂岩在单向拉伸作用下的蠕变特性进行了研究。陈宗基等（1991）对宜昌砂岩开展了扭转蠕变试验，研究了岩石的蠕变扩容和封闭应力现象。李永盛等（1995）对红砂岩、粉砂岩和泥岩进行了单轴压缩蠕变和松弛试验。王宇（2012）等对红层软岩瞬时及流变力学特性进行了试验研究，提出拐点法更直观地确定长期抗剪强度。近年来，随着西南地区高速铁路、高速公路的兴建，路堤的长期强度和工后沉降量成为影响路堤稳定性的重要因素。作为路堤填料的红层粉碎土的流变试验和研究也日渐增多。

5.1 红层岩石的蠕变

5.1.1 红层软岩压缩蠕变试验

对红层软岩进行压缩蠕变的研究较多，如张翔等（2015）以滇中引水工程中红层为研究对象，取滇中红层中具有典型代表意义的白垩系江底河组地层及普昌河组地层进行流变试验研究，试验表明，红层软岩的长期抗压强度不高，蠕变明显，长期强度建议按单轴抗压强度的 70% 取值。陈从新等（2010）以巴东组红层软岩为研究对象，对红层软岩的压缩流变特性进行了现场承压板试验研究，建立了考虑结构面闭合变形的流变本构模型。

赵宝云等（2013）采用 RLW-2000 蠕变试验机，对重庆红层砂岩进行单轴压缩蠕变试验，得到单轴分级压缩荷载作用下的蠕变试验曲线如图 5.1 所示。

由图 5.1 知：在 28.03 MPa 持续 2.65 h，蠕变仅为 0.011 3%，而瞬时加载应变为 0.21%；在 33.63 MPa 荷载级，蠕变历时 3.26 h，岩石蠕变为 0.011 9%；在荷载等级为 39.24 MPa 蠕变时间为 3.68 h，岩石的蠕变为 0.014 7%；荷载等级在 44.84 MPa 蠕变历时 4.62 h，试样蠕应变为 0.022 5%，试件应力-蠕变关系见表 5.1。从图 5.1 中还可以看出，在小于 50.45 MPa 应力水平荷载作用下岩石试样在各级稳态蠕变速率逐渐增大，且荷载小于 50.45 MPa，各级应变均由瞬时加载应变、衰减蠕变和稳态蠕变三部分组成。

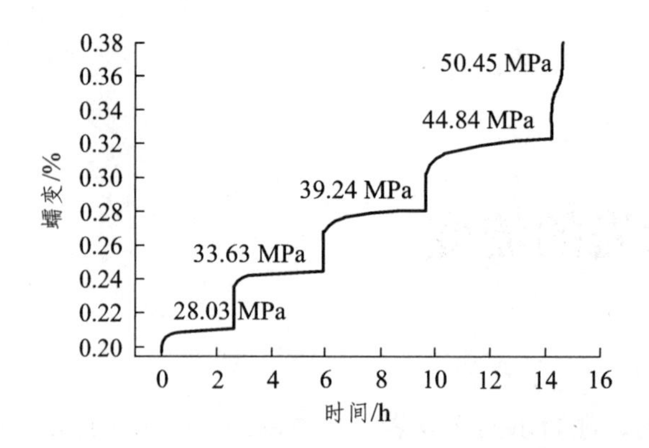

图 5.1　砂岩单轴压缩蠕变试验曲线（赵宝云，2013）

表 5.1　应力-蠕变时间表

应力/MPa	瞬时应力/%	蠕变/%	蠕变历时/h
28.03	0.210 0	0.011 3	2.65
33.63	0.023 7	0.011 9	3.26
39.24	0.021 7	0.014 7	3.68
44.84	0.020 1	0.022 5	4.62

当荷载达到 50.45 MPa 时，蠕变曲线出现加速阶段，这一级荷载蠕变以及蠕变率全过程曲线如图 5.2 所示。由图可知在施加 50.45 MPa 荷载初期，蠕变迅速衰减，其表现为蠕变速率急速降低，之后经历了 0.33 h 的稳态蠕变阶段后蠕变速率急速增加，再经过 0.11 h 后出现蠕变断裂。砂岩单轴压缩蠕变断裂后，沿轴向呈多裂纹劈裂，局部为张拉破坏。

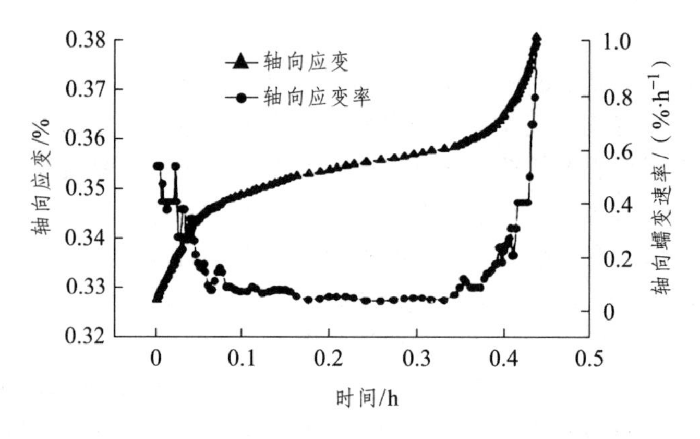

图 5.2　砂岩单轴压缩蠕变（率）全过程曲线（赵宝云，2013）

红砂岩单轴压缩蠕变试验可以得出红砂岩的蠕变曲线具有弹性、黏性以及塑性特征，采用非线性黏弹塑性蠕变模型对岩石蠕变进行描述。非线性黏弹塑性蠕变模型如图 5.3 所示。

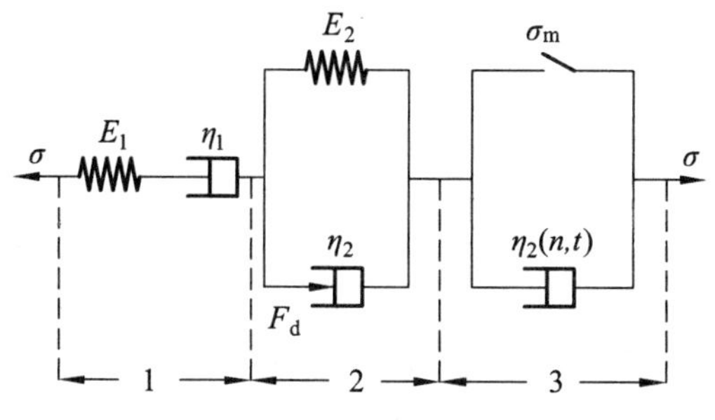

图 5.3 非线性黏弹塑性蠕变模型

图 5.3 中，当$\sigma<\sigma_\infty$（长期强度或屈服强度）时，第 3 部分不起作用，模型转化为 Burgers 蠕变模型，此时模型的蠕变方程：

$$\varepsilon=\frac{\sigma_0}{E_1}+\frac{\sigma_0}{\eta_1}t+\frac{\sigma_0}{E_2}\left[1-\exp\left(-\frac{E_2}{\eta_2}t\right)\right] \tag{5-1}$$

当$\sigma>\sigma_\infty$时，蠕变方程：

$$\varepsilon=\frac{\sigma_0}{E_1}+\frac{\sigma_0}{\eta_1}t+\frac{\sigma_0}{E_2}\left[1-\exp\left(-\frac{E_2}{\eta_2}t\right)\right]+\frac{\sigma_0-\sigma_\infty}{\eta_3}t^n \tag{5-2}$$

这里，$\eta(n,t)=\frac{1}{\eta_3}t^{n-1}$，$\eta_3$为$\eta(n,t)$的初值。

图 5.4 为 50.45 MPa 时理论与试验曲线对比，理论曲线与试验曲线吻合良好。表 5.2 为非线性蠕变模型的参数，非线性蠕变模型可很好地描述红砂岩压缩蠕变曲线。

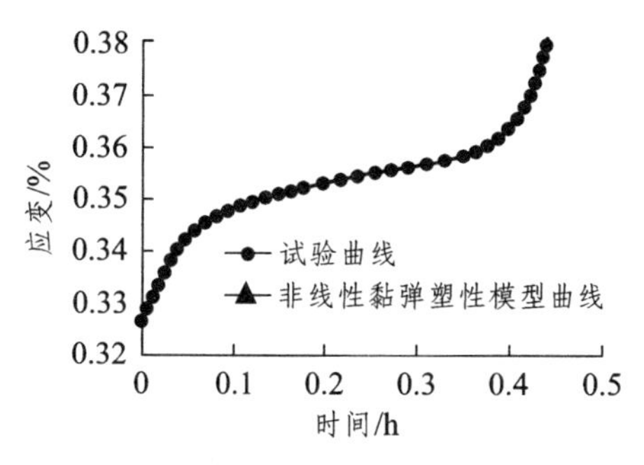

图 5.4 蠕变的试验曲线及理论曲线（赵宝云，2013）

表 5.2 非线性压缩蠕变模型参数

应力/MPa	E_1/MPa	η_1/(MPa·h)	E_2/MPa	η_2/(MPa·h)	η_3/(MPa·h)	n	R^2
28.03	14 010.79	2 224 603.18	427 286.59	54 239.60			0.94
33.63	14 276.01	4 472 044.73	479 059.83	118 797.35			0.97
39.24	14 696.63	1 933 004.93	503 722.72	85 110.73			0.96
44.84	14 709.84	2 989 333.33	360 450.16	214 119.06			0.99
50.45	15 479.31	237 739.71	195.23	6 161.11	0.34	15.01	0.99

5.1.2 红层软岩岩石剪切流变

红层中的泥岩为软岩，其抗压抗剪强度较低，并具有显著的蠕变特性。杨淑碧等（1996）对红层地区砂泥岩互层状斜坡岩体的流变性进行了试验研究，结果表明，泥岩在压缩和剪切条件下的长期强度相对较低，强度的时间效应显著。程强等（2009）在岩石流变性方面开展了大量研究工作，结果表明，软弱泥质岩类具有显著的蠕变性。张永安等对滇中 J_2 红层泥岩进行剪切蠕变试验，样品天然含水量是 11%，容重 23 kN/m^3，抗压强度 5.2 MPa，饱水状态下抗压强度为 4.5 MPa。抗剪强度指标为：天然状态下黏聚力 C=1.32 MPa，内摩擦角 φ = 41.3°；饱水状态下黏聚力 C=1.08 MPa，内摩擦角为 φ = 32.8°。将所选取的红层泥岩样品制作成圆柱状（直径 90 mm），在剪切蠕变试验仪上进行剪切试验。采用分级加载的试验方法，得出的蠕变曲线如图 5.5 所示，其中 σ 为法向正应力。

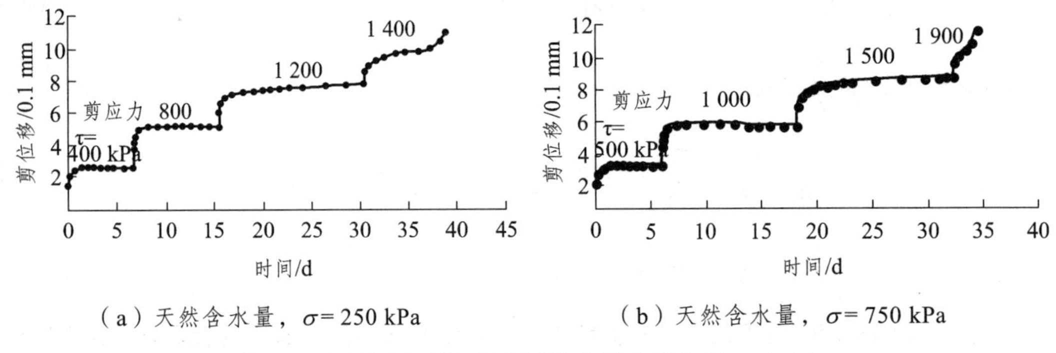

（a）天然含水量，σ= 250 kPa　　（b）天然含水量，σ= 750 kPa

图 5.5　红层泥岩剪切蠕变试验曲线（张永安，2010）

由图 5.5 可知，在天然含水量条件下，当σ= 250 kPa，剪应力 τ 分别为 400 kPa 和 800 kPa 时，泥岩表现出第一阶段蠕变特性。当剪切荷载增加到 1 200 kPa 时，出现了明显的第二阶段蠕变，加到 1 400 kPa 时泥岩发生蠕变破坏；在 σ 增加到 750 kPa，剪切荷载加到 1 000 kPa 时，泥岩仍然表现为第一阶段蠕变特性，当剪切荷载增加到 1 500 kPa 时，出现了较大速率的第二阶段蠕变，加到 1 900 kPa 时泥岩发生蠕变破坏。由此可见，当正应力由 250 kPa 增加到 750 kPa，即正应力增加到 300% 时，泥岩的抗剪强度由 1 400 kPa 增加到 1 900 kPa，增加了 35.7%，说明随着正应力 σ 的增加，发生蠕变破坏的剪应力也随之增加。

图 5.6 为饱水状态下不同剪应力红层泥岩的剪切蠕变曲线。由图 5.6 可见，在饱水状态下，一个明显的特点是出现第二阶段蠕变所对应的剪力降低了。当 σ= 250 kPa 时，在 τ= 400 kPa 与 τ= 800 kPa 时出现了第一阶段的蠕变，在 τ= 1 000 kPa 时出现了第二阶段蠕变，增加到 τ= 1 200 kPa 时泥岩发生蠕变破坏，由此可见，饱水状态相对于天然状态，第二阶段的蠕变应力由天然状态下的 1 200 kPa 降低到 1 000 kPa，降低了 16.7%，泥岩发生蠕变破坏的应力由 1 400 kPa 降低到 1 200 kPa，降低了 14.3%；当 σ= 750 kPa 时，在剪应力 τ= 500 kPa 与 τ= 1 000 kPa 时出现第一阶段的蠕变，加载到 τ= 1 250 kPa 出现了第二阶段蠕变，继续加载到 τ= 1 500 kPa 时发生了蠕变破坏，可见，在 σ= 750 kPa 时饱水状态相对于天然状态，第二阶段的蠕变应力由天然状态下的 1 500 kPa 降低到 1 250 kPa，降低了 16.7%，泥岩发生蠕变破坏的应力由 1 900 kPa 降低到 1 500 kPa，降低了 21.1%。这说明在饱水状态下，红层泥

岩发生第二阶段蠕变的应力及发生蠕变破坏的应力都有较大幅度下降。

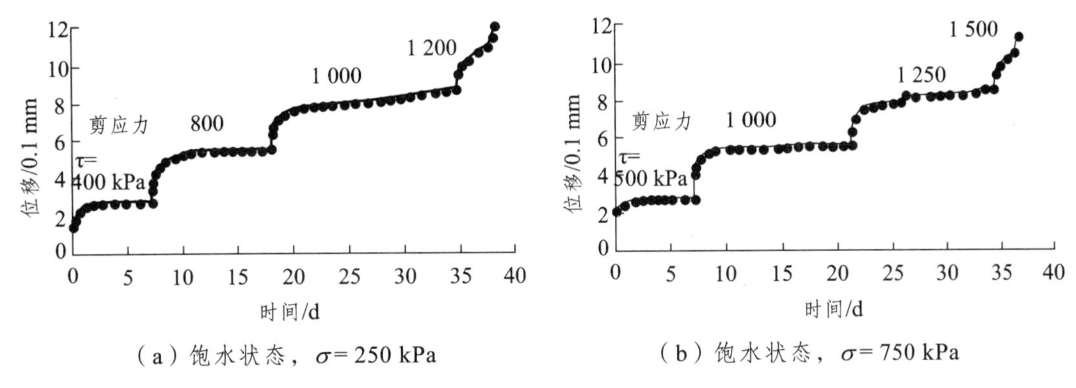

（a）饱水状态，σ= 250 kPa（b）饱水状态，σ= 750 kPa

图 5.6 饱水状态下红层泥岩剪切蠕变试验曲线（张永安，2010）

图 5.7 为这种泥岩在天然含水量和饱水状态下不同时刻的剪应力-剪切位移曲线。从图中可以看出，随着时间的增加，变形逐渐增大，变形模量减少，可以认为 $t=\infty$ 时对应的应力就是其长期强度。从图中可以得出：在天然含水量条件下，正应力为 250 kPa 时，剪应力增加到 1 200 kPa 时泥岩出现明显的剪切屈服，正应力为 750 kPa 时对应的剪切屈服应力是 1 500 kPa，此时其长期抗剪强度分别是 1 350 kPa 和 1 700 kPa；在饱水状态下，正应力为 250 kPa 和 750 kPa 时，对应的剪切屈服应力分别是 1 000 kPa 和 1 250 kPa，而长期抗剪强度分别是 1 100 kPa 和 1 300 kPa。可见，饱水状态下相对于天然状态下，屈服应力和长期强度都减少很多，在正应力为 250 kPa 和 750 kPa 时其长期抗剪强度分别降低了 18.5% 和 23.5%。

图 5.8 是红层泥岩的长期强度和短期强度的对比图，它给出了这种软弱夹层短期强度和长期强度的明显对比。可以看出，在天然状态下和饱水状态下，短期强度线和长期强度线均不是平行的，随着正应力的增加，两条直线逐渐向上张开发展，在天然状态下，长期强度是短期强度的 86%～88%。在饱水状态下，长期强度是短期强度的 83%～87%。由此得出的红层泥岩的长期抗剪强度指标分别为：天然状态下，黏聚力 C = 1 170 kPa，内摩擦角 φ = 35°；饱水状态下，黏聚力 C = 980 kPa，内摩擦角 φ = 22°。故建议在进行工程设计时将红层泥岩的短期强度乘以 0.8～0.9 的折减系数作为其长期强度的取值。

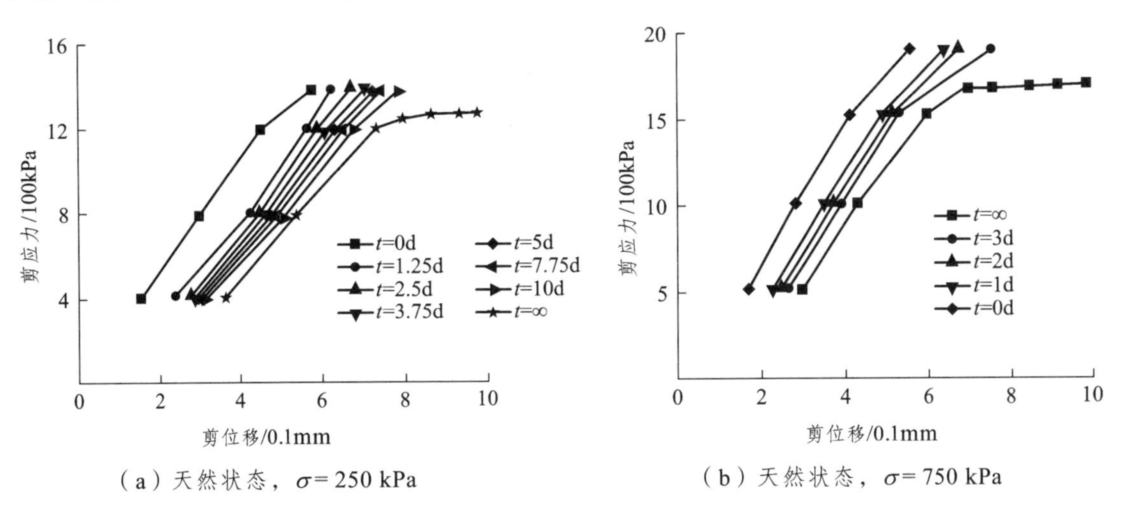

（a）天然状态，σ= 250 kPa（b）天然状态，σ= 750 kPa

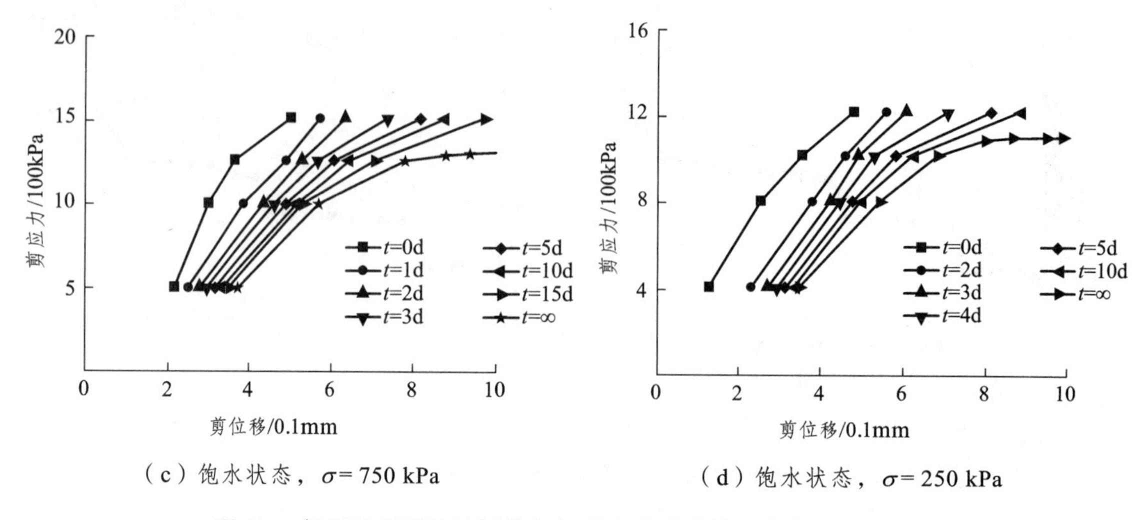

（c）饱水状态，σ= 750 kPa　　（d）饱水状态，σ= 250 kPa

图 5.7　红层泥岩不同时刻剪应力-剪切位移曲线（张永安，2010）

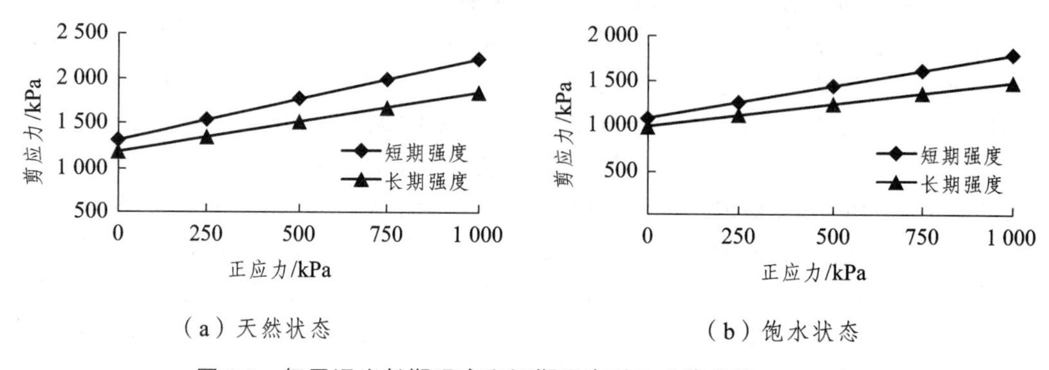

（a）天然状态　　（b）饱水状态

图 5.8　红层泥岩长期强度和短期强度对比（张永安，2010）

王宇（2012）对亭子口枢纽坝基红层泥质粉砂岩在 RMT-150C 岩土力学试验仪上进行剪切流变试验，剪应力分 4～7 级，正应力分 1.11、1.67、2.22、2.78 MPa 四个等级。结果表明，软岩剪切流变试验曲线包含了流变三阶段：初始衰减流变阶段、等速稳态流变阶段和加速破坏流变阶段。在恒定法向应力作用下，试样在每级剪应力施加后产生显著的瞬时变形，当剪应力水平较低时，岩石在经历了初期衰减流变阶段后，随时间增长基本不发生流变变形；当剪应力水平较高时，岩石从初期衰减流变进入等速稳态流变，流变变形随时间缓慢增长；当剪应力水平很高时，试样迅速进入加速流变阶段，变形持续发展一段时间后达到破坏。在这一过程中，使岩石从初期衰减流变阶段过渡到稳态流变阶段的剪应力值即为岩石的长期抗剪强度临界值，当低于此临界值时，岩石处于长期稳定状态，而高于此临界值时岩石将迅速越过稳态流变阶段进入加速流变阶段，直至破坏。

根据软岩剪切流变试验曲线特征，选用以下经验公式拟合分级剪切流变曲线：

$$u = u_0 + A[1 - \exp(-Bt)] + Ct^n \tag{5-3}$$

其中：u_o 为瞬时变形，A、B、C 在恒定应力水平下均为常数，t 为流变时间，$A[1-\exp(-Bt)]$ 表征岩石的衰减流变变形特征，指数 n 表征岩石在不同剪应力水平下，经历衰减流变之后的流变变形特征：当剪应力水平较低时，岩石变形在经历初期衰减流变变形之后随时间延长逐渐趋于定值；当剪应力水平较高时，岩石变形在经历初期衰减流变变形之后进入等速稳态流变，变形随时间呈线性增长；当剪应力水平很高时，岩石流变变形在短时间内迅速增大，呈现加速流变特征。对不同正应力水平下的各级剪切流变试验曲线进行拟合可得各参数值，具体过程详见文献。

张翔对滇中红层进行剪切流变试验研究，试验结果分析表明：（1）阻尼蠕变阶段：红层软岩在较低的剪应力条件下，岩体的变形量随着时间的推移变化较小，变形达到稳定的时间相对较短；（2）非阻尼蠕变阶段：当岩体剪应力持续增大到达或者超过 τ_0 时，岩体变形量将随着时间的变化快速增加直至破坏，说明 τ_0 为该岩体的长期强度值。根据剪切位移随时间的变化曲线，得到长期极限剪应力 $\tau_0 = 0.71\sigma + 2.523$，并得到红层软岩长期抗剪强度值：$c =$ 2.52 MPa，$\varphi = 35.37°$，摩擦系数 = 0.71，比直剪试验相比内摩擦角降低了 20%，内聚力降低了 60%，说明软岩在长期剪切荷载作用下岩体泥质胶结物流变显著。

5.1.3 红层软岩三轴蠕变

王志俭等（2008）试验采用了国产 RLM-2000 微机控制岩石三轴蠕变试验机，该仪器测力精度 ± 1%，变形测量精度 ± 0.5%，机器刚度 5 000 kN/mm，连续工作时间大于 1 000 h，能够满足试验要求。本次试验历时 1 180 h，在试验过程中，温度控制为 18 ~ 19 °C。通过试验获得了万州红层砂岩蠕变全过程的完整数据，试样的蠕变破坏过程与近水平滑坡的破坏过程有相似性，采用 Burgers 模型可非常准确地描述该砂岩的流变特征，同时试验也表明该红层砂岩的长期强度仅为其瞬时强度的 44%。

蠕变试验在三轴条件下进行，试验过程中维持围压不变，轴向压力采用分级加载方式。分级加载建立在线性叠加原理基础上，但它克服了分别加载的种种局限，使室内试验成为可行，是常用的试验加载方式。每级荷载加载速率为 0.5 MPa/s，各级荷载持续时间大于 200 h。加载过程中数据采样频率为 100 次/min，加载后 1 h 内为 1 次/min，之后为 0.2 次/min。蠕变试验轴向荷载第一级为 5 MPa，以后每级增加 10 MPa，直到试样破坏。

蠕变试验共施加了 6 级荷载，历时 1 180 h，图 5.9 给出了分级荷载下砂岩的流变曲线。图 5.10 给出了分级荷载下砂岩的应力-应变曲线。每级荷载加载过程中的应力-应变服从线性规律，但不同荷载等级的应力-应变曲线斜率明显不同，可见尽管单级加载过程中应力-应变关系接近线性，但整个加载过程中弹性模量是变化的。

由于采用了分级加载方式，因此需对试验数据采用 Boltzmann 叠加处理。图 5.11 为 Boltzmann 叠加后的流变曲线。应变可分为两个部分：一个是瞬时应变，另一个是蠕变应变。前 5 级荷载条件下，蠕变可划分为两个阶段；第一阶段是衰减蠕变阶段，第二阶段是等速蠕变阶段。在最后一级荷载条件下，蠕变曲线呈现了完整的 3 个蠕变阶段，即衰减蠕变、等速蠕变和加速蠕变阶段。

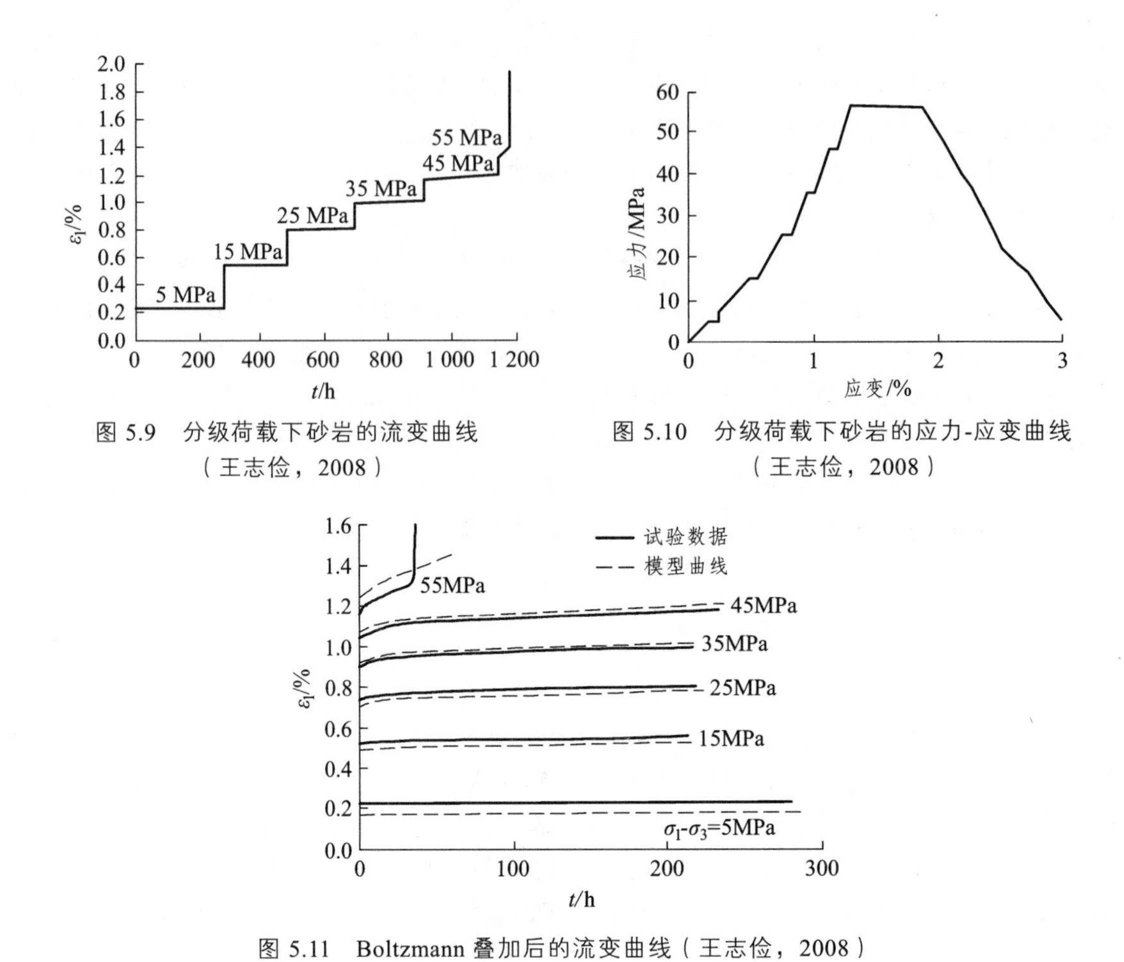

图 5.9　分级荷载下砂岩的流变曲线（王志俭，2008）

图 5.10　分级荷载下砂岩的应力-应变曲线（王志俭，2008）

图 5.11　Boltzmann 叠加后的流变曲线（王志俭，2008）

试验具有如下现象和特征：

（1）衰减蠕变阶段历时随偏差应力（$\sigma_1-\sigma_3$）的增加而延长。偏差应力为 5 MPa 时，没有明显的衰减蠕变阶段；偏差应力为 15 MPa 时，初始的 15 h 蠕变速率明显衰减，为衰减蠕变阶段，随后蠕变速率进入匀速阶段，即等速蠕变阶段；而当偏差应力达到 45 MPa 时，衰减蠕变阶段历时长达 70 h 左右。

（2）蠕变应变随偏差应力的增加而增大，其占总应变的比例也随之增大。蠕变应变占总应变的百分比从差应力为 5 MPa 时的 4.80%，逐步增大到差应力为 55 MPa 时的 34.39%。

（3）偏差应力达到 55 MPa 时，试样经过较短的衰减蠕变阶段后，进入等速蠕变阶段，此时的应变速率比之前荷载等级处于等速蠕变阶段的应变速率大一个数量级左右，这也使得衰减蠕变阶段历时减小。

（4）进入加速蠕变时的轴向应变为 1.290%，相同围压条件下三轴压缩破坏时的轴向应变为 1.238%，两者比较接近。

（5）在第 6 级荷载下，加速蠕变阶段从 29 ~ 36 h，历时约 7 h，在破坏前 10 min，蠕变速率突然增长，应变从 1.430% 急剧增长到 1.650%，轴向荷载出现略微下降。随后，应变速率进一步加快，当应变达到 1.860% 时，岩样突然完全破坏，荷载快速下降到残余强度，破坏非常迅速。

（6）长期强度大幅折减。本次蠕变试验围压为 6 MPa，根据基本力学试验获得的强度指标，该围压条件下砂岩的极限差应力为 125 MPa。蠕变试验破坏时偏差应力为 55 MPa，长期强度仅为三轴试验强度的 0.44 倍。

图 5.12 为蠕变等时曲线，曲线的形态几乎相同，当荷载大于 15 MPa 时，等时曲线比较接近直线，可以判断，红砂岩蠕变近似线性，可采用线性元件模型描述其蠕变特征。

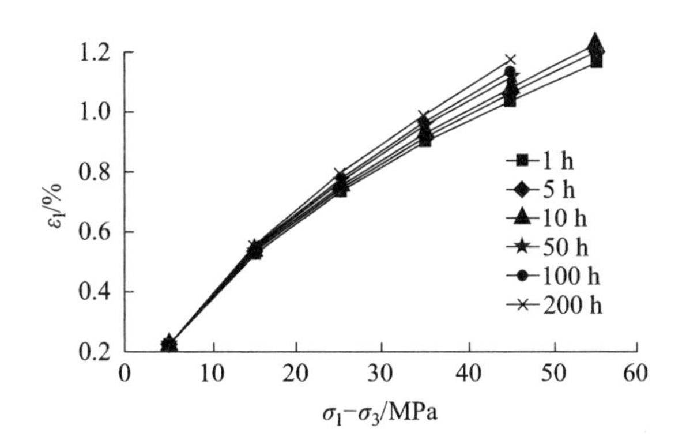

图 5.12 蠕变等时曲线（王志俭，2008）

根据蠕变曲线特征，采用 Burgers 模型来描述其流变特征，并确定其模型参数。Burgers 模型（如图 5.13 所示）由四元件组成，根据模型元件的力学特性，得 Burgers 模型一维微分本构方程：

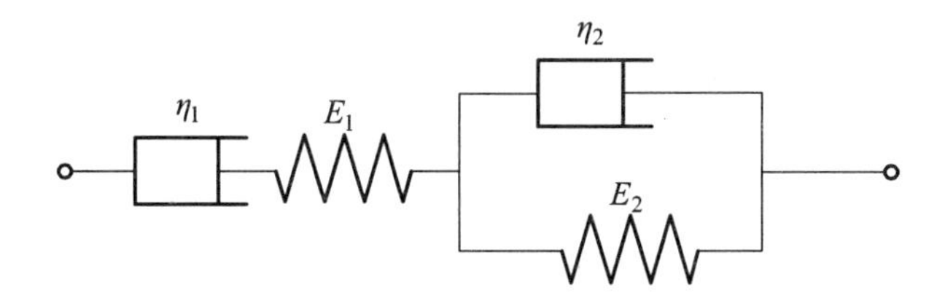

图 5.13 Burgers 模型

$$\sigma + p_1\dot{\sigma} + p_2\ddot{\sigma} = q_1\dot{\varepsilon} + q_2\ddot{\varepsilon} \tag{5-4}$$

其中：

$$p_1 = \frac{E_1\eta_2 + E_2\eta_1 + E_1\eta_1}{E_1E_2}, \quad p_2 = \frac{\eta_1\eta_2}{E_1E_2}$$

$$q_1 = \eta_1, \quad q_2 = \frac{\eta_1\eta_2}{E_2}$$

由于微分形式的物理量在试验中无法直接观测，可推导其积分形式的蠕变方程，以便根据三轴蠕变试验结果进行模型参数辨识，具体过程参考文献[23]。假定体积变化是弹性的，流变性质主要表现在剪切变形方面，并且服从 Burgers 模型，在三维应力状态下，本构关系将分为两个部分：

$$
\left.\begin{aligned}
e_{ij}(t) &= \left\{\frac{\Delta(t)}{2G_1}+\frac{t}{2\eta_1}+\frac{1}{2G_2}\left[1-\exp\left(-\frac{G_2}{\eta_2}t\right)\right]\right\}\mathrm{d}s_{ij} \\
e(t) &= \frac{\Delta(t)}{3K}\mathrm{d}\sigma
\end{aligned}\right\} \tag{5-5}
$$

上式为三维应力条件的积分 Burgers 蠕变本构方程，K、G_1、η_1、G_2、η_2 均为模型参数，由试验确定。采用了回归分析方法经计算获得 Burgers 模型参数（见表 5.3）。

表 5.3　砂岩试验 Burgers 模型参数

（$\sigma_1-\sigma_3$）/MPa	η_1/（$\times10^{12}$ Pa·h）	η_2/（$\times10^{11}$ Pa·h）	G_1/GPa	G_2/GPa	K/GPa
5	5.24	0.361	1.44	20.7	1.95
15	4.07	0.952	1.42	21.3	2.21
25	4.24	2.02	1.55	22.3	2.42
35	4.47	2.67	1.67	24.4	2.74
45	4.02	3.15	1.83	25.2	2.89
55	0.536	2.64	2.00	23.5	3.39
平均值	4.20	2.20	1.62	23.3	2.57

5.1.4　红层软岩拉伸蠕变

由于岩石直接拉伸试验比较困难，针对红层软岩岩石拉伸蠕变特性的研究较少。周德培（1988）研制了一种拉伸夹持器，采用杠杆装置施加荷载，用 10 种岩石做了拉伸蠕变试验，试验最长时间为 2 000 多小时。王来贵等（1993）从岩石位伸流变失稳的基本概念出发，建立描述岩石拉伸流变失稳的模型。赵宝云等（2011）采用自行设计加工的挂重型岩石材料直接位伸装置，对重庆某红砂岩进行直接拉伸蠕变试验，研究拉伸蠕变特性。拉伸装置如图 5.14 所示，该试验装置以抗拉极限荷载为 2 t 进行设计，岩石试件直径为 30 mm 时装置可承受的最大拉、压应力为 27.74 MPa。

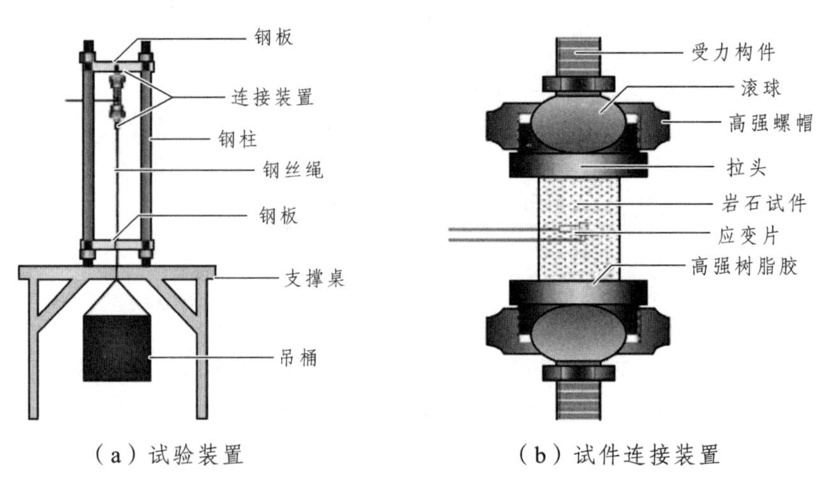

（a）试验装置　　（b）试件连接装置

图 5.14　拉伸蠕变试验装置（赵宝云，2011）

试验时，采用高强树脂胶将试件粘接在直径为 50 mm 的拉头上，用直径 5 mm 的环形高强度螺帽将受力构件端部的圆形滚球与拉头连接起来，为消除偏心受拉，受力构件两端的滚球可在拉头与外侧高强螺帽之间滚动。受力构件两端为螺纹状，试验过程中将其上端固定在 30 mm 厚的高强钢板上，下端连接钢丝绳。采用分级加载的形式在底部吊桶内轻放设定好的砝码，每级荷载施加后维持数小时。试验过程中室温控制在 25 °C，避免温度引起试验误差。试件的中部对称地粘贴了 4 个应变片，通过静态应变测量系统采集试件轴向、侧向应变。

赵宝云（2010）等通过对重庆的红层砂岩取样进行单向拉伸蠕变试验，得到不同荷载下砂岩直接拉伸蠕变试验曲线如图 5.15 所示。红层砂岩在短时恒定直接拉伸荷载作用下具有明显的蠕变特性，表现为衰减蠕变和稳态蠕变两个阶段。在加载初期，出现衰减蠕变阶段，蠕变速率快速衰减，进入稳态蠕变阶段后，蠕变率波动不大基本保持为一恒定值；在 0.48 MPa 拉应力水平下，经过 0.48 h 衰减蠕变阶段后进入稳态蠕变阶段，这一级砂岩的稳态蠕变速率为 20.82×10^{-6}/h，总的轴向应变值为 222×10^{-6}，其中蠕应变为 42×10^{-6}，蠕应变量占总应变的 21.62%；在 0.57 MPa、0.66 MPa 与 0.76 MPa 三个荷载级，砂岩的衰减蠕变历时逐渐增加分别为 0.73 h、0.77 h 以及 1.08 h，这三个荷载级砂岩稳态蠕变的速率也随着荷载的增加具有明显的增加趋势；荷载为 0.86 MPa 作用下，衰减蠕变历时 2.14 h，这一级荷载作用下蠕变应变为 81×10^{-6}，稳态蠕变速率仅为 66.52×10^{-6}/h，蠕变随时间的增加已不太明显；当荷载为 0.96 MPa 时，稳态蠕变速率增加到 329.09×10^{-6}/h，这一级总的蠕变应变达到 105×10^{-6}，占这一级总应变的 58.33%。

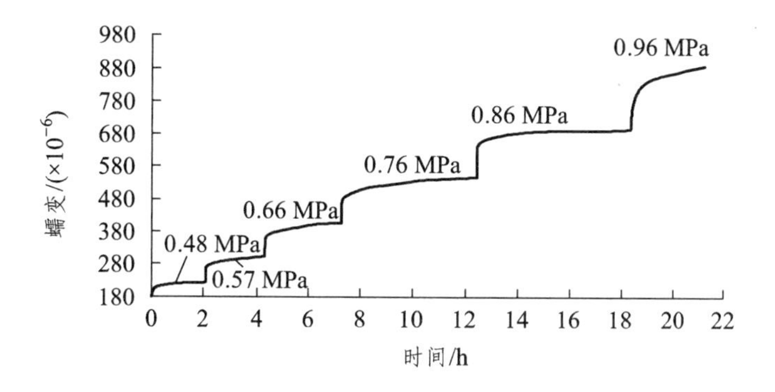

图 5.15 砂岩拉伸蠕变曲线（赵宝云，2010）

蠕变模型中，较著名的有 Maxwell 模型、（广义）Kelvin 模型、（广义）Burgers 模型等。周德培根据红层砂岩的拉伸蠕变试验结果，认为每级荷载增量下得出的轴向蠕变曲线由瞬时应变段、初始蠕变段和第二期蠕变段组成，近似具有 Burgers 体的蠕变特性。赵宝云等通过对砂岩直接拉伸蠕变全过程曲线分析，在施加拉应力水平以后，砂岩立即产生瞬时弹性应变，可知蠕变模型中应包含弹性元件；砂岩蠕变应变随时间的增加而有增大的趋势，蠕变模型中还应包含黏性元件；在一定应力水平下，随时间推移，应变有保持某一稳定数值的趋势。根据砂岩直接拉伸蠕变试验曲线的特征，可选用三参量广义 Kelvin 模型以及 Burgers 蠕变模型来描述其流变特征，并确定模型参数。

1. Burgers 模型的本构方程

Burgers 模型由四元件组成，为 Maxwell 模型与 Kelvin 模型串联模型。以 σ_M、ε_M 表示 Maxwell 模型的应力和应变，以 σ_K、ε_K 表示 Kelvin 模型的应力和应变，以 σ、ε 表示总应力和应变，则有：

$$\begin{cases}\sigma = \sigma_K = \sigma_M \\ \varepsilon = \varepsilon_K + \varepsilon_M\end{cases} \tag{5-6}$$

运用 Maxwell 模型及 Kelvin 模型的本构关系以及（1）式可得 Burgers 模型的本构方程：

$$E_K \frac{d\varepsilon}{dt} + \eta_K \frac{d^2\varepsilon}{dt^2} = \left(1 + \frac{E_K}{E_M} + \frac{\eta_K}{\eta_M}\right)\frac{d\sigma}{dt} + \frac{\eta_K}{\eta_M}\frac{d^2\sigma}{dt^2} + \frac{E_K}{\eta_M} \tag{5-7}$$

将 $\sigma_0 = \sigma_K =$ 常数代入（2），可得蠕变方程为：

$$\varepsilon = \frac{\sigma_0}{E_M} + \frac{\sigma_0}{\eta_M}t + \frac{\sigma_0}{E_K}\left[1 - \exp\left(-\frac{E_K}{\eta_K}t\right)\right] \tag{5-8}$$

2. 三参量广义 Kelvin 模型

三参量广义 Kelvin 模型由弹性元件和 Kelvin 模型串联组成，如图 5.16 所示，本构方程为：

$$\sigma + \frac{\eta}{E_1 + E_H}\sigma = \frac{E_1 E_H}{E_1 + E_H}\varepsilon + \frac{\eta E_H}{E_1 + E_H}\varepsilon \tag{5-9}$$

式中：E_1、E_H、η 分别表示图 5.16 中各元件的弹性模量和黏滞系数。

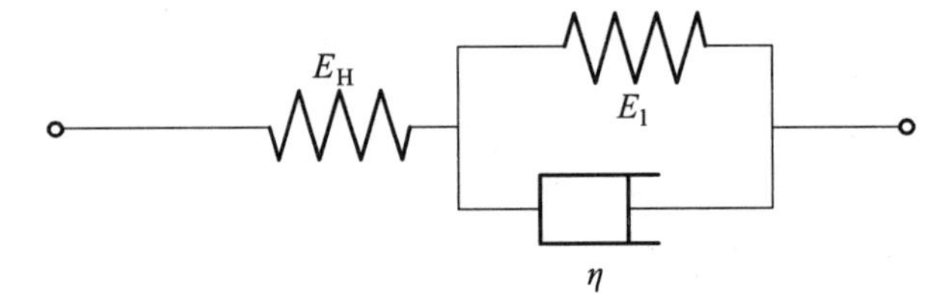

图 5.16　三参数广义 Kelvin 模型

$\sigma_0 =$ 常数时，蠕变方程：

$$\varepsilon = \frac{\sigma_0}{E_H} + \frac{\sigma_0}{E_1}\left[1 - \exp\left(-\frac{E_1}{\eta}t\right)\right] \tag{5-10}$$

3. 参数确定

采用最小二乘法原理确定三参量广义 Kelvin 模型与 Burgers 模型的参数。图 5.17 为试验曲线与理论曲线的对比。从模型反映的蠕变规律分析，模型既反映了加载后的瞬时弹性变形，又反映了第一阶段的衰减蠕变和第二阶段的等速黏滞流动过程，两种蠕变模型均可以预测该红砂岩的蠕变特性；Burgers 蠕变模型较三参量广义 Kelvin 蠕变模型多一个黏性元件，从拟合线性吻合度来看 Burgers 蠕变模型拟合效果优于三参量广义 Kelvin 模型。

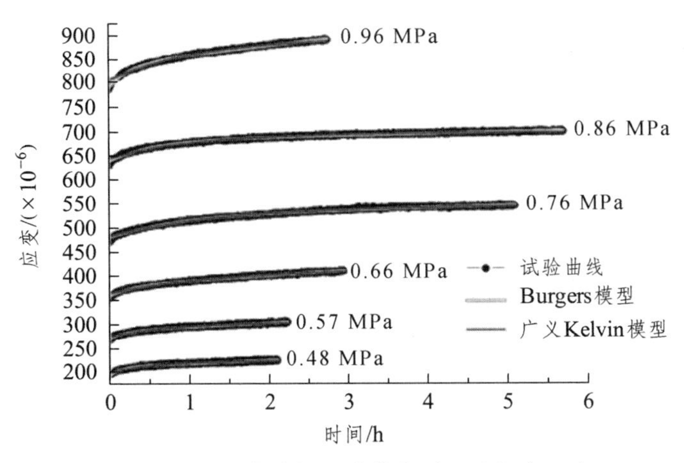

图 5.17 试验曲线与理论曲线对比（赵宝云）

表 5.4、表 5.5 分别给出了两种模型的拟合参数。从表 5.4、表 5.5 可以看出：模型拟合参数 E_M、E_H 随着荷载的增加呈递减趋势，反映了红砂岩瞬时应变随荷载的增加而增加的蠕变规律；Burgers 蠕变模型中 ηM 反映了红砂岩衰减蠕变随荷载变化的蠕变特征，在 0.86 MPa 前红砂岩衰减蠕变随荷载增加基本呈增长趋势，其中 0.76 MPa 与 0.86 MPa 尤为明显，0.96 MPa 衰减蠕变降低，与前述蠕变试验分析一致；Burgers 蠕变模型与三参量广义 Kelvin 蠕变模型其他参量均反映了该红砂岩的蠕变特征，在不同荷载作用下，各项参数拟合效果较好，相关性系数均在 0.97 以上，充分体现了两个模型拟合参数的正确性。

表 5.4 Burgers 蠕变模型参数

σ_t/MPa	E_M/MPa	η_M/(MPa · h)	E_K/MPa	η_K/(MPa · h)	R^2
0.48	2 511.17	78 714.20	25 025.85	4 179.25	0.971
0.57	2 124.73	77 150.15	32 591.84	8 345.67	0.985
0.66	1 844.48	66 733.87	29 733.32	10 574.93	0.993
0.76	1 587.96	200 937.53	15 904.80	15 025.93	0.990
0.86	1 347.49	272 740.53	19 483.21	11 546.29	0.989
0.96	1 213.14	52 644.34	19 097.36	5 724.10	0.996

表 5.5 三参量广义 Kelvin 蠕变模型参数

σ_t/MPa	E_H/MPa	E_1/MPa	η/(MPa · h)	R^2
0.48	2 446.22	18 998.12	10 111.94	0.944
0.57	2 101.56	18 751.33	13 838.21	0.973
0.66	1 819.92	13 078.43	18 488.81	0.985
0.76	1 578.57	11 826.47	17 985.94	0.988
0.86	1 335.00	16 203.13	18 415.99	0.976
0.96	1 190.89	10 802.93	12 302.91	0.982

5.2 红层软岩软弱夹层剪切蠕变

红层软岩及软弱夹层具有明显的蠕变特性，国内外众多学者对红层软岩软弱夹层的流变性进行了研究，如杨淑碧等（1996）对红层砂泥岩互层状岩体的流变性进行了试验研究，表明泥岩在压缩和剪切条件下的长期强度相对较低，强度时间效应明显。万玲等（2005）利用自行研制的岩石三轴蠕变仪，对泥岩进行了系统的三轴蠕变试验，对泥岩蠕变行为进行实验研究和描述。程强等（2009）通过典型红层软岩边坡工点软弱夹层样品室内剪切蠕变试验研究，表明红层软岩软弱夹层具有显著的蠕变特性，在边坡剪切强度参数选取中应考虑软弱夹层蠕变的影响，并建议软弱夹层长期强度可取短期剪切强度的75%。王志俭等（2007）对万州区红层软弱夹层进行了排水蠕变试验，研究软弱夹层的流变性能。郑立宁（2012）对泥化夹层剪切蠕变特征进行了深入研究。

5.2.1 试验方法

为了分析泥化夹层强度受时间影响的变化特征，将泥岩泥化夹层原状样进行长期剪切流变试验及不同时间段的流变剪切破坏试验（郑立宁，2012）。剪切流变试验采用改装的剪切仪进行（如图5.18所示），用百分表量测其水平变形，千分表量测其垂直变形，实验室保持恒湿（湿度55%）恒温（温度22 °C）。试样由环刀切取，高度20 mm，保证剪切面位于中间，上下剪切盒间用1 mm厚的极滑高分子垫隔，并涂润滑油。

图5.18　改装的剪切流变实验装置

为了得出试样在外力及时间共同作用下强度的变化特征，试验设计为两个部分。

1. 长期恒载剪切流变试验

进行固定压力下不同剪切力的多试样长期恒载剪切流变试验，固定法向压力100 kPa，恒载剪应力（F_h）大小分别为τ_p值的60%、65%、70%、75%、80%、85%、90%、95%，加载时间最长1 250 h，试验共利用8台改制的剪切流变仪。

2. 恒载不同时间段的剪切破坏试验

针对不同剪应力作用下的恒载试样，在不同流变时间点进行直接加载破坏试验，得出不同剪应力作用下不同流变时间的剪切强度变化特征，恒载剪应力集中在85%倍 τ_p 以下，进行多组循环试验，耗时2个月。

法向压力100 kPa时，原状样的剪应力-剪切位移曲线如图5.19所示。

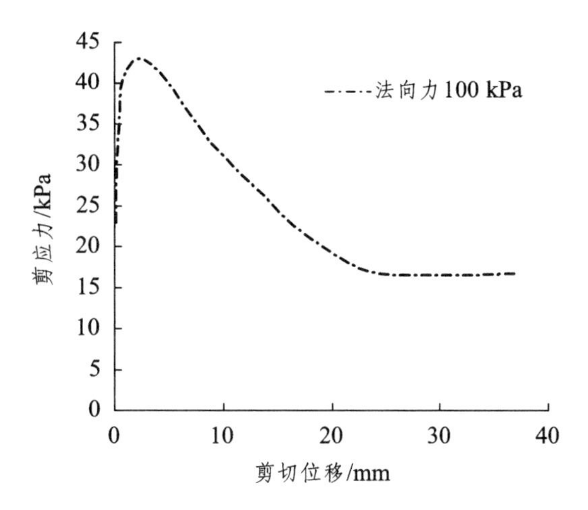

图5.19　法向力100 kPa剪应力-剪切位移曲线

由图5.19中曲线特征，取剪应力的峰值 $\tau_p = 43.1$ kPa，$\tau_r = 16.8$ kPa，得残峰比等于38.9%。

5.2.2 蠕变特征

1. 长期恒载剪切流变试验

剪切流变位移随时间的变化曲线如图5.20所示。

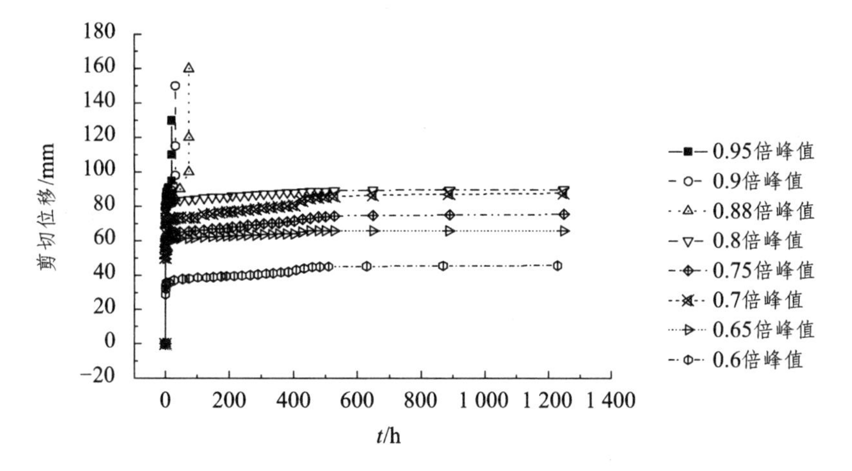

图5.20　剪切流变位移随时间变化曲线

由图 5.20 可知，当恒载剪应力（F_h）值大于 τ_p 值的 85% 时，试样会在 5 d 以内破坏；当恒载剪应力（F_h）值小于 τ_p 值的 85% 时，试样均未发生破坏。

2. 恒载不同时间段的剪切破坏试验

由图 5.21 可知，当恒载剪应力（F_h）值在 τ_p 值的 70% ~ 80% 时，试样均未发生破坏，且自身剪切强度值随时间变化先期递减，后逐步稳定甚至增高。

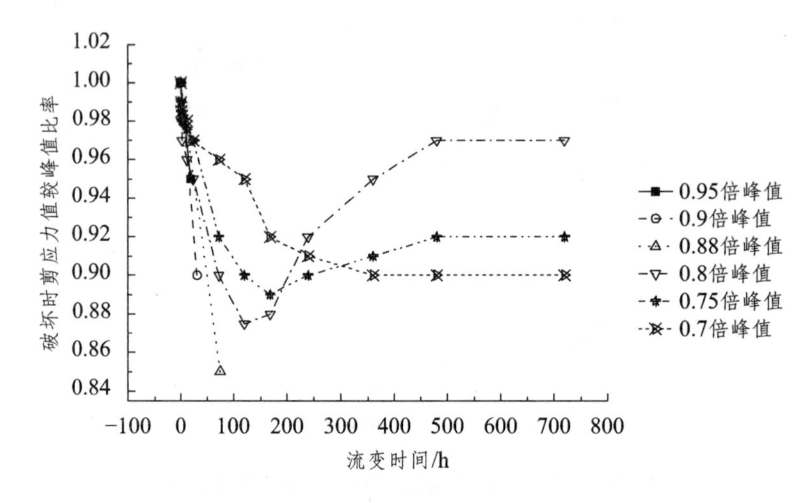

图 5.21　不同流变时间及恒载剪应力作用试样剪切强度变化曲线

其中，当恒载剪应力（F_h）值为 τ_p 值的 80% 时，试样剪切强度先期降低较快且值较低，达到 τ_p 值的 87% 左右，之后强度迅速增加，至 470 h 左右强度达到 97% 左右，且保持稳定；当恒载剪应力（F_h）值为 τ_p 值的 75% 时，试样剪切强度同样呈现先降后增的特征，但降低与增加的幅度均小于恒载剪应力（F_h）值为 τ_p 值的 80% 时试样。当恒载剪应力（F_h）值为 τ_p 值的 70% 时，由于恒载力较小，试样剪切强度呈现先降后稳的特征，未产生不降反增的强度硬化特征。

通过上述试验可得，泥化夹层在剪切流变过程中存在强度损失及增长的综合作用，不同的恒载剪切力使得损失与增长程度此消彼长。当试样上施加的恒载剪应力（F_h）值大于等于 τ_p 值的 85% 时，由于恒载剪力较大，在短时间内，泥化夹层内部结构力的联结作用弱于颗粒间的定向排列作用，剪切面处的强度损失大于强度增加，整体表现为强度衰减，即产生快软化现象。

当恒载剪力值（F_h）变小时，在短时间内泥化夹层内部结构力的联结作用和颗粒间的定向排列作用相当或稍强。泥化夹层内部克服前期软化后，即以应变硬化为主导，强度特征以缓慢增加至稳定为主；当恒载剪力值（F_h）持续变小时，泥化夹层内部应变硬化现象变弱，强度降低至一定程度，不产生硬化，长期强度保持稳定。

该试验结论，与肖树芳等提出的泥化夹层内部微结构在流变过程中不断产生交替硬化和软化的综合变化特征观点相近，但更加清晰反映出泥化夹层的内部流变机理。由此可得，对于多次产生层间错动的顺层边坡中泥化夹层，其长期强度值可能极限劣化，可能稳固强化，与其所受的剪应力及法向应力特征有关。对此不能仅从传统流变力学角度分析，应综合分析其受力环境，反演其强度变化特征，才能准确判断内部强度的发展阶段，得出合理的强度值。

由此可得，在影响泥化夹层强度变化的诸多因素中，时间因素相较大位移剪切错动及地下水的作用，不一定完全致使其强度大幅度劣化，存在强度再生应变硬化的可能，需深入研究。

5.2.3 蠕变模型

王志俭等对万州区红层软弱夹层取样进行蠕变试验，蠕变试验采用江苏省溧阳市生产SR-6型三轴蠕变仪，轴向应力加载采用重力加载。试样尺寸为ϕ60 mm × 120 mm。根据强度指标，可得围压 300 kPa 时，极限偏应力为 D_{max} = 273.7 kPa；围压为 400 kPa 时，极限偏应力 D_{max} = 344.4 kPa。据此，可将各级荷载的偏应力表达为应力水平 D_r（$D_r = D/D_{max}$）试验采用了分级加载法，数据处理时采用了 Boltzmann 叠加原理，试验结果如图 5.22 所示。

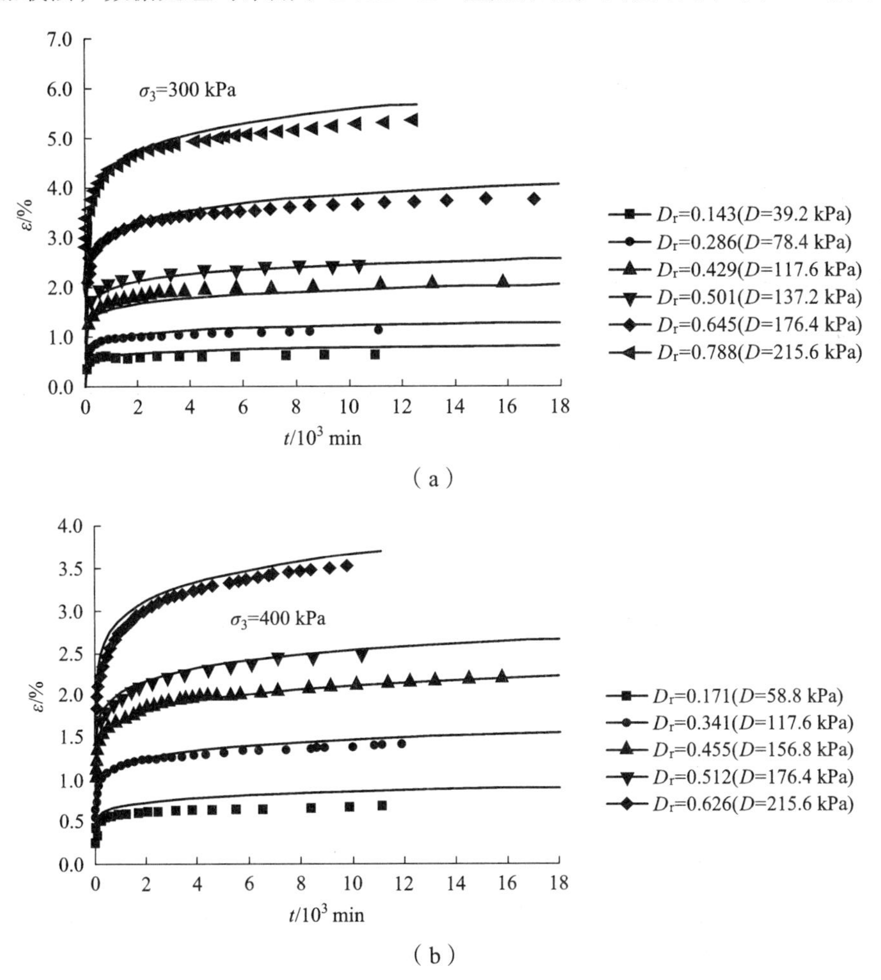

图 5.22 软弱夹层蠕变试验曲线（王志俭，2010）

Singh 和 Mitchell（1968）提出了三参数应力-应变-时间模型，由于该模型参数少、形式简单，能够较好地描述土的蠕变特征，目前仍是最常用的蠕变模型。该模型表示为：

$$\dot{\varepsilon} = A\exp(\alpha D_x)\left(\frac{t_1}{t}\right)^m \tag{5-11}$$

式中：$\dot{\varepsilon}$ 为轴向应变速率；D_x 为应力水平；t 为时间；t_1 为单位参考时间；A，α，m 为模型参数。

对式（5-9）积分，对于 $m\neq1$ 时经推导，Singh-Mitchell 模型表示为：

$$\varepsilon = B\exp(\beta D_x)\left(\frac{t}{t_1}\right)^\lambda \tag{5-12}$$

式中：$B=\dfrac{At_1}{1-m}$，$\beta=\alpha$，$\lambda=1-m$。

该模型认为，ε 与 D_x 是指数函数关系，ε 与 t 是幂函数关系。式（5-12）也可以表达为：

$$\ln\varepsilon = \ln B + \beta D_x + \lambda(\ln t - \ln t_1) \tag{5-13}$$

Singh 和 Mitchell 假定模型参数不依赖与时间及应力水平，取平均值作为模型参数，根据试验曲线，求得参数见表 5.6。

表 5.6　Singh-Mitchell 模型参数

λ	β	B
0.098 096	3.187 454	0.002 011

将参数代入式（5-11），得：

$$\varepsilon = 0.002\ 011\exp(3.187\ 454 D_x)\left(\frac{t}{t_1}\right)^{0.099\ 096} \tag{5-14}$$

上式为软弱夹层的 Singh-Mitchell 模型表达式，Singh-Mitchell 模型较好地描述了岩土体初始阶段的快速衰减蠕变及其后的稳定蠕变。

5.2.4　长期强度

长期强度的获取，可采用等时簇曲线法与稳态流变速率法相结合的方法来综合判定。在等时簇曲线法中，采用 u-$\Delta\tau/\Delta u$ 曲线来确定各等时曲线的流变屈服拐点，以此绘制屈服渐近线，确定各恒定正应力水平下的长期强度；稳态流变速率法中，通过估算各级应力下的稳态流变速率转折点来确定软岩在不同应力水平下的长期强度；综合比较两种方法所得的长期强度值，并结合工程实际确定出合理的软岩长期强度值。以王宇（2012）对软弱夹层长期抗剪强度的分析为例进行说明。

1. 基于等时簇曲线确定长期抗剪强度

基于软岩在不同应力水平下的 u-t 曲线，绘制出相应的应力应变等时簇曲线，并根据 u-$\Delta\tau/\Delta u$ 曲线确定各等时曲线的流变屈服拐点，绘制等时簇曲线的屈服渐近线，以此确定出不同正应力水平下的长期抗剪强度值 τ_∞，各试样等时簇曲线如图 5.23 ~ 5.26 所示。

根据等时簇曲线法确定各级正应力下的软岩长期抗剪强度值，利用 Coulomb 准则求得软岩长期黏聚力和长期内摩擦角，见表 5.7。

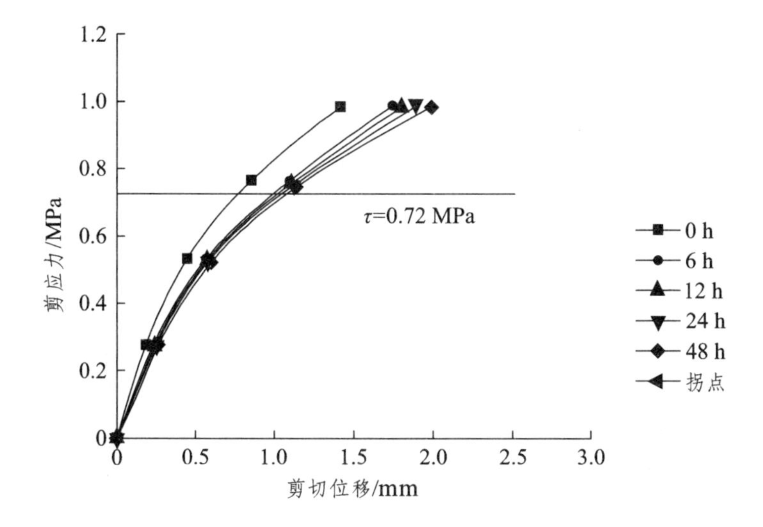

图 5.23 正应力 1.11 MPa 下长期抗剪强度（王宇，2012）

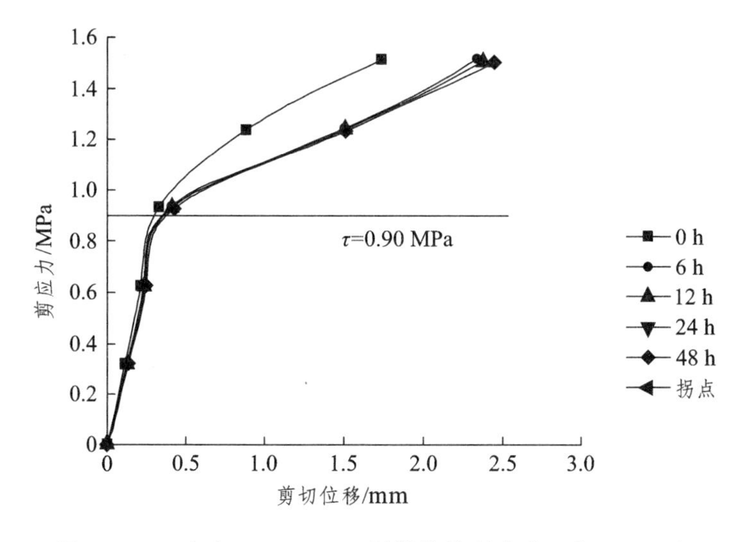

图 5.24 正应力 1.67 MPa 下长期抗剪强度（王宇，2012）

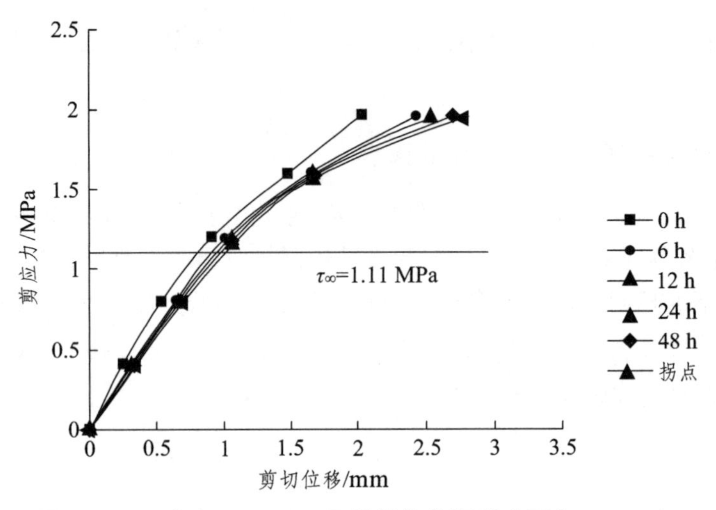

图 5.25　正应力 2.22 MPa 下长期抗剪强度（王宇，2012）

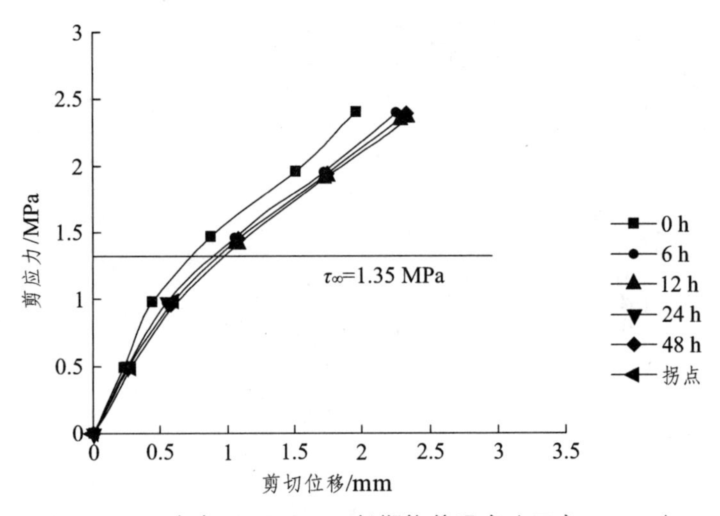

图 5.26　正应力 2.78 MPa 下长期抗剪强度（王宇，2012）

表 5.7　基于等时簇曲线法确定软岩长期强度参数

σ_n/MPa	τ_∞/MPa	C_∞/MPa	φ_∞ /（°）	R^2
1.11	0.72	0.285	20.66	0.995
1.67	0.90			
2.22	1.11			
2.78	1.35			

2. 基于稳态流变速率确定长期抗剪强度

软岩在各级正应力水平作用下的稳态流变速率能用指数函数 $u_s = c \cdot e^{d\tau}$ 进行较好的拟合，拟合结果表明软岩稳态流变速率的转折点较软弱夹层而言更为明显，说明稳态流变速率法确定软岩的长期抗剪强度具有很强的适用性，拟合曲线及拟合材料参数分别如图 5.27 及表 5.8 所示。如图 5.27（a）所示，从图中可以明显地确定出稳态流变速率的拐点在剪应力水平 0.76 MPa 处，于是将 0.76 MPa 定为软岩在正应力水平 1.11 MPa 下的长期抗剪强度；同理可分别求得软岩在正应力水平 1.67 MPa 下的长期抗剪强度为 0.93 MPa，在正应力水平 2.22 MPa 下的长期抗剪强度为 1.20 MPa，在正应力水平 2.78 MPa 下的长期抗剪强度为 1.47 MPa，基于稳态流变速率法确定的软岩长期抗剪强度参数见表 5.9。

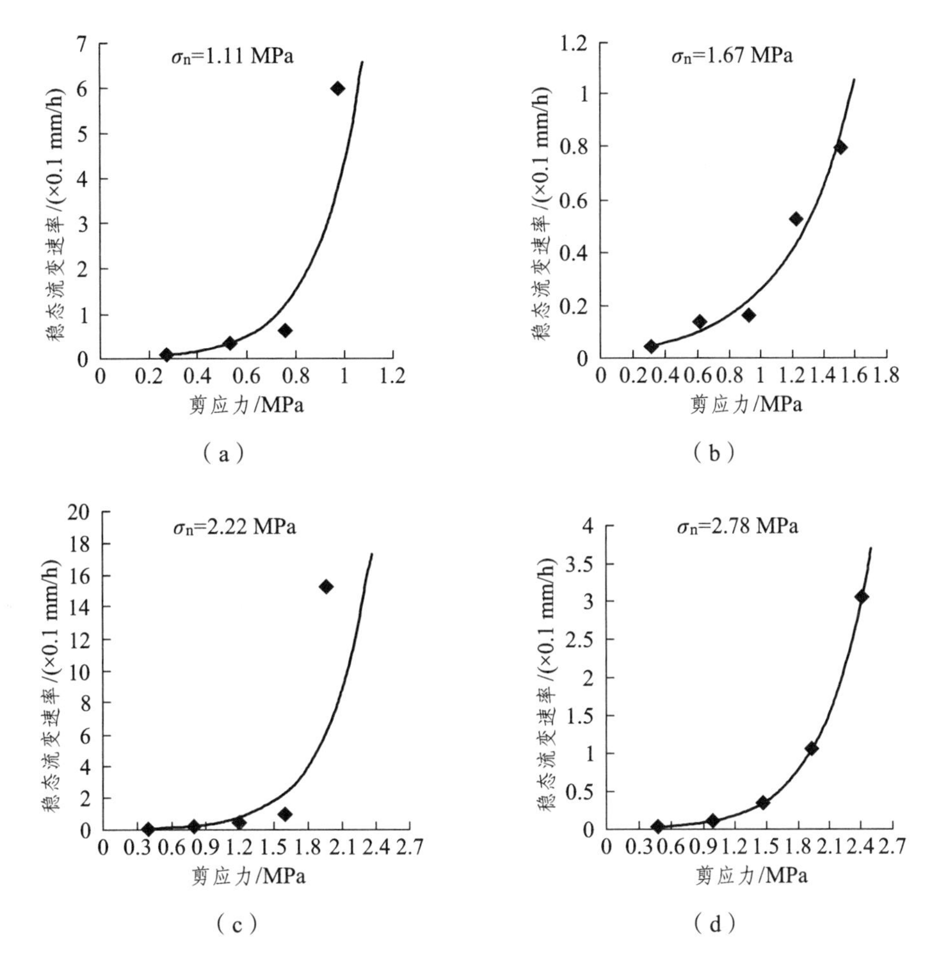

图 5.27　软岩稳态剪切流变速率与剪应力关系曲线拟合（王宇，2012）

表 5.8　软岩稳态流变速率材料参数

岩样编号	正应力/MPa	c /（$\times 10^{-2}$）	d	R^2
3-1-1	1.11	0.020	5.322	0.926
3-1-3	1.67	0.025	2.308	0.972
3-2-2	2.22	0.038	2.585	0.836
3-2-3	2.78	0.014	2.222	0.998

表 5.9　基于稳态流变速率法确定软岩长期抗剪强度参数

σ_n/MPa	τ_∞/MPa	c_∞/MPa	φ_∞/（°）	R^2
1.11	0.76	0.25	23.32	0.989
1.67	0.93			
2.22	1.20			
2.78	1.47			

基于应力应变等时簇曲线法和基于稳态流变速率法确定的长期抗剪强度值对比表明，两种方法确定的软岩长期抗剪强度值较为一致，相对误差在 10% 以内，且等时簇曲线法确定的长期抗剪强度值均低于稳态流变速率法。从工程安全角度出发，等时簇曲线法更为适用，但稳态流变速率法确定软岩的长期抗剪强度值具有快捷、简便的特点。

5.3　红层泥岩粉碎土的蠕变

5.3.1　红层泥岩粉碎土剪切蠕变

红层泥岩粉碎土是作为路堤填料使用的。对红层填料的剪切蠕变试验采用改装的剪切仪进行，用百分表量测水平向变形，保湿措施（如图 5.28 所示）是通过在剪切盒上包一层湿毛巾，通过每天洒水来保持含水量（刘俊新等，2008）。试件尺寸为 61.8 mm × 20 mm。试样通过在预制模具来制作，各个试样的密度差值均小于 0.02 g/cm³，试样用土为中风化泥岩经粉碎后过 2 mm 筛所得的粉碎土，最佳含水量为 11.50%，最大干密度为 2.03 g/cm³。击实含水量测定采用酒精干烧法进行测定。

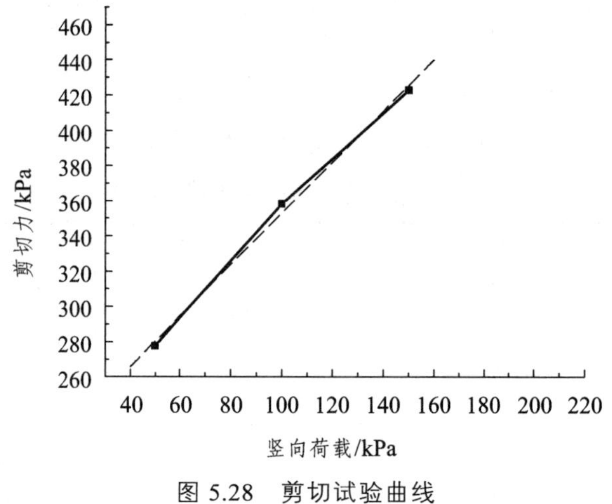

图 5.28　剪切试验曲线

考虑现场压实标准，压实度按95%控制，试样的实际含水量为11.56%。首先按常规剪切试验求得在竖向力为50 kPa、100 kPa、150 kPa下的剪切强度（如图5.28所示），剪切速率为0.8 mm/min,考虑到实际情况初步设定为竖向力为50 kPa,按最大荷载的0.85%、75%、70%、65%、60%、55%、50%、45%八个等级加载，考虑工程产生剪切破坏是慢剪过程，试样采用分级加载，当每天的读数小于1格，再施加下一级荷载，加载的实际情况见表5.10。

表5.10　分级加载表

压实系数	95%							
竖向荷载/kPa	50							
剪切强度/Pa	277.59							
编　号	1	2	3	4	5	6	7	8
设计加载等级/%	85	75	70	65	60	55	50	45
设计加载力/kPa	72.148	63.66	59.416	55.172	50.928	46.684	42.44	38.196
实际加载力/kPa	72.428	63.840	60.927	56.051	51.126	46.025	42.502	36.026
1级	10.728	10.74	10.727	5.851	5.826	5.825	5.902	5.826
2级	10.000	10	10	10	5.1	5.100	5.1	5.100
3级	15.100	10	10	10	10	10.000	10	5.100
4级	15.100	15.1	15.1	15.1	15.1	10.000	10	10.000
5级	21.500	18	15.1	15.1	15.1	15.100	11.5	10

图5.29、图5.30为分级加载蠕变试验曲线，实际加载与设计等级略有变化。从图中可知随着荷载的增加达到稳定时间越长，以第五级荷载加载时间作为每级加载时间的起点，同时t/S为纵坐标，以t为横坐标建立如图5.31的曲线（t为时间，单位为d，S为剪切位移，单位为0.01 mm），从图可知，t/S和t的关系基本上呈线性关系即：

$$t/S = A + Bt \tag{5-15}$$

可转化为双曲线形式：

$$S = t/(A + Bt) \tag{5-16}$$

其中$A = 1/S_0$，$B = 1/S_\infty$（S_0为加载时的瞬时位移，S_∞为$t \to \infty$时的剪切位移），经对各种荷载下的t/S和t关系进行线性拟合得各种荷载下的A、B值（见表5.11），由于参数A、B与剪切力τ成正比，与竖向荷载σ成反比，对剪切力τ和竖向荷载σ进行归一化处理，得一参数τ/σ，对参数τ/σ和A、B进行拟合成指数形式（如图5.32、图5.33所示）：

对参数A：$A = 4.367\exp[(\tau/\sigma)/(-0.637\,3)] + 0.000\,59 \quad (R^2 = 0.98)$

对参数B：$B = 0.868\exp[(\tau/\sigma)/(-0.779)] + 0.002\,15 \quad (R^2 = 0.99)$

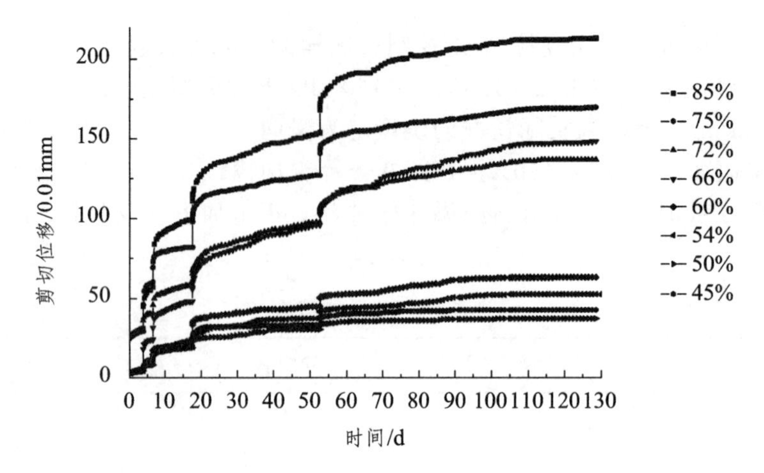

图 5.29 分级加载蠕变曲线

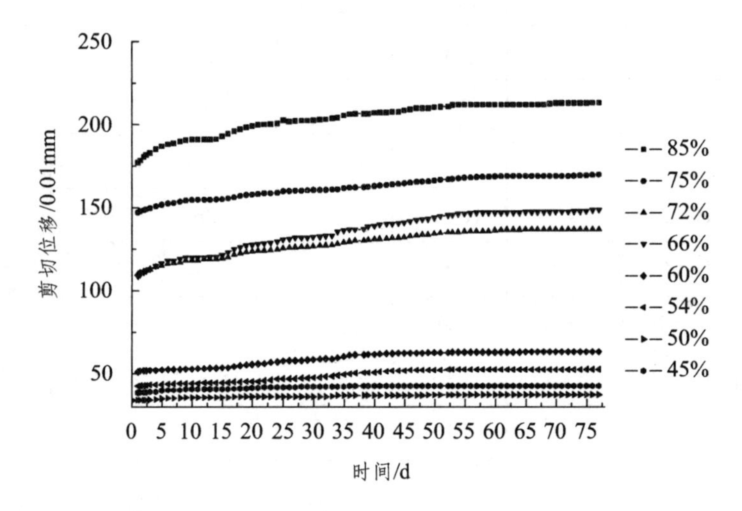

图 5.30 各级加载下的蠕变曲线

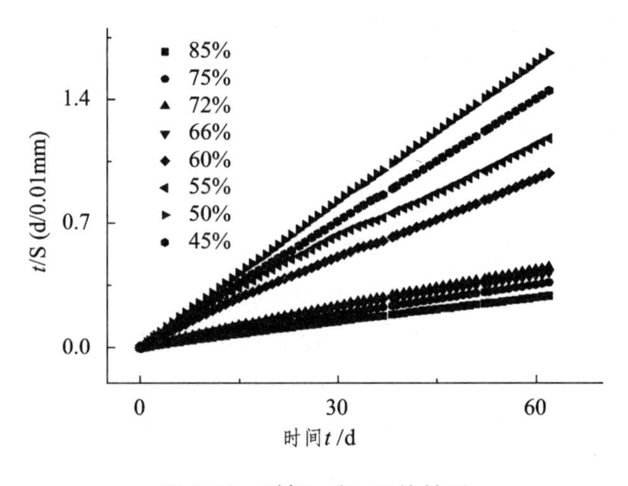

图 5.31 时间 t 和 t/S 的关系

表 5.11 拟合参数 A、B 值

t/σ	A 值	B 值
72.428	0.004 59	0.004 68
63.840	0.005 24	0.005 92
60.927	0.010 40	0.007 30
56.051	0.014 29	0.006 73
51.126	0.026 81	0.015 57
46.025	0.036 06	0.018 72
42.502	0.012 64	0.026 74
36.026	0.011 31	0.023 19

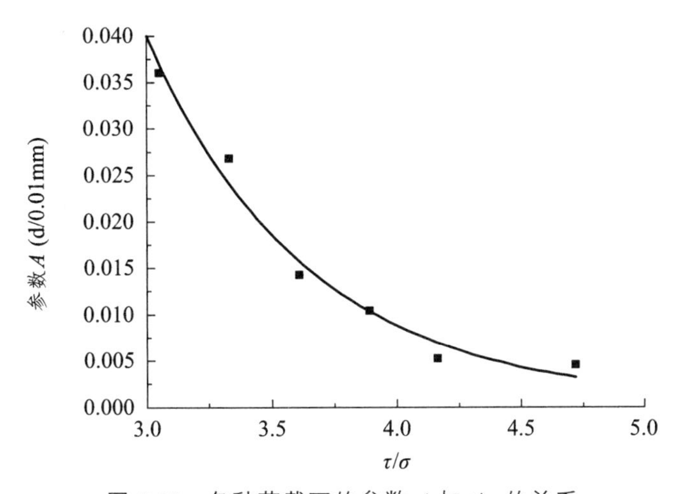

图 5.32 各种荷载下的参数 A 与 t/σ 的关系

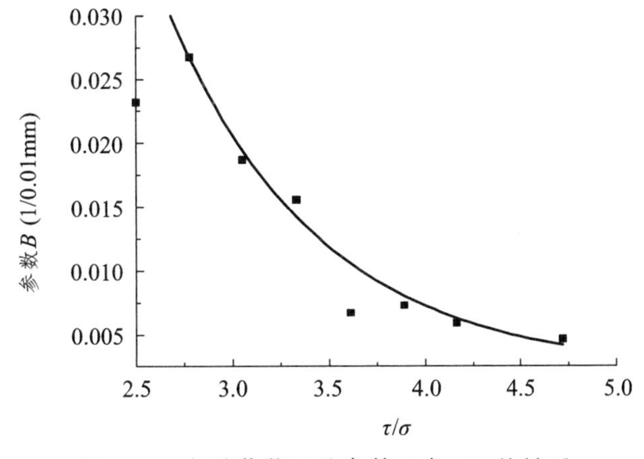

图 5.33 各种荷载下的参数 B 与 t/σ 的关系

5.3.2 红层填料压缩蠕变

为了分析红层填料粉碎土的蠕变强度特性，将红层泥岩经打碎后过 2 mm 筛的粉碎土制成标准样，进行了单轴压缩蠕变试验（刘俊新等，2008）。

单轴压缩流变试验采用改装的高压固结仪进行，杠杆比为 8.53，用百分表量测轴向变形，保湿措施通过用不透水橡皮膜将试样包好，再用橡皮筋将两端封闭，然后用湿毛巾在外面再包一层，通过每天定时定量洒水来保持含水量。试件尺寸为 61.8 mm × 123.6 mm。试样通过分层击实（6 层）来制作，各个试样的密度差值均小于 0.02 g/cm³，试样用土为中风化泥岩经粉碎后过 2 mm 筛所得的粉碎土，级配曲线如图 5.34 所示，最佳含水量为 11.50%，最大干密度为 2.03 g/cm³（击实曲线如图 5.35 所示，击实含水量测定采用酒精干烧法进行测定），考虑现场压实标准，压实度按 95% 控制，试样的实际含水量为 11.39%。首先按常规抗压试验求得 5 个试样的单轴抗压强度的平均值 1 088.86 kPa，标准差为 5.68%，按最大荷载的 80%、70%、65%、60%、55%、50%、40% 七个等级加载，试样采用一次性加载完毕，加载的实际情况见表 5.12。

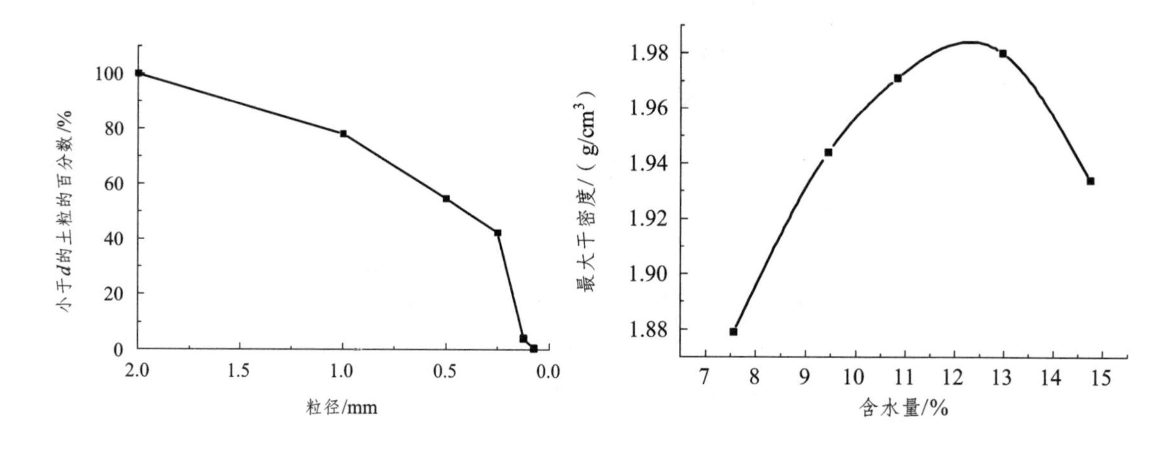

图 5.34 颗粒级配曲线

图 5.35 击实曲线

表 5.12 实际加载参数

压实度/%	95			单轴强度/kPa		1 088.86	
含水量/%	11.39			最大加载力/kg		39.03	
设计加载等级/%	80	70	65	60	55	50	40
设计加载力/kg	31.224	27.321	25.369 5	23.418	21.466 5	19.515	15.612
实际加载力/kg	31.5	27.5	25.25	23.75	21.5	19.75	16

从图 5.36 可知，流变曲线可分为 3 个阶段：初始流变阶段（Ⅰ）、稳态流变阶段（Ⅱ）、加速流变阶段（Ⅲ）。

不追究材料的流变机理，从工程应用出发，以最佳拟合为依据，根据试验得到的数据可采用下式拟合：

$$\varepsilon(t)=A+B\ln(t) \tag{5-17}$$

式中 $\varepsilon(t)$——稳定荷载作用下 t 时刻的应变量；

A，B——流变试验参数；

t——变形持继时间（d）。

各种荷载的蠕变曲线拟合参数见表 5.13，参数 A、B 与加载力的关系如图 5.37 所示，可拟合成指数增长曲线，相关系数在 91% 以上：

$$y=A_0\times\exp\left(\frac{t}{t_1}\right)+y_0 \tag{5-18}$$

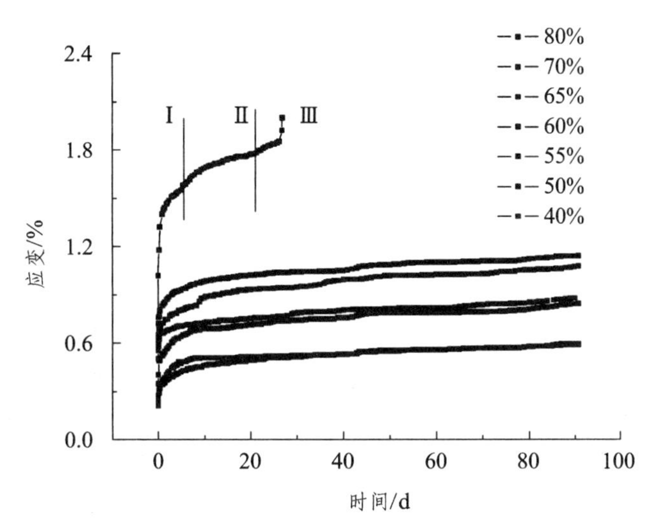

图 5.36 红层粉碎土单轴压缩蠕变曲线

表 5.13 各种加载力下拟合参数 A、B 值

加载力/kg	A	B
31.5	1.399 6	0.126 1
27.5	0.848 0	0.060 0
25.25	0.747 9	0.064 6
23.75	0.662 2	0.037 7
21.5	0.551 1	0.057 7
19.75	0.400 9	0.039 1
16	0.352 8	0.049 1

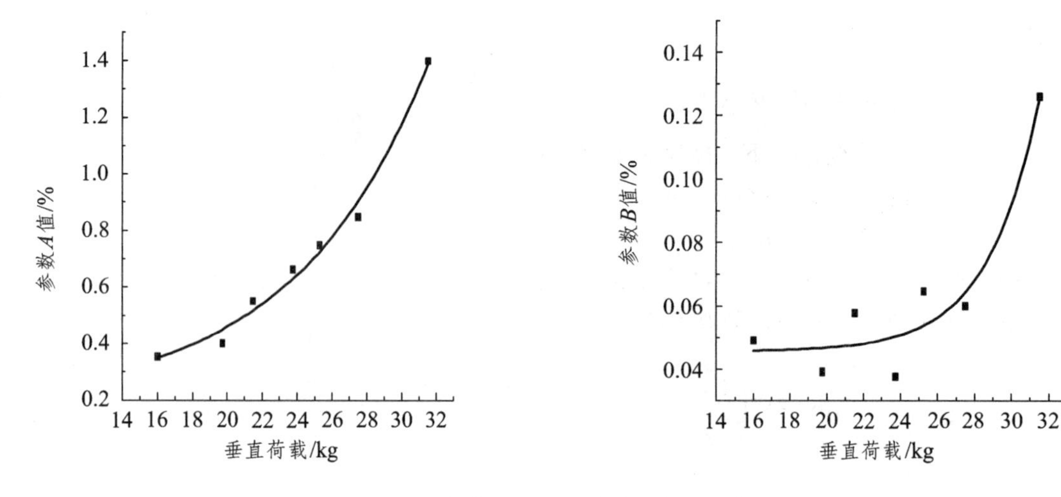

图 5.37　参数 A、B 与荷载力拟合曲线

5.4　红层岩土流变的工程应用问题

红层岩土具有流变性是众所周知的事实。对红层岩土流变的研究也从来没有停止过。随着红层中重大工程建设的要求越来越高，红层岩土流变性质也越来越被研究者和工程师所重视。比如，红层地区机场跑道和站坪、高速铁路路基等的沉降、水坝船闸的边坡变形、地下工程的围岩变形，都对与时间有关的红层岩土的流变性提出了要求。然而，由于试验装置不易配备、试验所需时间较为漫长，红层流变试验并没有在工程中得到普遍开展。由于红层岩土工程性质离散性等因素，红层流变理论模型的研究成果也难以被广泛接受。

但是，红层流变研究仍然在一些特定的工程实践中发挥了极大的作用。比如，对三峡库区红层斜坡的稳定性预测和评价研究就是成功的实例。在三峡库区万州一带，倾角 5° 左右的近水平红层中，发育大量的基岩滑坡。从力学角度看，近水平地层发生滑坡似乎难以解释，而考虑岩土流变特性，滑坡的产生机制却是明确的。王志俭等（2008）对万州二层岩滑坡的砂岩进行蠕变试验，试样在破坏前经历约 8 h 的加速蠕变阶段，这与现场观察到的近水平滑坡破坏变形特点非常相似。采用 Burgers 模型描述该种岩石的流变特性，通过分析蠕变应变率–时间关系，发现在蠕变加速阶段初期，蠕变应变率随时间近似线性增长，在蠕变加速后期，蠕变应变随时间近似指数增长。红砂岩在加速蠕变过程中具有高度的非线性，蠕变应变率随时间呈现跳跃增长特性。同时试验结果还表明，该种岩石长期强度只有瞬时强度的 0.44 倍，考虑红层蠕变效应对研究近水平滑坡的形成机制以及防治具有重要的指导意义。张永安等（2010）对滇中红层泥岩进行剪切蠕变试验表明，红层泥岩在剪切荷载作用下蠕变特性明显，特别是饱水后，强度降低，蠕变更加明显，其发生蠕变破坏的应力强度较天然状态下降低了 14.3%～21.1%，其长期强度在天然状态下为短期强度的 86%～88%，饱水后为短期强度的 83%～87%，建议在进行工程设计时将层泥岩短期强度乘以 0.8～0.9 的折减系数作为其长期强度的取值。

又如，张翔等（2015）对滇中软岩蠕变特性进行的研究表明红层软岩蠕变效应明显，长期抗压强度为单轴抗压强度的70%,长期抗剪强度值与直剪试验相比内摩擦角降低了约20%，黏聚力降低了60%。结合滇中红层工程地质特性及岩体的长期强度值，提出滇中软岩隧洞挤压变形评价方法与围岩分级对应关系，为判别隧洞可能发生软岩大变形的洞段提供依据。

在沉降要求极高的红层地区高速铁路路堤沉降研究中，刘俊新等（2008），依据单轴压缩蠕变（粒径小于2 mm和压实度为95%）试验结果，对作为路堤填料的红层粉碎土的蠕变特性进行了分析，同时基于工程应用的目的，根据蠕变曲线对路堤的工后沉降进行了预测，采用数值分析对路堤变形进行蠕变分析。计算得工后322 d路堤中心处各点沉降与时间的关系如图5.38所示。路堤顶部1年后的沉降为4.0 mm，工后40 d左右路堤已基本上达到稳定，考虑路堤施工期为4个月，完全能满足工后0沉降要求。

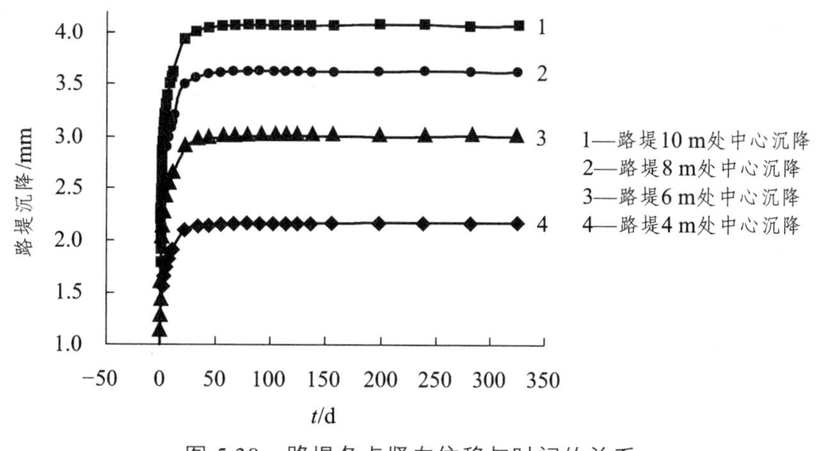

图5.38 路堤各点竖向位移与时间的关系

从上述工程实例中，可以考虑将红层流变研究实用化、工程化的问题：第一，对于技术要求高的重大、重要工程，在勘察设计阶段，建议将流变的试验研究纳入正常工作规划中。第二，对一些既有工程出现病害需要整治的，如果认定与红层软岩土的流变性质相关，建议补充开展流变试验研究工作，对症下药，彻底查清病害成因，进行根治处理，不留后患。第三，对一般工程，需要考虑流变的影响而限于条件或经费无法开展专题研究的，建议参照已有研究成果，按长期强度和蠕变变形作为设计参数，保留必要的安全储备。

参考文献

[1] 刘俊新. 非饱和渗流条件下红层路堤稳定性研究. 西南交通大学，2007.

[2] 刘俊新，谢强，文江泉，等. 红层填料蠕变特性及工程应用研究. 岩土力学，2008，29（5）.

[3] 郑立宁. 基于应变软化理论的顺层边坡失稳机理及局部破坏范围研究. 西南交通大学，2012.

[4] 刘俊新，杨春和，谢强，等. 基于流变和固结理论的非饱和红层路堤沉降机制研究. 岩土力学，2015，36（5）.

[5] 刘俊新，谢强，曹新文，等. 红层填料路堤变形研究. 岩石力学与工程学报，2007（S1）.

[6] 赵阳. 泥化夹层抗剪强度特征试验研究. 西南交通大学，2011.

[7] 郑立宁，康景文，谢强. 含应变软化本构关系的岩-土接触元直剪试验数值模拟. 岩土力学，2014，35（S2）.

[8] 王宇. 软岩瞬时及流变力学特性试验研究. 武汉大学，2012.

[9] 周德培. 岩石单向拉伸的蠕变特性. 西南交通大学学报，1988（3）.

[10] 王来贵，王泳嘉. 岩石拉伸流变失稳模型及其应用. 矿山压力与顶板管理，1993，3（4）.

[11] 赵宝云，刘东燕，郑志明，等. 砂岩短时单轴直接拉伸蠕变特性试验研究. 实验力学，2011，26（2）.

[12] 陈宗基，康文法，黄杰藩. 岩石的封闭应力、蠕变和扩容及本构方程. 岩石力学与工程学报，1991（4）.

[13] 李永盛. 单轴压缩条件下四种岩石的蠕变和松弛试验研究. 岩石力学与工程学报，1995（1）.

[14] 王宇，李建林，刘锋. 坝基软弱夹层剪切蠕变及其长期强度试验研究. 岩石力学与工程学报，2013，82.

[15] 张翔，李宗龙，马显龙. 滇中引水工程隧洞软岩工程地质特征研究. 工程地质学报，2015，23（suppl.）.

[16] 陈从新，卢海峰，袁从华，等. 红层软岩变形特征试验研究. 岩石力学与工程学报，2010，29（2）.

[17] 赵宝云，刘东燕，郑颖人，等. 红砂岩单轴压缩蠕变试验及模型研究. 采矿与安全工程学报，2013，30（5）.

[18] 程强. 红层软岩开挖边坡致灾机理及防治技术研究. 西南交通大学，2008.

[19] 朱俊杰. 滇中引水工程红层软岩力学特性研究及其隧道围岩分级. 成都理工大学，2013.

[20] 张永安，李峰. 红层泥岩的剪切蠕变试验研究. 工程勘察，2010（4）.

[21] 杨淑碧，徐进. 董孝壁红层地区砂泥岩互层状斜坡岩体流变特性研究. 地质灾害与环境保护，1996，7（2）.

[22] 程强，周德培，封志军. 典型红层软岩软弱夹层剪切蠕变性质研究. 岩石力学与工程学报，2009，28（增）.

[23] 王志俭，殷坤龙，简文星，等. 三峡库区万州红层砂岩流变特性试验研究. 岩石力学与工程学报，2008，27（4）.

[24] 万玲，彭向和，杨春和，等. 泥岩蠕变行为的实验研究及其描述. 岩土力学，2005，26（5）.

[25] 王志俭，殷坤龙，简文星. 万州区红层软弱夹层蠕变试验研究. 岩土力学，2007，28（Supp.）.

[26] SINGH A，MITCHELL J K. General stress-strain-time function for soils，Soil Mech. Found. Div.，ASCE，1968，94（1）.

[27] 贾善坡. Boom Clay 泥岩渗流应力损伤耦合流变模型、参数反演与工程应用. 中国科学院研究生院（武汉岩土力学研究所），2009.

6 红层膏盐组分的溶蚀与腐蚀

红层膏盐组分是在红层形成时陆相咸化湖形成过程中沉积而成的蒸发岩和淡水碳酸岩。具有大量膏盐组分是西南红层一个重要特征。西南红层膏盐组分主要化学成分是硫酸盐、碳酸盐、氯盐、钙盐、镁盐等可溶盐类，主要矿物成分为石膏、芒硝、碳酸钙等。膏盐组分溶蚀和腐蚀对工程的影响主要集中在 3 个方面：① 红层岩石中的膏盐组分与其他矿物成分组合对岩石性质产生影响；② 在水的作用下，膏盐组分溶解、溶蚀导致岩石结构破坏、强度衰减；③ 膏盐组分及其环境水对混凝土、钢筋等建筑材料产生腐蚀。

膏盐组分对岩土工程的溶蚀腐蚀问题在工程建设中有重要意义。建筑、铁路、公路、水电等行业对此都有较为深入系统的研究，尤其强调含膏盐组分岩土及其环境水的腐蚀性对各类工程的重要影响。

6.1 红层膏盐组分溶蚀腐蚀现象与问题

6.1.1 溶蚀腐蚀现象

对达成铁路、成南高速等地的现场调查可以看出红层膏盐组分的存在和对工程的影响。典型的调查结果如图 6.1 所示：（a）为某边坡揭露的新鲜岩石中的石膏夹层；（b）为该边坡表面被淋蚀的岩石，可以看到岩石表面呈明显的蜂窝状，结构松散，强度低，用手即可将岩石表面抓碎；（c）是某公路路堤边坡挡墙排水孔中结晶析出的白色碳酸钙固体，该边坡挡墙表面的几十个排水孔均出现了类似的堵塞现象；（d）是某铁路隧道附近岩石边坡表面渗流结晶出的白色条带，经初步的现场调查，为芒硝和石膏。

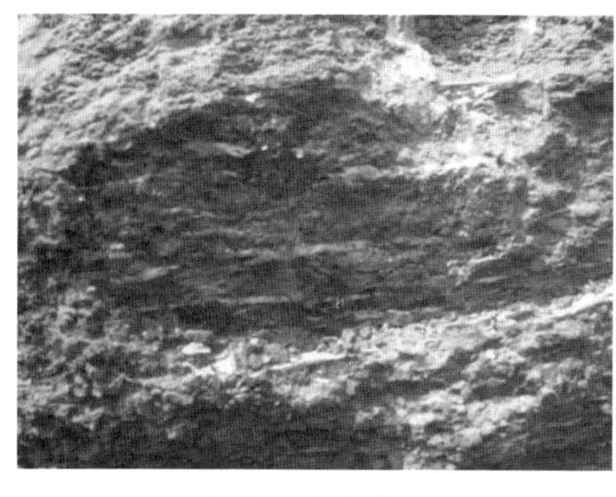

（a）石膏夹层

（b）被溶蚀岩石

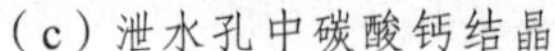

（c）泄水孔中碳酸钙结晶

（d）岩层中渗出的芒硝和石膏

图 6.1　溶蚀效应现场调查

在长期溶解、淋蚀、渗流等水的作用下，红层岩土中的石膏、芒硝、碳酸钙等易溶盐成分均出现了不同程度的流失、溶蚀现象。比如，由于长期的淋溶作用，边坡表面的石膏层被溶蚀殆尽，岩土呈中到强风化状态。

6.1.2　主要工程地质问题

在工程建设中，非常重视含膏盐红层腐蚀对工程的静态影响，建筑、铁路、公路、水电等行业对此都有较为深入系统的研究。对于浅层含有膏盐以及可溶盐的红层岩土对基础工程混凝土的腐蚀问题的研究文献较多，尤其强调了含膏红层岩土及其环境水的腐蚀性（硫酸盐、碳酸盐、氯盐、镁盐、一般酸性侵蚀等）对各类工程的重要影响。

成昆铁路西昌以南石膏菁至岳家村间长约 50 km 范围内，为白垩系落苴美组含膏红层区，共有 16 座隧道通过该区，其突出问题是含膏红层岩土体引起的混凝土结构腐蚀、膏盐膨胀变形等问题，其中的法拉隧道、黑井隧道发生铺底隆起开裂和边墙、拱脚混凝土腐蚀较为严重；四川省南充市西郊达成线土坝隧道，穿过含膏红层区，于 1996 年建成通车，2000 年就发现混凝土衬砌开始腐蚀，以后发展越来越严重，不得已采用钢拱架加固；川藏公路雅安金鸡关隧道穿越含膏红层岩体，其突出问题是含膏层的腐蚀与膨胀对隧道衬砌的破坏。

含膏红层对工程的动态腐蚀作用的文献较少，徐瑞春（2005）在文献中简要介绍了西班牙 Arlenzon 河谷 Burgos 地区桩基受到石膏建造的影响；德国黑森地区因防洪调节地下水遇到了深部岩盐岩溶导致坝体透水性显著的问题。制约工程的是有效的勘察技术及深部工程的防护处置技术等。

西北含膏红层区水电坝基工程的突出问题是含膏红层在地下水和地表水的径流作用下，持续溶解，导致可溶成分流失，尤其是石膏成分的流失，降低了岩土体强度，增强了环境水的腐蚀性和含膏红层岩土体的渗透性，促使坝基整体失稳破坏，尤其是深埋石膏的溶蚀条件和溶蚀速率问题，其主要措施是进行灌浆帷幕和防渗处理。

铁路工程对含膏红层中环境水侵蚀性的动态变化非常重视，尤其强调了勘察期间的水质分析没有或略具侵蚀性，然而在施工甚至是运营期间，腐蚀性显著增强的问题。据成昆铁路技术总结资料，巴格勒隧道在开挖初期干燥无水，但隔了一段时间后，出现较大面积呈潮湿状，成片状潮湿表明有地下水自拱部向右侧边墙运动。经试验潮湿处硫酸根离子高达 88 377.04 mg/L、氯离子高达 3 261.86 mg/L；六渡河隧道也有类似情况，坑道基本干燥，在出口附近有水渗出，渗出水的硫酸根离子高达 15 7440 mg/L，说明工程活动导致了地下水的动态变化，改变了初期的环境水的侵蚀性，应在施工和运营阶段进行监测分析。

水电工程也表达了类似的观点：施工扰动改变了场地局部地下水的径流条件，可能导致环境水的腐蚀性产生显著变化，在施工运营阶段应注意环境水的腐蚀性监测分析。

含膏红层对建筑基础工程存在的腐蚀性，在规范中一般通过勘察中的水化学分析进行腐蚀性评判，但该分析结果无法预测在不同施工环境下，含膏红层的水化学成分发展变化情况，及腐蚀性的发展规律。含膏红层的溶蚀特征是影响基础工程稳定性的主要问题，其中含膏红层在外界条件影响下的溶蚀发展规律，及在外部载荷下含膏红层溶蚀后的稳定性特征更加至关重要。

和含膏盐红层腐蚀的重视有所不同，有关膏盐溶蚀对工程的影响研究甚少，甚至在红层工程勘察设计中都没有相应的强制要求。实际上，不论是膏盐成分的溶出分散破坏原岩结构引起的岩土体工程性质恶化，还是析出的膏盐成分在地表结晶后堵塞泄水排水通道导致岩土体内水压升高带来的负面影响，在已建成的红层岩土工程中都很常见。

在前面所述达成铁路红层填料路堤挡墙泄水孔被重结晶的芒硝堵塞的调查中，发现部分路堤的破坏与堤内水压升高有密切关系。在成都西岭雪山隧道衬砌的长期破坏中，也揭示出隧道排水沟堵塞导致地下水积聚加速红层泥岩膨胀和高水压的双重作用。红层可溶成分溶蚀后留下的空间，更被部分研究者称为红层岩溶。在成都市天府新区一带基坑工程建设中，揭露出含膏红层地基中存在大量尺度不大的溶蚀孔洞，对基础工程稳定性构成潜在危害。

6.2 红层膏盐组分溶蚀试验

通过对红层岩土在酸性、中性和碱性环境水作用下的浸泡和渗流试验，研究红层岩土在环境水作用下的溶蚀变化规律。

6.2.1 浸泡试验

图 6.2 是红层岩土浸泡 6 个月后试验结果。蒸馏水浸泡试样表面变化不明显，硫酸水浸泡试样表面变化明显，岩石试样表面出现白色石膏硬壳，并有明显的鼓胀现象，土样表面细粒成分流失，颗粒松散，腐蚀厚度一般为 1 ~ 2 cm；碳酸水浸泡岩石试样表面有零星白色晶体，成分为碳酸钙，土样表面也出现细粒成分流失，结构松散现象，但不如硫酸水腐蚀严重。

试验结果表明：红层岩土在酸性环境水的浸泡下，化学效应显著；在碳酸水作用下，可以肉眼可以观察到化学效应现象；在蒸馏水作用下，化学效应不明显。

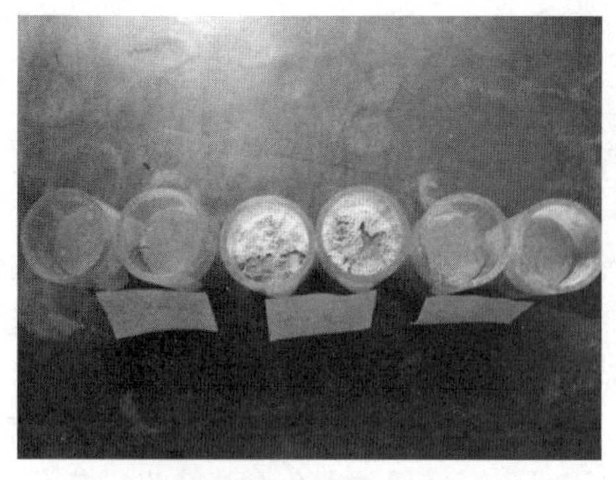

（a）岩样浸泡后试验结果

（b）土样浸泡后试验结果

图 6.2　红层岩土样浸泡试验

6.2.2　淋滤试验

淋滤装置如图 6.3（a）所示，上部为 3 种溶液，中间用医用胶管和输液管连接，下部用密封的容量瓶收集淋滤后溶液。试验准备了蒸馏水、硫酸水、碳酸水，间歇式淋滤每 15 天重复一次，累计 12 次，经历 6 个月的间歇式淋滤作用。

（a）淋滤试验装置

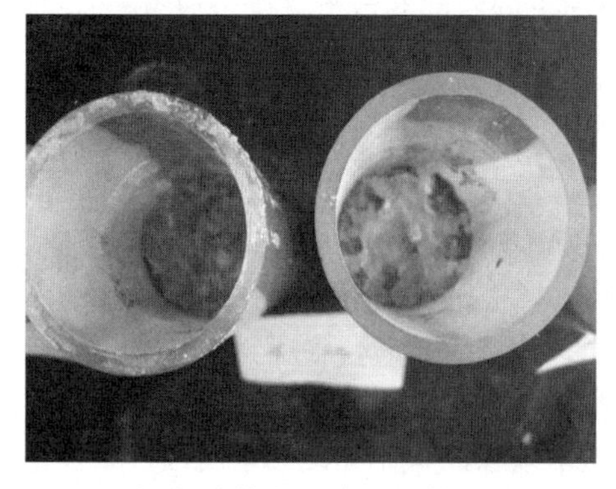

（b）酸性水淋滤后岩样

（c）酸性水淋滤后土样

图 6.3　淋滤试验

图 6.3（b）和图 6.3（c）分别是酸性水淋滤后的岩石和重塑土样，蒸馏水和碳酸水的淋滤效果，肉眼观察不明显。试验结果表明，红层岩土试样的腐蚀仅在表面进行，内部腐蚀微弱。试验重现了红层岩土试样在酸性水淋滤下，表面出现明显化学腐蚀的现象，再次说明红层岩土在酸性环境水作用下，化学效应的显著性。

6.2.3 pH 值测试

pH 值是岩土体化学性质特别是盐基状况的综合反映，它对岩土体的化学稳定性有着较大的影响。岩土体 pH 值的重要特点是易变性较大，由于工程活动的改造，可能会导致局部范围内岩土体酸碱度的变化，从而产生可以改变岩土体工程性能的化学变化。

pH 值代表与岩土体达到平衡状态时，岩土体中水溶液所含有的氢离子浓度（mol/L）倒数的对数值。岩土体的酸性强度既与岩土体中的固体物质有关，又与交换性阳离子的组成有关。因为 pH 值是离子在固相和液相之间平衡状况的综合表现，还受含水量的影响。

试验及相关研究资料表明，试验红层岩土体 pH 值多数介于 7 ~ 9，总体偏碱性。因此在红层地区应注意酸性环境水对红层岩土体的腐蚀和影响。尤其是在可以提供酸根离子的石膏、芒硝等含盐地层，以及工程施工、运营期间可能产生的酸性物质对岩土体的影响。成昆铁路、大双公路的实践表明，施工前水质分析结果显示无侵蚀性的地下水，施工后可能会发生变化而具有酸性对红层岩土体产生腐蚀。因此应注意施工过程中的水质检测和分析。

1. pH 值试验测定

岩土体 pH 值的试验测定一般用 1∶5 的土水比例测定。日本土工试验规程中建议土水比例为 1∶3。本次试验采用土水比例 1∶5 测定岩土体的 pH 值。pH 值测定方法有电测法和比色法等，本次试验采用电测法。该方法的基本原理是通过测定试液与电极之间产生电位差并将其转换为相应 pH 值。

2. 淋滤试验 pH 值分析

试验结果表明（如图 6.4 所示）：环境水对红层岩土体淋滤后 pH 值影响剧烈。硫酸水在淋滤岩土试样后 pH 值从 1.09 增加到 6.98 和 8.06，增加幅度分别为 5.89 和 6.97。说明酸性环境水对红层岩土体的化学影响较强。比较而言蒸馏水淋滤岩土试样后，pH 值增加 0.88，略小于 1；碳酸水淋滤红层岩土试样后，淋滤岩样的水样 pH 值增加仅为 0.24，淋滤土样后水样的 pH 值略有降低，约为 0.68。说明蒸馏水和碳酸水对红层岩土体的化学影响相对较弱。

比较而言，红层岩土体受酸性环境水的影响较大，对酸性环境水的反应比较敏感。受硫酸水淋滤岩石试样 pH 值降低了 1.24，约为初始试样的 14%；受硫酸水淋滤土样 pH 值降低了 1.26，约为初始试样的 15%。受蒸馏水和碳酸水淋滤岩土试样 pH 降低幅度在 0.4 到 0.83 之间，一般为初始试样的 5% ~ 10%。

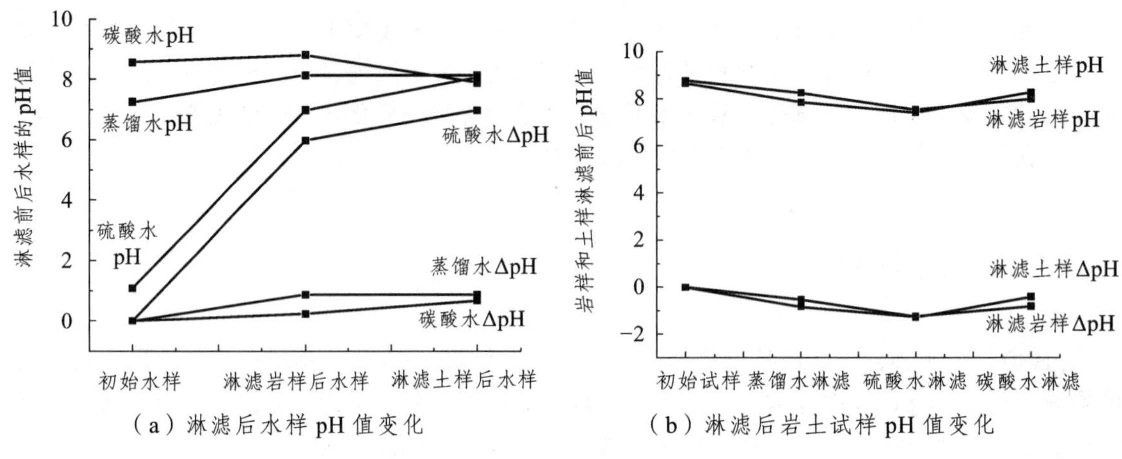

图 6.4　淋滤试验 pH 值变化

3. 浸泡试验 pH 值分析

试验结果表明（如图 6.5 所示），不同溶液浸泡红层岩土试样后，pH 值变化明显。相对而言，酸性环境水对红层岩土的化学影响要大，pH 值降低幅度达 9.3%～21%，而蒸馏水和碳酸水对红层岩土的影响略小一些，pH 值降低幅度仅为 2.6%～10%。

浸泡红层岩土试样后水样 pH 值变化差异较大，其中硫酸水浸泡和蒸馏水浸泡试样 pH 值增加，硫酸水浸泡后水样仍在强酸性范围内，pH 值为 1.8～2，变化幅度为 0.71～0.91；蒸馏水浸泡试样后水样 pH 值向碱性方向发展，为 8.06～8.07，变化幅度为 0.81～0.82。碳酸水浸泡试样 pH 值变化幅度仅为 0.05～0.02，可以认为试样在浸泡前后 pH 没有变化。

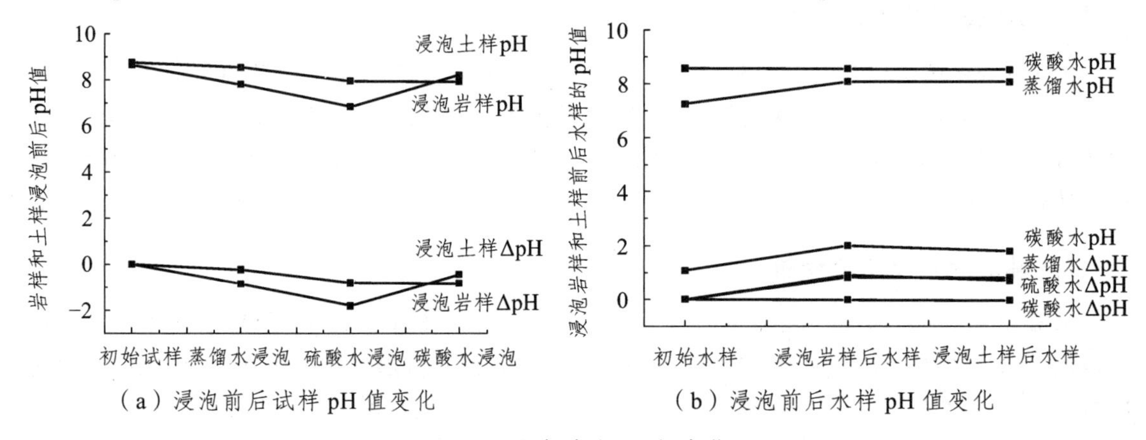

图 6.5　浸泡试验 pH 值变化

4. 岩土 pH 值在化学稳定性评价中的应用问题

pH 值是岩土体酸碱性的度量，是岩土体内部化学成分各类性能的综合反映。通过测量岩土体的 pH 值可以判定岩土体的酸碱性及其化学稳定性。测量地下水通过岩土体前后地下水 pH 值的变化，可以判断地下水的化学稳定性，同时也可以判断岩土体中可溶成分在地下水作用下的稳定性。根据红层岩土体及其地下水 pH 值的变化幅度可以初步判断在岩土体的化学稳定性、化学损伤程度。

通过测定岩土体的 pH 值，可以确定岩土体的酸碱度，从而决定混凝土材料的适用性。尽可能减小二者之间的化学反应。

对比试验前后岩样和水样 pH 值的变化，由于溶液对红层岩土体的化学作用，岩样和水样 pH 值的变化明显，说明从 pH 值的角度看，红层岩土体已经有成分损失，作用前后 pH 值变化明显。可以用 pH 值的变化监测红层岩土体及其环境水的变化程度，为工程设计和施工提供参考。

根据试验结果综合分析，初步提出以下建议值：根据工程条件分别测定施工前后岩土体 pH 值，根据前后两次 pH 值的变化情况，初步判断红层岩土体的化学稳定性。

ΔpH > 0.5 时岩土体化学稳定性弱；ΔpH 值介于 0.5 ~ 0.1 时，岩土体化学稳定性中等；ΔpH < 0.1 时，岩土体化学稳定性强。pH 值≥8 或 pH 值≤6 时，红层岩土体的化学活动性较强，6 < pH 值 < 8 时，用不同时间岩土体 pH 值的变化来判断岩土体的化学稳定性。

需要说明的是，pH 值随环境变化敏感，应根据需要多次测量才可确定测试结果；pH 是岩土体化学性能变化的综合度量，仅表征岩土体随着工程环境条件的变化而产生的酸碱度变化，可以作为工程分析的概略参考，深入分析还需要参考其他测试结果。

6.2.4 电导率测试

土壤中可溶盐分是强电解质，此电解质在水溶液中成带电离子，因此溶液具有导电作用，其导电能力的强弱称为电导度。电导仪所测定的就是溶液的电导度。先用重量法测定可溶盐分总量，同时再测定该样品的电导率，然后按照不同盐分类型分类，用数理统计法绘制岩土体中可溶盐分总量与电导率的关系曲线。测定时依据溶液的电导率即可查出待测溶液的含盐总量。

1. 电导率的测定

采用土水比例 1∶5 测定岩土的电导率值，将配置好的试样上清液置于小烧杯中，用少量待测溶液清洗电导电极 2 ~ 3 次，然后将电极插入溶液中，待指针稳定时读数，进行计算即可。如图 6.6 所示，该试验操作简单，便于野外试验。

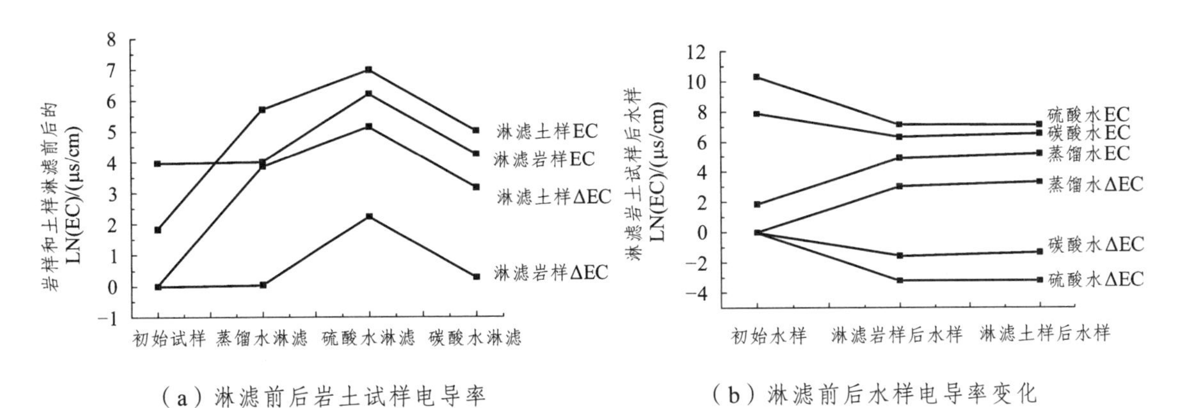

（a）淋滤前后岩土试样电导率　　（b）淋滤前后水样电导率变化

图 6.6 淋滤试验电导率变化

2. 淋滤试验电导率分析

试验结果表明：经淋滤作用后，红层岩土试样电导率变化差异明显。硫酸水淋滤试样的电导率，岩石达到 500 μs/cm，是初始试样的 10 倍左右，而土样的电导率达到 1 075 μs/cm，是初始试样的 170 倍，淋滤前后电导率变化显著，说明红层岩土体受酸性环境水的影响较大。相较而言，蒸馏水淋滤和碳酸水淋滤后，岩土试样电导率变化有明显差异。岩石的电导率变化较小，而土样的电导率变化幅度较大，蒸馏水淋滤后土样电导率变为 300 μs/cm，为初始值的 50 倍，碳酸水淋滤后土样电导率变为 150 μs/cm，为初始值的 25 倍，说明碱性的红层填料在蒸馏水的淋滤作用下，化学变化更显著。

淋滤红层岩土试样后，水样电导率的变化更加明显，硫酸水淋滤后水样电导率降低为初始水样的 4%，而蒸馏水水样电导率增加了 21 ~ 28 倍，碳酸水水样电导率减小为初始水样的 21% ~ 27%。说明在不同环境水的作用下，红层岩土体电导率表现出不同的变化规律。

3. 浸泡试验电导率分析

浸泡后岩土试样电导率明显增加，比较而言，酸性环境水浸泡后岩土试样变化幅度较大，岩样电导率增大为初始试样的 3.64 倍，土样增大为初始试样的 71.43 倍，土样电导率变化大于岩样电导率变化约 20 倍（如图 6.7 所示）。碳酸水浸泡后，岩石试样电导率增大为 135 μs/cm，为初始试样的 2.45 倍，土样电导率增大为 400 μs/cm，是初始土样的 57.14 倍。蒸馏水浸泡后，岩石试样电导率仅增大 1.18 倍，而土样增大 10.71 倍，变化较明显。

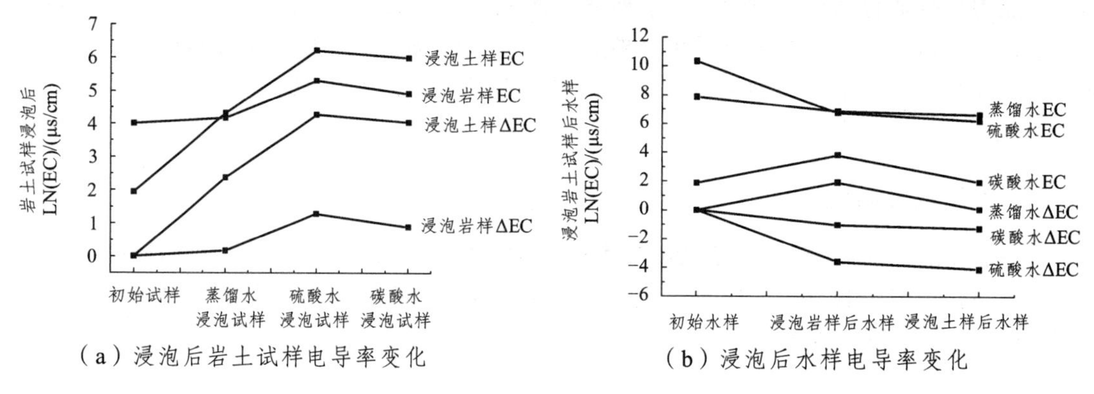

图 6.7　浸泡试验电导率变化

浸泡岩土试样后水样电导率变化明显。硫酸水水样电导率减小为初始电导率的 2% ~ 3%，变化幅度接近；碳酸水水样电导率减小为初始水样的 29% ~ 36%，浸泡岩样水样变化幅度小于土样；蒸馏水水样电导率变化幅度较大，岩样电导率增加到 6.93 倍，土样电导率增加到 1.08 倍。

4. 硫酸浓度对电导率的影响

通过试验资料分析，红层岩土体试样电导率、总矿化度随硫酸浓度变化关系如图 6.8 所示。随着硫酸溶液浓度的增加，岩样和土样电导率和总矿化度都呈逐渐上升的趋势，一方面说明硫酸腐蚀程度的加剧，另一方面也表明电导率作为岩土工程性能变化指示剂的可能性。

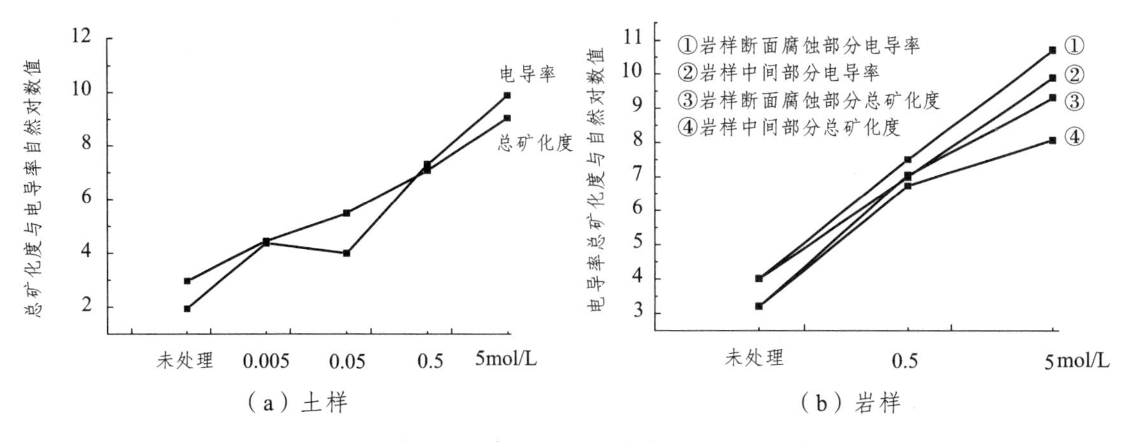

（a）土样　　（b）岩样

图 6.8　试样电导率与总矿化度随硫酸浓度的变化

5. 岩土电导率在化学稳定性评价中的应用问题

电导率是溶液导电性能的度量，电导率的大小和溶液中可溶性成分的多少等因素有关。土壤学方面的研究表明，电导率与土壤中可溶性成分相关性较好，可以用电导率来表征土壤中可溶性固体含量的多少。通过测量岩土体电导率的变化，来分析岩土体经化学侵蚀后可能遭受的损坏程度。尤其是工程施工前后岩土体电导率的变化能充分说明，工程扰动对岩土体化学稳定性的影响程度。

铁道第一勘测设计院（1995）对盐渍土电导率与总含盐量的关系进行了研究，得到了总含盐量与电导率的关系曲线；中国科学院南京土壤研究所（1984）提出了土壤可溶盐总量与电导率的经验公式与关系曲线。证明岩土体试样可溶盐总量与电导率相关关系较好，并给出了相关关系曲线。

拟合分析表明（如图 6.9 所示），不论岩样还是土样，电导率与总矿化度关系有较好的线性相关性。说明用电导率来指示红层岩土中可溶盐的变化是可行的。由于电导率测试方法简单，便于野外测量，可以作为岩土工程中长期观测指标，用来指示红层岩土中水的化学作用的变化程度和变化规律。

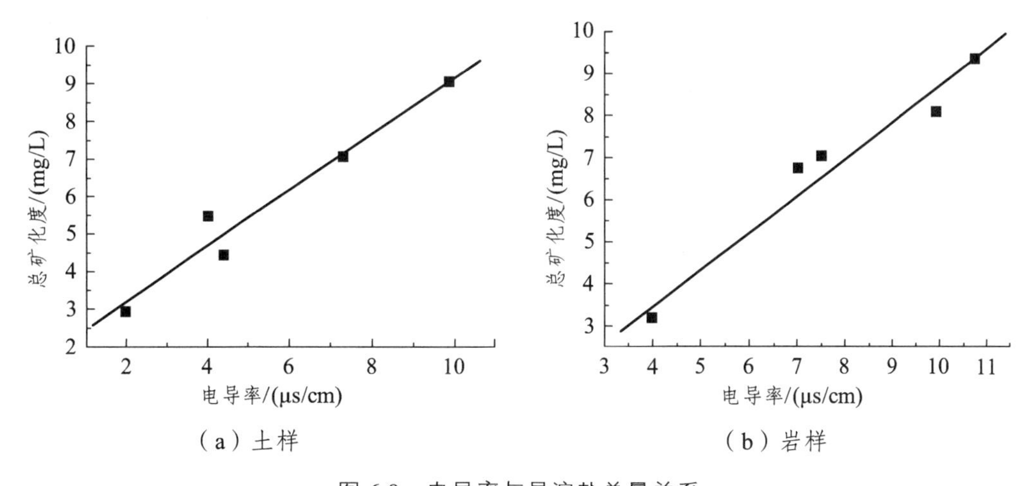

（a）土样　　（b）岩样

图 6.9　电导率与易溶盐总量关系

综合各项研究成果，初步提出根据电导率的变化来判断红层岩土体化学稳定性的建议值：

首先根据电导率的实测值初步判断，EC≥1 000 μs/cm，认为岩土体的化学稳定性较差，可溶盐含量较高；EC < 1 000 μs/cm，认为红层岩土体的化学稳定性较强。然后再根据电导率的变化情况进一步判断。

ΔEC < 100 μs/cm，初步判定红层岩土体化学稳定性强；ΔEC > 500 μs/cm 初步判定红层岩土体化学稳定性弱；100 μs/cm≤ΔEC≤500 μs/cm，初步判定红层岩土体化学稳定性中等。

需要说明的是，电导率是岩土体化学性能的综合反映，得出的判断结果只是初步判断，深入分析还需要其他详细的测试结果。

6.2.5 可溶成分测试

红层岩土是经历地质过程而形成的地质体，其矿物成分、化学成分均和其形成环境、形成过程有关，同时也是红层岩土工程性能的物质基础。在工程活动的过程中，工程地质条件的变化，尤其是水介质的参与，将会导致红层岩土中的成分发生变化，导致结构变化、密度损失、孔隙增大、粒度变小、分散性增强等严重影响红层岩土工程性能的现象产生。在工程实践中，岩土物质成分分析得到了重视，但试验数据的工程应用还可以深入挖掘。鉴于此，通过大量的试验研究，确定红层岩土中关键物质成分主要有易流失的化学成分、易溶盐含量、石膏含量、碳酸钙含量，作为红层岩土中水的化学作用程度的综合判别指标（见表 6.1）。

表 6.1 常见强、中、难溶解性盐类矿物在水中的溶解度（20 °C）

序号	矿物名称	分子式	相对密度	溶解度 /（g/L）	溶解度分级
1	方解石	$CaCO_3$	2.72（23 °C）	0.016	难溶性
2	文 石	$CaCO_3$	2.947	0.0174	难溶性
3	白云石	$Ca\cdot Mg(CO_3)_2$	2.85 ± 0.01	0.214	难溶性
4	方解石	$CaCO_3$	2.72（23 °C）	0.250（$CO_2$35 mg/L） 0.325（$CO_2$103 mg/L） 0.455（$CO_2$199 mg/L）	难溶性
5	石 膏	$CaSO_4\cdot 2H_2O$	2.3 ~ 2.4	2.00	中溶性
6	硬石膏	$CaSO_4$	2.9 ~ 3.0	2.016（18 °C）	中溶性
7	芒 硝	$Na_2SO_4\cdot 10H_2O$	1.48	448.0	强溶性
8	无水芒硝	Na_2SO_4	2.68	398（40 °C）	强溶性
9	钙芒硝	$Na_2SO_4\cdot CaSO_4$	2.70 ~ 2.85	不一致溶解	强溶性
10	泻利盐	$MgSO_4\cdot 7H_2O$	1.75	262	强溶性
11	六水泻利	$MgSO_4\cdot 6H_2O$	1.75	308	强溶性
12	铁明矾	$Fe^{2+}\cdot Al_2(SO_4)_4\cdot 22H_2O$	1.89 ~ 1.95	712 ~ 736（30 °C）	强溶性
13	石 盐	$NaCl$	2.1 ~ 2.2	263.9	强溶性
14	氯镁石	$MgCl_2$		353.0	强溶性
15	钾石盐	KCl	1.9	340.0	强溶性

注：此表由中国科学院地质、地球物理研究所地质工程中心整理。

1. 易流失的化学成分

常规的化学成分分析，给出组成岩土的化学氧化物的质量百分含量，利用其中的化学组合及其平衡原理，分析可能存在的矿物成分、化学成分。由此判断该成分在水介质中的化学活动性及其可能产生的工程地质问题。如酸性水作用下混凝土、岩土体的腐蚀问题，钙质成分流失导致膨胀性增强问题，膏岩地层膨胀、腐蚀问题等。通过对比研究，确定红层岩土化学成分中的关键成分是流失速度较快的钙质成分和钾钠成分等。

经酸性溶液处理后，红层粉末中碳酸钙成分损失较大：遂宁组泥岩从 11.23% 减少到 0.75%；合川粉砂岩从 11.73% 减小至 1.29%；西岭雪山隧道 6 号钻孔泥岩从 20.86% 减小到 1.26%；西岭雪山隧道 10 号钻孔泥岩从 19.68% 减小到 3.21%。自由膨胀率呈明显的增加趋势。钙质成分变化特征如图 6.10 所示。

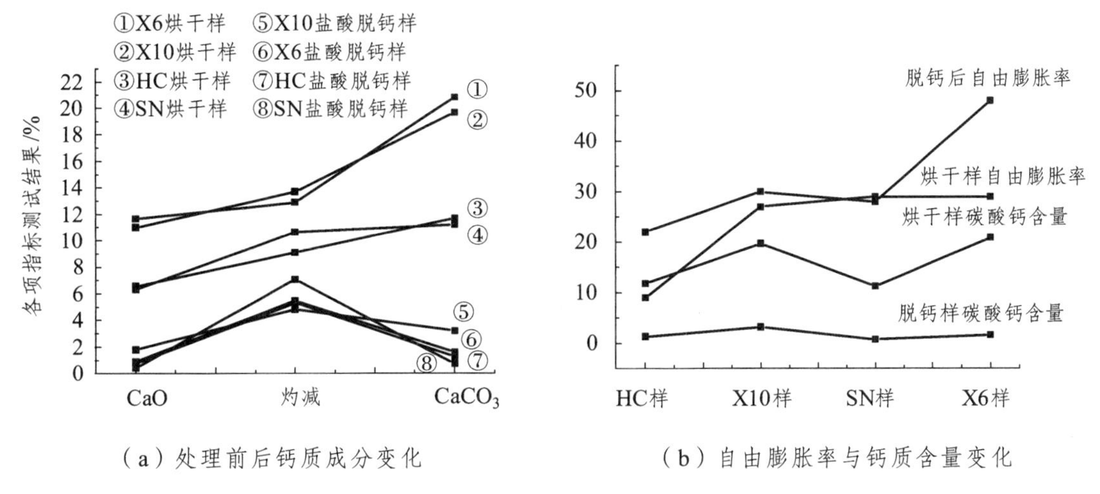

（a）处理前后钙质成分变化　　（b）自由膨胀率与钙质含量变化

图 6.10　钙质成分变化特征

红层中钾钠成分的流失可参见第 3.1.2 节。根据化学分析结果的变化，分析流失速度比较快的化学成分作为分析对象，研究其流失程度对岩土工程性能的影响。通过试验研究表明，钙质成分的流失导致岩土结构连接损失，分散性增加，结构强度降低，对红层岩土中钙质成分的流失问题应引起重视，可以将钙质成分最为红层岩土化学效应的关键成分之一。

2. 易溶盐含量

易溶盐是岩土中受水的影响容易流失的成分，如芒硝、岩盐等，一方面可以通过电导率判断岩土体中易溶盐总量、总矿化度，另一方面可以通过化学分析岩土体中氧化物成分含量的多少变化来详细评价岩土可能的化学损失。同时通过可溶性成分的单独分析，判断在水介质中这些化学成分可能对红层岩土体及混凝土产生的破坏类型及程度。

1）室内淋滤与浸泡试验易溶盐分析

通过试验证明（如图 6.11 所示），红层岩土体在不同环境水作用下，有不同程度的成分流失。不同环境水对红层岩土体可溶成分的影响是不同的，酸性环境水对红层岩土体的影响较大。

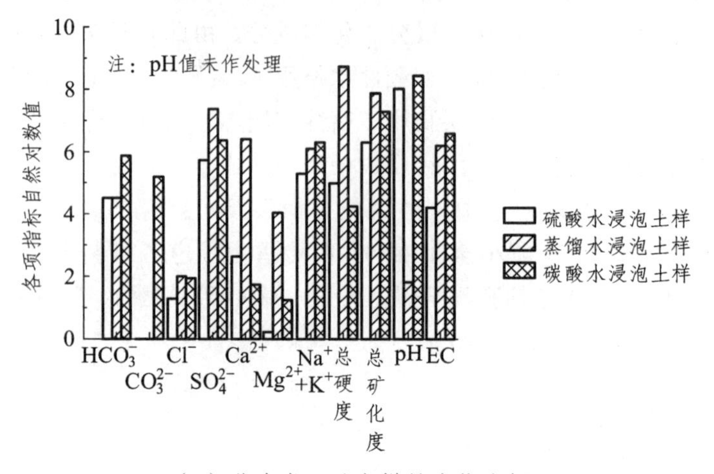

（a）淋滤岩石后水样易溶盐分析

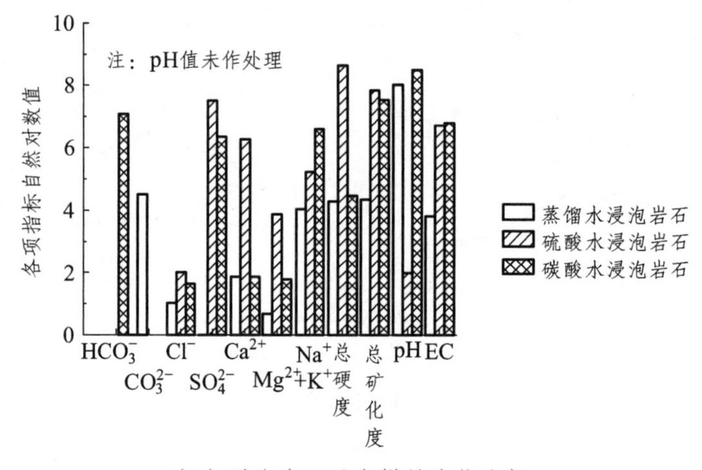

（b）浸泡岩石后水样易溶盐分析

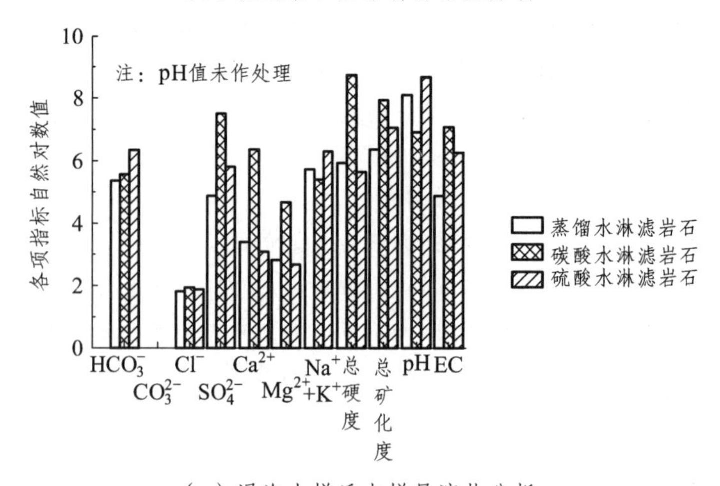

（c）浸泡土样后水样易溶盐分析

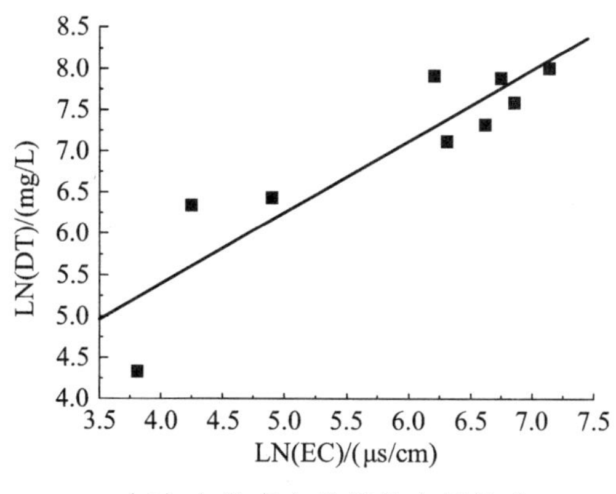

（d）电导率与易溶盐之间关系

图 6.11 环境水对红层岩土易溶盐影响

2）不同浓度硫酸溶液浸泡试样易溶盐分析

试验数据表明（如图 6.12 所示）：随着硫酸溶液浓度的增加对红层岩土体的腐蚀程度也逐渐加剧。相对于未用硫酸溶液浸泡岩土试样，红层岩土易溶盐分明显增加。这说明红层岩土体在酸性环境水作用下化学稳定性将会明显降低。

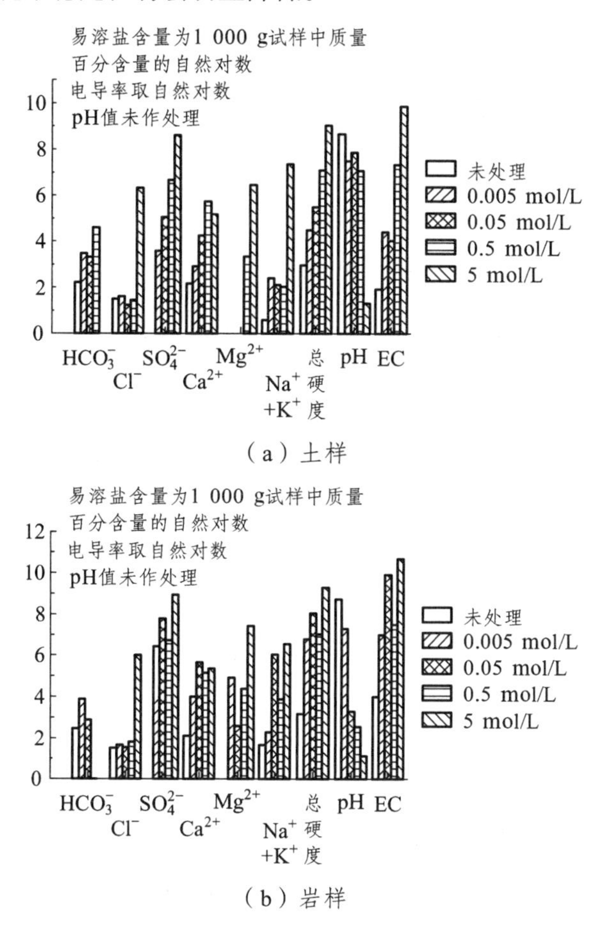

（a）土样

（b）岩样

图 6.12 不同浓度硫酸浸泡后试样易溶盐变化

3. 芒硝含量

根据成昆铁路技术总结委员会（1980）对成昆线的试验数据分析（如图 6.13 所示），随着芒硝含量的增加，红层岩土体的膨胀性呈现增加的趋势，但规律性不明显。粉砂质泥岩中随着芒硝含量的增加，膨胀性逐渐增强，在 2% 左右时，粉砂质泥岩膨胀性有一个突变，膨胀力从 12 ~ 18 kPa 增至 100 kPa 以上，膨胀量从 1% 左右增至 60% 以上，可以认为 2% 为粉砂岩膨胀性变化的临界点。泥质粉砂岩的膨胀性也呈现增加的趋势，但不如粉砂质泥岩的变化显著。泥岩的膨胀性随芒硝含量的增加却出现了减小的趋势，由于试验数据量较小，所得结果还有待深入研究。

随着芒硝含量的增加，红层填料的抗剪强度逐渐降低，黏聚力降低幅度较大，从 70 kPa 减小到 35 kPa，降低了约 50%；而内摩擦角降低幅度较小，从 18° 减小到 10°，降低了约 44%。

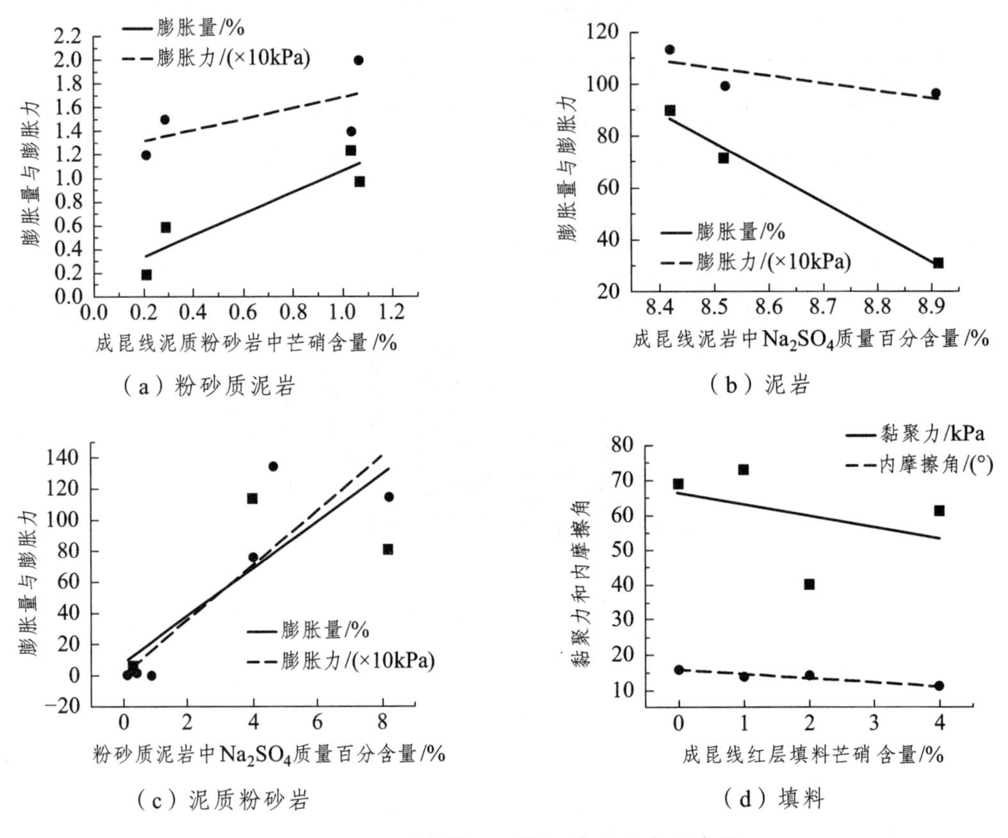

图 6.13　不同试样工程性能随芒硝含量变化

4. 石膏含量

成昆线的试验数据分析（如图 6.14 所示）表明（成昆铁路技术总结委员会，1980），红层岩土体随着石膏含量的增加，膨胀性呈现折线形变化，在 25% 到 40% 之间，膨胀性出现一个峰值，然后又出现下降的趋势。

随着石膏含量增加，红层填料抗剪强度逐渐增加，黏聚力从 28 kPa 增加到 37 kPa，内摩擦角从 24° 增加到 35°，但试验数据仅有 2 组，还有待积累和加强。

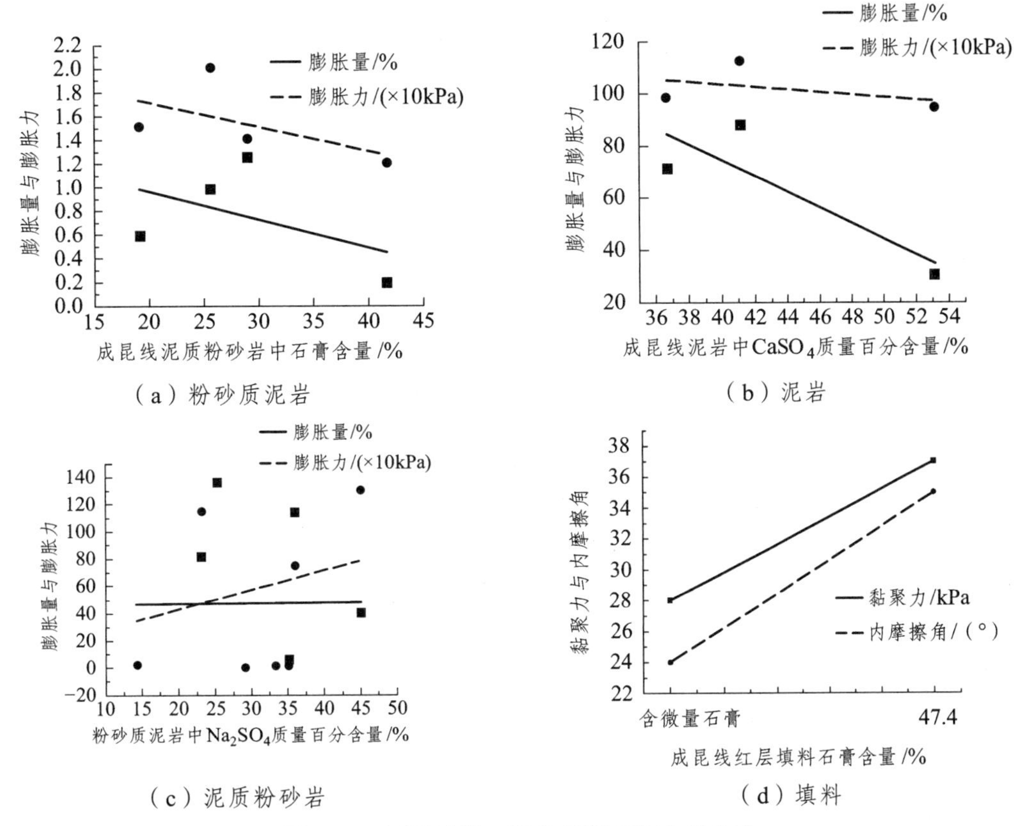

图 6.14 不同试样工程性能随石膏含量变化

5. 碳酸钙含量

脱钙后红层泥岩、粉砂岩自由膨胀率有明显增加的趋势，如：合川粉砂岩自由膨胀率从9%增加至22%，增加幅度约为144%；西岭雪山隧道6号钻孔泥岩自由膨胀率从28%增加至48%，增加幅度约为71%。这说明钙质胶结物对红层岩土体有明显的胶结作用，失去钙质胶结物，红层岩土体膨胀性将会有逐渐增加的趋势。

红层填料在酸性水的作用下钙质成分流失，膨胀性增加（见表6.2），可能会引起路面鼓胀、变形、边墙开裂；红层边坡岩体钙质成分的流失，膨胀性增加，可能会引起坡面防护设备变形、开裂；红层隧道红层岩体钙质成分流失，可能会导致隧道边墙、底板鼓胀、变形、开裂。

表 6.2 不同地点泥岩试样的自由膨胀率 %

项　目	烘干样自由膨胀率	脱钙后自由膨胀率	脱钙样碳酸钙含量	烘干样碳酸钙含量
HC 样	9	22	1.29	11.73
X10 样	27	30	3.21	19.68
SN 样	29	28	0.75	11.23
X6 样	29	48	1.61	20.86

综合相关研究结果，红层岩土中碳酸钙含量一般在10%以上，钙质成分流失后，膨胀性增加48%～71%，因此暂时建议将10%作为碳酸钙作为关键物质成分指标，进行化学作用程度的判断标准。

6.3 红层膏盐组分溶蚀机理与影响因素

6.3.1 溶蚀影响因素

红层岩石的物质组成、物理化学性质、环境水的性质以及当地的气候温度等是影响红层岩石溶蚀的主要因素。

6.3.2 溶蚀机理

溶蚀效应是由于在水的作用下，尤其是在酸性水的作用下，红层岩土中的可溶成分逐渐流失，破坏岩土结构，连接强度损失，岩土完整性丧失。同时也和可溶成分的溶解度及其与环境的关系有关，大部分可溶盐的溶解度随温度和压力的升高而增加，有利于溶解的发生。而碳酸钙却表现出相反的特性，它的溶解度随着温度的升高而降低，所以会在岩土内部溶解，流到表面时温度升高，溶解度降低，逐渐结晶析出，而堵塞排水孔等排水设施，引起岩土内部孔隙水压力升高，产生渗流压力。

碳酸钙与溶有二氧化碳的水反应：

$$CaCO_3 + CO_2 + H_2O \longrightarrow Ca(HCO_3)_2$$

在一定的温度下，随着二氧化碳分压的增高，碳酸钙在水中的溶解度增加。在二氧化碳分压不变的条件下，碳酸钙的溶解度随着温度的增加而减小（中国科学院地质研究所岩溶研究组，1979），见表 6.3。

表 6.3 正常大气压 CO_2 分压范围内各种温度下 $CaCO_3$ 溶解度

温 度/°C	$CaCO_3$ 溶解度 /（mg/L）	
	CO_2 分压（大气压）	
	0.000 33	0.000 44
0	96	106
5	86	94
10	75	83
15	67	74
17	63	70
20	59	65
25	54	59
29	49	54

6.3.3 溶蚀过程

红层岩土溶蚀过程可以分为赋存环境改变、环境水与红层岩土相互作用、环境水的运动性、红层岩土溶蚀现象的出现四个阶段。

1. **赋存环境的改变**

由于自然或工程扰动，含膏红层岩土原有的平衡条件被破坏，如岩石暴露地表、地下水径流条件改变等，使得红层岩土有了与环境水进一步相互接触和作用的客观条件。

在工程勘察阶段的水质分析和岩土化学分析仅仅提供了工程施工前的初始状态，对工程扰动对溶蚀作用的影响作用重视不足，仅仅根据勘察结果做出溶蚀或腐蚀性的评价，可能导致施工、运营阶段化学溶蚀腐蚀作用的发生。应对施工扰动带来的可能变化进行充分的估计，在设计阶段采取必要的防治措施。

2. **环境水与红层岩土相互作用**

红层岩土中的化学成分与环境水接触后，发生微观的物理化学作用，尤其是其中的可溶成分与酸性环境水的化学溶蚀作用最为突出。然而，由于化学作用的隐蔽性，在初期并不会出现明显的宏观现象。

只能通过化学分析测试技术进行监测或检测，根据获得的分析结果进行判断，以便采取针对性的防治措施。正是化学溶蚀的隐蔽性，导致红层岩土工程中对化学溶蚀问题的忽视或忽略，导致后期工程问题的出现。

3. **环境水的运动性**

环境水的持续变化和流动性，使得红层岩土与环境水之间的物理化学反应得以持续进行，不能达到稳定和平衡。溶蚀作用的持续性，使得红层岩土的中的可溶成分不断流失和变化。对于具有化学溶蚀腐蚀可能的工程，应在施工阶段进行针对性的监测或检测，指导工程施工。

4. **红层岩土的宏观溶蚀现象出现**

随着溶蚀过程的持续进行，红层岩土成分、结构的微观变化积累到一定阶段，在宏观上开始表现出来，可以通过肉眼直接观察到。此时，红层岩石的溶蚀破坏已经发生，岩石红层性能降低或丧失，需要采取必要的工程措施进行治理。

6.4　红层膏盐组分溶蚀的评价

红层膏盐组分溶蚀性评价的主要参数包括测试岩土体的 pH 值、电导率、碳酸钙、芒硝、石膏等物质成分含量等。

pH 值和电导率测试方法简单，仪器简便，可以在野外应用，通过初步判断得出对红层岩土化学效应的基本认识，并注意勘查、设计、施工、维护阶段的对比分析，可以方便地发现红层岩土在工程活动中的化学性能的基本变化特征。

关键物质成分的确定，需要在常规化学成分、易溶盐、中溶盐、难溶盐分析的基础上，对比不同工程阶段物质成分含量及其变化速度，确定影响工程性能的关键物质成分，采取针对性措施。

红层岩土中水的溶蚀作用程度判别指标的分析方法建议见表 6.4。限于条件，该评价方法还需要工程实践反复检验，各类判别指标取值较粗略，还需要积累大量试验资料予以完善。

表 6.4　红层膏盐组分溶蚀性评价建议表

判别指标	溶蚀性评价			适用条件
	弱	中	强	
pH	ΔpH>0.5	0.1≤ΔpH≤0.5	ΔpH<0.1	pH、EC 仅为红层岩土体工程性能变化指示剂，需结合其他数据综合分析
	pH≥8 或 pH≤6		6<pH<8	
EC /（μs/cm）	ΔEC>500	100≤ΔpH≤500	ΔEC<100	
	EC≥1 000		EC<1 000	
碳酸钙质量百分含量	碳酸钙含量≥10%		碳酸钙含量<10%	钙质含量较高的红层岩土体
芒硝质量百分含量	芒硝含量≥2%		芒硝含量<2%	试验分析数据限于成昆铁路
石膏质量百分含量	对于富含石膏夹层红层岩土体，应进行专门研究			蒸发盐发育地区

根据红层膏盐组分及其环境水的化学分析与测试，可以根据测试结果，对红层膏盐组分工程地质条件进行溶蚀性的工程评价（见表 6.5）。

表 6.5　红层膏盐组分溶蚀性评价方法的工程应用

特征	弱	强
基本特征	岩土体 pH≥8 或 pH≤6，电导率大于 1 000 μs/cm，对环境水变化敏感，ΔpH>0.5，ΔEC≥500 μs/cm，可溶盐含量较高。钙质胶结物含量可能大于 10%。在蒸发岩发育地区，可能富含石膏或芒硝等对红层岩土体工程性能有较大影响的矿物成分	岩土体 6≤pH≤8，电导率小于 1 000 μs/cm，对环境水变化不敏感，ΔpH<0.1，ΔEC<100 μs/cm，可溶成分含量相对较低。钙质胶结物含量一般不大于 10%。在蒸发岩发育地区，可能含有石膏或芒硝等对红层岩土体工程性能有较大影响的矿物成分，应进行专门研究
工程地质评价	岩土体呈明显碱性，化学活动性强，可溶盐含量较高，对环境变化敏感，在环境水的作用下，容易溶蚀流失，破坏表层岩土体的结构构造，进而改变局部环境水的酸碱性质，引起工程材料的腐蚀或破坏。尤其是在工程活动中，容易引起表层岩土体化学性能的改变，导致岩土体表层腐蚀，强度降低，变化缓慢，具有一定的隐蔽性。对于钙质含量较高的岩土体，当碳酸钙含量≥10% 时，容易受酸性环境水的溶蚀流失，使岩土体膨胀性增强。在蒸发岩发育地区，应注意芒硝、石膏含量变化对红层岩土体膨胀性、力学性能的影响	岩土体酸碱度在中性附近变化，可溶盐容易随着环境水的影响而溶蚀流失，改变红层岩土体表层岩土体的结构和强度。在工程活动中，变化缓慢，隐蔽性强，但随着时间的积累，化学问题会变得突出。在蒸发岩发育地区，应注意芒硝、石膏含量变化对红层岩土体膨胀性、力学性能的影响
工程地质问题	在施工中应检测地下水、地表水 pH、EC 的变化，控制工程活动对水质的破坏和影响，避免水质变化对岩土体及工程材料的腐蚀破坏。红层岩土体总体偏碱性，应注意酸性环境水对岩土体的腐蚀破坏作用。对钙质含量高的红层岩土体，应注意分析钙质流失对膨胀性的影响以及对排水设施的影响。在蒸发岩发育地区，应进行详细调查，对富含石膏、芒硝等含盐地层应进行专门研究。注意芒硝、石膏含量变化对红层岩土体膨胀性、力学性能的影响	在施工中注意水质变化对岩土体的溶蚀和破坏作用。在蒸发岩发育地区，应注意芒硝、石膏含量变化对红层岩土体膨胀性、力学性能的影响

6.5 红层膏盐组分腐蚀性评价

在各类工程地质勘察、设计、施工规范中，均建立了岩土体及其环境水的腐蚀性评价标准，红层膏盐组分的腐蚀性可按照各类规范中的评价标准执行。含膏盐组分岩土腐蚀性的评价，以氯离子、硫酸根离子作为主要腐蚀离子；对混凝土，镁离子、氨离子、水的酸碱度等也对腐蚀性有重要影响，也应作为评价指标。含膏盐组分岩土腐蚀性的评价，可以参考《岩土工程勘察规范》(GB 50021—2001)，对地下水或岩土中的含盐量按表 6.6 进行评价。

表 6.6 含膏盐组分岩土腐蚀性评价

介质	离子种类	埋置条件	指标值	钢筋混凝土	素混凝土	砖砌体
地下水中盐离子含量/(mg/L)	SO_4^{2-}		>4 000	强	强	强
			1 000~4 000	中	中	中
			250~1 000	弱	弱	弱
			≤250	无	无	无
	Cl^-	间浸	>5 000	强	中	中
			500~5 000	中	弱	弱
			≤500	弱	无	无
		全浸	>20 000	强	弱	弱
			5 000~20 000	中	弱	弱
			500~5 000	弱	无	无
			≤500	无	无	无
	NH_4^+		>1 000	强	强	强
			500~1 000	中	中	中
			100~500	弱	弱	弱
			≤100	无	无	无
	Mg^{2+}		>4 000	强	强	强
			2 000~4 000	中	中	中
			1 000~2 000	弱	弱	弱
			≤1 000	无	无	无

续表

介　质	离子种类	埋置条件	指标值	钢筋混凝土	素混凝土	砖砌体
土中盐离子含量/（mg/L）	SO_4^{2-}	干燥	>6 000	强	强	强
			4 000～6 000	中	中	中
			2 000～4 000	弱	弱	弱
			≤2 000	无	无	无
		潮湿	>4 000	强	强	强
			2 000～4 000	中	中	中
			400～2 000	弱	弱	弱
			≤400	无	无	无
	Cl^-	干燥	>20 000	强	强	强
			5 000～20 000	中	中	中
			2 000～5 000	弱	弱	弱
			≤2 000	无	无	无
		潮湿	>7 500	强	强	强
			1 000～7 500	中	中	中
			500～1 000	弱	弱	弱
			≤500	无	无	无
土中总盐量/（mg/L）	正负离子总和	有蒸发面	>10 000	强	强	强
			5 000～10 000	中	中	中
			3 000～5 000	弱	弱	弱
			≤3 000	无	无	无
		无蒸发面	>50 000	强	强	强
			20 000～50 000	中	中	中
			5 000～20 000	弱	弱	弱
			≤5 000	无	无	无
水中酸度 pH			≤4	强	强	强
			>4～5	中	中	中
			>5～6	弱	弱	弱
			>6.5	无	无	无

6.6 红层膏盐组分溶蚀腐蚀性防治建议

6.6.1 红层膏盐组分对不同岩土工程的影响

红层膏盐组分边坡坡面在雨水的冲刷淋蚀作用下，可溶成分流失，风化破坏加剧，风化剥落效应增强，导致红层边坡坡面的局部破坏，如坡面溜塌等问题的发生。雨水下渗溶解膏盐成分后，具有一定的腐蚀性，对挡土墙等混凝土防护措施产生腐蚀。如成都—南充高速公路 K179 段附近，由于地下水溶解含膏含盐成分，腐蚀混凝土结构。而膏盐在地表空间的重结晶，又堵塞挡土墙排水孔，使泄水通道失效引起水压升高问题。

在含膏含盐的红层地基中，由于局部的石膏夹层或石膏岩层的存在，对于深基坑中的桩基、混凝土地下室等结构都会产生一定的腐蚀性。如在成都天府新区的工程建设中，地铁深基坑、建筑深基坑等工程中都在基坑底部出现了红层膏盐组分，由于地下水的溶解溶蚀作用，在深基坑底部出现大小不一的溶蚀孔洞。深基坑工程中的腐蚀问题、地基空洞问题并存，增加了工程勘察、设计、施工的难度。

红层膏盐组分区的隧道主要的问题是由于隧道开挖，改变局部地下水径流，地下水顺着隧道排水通道或在隧道裂隙处渗流，产生的环境水对隧道衬砌等混凝土结构物将会产生一定的腐蚀，同时重结晶的膏盐堵塞排水系统，严重恶化了围岩力学性质。

错误地将红层膏盐组分岩石作为路基填料、混凝土骨料将会引起持续的腐蚀破坏问题。如成昆线百家岭隧道，由于不当的选用含有石膏成分的岩石骨料，导致隧道运营期间的边墙问题腐蚀严重。

6.6.2 红层膏盐组分防治建议

红层膏盐组分腐蚀溶蚀性具有隐蔽性、长期性特征，在工程实践中应在勘察结果的基础上，考虑由于工程扰动对岩土体及其环境水的影响，进行综合评价。对于明确具有腐蚀性的地层区域，在勘察阶段，应能充分考虑施工扰动带来的严重后果，应在相关分析中考虑施工扰动引起的腐蚀参数的变动，不应仅仅局限于采样当时地下水的腐蚀参数；在设计阶段，应选择专门的抗硫酸盐水泥等，不应使用普通水泥，进行混凝土构筑物的设计，并进行必要的防腐设计；在施工阶段，应重视对环境水腐蚀性的监测，并于勘察设计资料中的腐蚀参数复核对比，必要时应采取补救措施；在运营阶段，如果混凝土支护结构缝隙中仍有结霜、表皮脱落等现象，应注意分析并监测附近环境水的腐蚀参数，分析考虑采取必要的防腐措施。具体防治对策见表 6.7。

表 6.7　含膏盐组分红层岩土溶蚀腐蚀问题防治对策简表

工程类型	原则与问题	基本释义	防治对策			
			勘察阶段	设计阶段	施工阶段	运营阶段
边坡	冲刷淋蚀	可溶成分随雨水作用的流失	岩土体可溶成分测定	设计必要的防治淋蚀的措施	按照设计要求施工	构筑物表面出现结晶时应采取措施
	坡面腐蚀	可溶成分对材料结构的腐蚀	岩土体腐蚀性判别	设计防腐措施	按要求施工，监测水质变化	注意监测支护结构表面强度
	环境水腐蚀	含有可溶成分的环境水对材料的腐蚀	环境水腐蚀性判别	设计防腐措施	按要求施工，并监测水质变化	注意监测环境水水质变化
	强度衰减	长期的淋溶腐蚀使坡面岩土体强度衰减，引起坡面变形破坏	膏盐含量对岩土体强度影响测定	设计防腐措施	按要求施工	注意监测环境水水质变化
	混凝土骨料选择	含膏含盐岩石不应作为混凝土骨料	岩土体可溶成分测定	设计必要的防治淋蚀的措施	按照设计要求施工	构筑物表面出现结晶时应采取措施
地基	溶蚀空洞	可溶成分在地下水作用下的流失	岩土体可溶成分测定	设计必要的防治淋蚀的措施	按照设计要求施工	构筑物表面出现结晶时应采取措施
	岩土腐蚀	含膏岩盐对材料的腐蚀	岩土体腐蚀性判别	设计防腐措施	按要求施工，监测水质变化	注意监测支护结构表面强度
	环境水腐蚀	含有可溶成分的环境水对材料的腐蚀	环境水腐蚀性判别	设计防腐措施	按要求施工，并监测水质变化	注意监测环境水水质变化
	地基承载力	可溶成分流失导致岩土体结构破坏，强度衰减.	膏盐含量对岩土体强度影响测定	设计防腐措施	按要求施工	注意监测环境水水质变化
	混凝土骨料选择	含膏含盐岩石不应作为混凝土骨料	岩土体可溶成分测定	设计必要的防治淋蚀的措施	按照设计要求施工	构筑物表面出现结晶时应采取措施
隧道	岩土腐蚀	含膏岩盐对材料的腐蚀	岩土体腐蚀性判别	设计防腐措施	按要求施工，监测水质变化	注意监测支护结构表面强度
	环境水腐蚀	含有可溶成分的环境水对材料的腐蚀	环境水腐蚀性判别	设计防腐措施	按要求施工，并监测水质变化	注意监测环境水水质变化
	强度衰减	可溶成分流失导致岩土体结构破坏，强度衰减	膏盐含量对岩土体强度影响测定	设计防腐措施	按要求施工	注意监测环境水水质变化
	混凝土骨料选择	含膏含盐岩石不应作为混凝土骨料	岩土体可溶成分测定	设计必要的防治淋蚀的措施	按照设计要求施工	构筑物表面出现结晶时应采取措施

续表

工程类型	原则与问题	基本释义	防治对策			
路堤	填料腐蚀	含膏岩盐对材料的腐蚀	岩土体腐蚀性判别	设计防腐措施	按要求施工，监测水质变化	注意监测支护结构表面强度
	环境水腐蚀	含有可溶成分的环境水对材料的腐蚀	环境水腐蚀性判别	设计防腐措施	按要求施工，并监测水质变化	注意监测环境水水质变化
	强度衰减	可溶成分流失导致岩土体结构破坏，强度衰减	膏盐含量对岩土体强度影响测定	设计防腐措施	按要求施工	注意监测环境水水质变化
	混凝土骨料选择	含膏含盐岩石不应作为混凝土骨料	岩土体可溶成分测定	设计必要的防治淋蚀的措施	按照设计要求施工	构筑物表面出现结晶时应采取措施

参考文献

[1] 郭永春. 红层岩土中水的物理化学效应及其工程应用研究. 西南交通大学，2007.

[2] 郭永春，谢强，文江泉. 红层特殊岩土化学性质工程判别准则试验研究. 水文地质工程地质，2009，36（6）.

[3] 许凡. 成都南郊含膏红层特殊地基地质特征及处理技术. 西南交通大学，2018.

[4] 邱恩喜，康景文，郑立宁，等. 成都地区含膏红层软岩溶蚀特性研究. 岩土力学，2015，36（S2）.

[5] 刘宇，郑立宁，康景文，等. 成都天府新区含膏红层主要工程地质问题分析. 四川建筑科学研究，2013，39（5）.

[6] 铁道第一勘测设计院. 工程地质试验手册：修订版. 北京：中国铁道出版社，1995.

[7] 中国土壤学会农业化学专业委员会. 土壤农业化学常规分析方法. 北京：科学出版社，1984.

[8] 成昆铁路技术总结委员会. 成昆铁路：第二册（线路、工程地质及路基）. 北京：人民铁道出版社，1980.

[9] 中国科学院成都分院土壤研究室. 中国紫色土（上篇）. 北京：科学出版社，1991.

[10] 戴广秀，任国林. 湖北省丹江口地区红层的某些工程地质性质. 全国首届工程地质学术会议论文集. 北京：科学出版社，1983.

7 红层岩石的膨胀

红层岩石的膨胀主要是指富含亲水性黏土矿物，具有明显的膨缩特性的黏土岩类，如泥岩、页岩等，和含有具盐胀特征的硬石膏、芒硝等矿物的红层岩石遇水后产生膨胀。在工程实践中，冻胀、剪胀等外界因素引起的膨胀不包含在膨胀性岩土研究中。

红层岩石的膨胀主要体现在边坡、隧道、地基等岩土工程构筑物的变形破坏。如：西岭雪山隧道红层泥岩的自由膨胀率为 30% ~ 60%，最大的自由膨胀率达到 155%；在含水率同为 9%时，西岭雪山隧道泥岩的膨胀力为 162.9 kPa，导致隧道底板、边墙鼓胀、开裂。

在四川成都深基坑工程中，白垩系灌口组红层泥岩，具有一定的膨胀性，在雨季吸水膨胀，导致基坑边坡的变形破坏。

四川地区的含膏红层，由于硬石膏吸水膨胀，对工程构筑物的变形也会产生影响。

7.1 红层岩石膨胀性试验

7.1.1 一般膨胀性试验方法

现有规范中易崩解软化泥质岩膨胀性试验方法的主要理论基础是双电层理论。一般认为膨胀岩土产生膨胀是由于岩土体中的黏土矿物与水溶液之间的水化作用，引起黏土矿物晶格膨胀和黏土矿物颗粒表面形成双电层导致岩土体体积膨胀。现有试验方法都是测试一定体积的岩土体在充分吸水条件下的最大膨胀性，以此来评价岩土体的膨胀性。

1. 自由膨胀率试验

自由膨胀率试验是将试样碾成小于 0.5 mm 粉末，称取 10 mL 试样倒入 50 mL 量筒中，加入 5 mL 浓度为 5% 的 NaCl 溶液作为分散剂，经充分搅拌后，加水至 50 mL 进行试验。主要是观察 10 mL 松散干燥试样在纯水中膨胀稳定后的体积增量。

自由膨胀率指标是松散干燥试样在纯水中膨胀稳定后的体积增量与原始体积之比。自由膨胀率指标忽略了膨胀土的原有结构，也不存在附加荷载和侧限条件，是一个在工程上没有实际意义的指标。但在一定程度上，它能反映组成土的黏土矿物成分、粒度成分、化学成分和交换阳离子成分等基本特征，所以国内外仍然采用这一指标来粗略判识土的一般膨胀趋势。工程中采用自由膨胀率 40% 作为初步判断土样是否为膨胀岩土的界限值。

2. 膨胀率试验

膨胀率试验是测试膨胀岩土在充分吸水条件下最大膨胀变形的试验方法。根据试验装置的不同，可以分为无荷膨胀率和有荷膨胀率两种方法。

瓦式膨胀仪测试法是目前各类规范建议的无荷膨胀率测试方法（如图 7.1 所示）。无荷膨胀率是将一定体积的膨胀岩土试样放入瓦氏膨胀仪中，在完全浸水条件下，测试试样的最大膨胀变形，以期了解膨胀岩的膨胀性能。无荷膨胀率是在无荷载和有侧限条件下，试样的竖向膨胀增量与试样初始高度之比。利用该种方法测得的膨胀率参数还不能直接应用到有关的计算中。

图 7.1 瓦氏膨胀仪试验装置

有荷膨胀率是考虑有上覆荷载条件下，膨胀岩土试样的膨胀变形的大小。有荷膨胀率是利用高压固结仪进行的。将制备好的膨胀岩土环刀样放入高压固结仪中，在竖直方向上施加预定的荷载，然后测录试样膨胀变形的大小。在工程实践中，为了模拟建筑物地基荷载大小而作有荷载和有侧限的膨胀率试验，或者是做不同荷载下的膨胀率试验，得到膨胀率与压力的关系曲线。在《膨胀土地区建筑技术规范》（GBJ 112—2013）中，建议将 50 kPa 压力下的膨胀率作为地基评价中计算地基变形的基本参数。

3. 膨胀力试验

膨胀力是指岩土体吸水膨胀过程中，受到外界条件的限制，在土体体积保持不变的情况下产生的最大内应力。常用膨胀力测试有 4 种方法，分别是压胀法、平衡法、胀压法、多样法，4 种方法采用的主要试验装置都是高压固结仪。

压胀法又称卸荷膨胀法。试验时将制备好的环刀样放入固结仪中，在有侧限的条件下，施加大于试样最大膨胀力的荷载，这样，试样将不会产生膨胀变形。当试样浸水稳定后，逐级卸载。每卸一级荷载，均按 2 h 测量百分表读数，两次百分表读数差值不大于 0.01 mm，即可认为膨胀稳定，直至卸载至荷载为 0 时，测读 24 h 稳定读数。试验结束后，测试试样含水量，计算试样的压胀孔隙比，绘制试样压缩过程与膨胀过程孔隙比-压力曲线，根据曲线与压力坐标轴的交点确定膨胀力的大小。

平衡法又称加压平衡法。试验时将制备好的环刀样放入固结仪中，在有侧限的条件下，施加 1 ~ 2 kPa 的压力，使试样处于平衡。然后向容器中浸水，水位至淹没试样 5 mm。当试样开始膨胀时，立即施加平衡压力（多采用石英砂进行平衡），使百分表读数维持在初始读数不变，直至试样变形稳定。试验结束时，计算平衡压力，即可根据固结仪杠杆比、试样截面积等参数计算出平衡压力即膨胀力的大小。

胀压法是指先让试样完全膨胀然后加载将其变形压回至原高度。用该方法试验时，应将标准环刀换成渗透环刀。首先将制备好的试样放入渗透环刀，使试样充分吸水膨胀稳定。利用高压固结仪，逐级施加压缩荷载，并记录对应的压缩变形量，当百分表指针接近初始读数时，试验结束，根据此时施加的平衡荷载即可计算出试样的膨胀压力。

多样法是在一个岩土体中同时制备 4 ~ 5 个试样，按照有荷膨胀率试验的方法，在不同试样上施加不同的预压荷载，逐个进行试验，最后得到不同荷载下的变形曲线，根据曲线变化与压力轴的交点确定岩土体试样的膨胀压力。

利用高压固结仪进行膨胀力试验是现有工程规范建议的主要方法，可以测得膨胀岩土试样在充分浸水条件下的最大膨胀力。该方法测得的膨胀力主要作为膨胀岩土膨胀性能的参考，还没有在设计中直接应用。有的单位则是用圆柱样放入改制的膨胀力装置中，但没有解决好试样与容器壁之间的紧密贴合问题，导致变形释放，使得测出的膨胀力偏小，离散性较大，不易于应用，影响了对膨胀性的判别。

7.1.2 基于湿度应力场理论的膨胀性试验方法

1. 膨胀岩土湿度应力场理论简述

湿度场理论是指岩土体中的含水量分布构成了岩土体中的湿度场。对于膨胀岩土而言，湿度场的分布决定了其中的膨胀应力场的分布。缪协兴等人在 1993 年受材料内温度场和应力场关系的启发，提出了类似温度应力场的湿度应力场的概念。温度应力场理论认为，材料在温度升高的时候会发生体积的膨胀，如果材料受到约束，其内部将产生应力。这种热膨胀量或膨胀力同温度的变化之间存在一个线性关系，用张量表示为：

$$\varepsilon_{T_{ij}} = \alpha \cdot \delta_{ij} \cdot \Delta T \tag{7-1}$$

上式中 δ_{ij} 为 Kronecker 记号，α 被称为温度线膨胀系数。

材料内部的实际应力是温度产生的热应力和其他面积力及体积力产生的应力耦合的结果。根据弹性理论，很容易建立本构方程。与此类似，湿度应力场理论认为：膨胀岩土体吸水后产生体积膨胀和软化，恰好类似材料的温度效应。当围岩受到某个水源或湿空气作用时，岩土体内会形成一个受水分扩散方程控制的湿度或含水率变化场，湿度场变化产生的应力场相似于温度应力场。温度应力场目前已具有较为完备的数学力学基础，因而湿度应力场可采用温度应力场理论分析计算。

为了研究岩土体的湿度场，需要对以下问题进行研究：

（1）在边坡等岩土体工程中，岩土体中非饱和区湿度场的变化受到降雨入渗、地下水水位变动等因素的影响。合理确定岩土体中含水率的分布规律，是湿度场研究的基础。梁树（2016）通过室内、室外、数值模拟等方法，初步研究了膨胀岩土体边坡中湿度场的分布规律。

（2）大量试验研究表明，岩土体的膨胀性是由于其中含水量的变化引起的。要合理确定岩土体中某点膨胀应力或膨胀应变的大小，首先需要确定岩土体中含水量的分布，即岩土体中湿度场。然后，根据具体的降雨或地下水条件，确定含水量的增量，进而计算膨胀力或膨胀变形的大小。要测试岩土体的膨胀性则需要合理确定其中含水量的增量的大小，即岩土体中湿度场的变化。章李坚（2014）、郎艳琪（2015）探讨了合理确定膨胀力与含水量关系的问题，提出测试膨胀系数的方法。

（3）对于岩土体的膨胀过程而言，实际上是一部分岩土体在连续降雨条件下持续吸水或在阵雨条件下断续吸水产生膨胀的过程。现有的试验测试数据都是将不同初始含水率试样完全浸水后的进行测试，与实际岩土体的膨胀过程是不同的。实际工程需要的是单一试样吸水膨胀的全过程曲线，可以根据试验曲线确定试样在一定含水量增量的情况下的膨胀力或膨胀变形。章李坚（2014）、陈伟乐（2016）等人研制了可以测试膨胀岩土连续/断续吸水膨胀的试验装置，可以测试膨胀岩土试样完全浸水、连续或断续吸水过程中的膨胀性能。

2. 单轴吸水膨胀变形全过程试验

连续吸水膨胀率试验装置如图 7.2 所示，通过水箱供水，土样轴向荷载为零，侧向受到约束，变形为 0，轴向变形通过百分表测量。为了尽量减小试验过程中土样中水分的蒸发，容器上方用有机玻璃和硅酮胶进行密封，只留下百分表杆的进出孔。

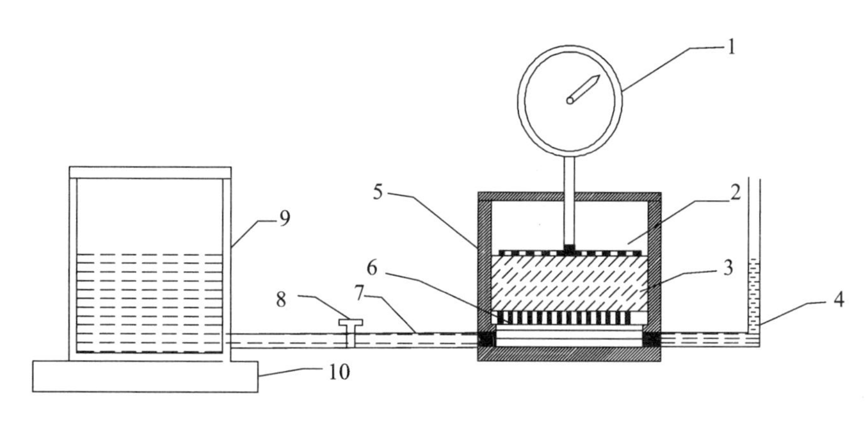

图 7.2　连续吸水膨胀率试验原理图

1—百分表；2—有孔板；3—土样；4—排气管；5—容器；6—有孔底板；7—进水管；8—水阀；9—水箱；10—电子秤

试验的基本原理是在无荷膨胀率试验装置的基础上，增加一个吸水量测试系统（包括进水系统和水量测量系统），可以同时测试试样的膨胀变形和吸水量，用一个岩土体试样得到岩土体吸水膨胀变形全过程曲线。

该试验装置结构简单，操作方便。将制备好的岩土体环刀试样放入试验容器中，调整百分表，调试进水装置，将水箱放置在电子秤上，实时测量水箱质量的减少。当调试完成后，打开水箱阀门，试样从底部有孔板吸水产生膨胀变形。

试验装置的关键是测试水量变化的装置，该装置采用的是精度 0.01 g 的电子秤。将水箱放置在电子秤上，随着岩土体吸水膨胀，电子秤读数逐渐减小，电子秤读数的减小量就等于被岩土体吸收的水量。这样，就实时建立起试样吸水量与膨胀变形之间的关系，得到岩土体吸水膨胀变形的全过程曲线（如图 7.3 所示）。

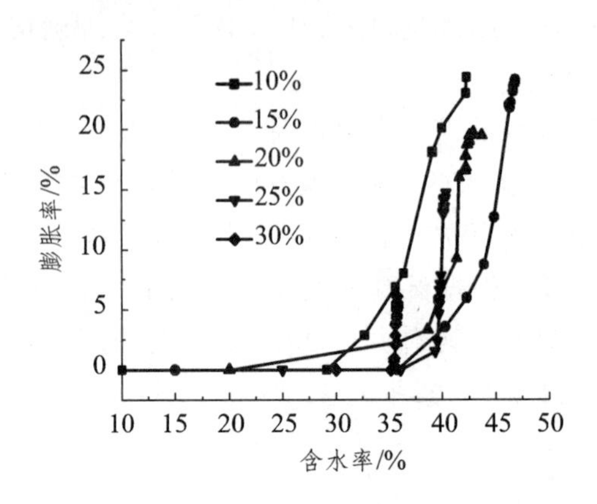

图 7.3　呈贡膨胀岩吸水膨胀全过程曲线

通过这个试验装置，可以得到单个试样连续吸水过程中试样膨胀变形的过程曲线。根据试样吸水过程，试样膨胀变形随着吸水量的增加，膨胀性增加，当吸水量增加到胀限后，膨胀性达到极限。根据试验曲线的斜率可以计算出试样膨胀变形系数，用以评价岩土体的膨胀性。

3．吸水膨胀力全过程试验

膨胀岩土连续吸水膨胀的试验装置（如图 7.4 所示），可以测试膨胀岩土试样连续或断续吸水过程中的膨胀应力。该装置可以完成完全浸水、连续/断续吸水条件下的膨胀力测试，其完全浸水试验可以等效高压固结仪的试验，操作简单。

试验装置在高压固结仪的基础上进行研制，主要包括膨胀压力测试系统、吸水量测试系统（包括进水系统和水量测量系统），可以同时测试试样的膨胀压力和吸水量，用一个岩土体试样得到岩土体吸水膨胀应力全过程曲线（如图 7.5 所示）。

试验装置结构简单，操作方便。将制备好的岩土体环刀试样放入试验容器中，调整荷重传感器，调试进水装置，将水箱放置在电子秤上，实时测量水箱质量的减少。当调试完成后，打开水箱阀门，试样从底部有孔板吸水产生膨胀应力。

试验装置的关键：① 膨胀压力测试系统，用荷重传感器可以连续测量试样吸水产生的膨胀应力。② 测试水量变化的装置，采用的是精度 0.01 g 的电子秤，将水箱放置在电子秤上，随着岩土体吸水膨胀，电子秤读数逐渐减小。电子秤读数的减小量就等于被岩土体吸收的水量。这样，就实时建立起试样吸水量与膨胀应力之间的关系，得到岩土体吸水膨胀应力的全过程曲线。

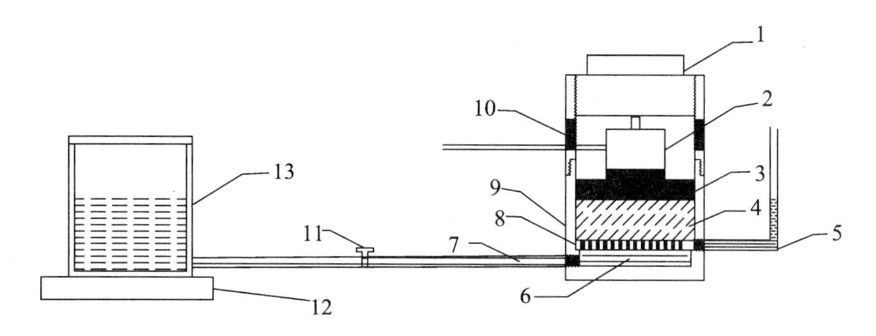

图 7.4 连续吸水膨胀力试验装置原理图

1—反力螺栓；2—荷重传感器；3—不透水钢板；4—土样；5—排气管；6—密封盖；7—进水管；8—有孔钢板；9—制样容器；10—观察孔；11—阀门；12—电子秤；13—水箱

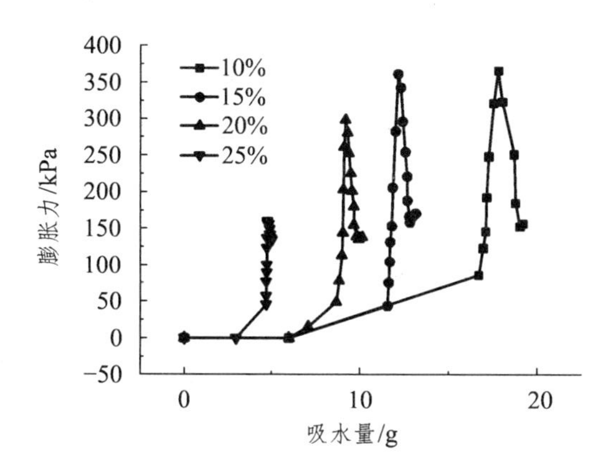

图 7.5 呈贡膨胀岩吸水膨胀力全过程曲线

这个试验得到的是单个试样连续吸水时试样膨胀力过程曲线。根据试样吸水过程，试样随着吸水量的增加，膨胀力增加，当吸水量增加到某一含水量时，膨胀力达到最大值，随着含水量增加，膨胀力逐渐衰减，当含水量达到一定限度后，膨胀力趋于稳定。与高压固结仪试验测试结果相比，试验测试结果更完整。

4. 断续吸水膨胀变形试验

断续吸水膨胀力试验装置的主要组成部分是容器、玻璃罩、百分表，如图 7.6 所示。将制好的土样放入容器内，在容器底部外侧周围涂抹硅酮胶，盖上密封盖，这样就可以将密封罩与容器间的缝隙密封，减少水分的蒸发。用注射器通过注水管将水注入试样正上方的微型洒花上，通过洒花将水均匀地喷洒在试样表面。

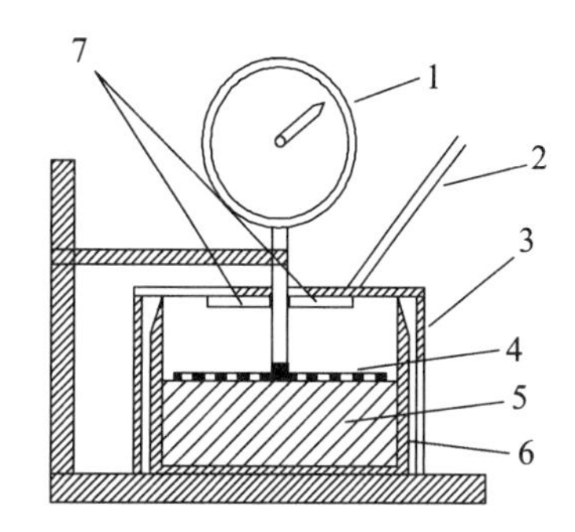

图 7.6 断续吸水膨胀力试验装置原理图

1—百分表；2—注水管；3—密封罩；4—用孔板；5—土样；6—容器；7—微型洒花洒

试验的基本原理是：在岩土体竖向膨胀率装置基础上，增加了一个进水装置，控制试样的进水量，模拟试样在阵雨条件下的膨胀变形。

试验测试程序比较简单。将制备好的环刀试样，放入试验装置，调试好百分表，进水控制装置，然后，根据试样吸水量情况，分 3 ~ 5 次向试样内供水，每次控制为 3 ~ 5 g，这样，可以得到在部分吸水条件下膨胀岩土试样的最大膨胀变形。由此可以得到试样断续吸水量与膨胀量的试验曲线。

试验装置的关键之处是试验含水量的控制，由于试验精度达到 0.01 g，水分蒸发，渗漏等问题都会对试验结果有影响，在试验过程中需要特别注意。另外由于每个试样的最大膨胀吸水量即胀限是确定的，在试验时，应先做无荷膨胀率试验，确定岩土体的胀限含水量，然后再进行断续吸水试验。

如图 7.7 所示，随着含水率的增大，土样的膨胀率增量逐渐变小，即曲线的斜率逐渐变小，达到胀限后，膨胀率不再变化，曲线趋于水平。通过断续吸水膨胀变形试验，可以得到单个试样吸水膨胀过程曲线，根据试验曲线斜率，可以计算出膨胀变形系数，用以评价岩土体的膨胀性。

每次加水稳定后的膨胀率与该次加水后该阶段土样的含水率的关系如图 7.7 所示，随着加水次数的增加，土样的膨胀率增长幅度逐渐减小。图 7.8 显示土样的最终膨胀率随着初始含水率的增加而减小。

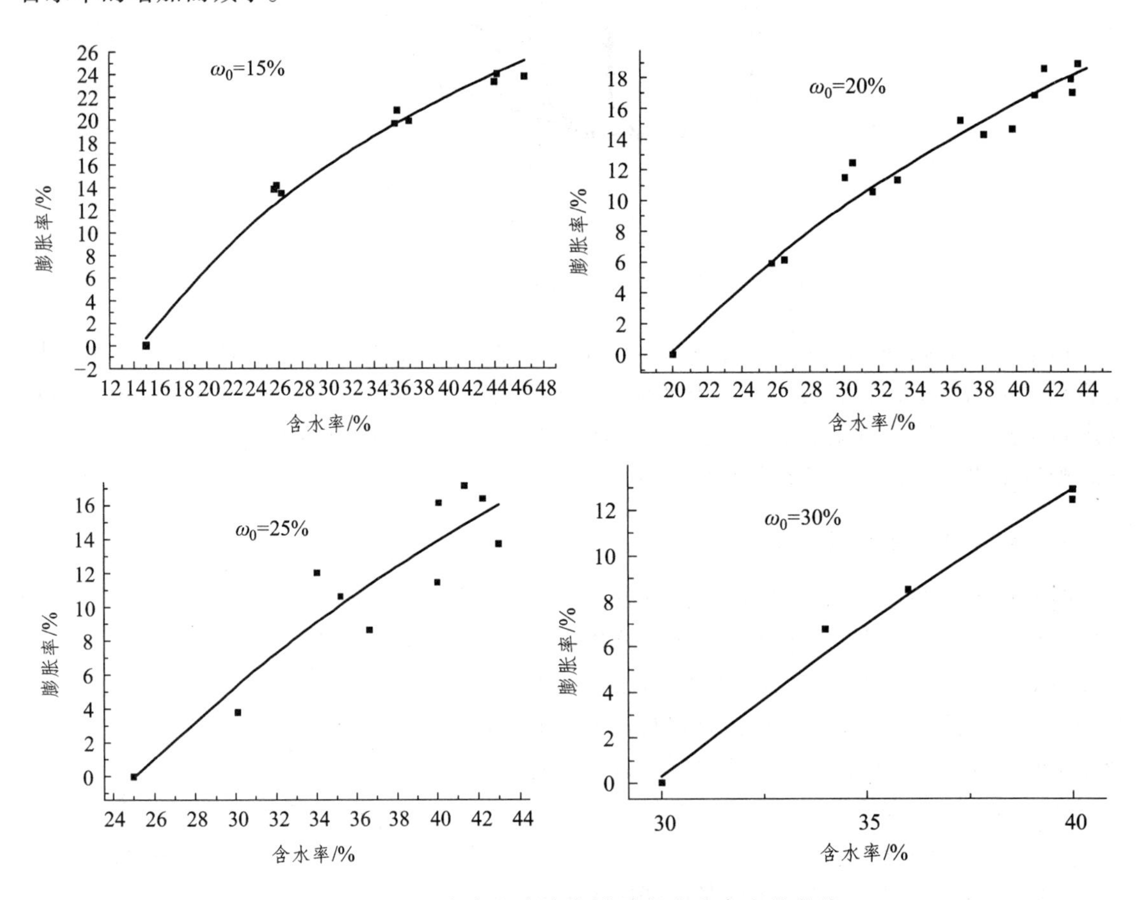

图 7.7　呈贡膨胀岩膨胀率随阶段含水率变化曲线

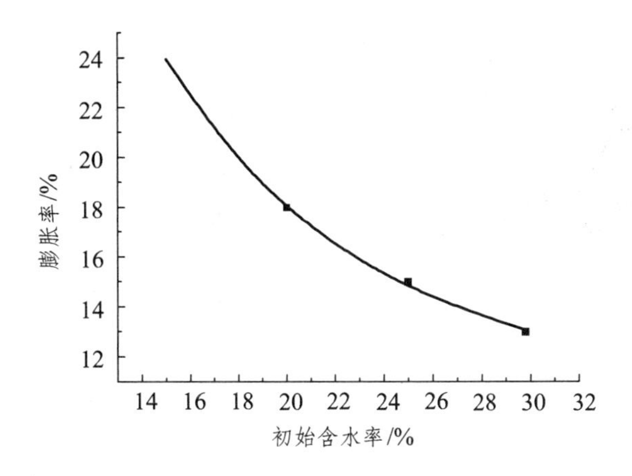

图 7.8 呈贡膨胀岩膨胀率与初始含水率关系

5. 断续吸水膨胀力试验

断续吸水膨胀力的试验装置整体结构与连续吸水膨胀力装置基本一致，主要不同在于进水系统的设计。在断续吸水试验装置，模具底部不封口，将模具倒立，这样就可以在作为固定约束的有孔板表面加水，水通过板上的小孔进入土体，这样就可以实现断续吸水方式的膨胀力试验，如图 7.9 所示。

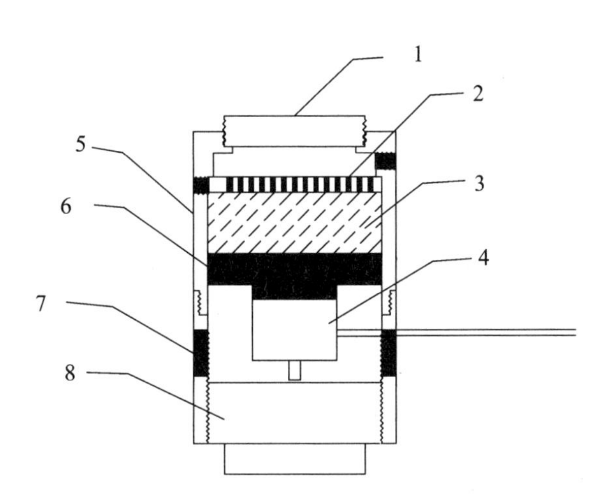

图 7.9 断续吸水过程膨胀力试验装置原理图

1—密封盖；2—有孔钢板；3—土样；4—荷重传感器；5—制样容器；
6—不透水钢板；7—观察孔；8—反力螺栓

试验测试的基本原理就是控制试验进水量，测试岩土体在断续吸水条件下的最大膨胀应力。试验装置的关键就是进水量的控制，通过有孔钢板将水加入试样表面，测试试样在有限吸水条件下的最大膨胀应力，试验结果如图 7.10 所示。

图 7.10 是断续吸水试验中膨胀力随时间的变化曲线。低含水率的土样，每次加水时，膨胀力先迅速增大，达到峰值后，又迅速减小，最后达到稳定状态。在初始含水率较高时（30% 呈贡膨胀岩），土样膨胀力先迅速增大，达到峰值后保持稳定，不再衰减。

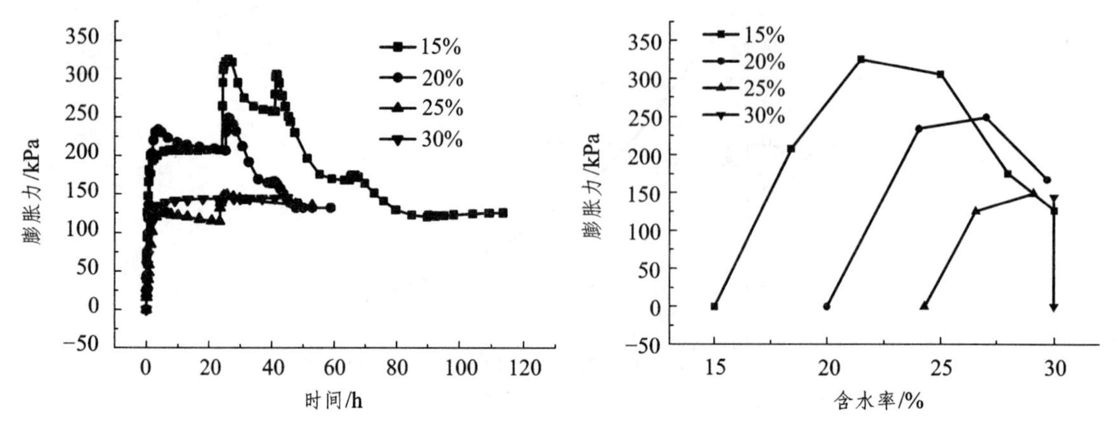

图 7.10 呈贡膨胀岩膨胀力与时间关系曲线　　图 7.11 呈贡膨胀岩膨胀力与含水率关系曲线

在试验过程中每次加水之后的稳定状态的膨胀力结果如图 7.11 所示。低含水率时（呈贡膨胀岩 15%、20%），随着含水率的增加，膨胀力先增加，达到峰值后开始减小；对于高含水率的土样，膨胀力随着吸水量的增加而增大，不发生衰减。

图 7.12 显示了膨胀力试验过程中最大膨胀力与最终稳定膨胀力的大小关系，可以看出，随着初始含水率的增加，不管是成都黏土还是呈贡膨胀岩，其峰值膨胀力与最终膨胀力之差逐渐减小，直至相等。

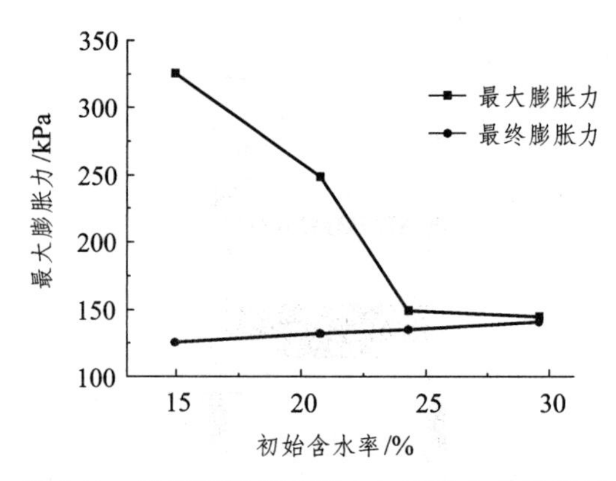

图 7.12 呈贡膨胀岩膨胀力与初始含水率关系

6. 土工三轴仪测试膨胀变形试验

杨庆（1996）提出了利用常规三轴仪测试膨胀岩吸水膨胀变形的方法，测得了膨胀岩吸水量与膨胀变形之间的线性关系，测试结果表明膨胀岩膨胀变形随着吸水量的增加而逐渐增加。赵海涛（2017）在此基础上，对常规三轴仪进行简单改装，探索出了一套完整的测试膨胀岩土吸水膨胀全过程曲线的方法。

膨胀岩土吸水膨胀变形全过程三轴试验装置如图 7.13 所示，主要是利用常规三轴仪器的压力室和围压测试系统，在此基础上，撤掉垂直压力测试装置，调整为百分表测试试样的竖向膨胀变形，同时在外部增加了一个进水管，测试试样的吸水量。

试验测试原理是将制备好的三轴试样用橡皮膜密封好，放入压力室。向压力室内注水，当水注满后将压力室密封。打开三轴仪压力测试阀门，使压力室内的水与压力表管路连通。

此时，打开外部进水管阀门，水从压力室底部小孔进入岩土体试样内部，试样吸水膨胀。由于水是不可压缩的，压力室内的水由于体积膨胀，会导致压力表读数增加。利用百分表和压力表调节阀门的读数，可以读出试样膨胀体积。同时，通过外部进水管，可以读出进入土体的水量。这样就得到试样吸水量和体积膨胀率之间的全过程曲线。

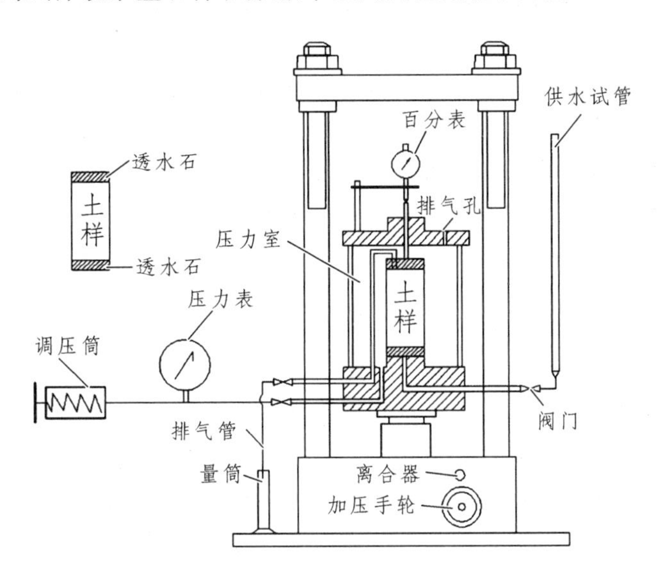

图 7.13 利用三轴仪测试膨胀力试验装置示意图

三轴试验装置的关键技术有两处：① 是外部进水管的设置，这是测试试样吸水量的装置，比较简单，但应注意在试验时在试样顶部将排气孔连接，排出试样内的空气，如果排气孔出水，则表明试样已经达到饱和。② 压力表调节阀门的问题是测试膨胀体积的关键，需要通过实际标定，确定调节阀门的移动距离与排水量的关系。因为试验中是通过调节阀门的旋转来卸压的，以此通过排水量的计算得到试样的膨胀体积。

根据三轴试验装置，可以利用一个膨胀岩试样，测试试样连续吸水过程中膨胀变形全过程曲线（如图 7.14 所示）。膨胀变形全过程曲线表明，试样的膨胀变形随着吸水量的增加而增加，可以根据曲线的斜率，判定膨胀岩的膨胀性。

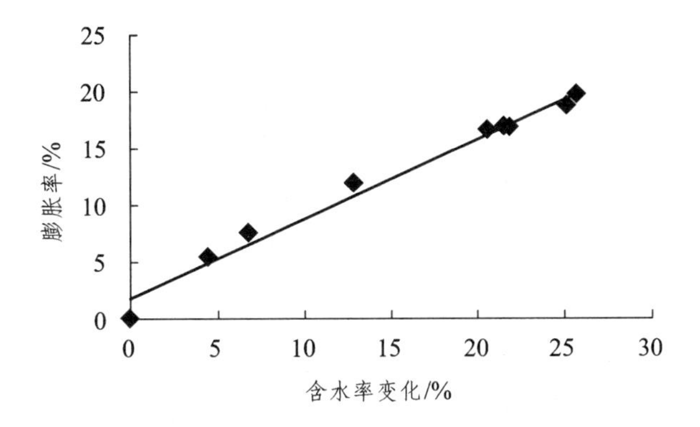

图 7.14 呈贡膨胀岩三轴膨胀测试结果

7. **土工三轴仪测试膨胀应力试验**

利用土工三轴仪器测试岩土体的膨胀力试验装置与测试膨胀变形的试验装置基本一致，主要不同在于在测定膨胀力时不转动调节阀门。试样膨胀将导致压力室内水压力增加，通过压力表读数进行显示。实时测量试样进水量和压力表读数，即可获得岩土体吸水膨胀应力的全过程曲线。

土工三轴仪测试膨胀应力在理论上和方法是可行的，但在试验过程中发现，由于膨胀压力的增加，压力室、橡胶管路等的微小变形以及漏水等问题都将会释放掉一定的膨胀压力，导致试验选用的强膨胀岩土的三轴膨胀力仅有几十千帕，这与单轴试验、常规膨胀力试验测试结果差异较大，还需要对试验装置的刚度等问题进行改进。

7.1.3 全伺服三轴仪膨胀力测试

在石油行业，张保平（2000）利用具有伺服功能的岩石三轴试验系统，测出了原状泥页岩水化膨胀应力。石油行业的岩石力学实验室的试验系统是从国外引进的非常先进的全伺服系统，它能够模拟地层条件包括垂向、水平应力、油藏压力、温度等。它为在模拟地层条件下研究岩石的力学性质创造了必要的条件，克服了一般条件下试验带来的误差。

在膨胀压力试验中，将加工为 $\phi = 25.4\ \text{mm} \times 50.8\ \text{mm}$ 的泥页岩试样，放入加压舱，样品用聚四氟乙烯套包裹以隔离围压与岩样内部的孔隙液体，岩样与套之间有一层较薄的金属筛阿，使孔隙液体与岩样有充分、均匀的接触面，两个位移传感器用来测量试验过程中岩样在轴向及水平方向的变形。轴向压力、围压和孔隙压力通过计算机控制施压于样品上，试验过程中的这些变形与力的变化实时采集记录，试验装置如图 7.15 所示。

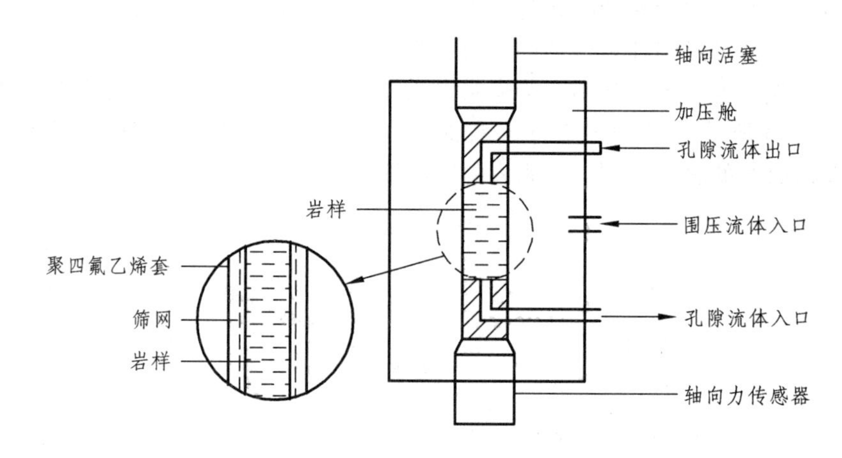

图 7.15　岩石力学三轴试验系统的试验装置（张保平，2000）

由泥页岩膨胀试验发现，膨胀压力随与液体接触时间的增加而增大，尤其是在最初 2 h 以内。膨胀压力随时间呈非线性迅速增加，之后呈线性增加，在 14 h 内，膨胀压变化从 3 到 5 MPa，与层面垂直的轴向膨胀压力的增加为水平方向的 1.6 ~ 2.5 倍，一般从 2 到 10 MPa（如图 7.16 所示）。

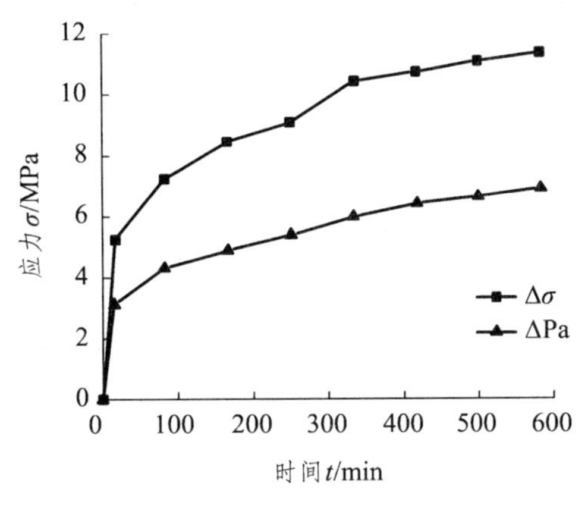

图 7.16 泥岩膨胀试验中的围压及轴压变化（张保平）

7.1.4 原位测试膨胀力试验

在工程勘察中，李凤起（2005）利用载荷试验装置和膨胀力的概念，应用多样法原理，在膨胀岩土现场同时选定 4 ~ 5 处试点，在每个测试点上施加不同的竖向荷载。然后，对岩土体进行吸水膨胀试验，同时测试试样荷载和变形，得到膨胀变形与荷载关系曲线。原位测试膨胀岩土膨胀力的方法，为原位测试膨胀变形和膨胀应力提供了新的途径。根据原位试验结果，测试的弱膨胀土的原位膨胀力大致在几十千帕左右（见表 7.1）。

表 7.1 原位膨胀力测试结果（李凤起，2005）

测点编号	路 段	试验荷载/kPa				膨胀性判定
		Ⅰ	Ⅱ	Ⅲ	Ⅳ	
1	路 堑	25	35	45	55	弱
2	路 堑	3.4	25	35	45	弱
3	路 堤	3.4	25	35	45	弱
4	路 堤	3.4	25	35	45	弱
5		3.4	25	35	52	中
6		3.4	25	35	52	中

注：Ⅰ、Ⅱ、Ⅲ、Ⅳ分别为一、二、三、四级试验荷载。

7.1.5 膨胀应力与膨胀应变的关系试验

柳堰龙（2013）应用 4 种试验方法，系统研究了膨胀岩土应力-应变关系。

1. 考虑含水率变化的先胀后压法

采用不同含水率的膨胀率试验获得有多种含水率的试样，将其装载在固结仪上进行加压试验，使其压缩至未膨胀状态。

由于试样已经在一定含水率情况下发生了膨胀，在此基础上所做的膨胀本构关系试验便类似于固结试验。固结试验通常使用逐级加载的方法使试样所受压力达到设定数值。下一级荷载需要试样在较少荷载作用下稳定之后施加。鉴于试样有较强的膨胀性，所加荷载可能会非常大。如果每一级荷载过小（如 25 kPa）的话，这会使得试验时间延长，因为时间导致的试样内部水分蒸发会加剧试验误差。在多次尝试后，所加荷载最终确定为 100 kPa、200 kPa、300 kPa、400 kPa、600 kPa、800 kPa、1 MPa。

在进行不同含水率的膨胀率试验的时候，试样的膨胀率定义成膨胀变形量同试样初始高度比值。为了保持数据连续性，在试验中仍然使用这种比值。设某一级荷载之下百分表的读数为 h_i，试样膨胀之前的初始读数为 h_0，试样未膨胀前的初始高度为 l。于是在第 i 级荷载之下试样的膨胀率为：

$$\varepsilon_i = \frac{h_i - h_0}{l} \tag{7-2}$$

每一个试样都经历了膨胀和加载的全过程。每一种含水率对应一种膨胀本构关系。将这些关系叠加在一张图上，便得到如下膨胀本构关系曲线集。

单次压缩获得的本构关系类型是对数曲线：

$$\varepsilon = -b\ln(\sigma + c) + a \tag{7-3}$$

含水率的变化在曲线上的表现是参数 a、b 和 c 的各异。不同曲线的参数同变化的含水率组合在一起，本构关系就可以有含水率的因素了。

以下是含水率变化同参数之间的关系（如图 7.17 ~ 7.20 所示）。

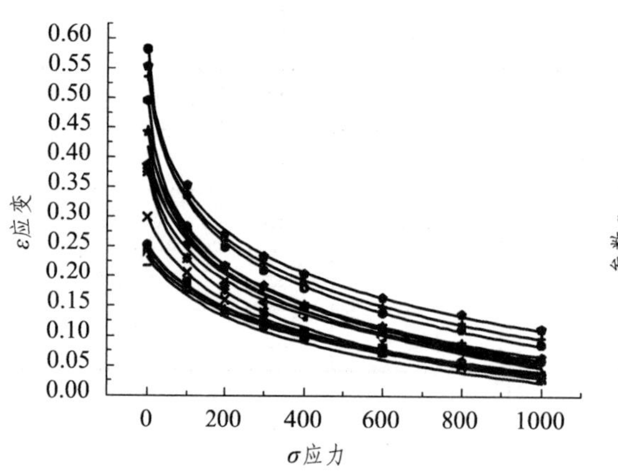

图 7.17 不同含水率的本构关系汇总

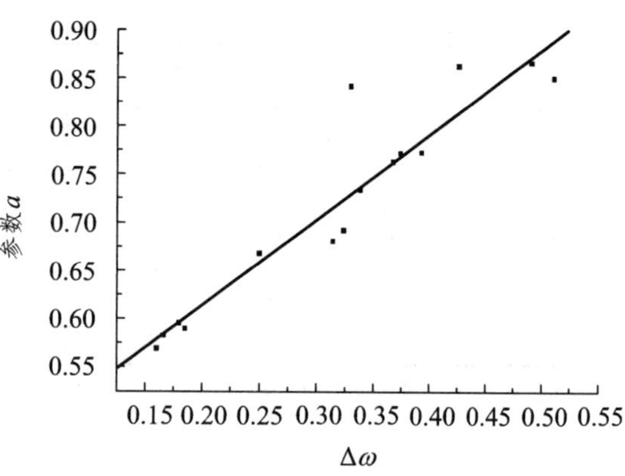

图 7.18 参数 a 同含水率的关系

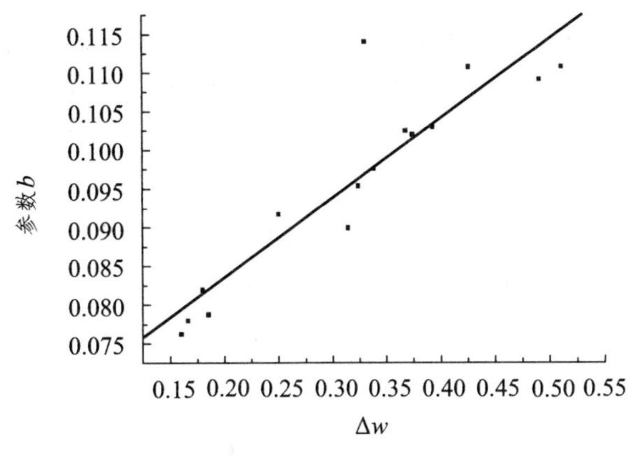

图 7.19 参数 b 同含水率的关系

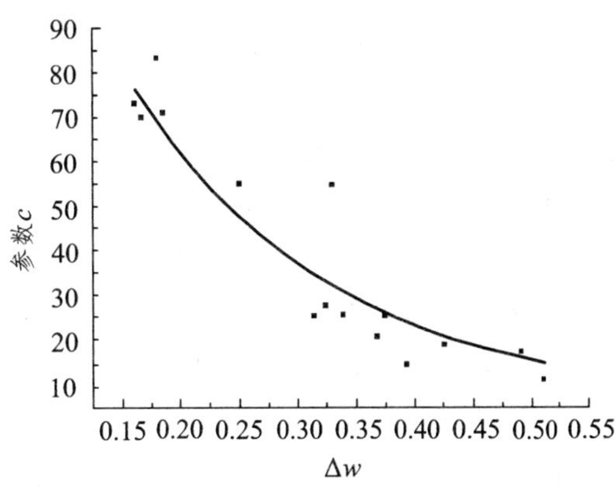

图 7.20 参数 c 同含水率的关系

最终得到的本构关系为：

$$\varepsilon_z = -(0.062\ 86 + 0.103\ 2\Delta w)\ln(\sigma_z + 5.775 + 179.8\mathrm{e}^{-\frac{\Delta w}{0.172\ 1}}) + 0.437\ 2 + 0.885\ 4\Delta w \tag{7-4}$$

将之推广到三维空间，由于侧向约束，对应变有：

$$\varepsilon_v = \varepsilon_z \tag{7-5}$$

根据金尼克条件：

$$\sigma_x = \sigma_y = \frac{\mu}{1-\mu}\sigma_z \tag{7-6}$$

应力第一不变量为：

$$\sigma_v = \sigma_x + \sigma_y + \sigma_z \tag{7-7}$$

由式（7-4）、（7-5）得：

$$\sigma_z = \frac{1-\mu}{1+\mu}\sigma_v \tag{7-8}$$

由式（7-2）、（7-6）得到考虑膨胀效应的总体膨胀本构关系为：

$$\varepsilon_v = -(0.062\ 86 + 0.103\ 2\Delta w)\ln\left(\frac{1+\mu}{1+\mu}\sigma_v + 5.775 + 179.8\mathrm{e}^{-\frac{\Delta w}{0.172\ 1}}\right) + 0.437\ 2 + 0.885\ 4\Delta w \tag{7-9}$$

式中 μ——泊松比；

Δw——含水率变化。

2. 逐级卸载法

逐级卸载法是国际岩石力学学会推荐的测定膨胀应变和施加应力关系的方法。这种方法的特点是试样首先加载到一定压力，然后再逐级减载。随着荷载的减少，试样的侧限膨胀量会逐渐增大。记录每一级荷载和荷载之下的对应膨胀，就能够绘制出应力-应变关系。

在推荐的方法中，所加的荷载大小一般以研究区域现场应力为准。在这一项缺失的情况下，则按照研究需要制定。使用平衡加压法测得的重塑样的膨胀力大约在 400 kPa，也就是说如果所加荷载大于测定的膨胀力，试样将不会发生任何膨胀。与此相反，在大荷载的作用下，试样还会因为荷载而产生压缩现象。

在先胀后压法试验中，已经膨胀之后的试样在 1 MPa 的压力之下仍然不能恢复原状。于是为了获得更加完善的对比，试验首先将最大荷载设置在低于平衡加压法的 200 kPa，以求获得一种较为准确的膨胀关系；随后用一种较大的最大荷载，试图探究在较高荷载作用下试样会发生怎样的力学反应。

初始含水率相同的试样，在固结仪上安装就位之后，加 1 kPa 预压，记录初始读数。此时的读数是试样保持原始高度的时候的对应读数。用逐级加载的方法使其荷载保持在 200 kPa，然后从侧面加水。在百分表读数保持稳定之后，记录膨胀之后的数据。按照这种方法逐级卸载和计数，直到荷载为 0 kPa 为止，试验数据拟合曲线如图 7.21 所示。

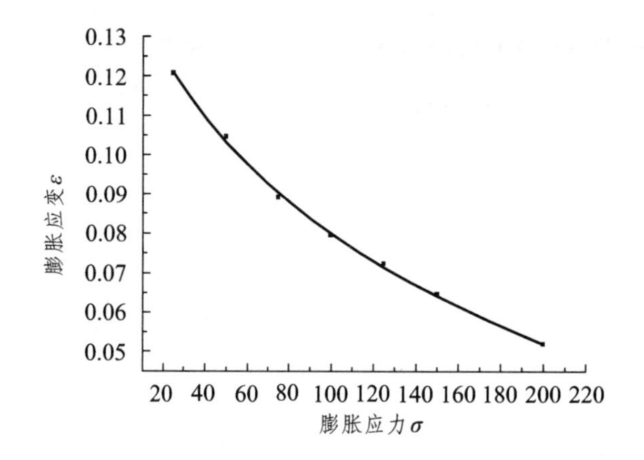

图 7.21　含水率变化 23.93%的试样的拟合曲线特征

对应的应变和应力关系：

$$\varepsilon_{\mathrm{v}} = 0.291\,8 - 0.046\,52\ln\left(\frac{1-\mu}{1+\mu}\sigma_{\mathrm{v}} + 29.17\right) \tag{7-10}$$

3. 平衡加压法

国际岩石力学学会在 1989 年推荐使用平衡加压法作为测定膨胀力的方法。平衡加压法的关键在于采用不断加载的方法，压回每次产生的膨胀，使得膨胀土试样始终保持在最初的形状。这在一定程度上避免了由于膨胀过大而产生的内部结构的不可逆变化。

为了让试样保持原有结构，或者说，使其内部结构的变化全部是由膨胀造成的，以便于得到纯正的膨胀本构关系，有人设计了一种根据平衡加压法演变来的试验方法。试验在固结仪上进行，在按照平衡加压法将试样安置好之后，从侧面加水。之后试样开始膨胀，当试样的膨胀量达到某一个确定的值之后，开始用荷载将膨胀压回，并记录下该次压缩量跟所加荷载。这样依次下去，直至试样再也不产生新的膨胀为止。

在膨胀土的应力应变关系中，跟外部所加荷载有直接关系的应变并不是在荷载下产生的剩余膨胀变形，而是荷载压回的膨胀变形。以弹簧为例可以说明这个问题，弹簧从自然长度压缩到某一长度，其压缩量为Δx，弹簧的刚度为k，外部压力为F，则本构关系应该写成：

$$F = k\Delta x \tag{7-11}$$

外部压力和弹簧弹性力相等，这同膨胀力跟外力的关系类似。如果做这样一种类比的话，膨胀最大的位置可以认为是平衡位置，而外力作用下的膨胀土所发生的变形是一种压缩变形。试验得到了由压回膨胀率跟膨胀力之间的关系，数据拟合曲线如图 7.22 所示。

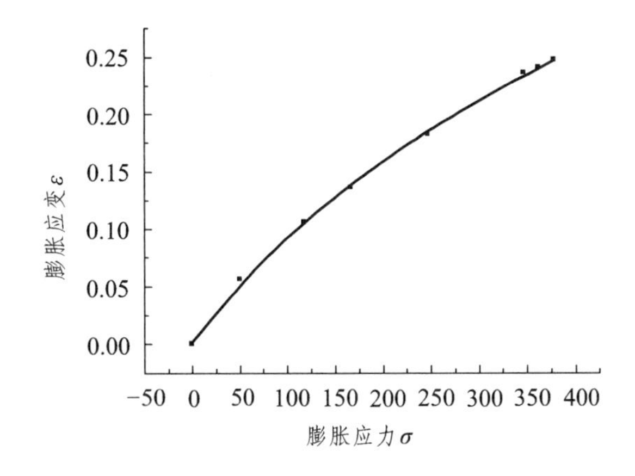

图 7.22　平衡加压法测得膨胀本构关系

膨胀本构关系为：

$$\varepsilon_{\mathrm{v}} = -1.271\,1 + 0.227\,5\ln\left(\frac{1-\mu}{1+\mu}\sigma_{\mathrm{v}} + 204.8\right) \tag{7-12}$$

4. **先压后胀法**

先压后胀法并不是一种测定膨胀本构关系的方法。它的在土工试验规程中的名称是“有荷膨胀率试验”。这种原本属于膨胀土基本特征试验的试验被重新命名，并且放在膨胀本构关系试验之列。重命名的原因在于它所发挥的不同作用：一方面是为了给有含水率特征的膨胀本构试验提供一种含水率和膨胀率的边界；另一方面，作为一种对比，它能提供对膨胀特征的对比性思考。

将试样安置在固结仪上，加装滤纸跟透水石，盖上盖板，施加一定的荷载，调整百分表读数在适当位置，记录下此时读数。水从固结仪底部注入。此后试样会在压力和完全浸水的状况下发生膨胀。百分表最终停留的位置认为是膨胀发生的终点，试验数据拟合曲线如图 7.23、图 7.24 所示。

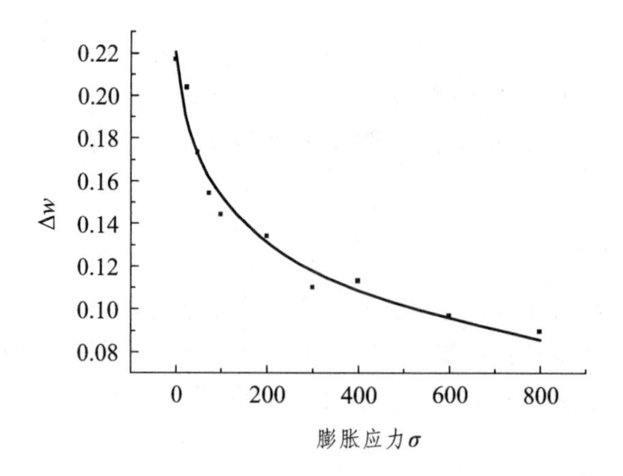

图 7.23　应力同最大含水率变化之间的关系曲线

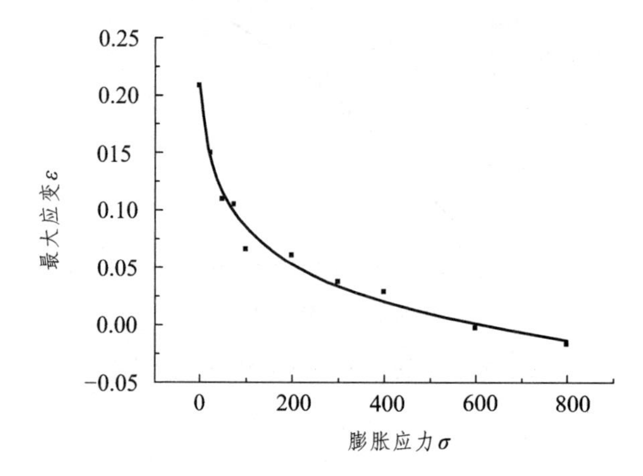

图 7.24　应力同最大膨胀率之间的关系曲线

应力同最大含水率变化之间的关系为：

$$\Delta w = 0.315\ 3 - 0.034\ 23\ln\left(\sigma_{\mathrm{v}}\frac{1-\mu}{1+\mu} + 15.88\right) \tag{7-13}$$

应力同最大膨胀率之间的关系：

$$\varepsilon_{\max \mathrm{v}} = 0.313\ 2 - 0.048\ 73\ln\left(\frac{1-\mu}{1+\mu}\sigma_{\mathrm{v}} + 8.465\right) \tag{7-14}$$

从以上数据和曲线能够看出，随着荷载的增大，膨胀土所能吸收的水量逐渐减少，这种减少呈现一种对数关系。吸收水的现象在荷载达到其膨胀力（450 kPa）的时候仍然存在，而即使是到了 800 kPa，也仍然有 8.9% 的水从侧面进入试样之中。而当荷载达到 600 kPa 的时候，试样不仅没有在水的作用下发生膨胀，反倒产生了压缩。这与逐级卸载法中的试验现象相同。

5. 膨胀应力与膨胀应变的关系的讨论

以上 4 种跟膨胀本构有关系的试验，所有试验全部是在 K_0 状况下进行的，即限制侧向变形，只有轴向发生膨胀。其中：先胀后压法所获得的本构关系是包含有含水率变化和荷载的双变量本构关系；逐级卸载法是国际岩石力学学会推荐的测定膨胀土应力应变关系的方法，这种本构关系是单变量的，并且在不同应力下应该有不同的含水率变化；平衡加压法是一种新的测定膨胀本构关系的方法，由此方法获得的本构关系跟之前其他方法所得的不同之处在于，其应变并非在应力之下的膨胀残余应变，而是压力作用之下的压回应变；先压后胀法获得的是不同压力之下的最大含水率和最大膨胀率。

对于已经得到的 4 种膨胀关系，在应用的时候应该怎样选择便成为一个新的问题。根据每一种试验的特点，提出如下应用选择方法。

（1）如果在已知含水率则建议采用先胀后压法所得的膨胀本构关系，即：

$$\varepsilon_{\mathrm{v}}=-(0.062\,86+0.103\,2\Delta w)\ln\left(\frac{1-\mu}{1+\mu}\sigma_{\mathrm{v}}+5.775+179.8\mathrm{e}^{-\frac{\Delta w}{0.172\,1}}\right)+0.437\,2+0.885\,4\Delta w \tag{7-15}$$

但这种应变需要得到矫正，即用先压后胀法得到的最大应变：

$$\varepsilon_{\max\mathrm{v}}=0.313\,2-0.048\,73\ln\left(\frac{1-\mu}{1+\mu}\sigma_{\mathrm{v}}+8.465\right) \tag{7-16}$$

从两种膨胀本构关系中选取膨胀率最小的那个。

（2）如果未知含水率，则建议使用逐级卸载法所得本构关系，即：

$$\varepsilon_{\mathrm{v}}=0.291\,8-0.046\,52\ln\left(\frac{1-\mu}{1+\mu}\sigma_{\mathrm{v}}+29.17\right) \tag{7-17}$$

（3）如果已知膨胀应变，需要知道约束这些膨胀应变将产生的膨胀力，则使用平衡加压法试验所得本构关系，即：

$$\varepsilon_{\mathrm{v}}=-1.211+0.227\,5\ln\left(\frac{1-\mu}{1+\mu}\sigma_{\mathrm{v}}+204.8\right) \tag{7-18}$$

7.1.6　膨胀系数的应用

对于依照温度应力理论建立的本构方程,采用湿度应力同其他应力耦合的方式是合理的。膨胀岩土吸水膨胀试验研究表明：湿度场和应力场的关系如同温度应力场那样是一个受材料吸水膨胀系数影响的线性关系，只要能够合理确定膨胀系数，就可以仿照温度应力场建立湿度应力场的本构方程。

大量的试验研究结果表明，根据岩土体吸水膨胀全过程曲线确定岩土体的膨胀变形系数或膨胀应力系数是可行的。膨胀系数在物理意义和工程意义上都是合理的，表明岩土体吸水量与膨胀应力（应变）的线性变化关系。现有的试验装置和试验方法，已经提供了测试膨胀系数的可行性。因此，仿照岩土体渗透系数分类的方法，将膨胀岩土按照膨胀系数进行工程分类，这将会对目前膨胀岩土分类方法起到较好的促进作用。

7.1.7 膨胀岩土制样问题

膨胀岩土具有强烈的水敏性特征，导致红层泥岩原状样的制备较为困难。目前在交通、建筑、水电工程、石油工程中主要的膨胀性测试，试样都是通过手工加工原状样，或重塑试样，得到膨胀岩土的膨胀参数，尤其是膨胀力参数。因此，利用重塑样测出的膨胀力或膨胀变形，从严格意义上来说，仅表示重塑试样的膨胀性能的大小，并不能符合工程师对膨胀力的理想定义。对于原状样，则需要放入试验容器中，由于试样与容器壁之间的间隙，部分变形得到释放，导致测出的膨胀力离散性较大，比实际值偏小。

由于试验方法的局限性，不同方法测得的膨胀力差异较大。在交通、建筑、水电工程中，利用重塑样测得膨胀力小的只有几十千帕，大的可以达到几百千帕或接近 1 MPa。石油行业采用高压三轴仪测得的泥页岩膨胀力均在 1 MPa 以上。如何协调和统一，不同测试方法的差别，是膨胀岩研究中的一个难题。

对于含膏盐组分红层岩石膨胀性的测试则在满足一般膨胀性测试的基础上，还需要注意石膏对试验装置的腐蚀性问题。

简单、直接、有效的膨胀岩土试样的制备技术是制约膨胀性能测试的关键，亟待突破。

7.2 红层岩石的膨胀特性

7.2.1 红层岩石的膨胀性

根据搜集到的红层岩石自由膨胀率 75 组，膨胀力 63 组数据，汇总见表 7.2。

表 7.2 红层泥岩膨胀性参数变化范围简表

膨胀性指标	西岭雪山隧道红层泥岩	遂渝铁路增建二线红层泥岩	遂渝客专 DK10 处红层泥岩
自由膨胀率/%	19 ~ 155.5	6 ~ 37	10 ~ 22
膨胀力/kPa	78.64 ~ 162.9	31 ~ 680	2.24 ~ 14.86
饱和吸水率/%		6.15 ~ 53.89	

由表中数据可以看出，红层泥岩的自由膨胀率变化范围较大，为 6% ~ 155.5%，说明红层岩石自由膨胀率离散性较大。红层泥岩的膨胀力变化范围也较大，为 2.24 ~ 680 kPa，膨胀力参数的离散性较大。在进行膨胀性判别时，应结合其他指标综合判别。

根据《铁路特殊岩土工程勘察规范》(TB 10038—2001)，判别膨胀岩应考虑自由膨胀率、膨胀力、饱和吸水率三个指标，要求其中两个指标符合时，才将其判定为膨胀岩。饱和吸水率是曲永新（1991）提出的判定岩石膨胀性的指标，其基本意义是岩块在干燥条件下的饱和吸水率，吸水率越大，岩石的膨胀性越高。表 7.3 为某铁路红层泥岩膨胀性参数指标列表。表中判定为膨胀岩的，一定是其中某两项指标达到判定值。表中标注为泥岩的，其单个膨胀性指标也可能很高，如 9 号试样，其膨胀力达到 116 kPa，但另外两项指标较小，未将其判定为膨胀岩。再如 38 号样，其膨胀力达到 159 kPa，但另外两项指标较小，未将其判定为膨胀岩。

表 7.3 某铁路线红层泥岩膨胀参数列表

序号	自由膨胀率/%	饱和吸水率/%	膨胀力/kPa	岩 性	序号	自由膨胀率/%	饱和吸水率/%	膨胀力/kPa	岩 性
1	28.00	41.29	235.00	泥岩（膨胀岩）	26	18	35.10	255	膨胀岩
2	12.00	12.26	76.00	泥 岩	27	16	16.52	116	膨胀岩
3	9.00	20.61	77.00	泥 岩	28	29.00	30.14	485.00	泥岩（膨胀岩）
4	24	17.37	557	膨胀岩	29	36.00	29.47	445.00	泥岩（膨胀岩）
5	18.00		63.00	泥 岩	30	14.00	9.22	105.00	泥 岩
6	10	6.15		泥 岩	31	7.00		72.00	泥 岩
7	11	16.50	116	膨胀岩	32	17.00	10.49	263.00	泥岩（膨胀岩）
8	25.00	21.49	234.00	泥岩（膨胀岩）	33	30.00	11.25	104.00	泥岩（膨胀岩）
9	14.00	8.99	144.00	泥 岩	34	31.00	10.70	680.00	泥岩（膨胀岩）
10	13	33.70	765	膨胀岩	35	15.00		78.00	泥 岩
11	6	11.48	205	膨胀岩	36	30.00	53.89	100.00	泥岩（膨胀岩）
12	29	17.93	349	膨胀岩	37	28.00	10.67	118.00	泥岩（膨胀岩）
13	17	33.70	505	膨胀岩	38	19.00	8.73	159.00	泥 岩
14	12.00		56.00	泥 岩	39	29.00	25.29	123.00	泥岩（膨胀岩）
15	14.00	19.25	62.00	泥 岩	40	31.00	18.03		泥岩（膨胀岩）
16	17.00	17.51	60.00	泥 岩	41	30.00	26.48	216.00	泥岩（膨胀岩）
17	17.00			泥 岩	42	16.00	17.76	177.00	泥岩（膨胀岩）
18	33.00	10.68	108.00	泥岩（膨胀岩）	43	37	24.11	19	泥岩（膨胀岩）
19		8.75	60.00	泥 岩	44	30	10.13	126	泥岩（膨胀岩）
20			31.00	泥 岩	45	24.00	9.06		泥 岩
21			63.00	泥 岩	46	21.00			泥 岩
22	8.00			泥 岩	47	30.00	16.33	168.00	泥岩（膨胀岩）
23	17	25.60	608	膨胀岩	48	27.00	45.56	293.00	泥岩（膨胀岩）
24	12	19.55	371	膨胀岩	49	21.00	13.07	391.00	泥岩（膨胀岩）
25	34.00	15.25	266.00	泥岩（膨胀岩）	50	23.00	10.15	588.00	泥岩（膨胀岩）

水利水电行业采用与铁路行业类似的膨胀岩判别方法，但在具体指标的选择上还是有所不同的。表7.4及表7.5分别为毗河供水工程及武都引水二期灌区工程的有关膨胀岩试验资料。按照《水电水利工程坝址工程地质勘察技术规程》(DL/T 5414—2009)中膨胀岩判别标准是在考虑试样崩解性能的基础上，再从膨胀率、膨胀力、自由膨胀率、饱和吸水率四个参数来考虑岩石的膨胀性的。在具体执行中，只要有一项符合就判定为膨胀岩。

表 7.4　毗河供水工程岩土体膨胀性试验结果（王子忠，2014）

取样位置	地　层	膨胀率/%	膨胀力/kPa	自由膨胀率/%	饱和吸水率/%	膨胀性判定
金水桥隧道出口	K_1b			29		非膨胀岩
总干渠桩号 55+515	K_1c			37		弱膨胀岩
龙泉山隧道进口	J_3p^2			38		弱膨胀岩
龙泉山隧道出口	J_3p^2			25		非膨胀岩
金水桥隧道进口	J_3p^2			18		非膨胀岩
金水桥隧道进口	J_3p^2	0.9	62.5	14.5		非膨胀岩
鞍台山隧道	J_3p^2	3.2	74.9	22.5		非膨胀岩
康家寨隧道进口	K_1b			41		弱膨胀岩
南塔隧洞出口	K_1c			26		非膨胀岩
卢家坝渡槽	J_3p^2				10	弱膨胀岩
廖家坝渡槽	J_3p^2				10.49	弱膨胀岩
罗家坝渡槽	J_3p^2				11.75	弱膨胀岩
长沟渡槽	J_3p^2				7.7	非膨胀岩
风吹坡隧道进口	J_3p^2			40		弱膨胀岩
许家岩渡槽	J_3s				8.6	非膨胀岩
许家岩渡槽	J_3s				7.55	非膨胀岩

表 7.5　武都引水二期灌区工程粉砂质泥岩膨胀性试验结果（王子忠，2014）

取样位置	地　层	岩　性	膨胀力/kPa	岩块膨胀率		饱和吸水率/%	膨胀性判定
				轴　向/%	径　向/%		
宏仁渡槽	K_1jg	粉砂质泥岩	178.65	2.60		4.76	弱膨胀岩
金子岭隧道	K_1j		68.64	1.13	0.94	5.95	非膨胀岩
金子岭隧道	K_1j		83.75			3.37	非膨胀岩
金子岭隧道	K_1j		437.84	3.40		10.05	中膨胀岩
马鞍山隧洞	K_1j		147.72	2.10		5.08	弱膨胀岩
葫芦山隧洞	K_1j		26.82	0.83	0.13	5.32	非膨胀岩
李马沟渡槽	J_3p^2		112.55	1.42	0.41	6.29	弱膨胀岩

7.2.2 红层填料的膨胀性

红层填料在红层路基工程中是常见的，对于红层填料的膨胀性进行测试的资料不多。进行红层填料测试时，需要考虑填料压实度与膨胀性的关系。

为了了解红层泥填料在不同压实度下的膨胀特性，在进行 CBR 试验的同时进行了膨胀试验，试样的最大干密度为 1.855 g/cm^3，试样按最佳含水量 12.81% 配制，试验用土为完全崩解后的侏罗系遂宁组红色泥岩，试验结果如图 7.25 所示。从图可知，随着压实度的提高，膨胀率逐渐增大，压实度为 87% 和 100%，其膨胀率分别为 1.71% 和 2.53%。

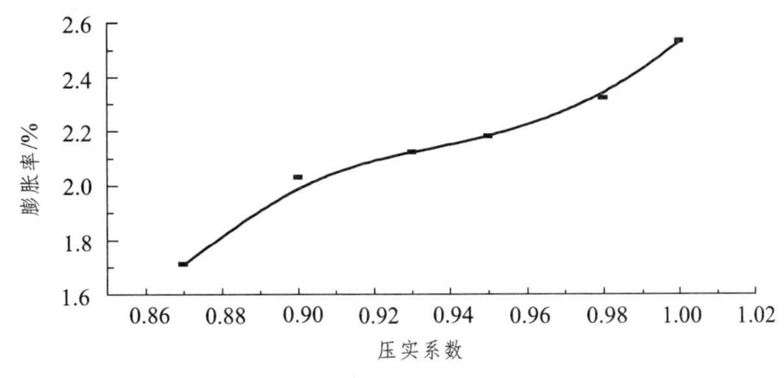

图 7.25 红层填料的膨胀率与压实度的关系

7.2.3 含膏红层岩石的膨胀性

含膏红层中的膨胀主要是盐类结晶性膨胀。结晶性膨胀是含盐含膏地层中各种盐类矿物在地下水及干湿交替作用下发生的。表 7.6 是成昆铁路南段含盐地层膨胀性的试验结果。数据表明，含膏盐红层中的结晶膨胀问题是不容忽视的，常常是膨胀、腐蚀等问题的综合。

表 7.6 成昆铁路南段含盐地层膨胀试验结果（罗健，1978）

工点名称	地层符号	试件岩石名称	Na_2SO_4 /%	$CaSO_4$ /%	其他易溶盐 /%	膨胀量 /%	膨胀力 /kPa
中坝隧道	$K_{1\,D3}^{2}$	灰绿色粉砂质泥岩	8.91	43.15	10.05	30.52	950
	$K_{1\,D1\sim5}^{2}$	灰绿色棕褐泥质粉砂岩	0.16 ~ 1.98	12.28 ~ 39.01	0.78 ~ 3.85	0.11 ~ 1.82	0.00 ~ 4.0
巴格勒隧道	$K_{1\,D1\sim3}^{2}$	灰绿色棕褐泥质粉砂岩	0.01 ~ 2.08	16.63 ~ 40.33	1.38 ~ 2.23	0.00 ~ 2.50	5 ~ 22
桐模甸1号大桥	$K_{1\,D2\sim3}^{2}$	灰绿色棕褐泥质粉砂岩	0.08 ~ 0.33	37.82 ~ 45.63	1.47 ~ 1.61	0.15 ~ 0.23	0.00 ~ 24

续表

工点名称	地层符号	试件岩石名称	Na_2SO_4 /%	$CaSO_4$ /%	其他易溶盐/%	膨胀量/%	膨胀力/kPa
桐模甸2号大桥	K_{1C}^{2}	棕褐色泥质粉砂岩	0.07 ~ 0.50	3.32 ~ 35.08	0.80 ~ 3.48	0.01 ~ 1.16	2 ~ 27
法拉隧道	K_{1D3}^{2}	灰绿色泥岩含芒硝多	8.52	36.69	8.94	71.72	990
	K_{1D3}^{2}	灰绿色泥岩含芒硝多	8.42	41.13	10.79	89.40	1127
	$K_{1D1\sim3}^{2}$	灰绿色泥岩、粉砂岩	0.18 ~ 1.58	9.86 ~ 56.93	1.35 ~ 2.68	0.06 ~ 2.50	5 ~ 20
大田菁大桥	K_{1D3}^{2}	灰绿色粉砂质泥岩	0.37	14.37	1.59	2.31	25
伏井隧道	K_{1D5}^{2}	灰绿色粉砂质泥岩	0.24 ~ 0.40	34.17 ~ 36.07	1.30 ~ 1.44	0.50 ~ 8.34	10 ~ 25

7.2.4 石膏岩的膨胀性

罗健（1978）对嘉陵江岩系中石膏岩膨胀性进行了现场膨胀性、石膏岩粉末、石膏岩岩样膨胀性三方面的试验研究。

1. 膨胀性的现场测试

在隧道中硬石膏岩地段，埋设压力盒，对其膨胀力进行一年零三个月的长期观测，最大膨胀力为 420 ~ 480 kPa。

2. 硬石膏岩粉末的膨胀性测试

取小于 0.1 mm 粒径硬石膏岩粉，经恒温干燥后，置于不锈钢环刀中压实、称重。在试样下方通过透水石，让毛细水逐渐把粉样浸透。粉粒接触水后，开始其水化膨胀过程。用千分表量测线胀数值。试样膨胀到一定阶段后，加荷到平衡状态，得该点膨胀力数值。用同一个岩样进行两个试验，结果见表 7.7。

表 7.7　成昆线红层硬石膏岩粉末的膨胀性

试样名称	测试时间/h	体积增加 V/%	膨胀力/kPa
含白云石硬石膏岩	1 536.5	3.3	225
含白云石硬石膏岩	2 352.0	5.0	300

3. 硬石膏岩岩样的膨胀性

把试样制成直径 5 mm、厚 25 mm 的短圆柱体，置于金属盒中，用水浸没。通过上部设置的应力环和千分表，量侧膨胀量和膨胀力。试验历时 1 年，每天线膨胀 0.02 mm，表 7.8 摘要记录 1 年的试验数据。

表 7.8 百家岭隧道硬石膏岩岩样膨胀试验成果表

测试天数 /d	变 形 /mm	总压力 /kPa	膨胀力 σ/kPa	体积增加 V/%	膨胀系数 (σ/V)	备 注
1	2.9×10^{-2}	52.4	2.76	0.110	0.251	试样基本特征条带状含白云石硬石膏岩(试样尺寸:直径 4.93 cm,厚度 2.54 cm)
5	4.0×10^{-2}	72.3	3.8	0.132	0.288	
20	6.0×10^{-2}	108.4	5.69	0.228	0.25	
46	10.0×10^{-2}	180.7	9.47	0.420	0.225	
63	12.0×10^{-2}	216.9	11.3	0.486	0.232	
98	16.0×10^{-2}	289.1	1.52	0.629	0.242	
141	25.0×10^{-2}	451.7	23.8	0.980	0.243	
161	30.2×10^{-2}	545.1	28.6	1.188	0.241	
206	41.0×10^{-2}	740.7	38.9	1.610	0.241	
238	46.0×10^{-2}	831.2	43.7	1.870	0.241	
258	51.5×10^{-2}	930.6	48.9	2.027	0.241	
273	55.0×10^{-2}	993.8	52.3	2.165	0.241	
292	61.5×10^{-2}	1 111.2	58.5	2.420	0.242	
384	71.5×10^{-2}	1 291.9	67.9	2.813	0.241	

试验情况表明，硬石膏水化过程极为缓慢，体积增加和膨胀力存在线性关系（如图 7.26 所示），膨胀系数（斜率）平均约为 0.244。与粉样试验比较，试验结果相差较大。粉样试验的膨胀系数为岩样的 2 倍以上。因为粉样试验破坏了岩石内部构造，颗粒间孔隙水和粉粒表面的薄膜水的干扰，致使数值偏大。岩样试验和现场膨胀力观测结果，十分接近，且比较反映实际情况。

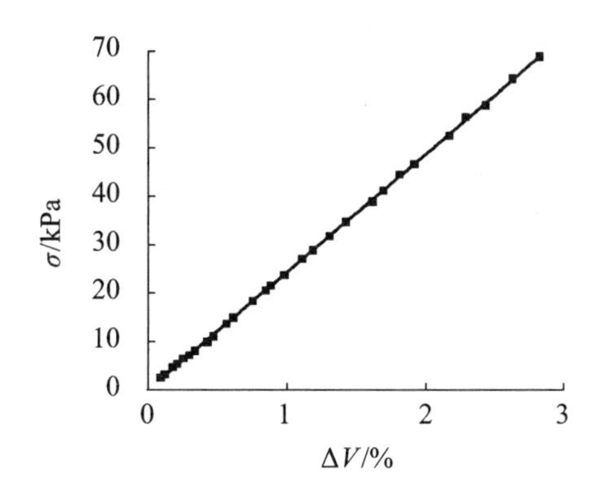

图 7.26 硬石膏岩膨胀量与膨胀力的线性关系

7.3 红层岩石膨胀机理与影响因素

7.3.1 红层岩石膨胀的影响因素

红层岩石膨胀的根本原因是泥质岩中黏土矿物吸水膨胀和红层岩石中的硬石膏、芒硝等矿物水化体积膨胀。影响岩石膨胀的因素主要有物质成分、结构构造、环境水的性质等因素。

1. 物质成分的影响

对于泥质岩来说，物质成分是红层岩石膨胀的物质基础，尤其是泥黏土矿物成分的含量，对膨胀性有较为显著的影响。因此，《铁路特殊岩土工程地质勘察规范》(TB 10038—2001)，将蒙脱石含量作为膨胀岩膨胀性的判别指标之一。

2. 结构构造的影响

由于岩石经历一定的沉积成岩作用，黏土矿物颗粒胶结在一起，形成较强的胶结连接，对岩石的膨胀具有一定的抑制作用。因此，对于膨胀试验来说，由于重塑样破坏了岩石的原有结构构造，试验测得的膨胀力从实质上来说，仅能代表一定密度条件下的土的膨胀性，并不能真正代表岩石的膨胀性。

3. 环境水的影响

研究表明，红层泥质岩总体偏碱性。当其遇到酸性环境水时，由于水的溶解和腐蚀作用，溶解钙质胶结物，破坏泥质岩的结构构造，将有利于泥质岩的膨胀性的发挥。

将红层泥质岩进行脱钙处理，溶蚀红层岩石中的钙质胶结物，然后进行自由膨胀率试验（如图 7.27 所示）。

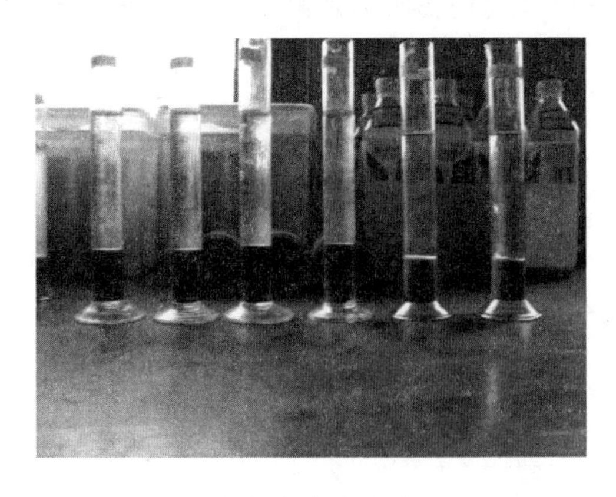

（a）自由膨胀率试验

（b）硫酸溶液腐蚀后岩土试样膨胀现象

图 7.27 膨胀效应试验现象

试验结果表明，经酸性溶液处理后，红层粉末中碳酸钙成分损失较大，自由膨胀率变化情况如下：遂宁组泥岩从 11.23% 减少到 0.75%；合川粉砂岩从 11.73% 减小至 1.29%；西岭雪山隧道 6 号钻孔泥岩从 20.86% 减小到 1.26%；西岭雪山隧道 10 号钻孔泥岩从 19.68% 减小到 3.21%。自由膨胀率呈明显的增加趋势。

脱钙后红层泥岩、粉砂岩自由膨胀率有明显增加的趋势，如：合川粉砂岩自由膨胀率从 9% 增加至 22%，增加幅度约为 144%；西岭雪山隧道 6 号钻孔泥岩自由膨胀率从 28% 增加至 48%，增加幅度约为 71%。这说明改质胶结物对红层岩土体有明显的胶结作用，失去钙质胶结物，红层岩土体膨胀性将会有逐渐增加的趋势。

7.3.2 红层岩石的膨胀过程

1. 赋存环境条件的改变阶段

由于自然或人为扰动，被密封的红层泥岩露出地表，原来封闭的环境被改变，红层泥岩的一个或几个侧面直接暴露出来，受到温度、水、空气等因素的直接影响，为膨胀作用的发生提供了物质基础。

2. 吸水矿物的水化膨胀阶段

由于降雨、融雪、污水等各种来源的水与揭露的红层岩石直接接触，吸水矿物与水之间发生水化作用，矿物晶体体积增加。

3. 红层岩石膨胀稳定阶段

由于矿物晶体中不均匀电荷是有限的，当矿物颗粒与水分子之间的电荷趋于平衡后，水化膨胀作用逐渐稳定。由于黏土矿物颗粒极其细小，其增加的微观体积变形不断填充岩石孔隙或裂隙。随着膨胀变形的不断积累，最终在宏观上，表现为红层岩土体体积变形或产生膨胀压力。

4. 红层岩石胀缩反复阶段

由于条件的变化，尤其是干湿循环的变化，红层岩土体中水分反复的蒸发入渗，导致红层泥质岩产生反复的胀缩变形过程，最终的结果是导致红层岩石表层的逐渐破坏或支挡结构物的变形破坏。

7.3.3 红层岩石膨胀机理

1. 泥质岩的膨胀机理

对于泥质岩的膨胀，主要观点是由于黏土矿物晶体内部或表面电荷不平衡引起的黏土矿物和水之间的相互作用。膨胀发生在黏土矿物晶体内部和外部，分别称为内膨胀和外膨胀。

内膨胀是指水分进入黏土矿物晶体内部（水化作用），而产生的膨胀变形；外膨胀是发生在黏土矿物颗粒之间，水与黏土矿物晶体表面产生的吸附作用（双电层理论）。

黏土矿物双电层的机理是由于黏土矿物晶体表面带负电荷，吸附环境水中的水分子，形成双电层，使黏土矿物颗粒表面的结合水膜变厚，导致矿物颗粒体积膨胀，引起岩石膨胀变形。

2. 含膏岩石的膨胀机理

红层岩石中的硬石膏、芒硝等矿物水化，形成结晶水，矿物晶体体积增加，导致红层岩石体积膨胀，引起岩石膨胀变形。根据理论估算，石膏从硬石膏转变为石膏，体积增加约63%，其水化膨胀机制是：

$$CaSO_4+2H_2O \longrightarrow CaSO_4 \cdot 2H_2O$$

3. 岩石膨胀的上限

吸水矿物成分的存在是导致红层岩石膨胀的物质基础，含水量的变化是红层岩石膨胀的诱发因素。由于黏土（石膏）矿物晶体结构本身的特点，单个黏土矿物晶体的吸收的水分子与其电荷平衡后，水化作用逐渐趋于停止，膨胀过程也逐渐稳定，岩石膨胀是有限度的，不能无限膨胀。

7.4 红层岩石膨胀的评价方法

7.4.1 红层岩石膨胀评价的主要参数

岩石的膨胀性得到了广泛的共识，在红层岩石膨胀性评价上的参数，由于出发点不同，引入的参数也较多。

1. 与成分有关的膨胀指标

与成分有关的膨胀参数主要有：阳离子交换量、黏粒含量、蒙脱石含量。主要的观点是认为泥质岩产生膨胀的本质是亲水性黏土矿物与水的水化作用程度。

离子交换是黏土矿物的一个重要的物理化学指标。不同的黏土矿物，因晶体内外不平衡电荷的不同，其阳离子交换量会有明显的区别。阳离子交换量提供了黏土矿物中不平衡电荷信息，是黏土矿物水化能力的直接驱动力，能较好地体现黏土矿物亲水性的强弱，能从微观上，反映黏土矿物胀缩性的强弱。

黏土矿物是引起膨胀的物质基础，黏土矿物尤其是蒙脱石含量的多少，能够反映泥质岩膨胀性的大小。

2. 与物性指标有关的膨胀指标

与物性有关膨胀参数主要有：塑性指数、比表面积、液塑限。主要的观点是黏土矿物与水相互作用后，会通过物性指标体现出来，物性指标的大小，在一定程度上反映了黏土矿物亲水性的强弱，从微观上表达了黏土矿物胀缩性强弱的信息。

各种黏土矿物由于分散度和晶体结构的不同，比表面积有显著的不同，通过泥质岩中黏土矿物比表面积的测定，一方面可以反映黏土矿物含量的信息，另一方面也反映了黏土矿物亲水性强弱的信息。

液塑限及塑性指数，反映了黏土矿物吸水量的多少，表达了泥质岩矿物成分对水吸收强度。

3. 与水理性质有关的膨胀指标

与水理性质有关的膨胀参数主要有：自由膨胀率、崩解类型、干燥饱和吸水率、膨胀量、膨胀率、膨胀力、体膨胀量。主要的观点是黏土矿物与水的微观的物理化学作用，会通过宏观的水理特征表现出来。通过测定泥质岩的水理参数，直接或间接地得到泥质岩膨胀性的信息。

自由膨胀率、膨胀量、膨胀率、膨胀力、体膨胀量等指标是岩土体膨胀性的直接反映，是泥质岩膨胀性判别最直接的指标。

干燥饱和吸水率是指将泥质岩试样烘干后，充分吸水，测试泥质岩的最大吸水量，对比研究表明，泥质岩吸水程度的强弱，也间接地表达了泥质岩膨胀性的大小。

崩解类型主要有不崩解、碎块状崩解、碎屑状崩解、泥化崩解等，对比研究表明，呈现泥化崩解的泥质岩类，表现出较强的膨胀性。

4. 其他膨胀性指标

关于泥质岩膨胀性判别的指标还有胶结系数、单轴抗压强度、围岩强度比等参数。

总体而言，这些膨胀性参数从微观到宏观，从不同侧面反映了泥质岩膨胀的特征，也充分说明了泥质岩膨胀问题的复杂性。

7.4.2　红层岩石膨胀性的工程评价

由于泥质岩膨胀的复杂性，铁路、公路、建筑、水电、矿山等行业都建立的各自的膨胀性的工程评价方法，大体上采用相同指标进行综合评价，但在具体指标的选用上还有一定的差异。

1. 膨胀岩的野外识别

根据《铁路特殊岩土工程勘察规范》（TB10038—2001），膨胀岩在野外主要依据地地貌、岩性、结构构造等地质特征识别（见表 7.9）。

表 7.9　膨胀岩的野外地质特征

相关因素	野外地质特征
地　貌	一般形成波状起伏的低缓丘陵，相对高度 20 ~ 30 m，丘陵多浑圆，坡面圆顺，山坡坡度缓于 40°，岗丘之间为宽阔的 U 行谷地；当具有砂岩夹层时，常形成一些陡坎
岩　性	主要为以紫红为主，间夹灰白、灰绿、灰黄的泥岩、泥质粉砂岩、页岩以及含硬石膏、芒硝的岩石等。岩石由细颗粒组成，遇水时多有滑腻感。泥质膨胀岩的分布地层以三叠系、侏罗系、白垩系、第三系为主
结构构造	岩层多为薄层和中、厚层状，裂隙发育，裂隙多被灰白、灰绿色等富含蒙脱石物质充填
风化现象	风化节理、裂隙多沿构造面。结构面进一步发展，导致已被结构面切割的岩块更加破碎；地表岩石碎块风化为鸡粪土，斜坡岩层剥落现象明显；天然含水的岩石在曝晒时多沿层理方向产生微裂隙；干燥的岩块泡水后易崩解成碎块、碎片或土状；柱状岩芯在暴露在空气中，数小时至几天内，破裂分解为碎屑或土状

2. **膨胀岩的室内判别指标**

在国外，日本标准为 < 2 μm 的黏粒含量 ≥ 20%，塑性指数 I_p ≥ 70，阳离子交换量 ≥ 20 meq/100 g，体膨胀量>2%，浸水崩解度 A ~ D。浸水崩解度指把烘干的岩石浸入水中时的破坏程度，A 为无变化，B 与 C 为中间程度，D 为完全崩解。英国建议标准为蒙脱石含量 ≥20% ~ 15%。

在国内，膨胀岩判别标准主要有《铁路特殊岩土工程勘察规范》(TB 10038—2001)，见表 7.10。

表 7.10　铁路行业膨胀岩室内试验判定指标

试验项目		判定指标
自由膨胀率/%	不易崩解的岩石	≥3
	易崩解的岩石	≥30
膨胀力/kPa		≥100
饱和吸水率/%		≥10
说明	1. 对于不易崩解的岩石，应取轴向或径向自由膨胀率中的最大值进行判定； 2. 对于易崩解的岩石应将其粉碎，过 0.5 mm 的筛子去除粗颗粒后，比照土的自由膨胀率试验方法进行试验； 3. 当有 2 项及其以上符合表中所列指标时，在室内可判定为膨胀岩	

3. **膨胀岩分级**

膨胀性软岩的分级同样无统一标准，总的来说，主要以膨胀量、线缩率、干燥饱和吸水率、自由膨胀率、比表面积、交换容量、液限、塑限等作为判别指标。如：文江泉、韩会增以极限膨胀量、极限膨胀力、自由膨胀率、干燥饱和吸水率作为指标；崔旭、张玉以自由膨胀率、干燥饱和吸水率以及围岩强度应力比三个参数为指标。代表性膨胀岩分级标准见表 7.11 ~ 7.13。作为技术规范的分级目前主要是《铁路特殊岩土工程勘察规范》(TB 10038—2001)。

表 7.11 膨胀岩分类标准

项　目	膨胀率/%	膨胀力/kPa	自由膨胀率/%	饱和吸水率/%
非膨胀岩	<3	<100	<30	<10
弱膨胀岩	3 ~ 15	100 ~ 300	30 ~ 50	10 ~ 30
中等膨胀岩	15 ~ 30	300 ~ 500	50 ~ 70	30 ~ 50
强膨胀岩	>30	>500	>70	>50

表 7.12 曲永新膨胀性软岩分级标准

比表面积/($mm^2 \cdot g^{-1}$)	交换容量/(me·100 g)	液限/%	塑限/%	干燥饱和吸水率/%	分级结果		
					黏土矿物	亲水性	膨胀性
>300	>50	>50	>20	>90	蒙脱石为主	强亲水	剧　烈
100 ~ 300	15 ~ 50	35 ~ 50	20 ~ 30	50 ~ 90	蒙脱石和其他	亲　水	中　等
50 ~ 100	5 ~ 20	15 ~ 35	10 ~ 22	25 ~ 50	伊利石为主	弱亲水	弱
<50	<10			<25	高岭石为主	非亲水	非

表 7.13 澳大利亚膨胀性软岩分级标准

膨胀量/%	线收缩率/%	膨胀性分级
>31	>17.5	极　强
16 ~ 30	12.5 ~ 17.5	强
8 ~ 15	8 ~ 12.5	中　等
<7.5	<8	弱

7.5 红层泥质岩膨胀的防治建议

7.5.1 红层泥岩膨胀对工程的影响

红层泥岩水敏性差，开挖边坡导致泥岩中水分剧烈变动，边坡受到雨水冲刷，泥化崩解，反复胀缩，导致坡面开裂变形，随着雨水的渗入，可能引起坡面的局部溜坍，甚至造成滑坡。

红层泥岩地基的膨胀变形可能是由于基坑地下室修筑过程中，地下水径流变动，地表雨水在基坑底部汇集，引起红层泥岩吸水膨胀。地下室抗拔力设计中，对地下水的浮力有所考虑，但对红层泥岩的膨胀产生的膨胀力还没有引起足够的重视。在修建完成的工程中，由于地表排水不畅，沿着构筑物与红层岩土接触带入渗，也可能引起构筑物在使用期间的变形破坏。因此，在勘察、设计期间应充分估计基坑底部水分的聚积和变动带来的不利影响。在深基坑工程中，基坑边坡的岩石膨胀会对围护结构形成附加的膨胀土压力，围护结构设计不当时，易造成基坑边坡支护的破坏。

红层泥岩隧道的膨胀变形可能是由于隧道开挖改变了局部地下水径流，隧道成为局部地下水排泄通道，导致隧道围岩范围内岩体含水量变化，导致红层泥岩膨胀变形，引起衬砌等支护结构的变形破坏。如果隧道排水措施不当，可能会在隧道使用阶段持续出现局部的变形破坏病害。在隧道运营期间，如果出现反复的变形病害，应重视对岩土体与水的作用问题，而不能仅局限于强化支护结构。如成都西岭雪山隧道，其中部分地段围岩属于红层膨胀性泥岩，由于地表水下渗引起泥质岩膨胀，引起隧道拱顶、边墙、底板的变形破坏。

7.5.2 红层泥岩膨胀问题的防治建议

黏土矿物成分是红层泥岩膨胀性产生的物质基础，含水量的变化是膨胀性产生的直接诱因，防水保湿已经成为膨胀岩土工程防治的基本原则。

对于红层膨胀岩边坡坡面防护，可以采用非全封闭的锚杆框架、浆砌片石骨架及柔性封闭的干砌片石等为宜，铺以草皮护坡。对于膨胀岩边坡稳定性的防治的主要原则是缓坡率、设平台、固坡脚等措施。

各类膨胀岩土工程实践表明，防水保湿作为膨胀岩土工程被动防御原则，虽然取得了较好的成效，但并不能使广大工程师完全满意。

在充分认识膨胀岩土膨胀机理的基础上，在工程实践中主动考虑膨胀问题，尤其是膨胀力、柔性防护等问题，应是膨胀岩土工程一个方向（见表 7.14）。

表 7.14 红层膨胀岩土工程防治对策简表

工程类型	原则与问题	基本释义	工程防治对策			
			勘察阶段	设计阶段	施工阶段	运营阶段
边坡	防水保湿	含水量变化是膨胀发生的直接诱因，工程措施尽可能减小岩土体含水量的变动	确定大气影响深度、天然含水量变化范围	计算防水保湿深度和具体措施	避开雨季，及时施工，避免长时暴露，保证设计深度	防水保湿措施反复变形破坏时应对岩土体进行分析测试
	侧向膨胀力	膨胀变形会对支挡构筑物产生膨胀荷载，应予以考虑	确定膨胀应力系数及膨胀力的分布范围	侧向土压力包括自重压力和膨胀压力	开挖过程中注意及时防护保水	构筑物出现周期变形现象时，对岩土体进行分析测试
	堑坡设计	缓坡率宽平台，固坡脚及坡面防护	确定坡面防护深度	确定坡率、平台宽度、支护深度	开挖过程中注意及时防护保水，保护坡脚	构筑物出现周期变形现象时，对岩土体进行分析测试
	稳定性评价	考虑膨胀性、裂隙性、衰减性对边坡稳定性的影响	确定强度衰减幅度	支护结构的整体稳定性	避开雨季，合理施工，及时监测	定时观测防排水措施的变形破坏

续表

工程类型	原则与问题	基本释义	工程防治对策			
			勘察阶段	设计阶段	施工阶段	运营阶段
地基	防水保湿	含水量变化是膨胀发生的直接诱因，工程措施尽可能减小岩土体含水量的变动	确定大气影响深度、天然含水量变化范围	计算防水保湿深度和具体措施	避开雨季，及时施工，避免长时暴露，保证设计深度	防水保湿措施反复变形破坏时应对岩土体进行分析测试
	胀缩变形	膨胀岩土地基变形应考虑膨胀变形和收缩变形两部分	确定膨胀变形系数、收缩变形系数、变形计算深度	地基处理深度应考虑变形计算深度	基坑开挖尽量避开雨季，及时回填防水，保证设计深度	定时观测建筑物地基及基础周期性变形
	桩基负摩阻力	由于膨胀岩土吸水膨胀变形对桩基产生负摩阻力	确定膨胀土膨胀引起的侧壁摩阻力	桩基承载力应考虑膨胀负摩阻力的影响	施工期间注意防水保湿，避免塌孔	
	竖向膨胀力	考虑竖向膨胀力对地基承载力的影响	确定膨胀应力系数及膨胀力的分布范围	地基设计应考虑竖向膨胀力的作用	开挖过程中注意及时防护保水	构筑物出现周期变形现象时，对岩土体进行分析测试
	稳定性评价	考虑膨胀性、裂隙性、衰减性对地基承载力的影响	确定强度衰减幅度	围护结构的整体稳定性	避开雨季，合理施工，及时监测	定时观测防排水措施的变形破坏
隧道	防水保湿	含水量变化是膨胀发生的直接诱因，工程措施尽可能减小岩土体含水量的变动	确定大气影响深度、天然含水量变化范围	计算防水保湿深度和具体措施	避开雨季，及时施工，避免长时暴露，保证设计深度	防水保湿措施反复变形破坏时应对岩土体进行分析测试
	胀缩变形	膨胀岩土围岩变形应考虑膨胀变形	确定膨胀变形系数、收缩变形系数、变形计算深度	围岩处理深度应考虑变形计算深度	洞室开挖尽量避开雨季，及时回填防水，保证设计深度	定时观测构筑物周期性变形
	围岩膨胀压力	应考虑围岩吸水膨胀压力对支护结构的影响	确定膨胀应力系数及膨胀力的分布范围	衬砌设计应考虑围岩膨胀力的作用	开挖过程中注意及时防护保水	构筑物出现周期变形现象时，对岩土体进行分析测试
	稳定性评价	考虑膨胀性、裂隙性、衰减性对硐室稳定性的影响	确定强度衰减幅度	衬砌结构的整体稳定性	避开雨季，合理施工，及时监测	定时观测防排水措施的变形破坏

参考文献

[1] 文江泉，韩会增. 膨胀岩的判别与分类初探. 铁道工程学报，1996（2）.
[2] 韩会增，文江泉，李淑芬. 南昆线膨胀岩（土）胀缩特性研究. 西南交通大学学报，1995（3）.
[3] 柳堰龙. 膨胀土含水率与力学特征试验研究. 西南交通大学，2013.
[4] 郎艳琪. 膨胀土深基坑边坡侧向压力研究. 西南交通大学，2015.
[5] 章李坚. 膨胀土膨胀性与收缩性对比试验研究. 西南交通大学，2014.
[6] 郭永春，陈伟乐，赵海涛. 膨胀土吸水过程的试验研究. 水文地质工程地质，2016，43.
[7] 郑立宁，谢强，胡启军，等. 含膨胀性细粒碎屑堆积体开挖稳定性数值模拟. 铁道学报，2012，34（11）.
[8] 郭永春，谢强，詹志峰. 含水量对膨胀土性质影响的试验研究. 路基工程，2003（1）.
[9] 章李坚. 含水率对膨胀土胀缩性能影响的试验研究. 中国地质学会工程地质专业委员会. 第九届全国工程地质大会论文集. 中国地质学会工程地质专业委员会，2012.
[10] 刘奔放，路玉宝，郭永春，等. 南昆铁路南百段增建二线区段膨胀土的特性. 铁道建筑，2017，57（11）.
[11] 赵海涛. 改制三轴仪测试膨胀土吸水膨胀系数的试验研究. 西南交通大学，2017.
[12] 陈伟乐. 膨胀土膨胀性与强度衰减关系的试验研究. 西南交通大学，2016.
[13] 张保平，单文文，田国荣，等. 泥页岩水化膨胀的试验研究. 岩石力学与工程学报，2000（6）.
[14] 郭永春. 红层岩土中水的物理化学效应及其工程应用研究. 西南交通大学，2007.
[15] 李凤起，姚建平，赵冬生，等. 膨胀土地基原位膨胀力试验研究. 沈阳建筑大学学报：自然科学版，2005.
[16] 王小军. 膨胀岩的分类与判别和隧道工程. 中国铁道科学，1994，15（4）.
[17] 刘特洪，林天健. 软岩工程设计理论与施工实践. 北京：中国建筑工业出版社，2001.
[18] 铁道第一勘察设计院. 铁路工程特殊岩土勘察规程. 北京：中国铁道出版社，2001.
[19] 范秋雁. 膨胀岩与工程. 北京：科学出版社，2008.
[20] 谭罗荣，孔令伟. 特殊岩土工程土质学. 北京：科学出版社，2006.
[21] 杨庆. 膨胀岩与巷道稳定. 北京：冶金工业出版社，1995.
[22] 曲永新，吴芝兰，徐晓凤，等. 中国东部膨胀岩的研究. 中国科学院地质研究所，1991.
[23] 缪协兴. 软岩力学. 徐州：中国矿业大学出版社，1995.
[24] 严宗达，王洪礼. 热应力. 北京：高等教育出版社，1993.
[25] 铁道第一勘察设计院. 工程地质试验手册：修订版. 北京：中国铁道出版社，1995.
[26] 王子忠. 四川盆地红层岩体主要水利水电工程地质问题系统研究. 成都理工大学，2014.
[27] 成昆铁路技术委员会. 成昆铁路（第 2 册）. 北京：人民铁道出版社，1980.
[28] 罗健. 含膏岩系及其对隧道工程的影响. 西南交通大学学报，1978（1）.

8 西南红层中的地下水

红层地下水是以各种形式赋存在红层岩土空隙中的水。地下水以气态水、吸着水、薄膜水、毛吸水、重力水、固态水六种形式存在于地下岩土的孔隙、裂隙中。地下水按照埋藏条件，可以划分为上层滞水、潜水和承压水，按照含水层性质，可以分为孔隙水、裂隙水、岩溶水等类型。

在红层地区不但需要找到满足各种水质要求的供水水源，同时还必须面对红层地下水运动过程中产生的腐蚀、渗流、涌水等工程水害问题。地下水的水源、水质和水害是工程建设中需要解决的 3 个基本问题。

8.1 红层地下水的基本类型

8.1.1 红层地下水的赋存介质

红层岩石包括砾岩、砂岩、泥质岩、可溶岩等岩石类型，红层中的地下水主要赋存于岩土体的孔隙和裂隙之中，主要有红层碎屑岩中的空隙、可溶岩中的裂隙（溶隙、洞穴）、泥质岩中的裂隙 3 种情况。

1. 红层碎屑岩中的孔隙和裂隙

红层碎屑岩中的空隙主要是指砾岩、砂岩中的孔隙和裂隙。尤其是巨厚层砂岩和裂隙发育的岩体，其中没有隔水层，大气降雨直接入渗，在岩体中形成地下水的统一水面。如滇中红层中的白垩系高峰寺组、马头山组，以砂岩为主，地层厚度大，最大可达 340 m，连续性好，可形成较大规模的均匀含水体。如四川射洪蓬莱镇组厚层砂岩地段，岩石裂隙发育，最大厚度可达 100 m，形成均匀含水体。

2. 红层可溶岩中的溶蚀孔隙与裂隙

红层可溶岩是指红层岩石中富含钙质成分、岩盐等的岩石。可溶性矿物在地下水的作用下，溶解、溶蚀或沿已有裂隙溶蚀扩张，形成溶蚀裂隙、孔隙，为地下水提供了赋存空间。

3. 红层泥质岩中的裂隙

从岩石渗透性而言，泥质岩是隔水层，不能赋存地下水。但由于构造运动、风化作用等因素的影响，在泥质岩中产生大量的构造裂隙或风化裂隙，为地下水提供了赋存空间。

8.1.2 红层裂隙水的分类

综合而言，由于岩体中节理裂隙的广泛存在，红层岩石本身的渗透性相对较弱，因此，红层岩体中的地下水主要以裂隙水为主，以下叙述中主要以裂隙水为代表进行阐述。王宇（2008）将红层裂隙水进行了分类总结。

1. 风化裂隙水

红层风化裂隙水主要是指赋存于红层岩体风化裂隙发育带中的地下水。由于红层砂泥岩的风化崩解特征，红层岩体主要以砂泥岩互层组合，风化裂隙延伸不大，裂隙分布密集，埋藏浅等特征。受风化裂隙和岩性控制，一般砂岩层连续性较好，厚度大，风化裂隙带发育，富水性较好，砂泥岩含水层次之，泥岩含水层最弱，如云南楚雄紫溪镇杨家示范点为白垩系砂质泥岩夹钙质泥岩风化层为良好的含水层。

2. 构造裂隙水

红层岩体处于不同的构造作用范围内，其构造裂隙发育特征显著。如云南滇中红层厚层石英砂岩裂隙率一般为 1.5% ~ 7.4%，在构造应力集中部位可达 12.6%，裂隙深度大于 200 m，透水性较好。

3. 溶蚀空隙水

含膏盐成分的红层岩石（如碳酸盐岩、钙质泥岩、盐岩），在地下水的作用下，沿着已有裂隙扩张或将可溶成分溶解、溶蚀形成溶蚀空隙，为地下水提供了赋存空间。如四川成都天府新区深基坑工程中的膏盐红层，虽然膏盐溶蚀为地下水的赋存提供了空间，但却使环境水的腐蚀性增强，引起工程腐蚀等问题。

8.2 红层岩土体的渗透性

8.2.1 红层岩石的渗透性

冯启言（1995）利用液压侍服机研究了加载过程中山东兖州红层软岩渗透性的变化，主要测试了 4 类红层岩石试样在峰值前和峰值后试样的渗透系数（见表 8.1）。

表 8.1 红层岩石的渗透系数 cm/s

岩 性	峰值前	峰值后
泥 岩	$4.55\times10^{-9}\sim5.61\times10^{-8}$	$2.89\times10^{-7}\sim8.37\times10^{-7}$
粉砂岩	$4.34\times10^{-9}\sim2.90\times10^{-7}$	$5.06\times10^{-8}\sim2.15\times10^{-7}$
细砂岩	$2.31\times10^{-8}\sim7.31\times10^{-8}$	$1.14\times10^{-7}\sim4.22\times10^{-7}$
中砂岩	$1.09\times10^{-7}\sim6.53\times10^{-8}$	10^{-5}
粗砂岩	10^{-6}	10^{-5}

致密坚硬的完整岩石的渗透系数与岩体结构裂隙的渗透系数相比很小（见表 8.2），水在岩体中的流动主要是通过岩石裂隙。从工程观点，对大多数完整岩石其渗透系数可以忽略（孙广忠，1989；张有天，2005）。

表 8.2 各种岩石的渗透系数 cm/s

岩石类别	渗透系数	岩石类别	渗透系数
砂岩（白垩系复理层）	$10^{-8}\sim10^{-10}$	硬泥岩	$6\times10^{-7}\sim2\times10^{-6}$
粉砂岩（白垩系复理层）	$10^{-8}\sim10^{-9}$	Bradford 砂岩	$2.2\times10^{-5}\sim6\times10^{-7}$
角砾岩	4.6×10^{-9}	Glenrose 砂岩	$1.5\times10^{-3}\sim1.3\times10^{-4}$
砂 岩	$1.6\times10^{-7}\sim1.2\times10^{-5}$	砂岩（岩体）	10^{-2}
细砂岩	2×10^{-7}	泥岩（岩体）	10^{-4}

资料引自孙广忠（1989），数据有删减。

8.2.2 红层填料的渗透性

1. 常规渗透系数试验

根据常规渗透系数试验方法，测得不同压实度下红层填料渗透系数，如图 8.1 所示。渗透系数为 $7\times10^{-5}\sim1.26\times10^{-6}$ cm/s，试验填料透水性较低。

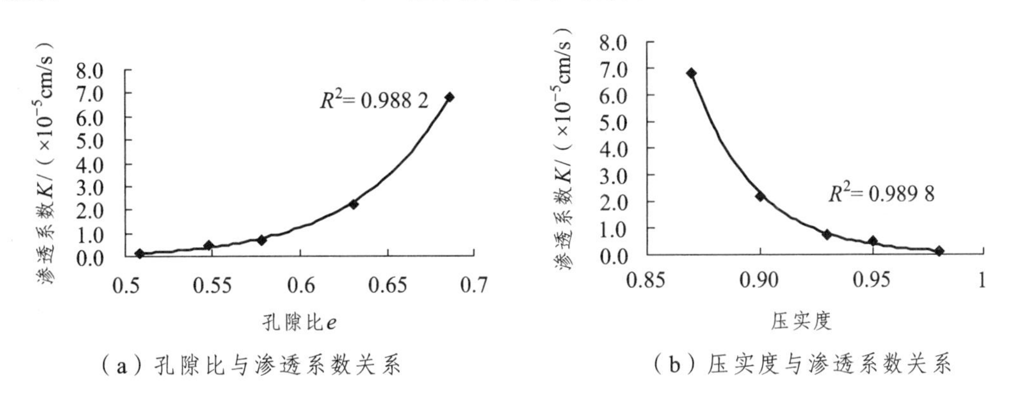

（a）孔隙比与渗透系数关系 （b）压实度与渗透系数关系

图 8.1 渗透系数与孔隙比、压实度的关系

2. 水平渗透系数试验

采用“L”型模型来测定水平方向的渗透系数。该模型由夹角为90°的两部分组成，竖直部分为有机玻璃管，长140 cm，内径5 cm，水平部分为钢板焊制而成的矩形槽，长60 cm，宽10 cm，高10 cm，两管由橡胶管连接，填筑土体部分长50 cm，宽10 cm，高10 cm（如图8.2所示）。

在模型的水平槽中分层填筑，填筑完成后盖上密封垫圈，随后盖上水平槽盖子，并用防水密封胶和铁夹做进一步密封，与有机玻璃管相连。填筑试样两端均设计成筛网形式，保证水全截面进入试样，并在试样达到饱和后水能流出。在竖直玻璃管中注水，通过观察竖直管中水位随时间变化来计算红层填料渗透系数。

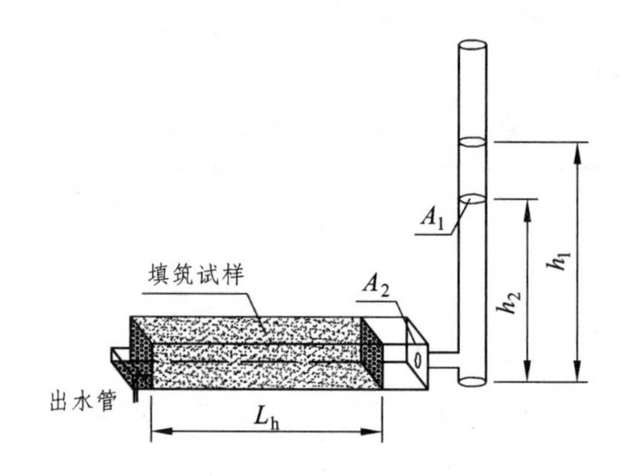

图8.2 水平渗透试验模型示意图

红层泥岩填料控制在最优含水量，按0.85、0.87、0.90、0.93、0.95、0.98等6种压实度分别进行试验，试验时室内温度为20°，相对湿度为54%。从图中可以看出，压实度越大，相同时间内经过土体的渗流量越小。当压实度为0.85、0.90、0.93、0.95、0.98时，分别经过1 427 min、3 161 min、4 788 min、5 780 min、8 147 min之后，测得通过土体渗流量与时间成线性关系，说明渗流通道已经形成，渗流速度趋于恒定，即渗流已经达到稳定。

两种方法分测得垂直向和水平向渗透系数如图8.3、8.4所示。

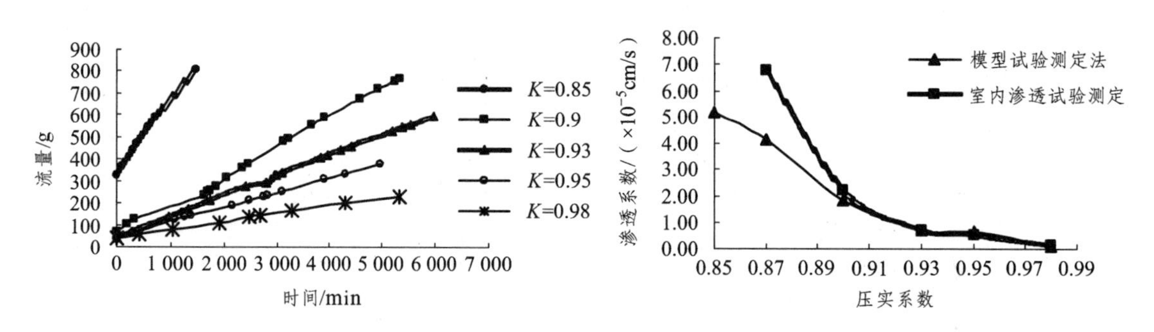

图8.3 时间和流量关系曲线图　　图8.4 竖向和水平向渗透系数曲线图

可以看出，红层泥岩填料渗透系数随着压实度增加逐渐减小。压实度0.85压实标准下，两种方法测得竖向和水平向渗透系数均小于 10^{-4} cm/s，与黏性土渗透系数变化范围在 10^{-3} 到 10^{-7} cm/s 之间变动相符；相同压实度下竖向和水平向渗透系数存在差异，表现出一定各向异性。

3. 垂直和水平渗透系数试验

在“L”型基础上进行改进，其竖直部分均为有机玻璃管，长 100 cm，内径 5 cm，在水平部分有所改变，如图 8.5 所示。试样分层填筑，依照室内渗透仪测定渗透系数原理，将水从下而上通过土体。

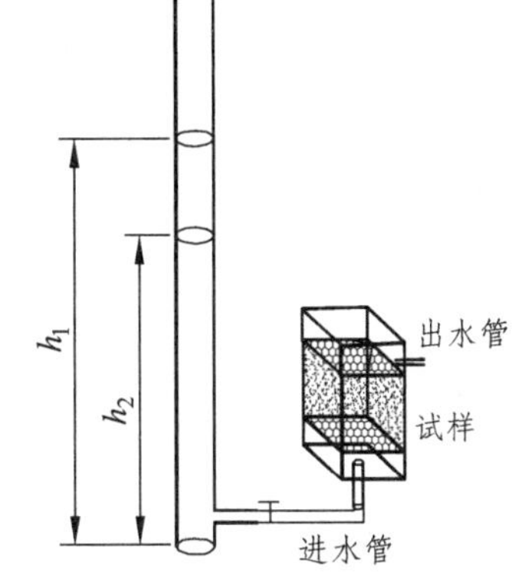

图 8.5 改进渗透试验模型示意图

红层泥岩填料控制在最优含水量，在 0.87、0.90、0.93、0.95、0.98 等 5 种压实度下分别进行试验，试验时室内温度为 23°，相对湿度为 48%。当压实度为 0.87、0.90、0.93、0.95、0.98 时，水平渗透模型上端出水经历时间分别为 17 min、36 min、495 min、1 143 min、1 275 min，垂直渗透模型上端出水经历时间分别为 59 min、360 min、945 min、1 590 min、4 230 min。

随着压实度增加，模型出水所需时间越长；相同压实度下，垂直渗透模型出水所需时间要比水平渗透模型长。当渗流达到稳定，测得不同时间下水头值变化，红层泥岩填料在不同压实度标准下，其水平渗透系数和垂直渗透系数平均值如图 8.6、8.7 所示。

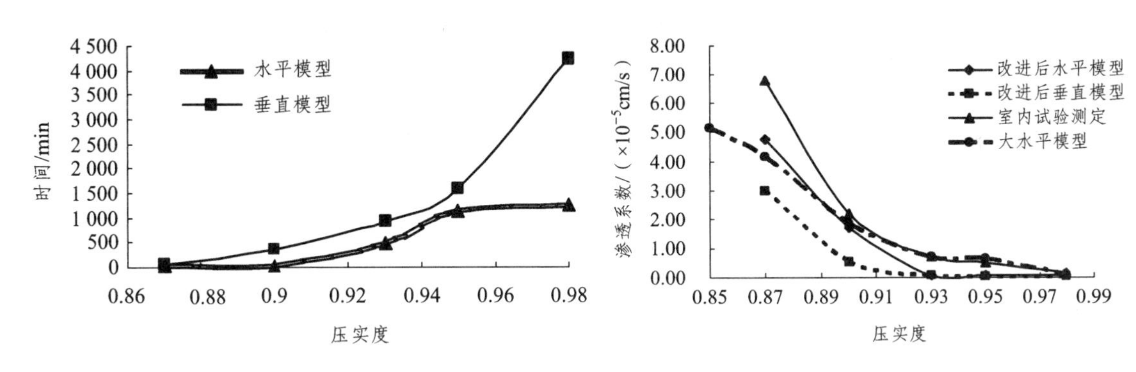

图 8.6 压实度-出水时间关系曲线

图 8.7 压实度-渗透系数关系曲线

不同试验方法得到渗透系数随着压实度增加均有逐渐减小趋势。对于相同压实度下水平渗透系数，两种模型所得结果有所差异，主要原因是尺寸边界效应影响。压实度小于 0.93 时，填料渗透性差异显著；当压实度大于等于 0.93 时，填料渗透型差异减小，说明提高压实度可以改善路基填料渗透性能。

对于同一尺度下水平和垂直渗透系数，相同压实度下，水平渗透系数要比垂直渗透系数大，其各向异性比值在 1 到 4 之间，在 0.87、0.90 压实度时，各向异性比较大，分别为 1.6、3.15；在 0.93、0.95、0.98 压实度时填料渗透型差异减小，各向异性比较小，分别为 1.45、1.38、1.38。这是由于分层填筑影响造成的层面，使得平行于层面渗透性相对大于垂直层面渗透性，表现出一定各向异性。

现场施工时，分层填筑造成成层性更加明显，相应于土体各向异性程度更大。填筑路堤由于施工工艺要求，需要成层填筑，因而水平方向渗透性能大于垂直方向渗透性能，对于红层填料路堤应加强水平渗流控制。

8.2.3 红层岩体的渗透性

1. 川中红层岩体的渗透性

王子忠(2014)据四川盆地22个水利水电工程的3899组红层岩体的压水试验数据成果，统计得到不同类别岩体的透水率成果见表8.3、表8.4。

表8.3 含可溶盐组分红层岩体透水率（q）与岩性及风化状态的关系

岩性组合		各风化状态岩体透水率（Lu）及统计组数					
名 称	代 号	强风化	统计组数	弱风化	统计组数	未风化	统计组数
砂岩类	1	63.3	6	44	13	21.3	48
砂泥岩互层类	2	34.8	11	29.3	24	24	110
泥质岩夹砂岩	3	32	20	69	2	9.7	37
泥质岩类	4	54	77	34	260	8.4	989

表8.4 普通红层岩体透水率（q）与岩性及风化状态的关系

岩性组合		各风化状态岩体透水率（Lu）及统计组数					
名 称	代 号	强风化	统计组数	弱风化	统计组数	未风化	统计组数
砂岩类	1	37.8	37	23.8	72	6.75	220
砂泥岩互层类	2	33.5	53	19.7	74	6.65	463
泥质岩夹砂岩	3	25	13	26	9	3.16	57
泥质岩类	4	28.1	54	21.3	249	4	1 001

表8.3及表8.4的统计成果表明：

（1）红层岩体含可溶岩组分的同类岩体透水率大于不含可溶盐组分的普通红层，这是由于含膏盐红层的类岩溶作用的结果。

（2）红层岩体不同岩性组合中从1类至4类，随着泥质岩类岩石的增加，透水率是减少的。

（3）红层岩体风化状态类对岩石的透水率的影响较大，从强风化岩、弱风化，新鲜岩体的透水率总体降低的趋势是明显的；新鲜红层岩体除了含可溶岩的砂岩及砂泥岩互层的透水率大于10 Lu外，其余透水率均小于10 Lu，属于弱透水岩体；而强风化及弱风化岩体无论是a类还是b类岩体，其透水率都是介于10～100 Lu，属于中等透水岩体。

由此可以得出，近地表风化红层岩体总体为中等透水岩体，新鲜岩体总体为弱透水岩体，红层岩体的渗透特性从近地表的风化壳内的风化岩体到其下伏的新鲜岩体，其渗透性是逐渐减弱的。

红层岩体中的石膏等膏盐被化学溶解（蚀），以及膏岩周围的软化、崩解等物理作用，使得岩体的风化卸荷带内除了一般岩体所具有的风化卸荷带裂隙外，还有类岩溶作用产生的溶孔、溶蚀软弱带等空隙，因此岩体透水率较普通红层岩体的大。

通过对比含膏盐可溶组分的粉砂质泥岩岩体与普通同类岩体的透水率［以吕荣（Lu）值表示］，可以看出类岩溶红层渗透性的变化。表 8.5 为按照强风化、弱风化及新鲜岩体统计的四川盆地这两类岩体的透水率成果（王子忠，2014）。

表 8.5 四川盆地含膏红层与普通红层岩体透水率对比结果

岩体风化状态	岩性	含膏盐红层		普通红层	
		吕荣值/Lu	统计段数	吕荣值/Lu	统计段数
强风化	粉砂质泥岩	54	77	28.1	54
弱风化		34	260	21.3	249
未风化		8.4	989	4	1001

通过表 8.5 中两类不同岩体透水率的对比分析，可以得出含膏盐粉砂质泥岩岩体与普通粉砂质泥岩渗透特性存在如下差异：

（1）不同风化状态的含有膏盐可溶组岩体的透水率大于普通红层岩体的透水率。

（2）两类岩体透水率的差值，实际上代表了类岩溶作用对岩体渗透特性改变的强弱。按照不同岩体风化状态，强风化岩体差值最大，弱风化次之，新鲜岩体最小。差值的大小反映了由强风化带自上而下红层类岩溶作用强度逐渐减弱的规律。

（3）类岩溶作用并未改变其渗透级别，两类新鲜岩体仍属于弱透水岩体（$1<Lu\leq10$），强风化及弱风化类岩溶岩体为中等透水岩体（$10<Lu\leq100$）。

2. 云南红层岩体的渗透性

王宇（2005）在红层找水工程中，介绍了云南红层砂泥岩互层、层间裂隙的渗透性（见表 8.6、8.7）。

表 8.6 云南红层深井砂泥岩互层岩体渗透性

钻孔	井深/m	单位涌水量/[L/(s·m)]	孔内砂岩厚度百分比/%	渗透系数/（cm/s）
楚雄供水井 1	200.02	0.225 0	45	3.78×10^{-4}
楚雄勘察孔	200.20	0.225 0	40	3.93×10^{-4}
江城勘察孔	108.58	0.017 0	35	2.31×10^{-5}
楚雄供水井 2	150.67	0.006 7	15	8.10×10^{-6}
禄丰供水井	120.00	0.004 0	10	6.94×10^{-6}
楚雄供水井 3	31.2	0.003 7	8.84	10^{-6}（估计值）
楚雄供水井 4	30.3	0.004 6	8.20	10^{-6}（估计值）

表中资料据王宇（2005），数据有调整。

表 8.7　云南红层层间裂隙含水岩体渗透性

钻　孔	井　深 /m	单位涌水量 /[L/(s·m)]	渗透系数 /（cm/s）	含水层岩性
楚雄勘察孔 1	151.78	1.380	1.83×10^{-3}	长石石英砂岩
楚雄供水井 1	199.82	0.850	7.64×10^{-4}	长石石英砂岩
楚雄勘察孔 2	119.79	1.107	1.33×10^{-3}	砂　岩
景洪勘察孔 1	875.00	0.254	1.45×10^{-4}	石英砂岩
景东勘察孔 1	164.94	0.300	1.74×10^{-4}	砂　岩
思茅勘察孔 1		0.062	7.74×10^{-4}	细—粉砂岩
思茅勘察孔 2	200.16	0.229	1.60×10^{-3}	中—细砂岩
楚雄勘察孔 3	344.43	0.310	3.94×10^{-4}	长石石英砂岩
楚雄勘察孔 4	344.43	0.126	1.27×10^{-4}	长石石英砂岩
楚雄勘察孔 5	46.2	0.007	6.02×10^{-5}	钙质泥岩
楚雄勘察孔 6	44.1	0.014	7.99×10^{-4}	粉砂岩

表中资料据王宇（2005），数据有调整。

8.3　红层岩体水力学结构

8.3.1　红层水文地质结构

水文地质结构是指由含水层、隔水层及地下水共同组成的水文地质体，其地质基础是岩性、地质构造和地下水三要素。谷德振（1979）根据岩性、构造和地下水的组合，将水文地质结构分为均匀含水体、层状含水体、聚水构造三种类型。

在红层地层中，隔水层主要是泥岩、页岩等渗透性较低的岩层。透水层主要是指砂岩、砾岩等岩层。此外，含有可溶成分的岩层由于地下水的溶蚀后，也能形成一定透水层。

根据红层地层中由于透水层和隔水层的组合方式，也形成了三种水文地质结构。

1. **均匀结构**

均匀结构的水文地质结构主要是指巨厚层砂岩和裂隙发育的岩体，其中没有隔水层，大气降雨直接入渗，在岩体中形成地下水的统一水面。如滇中红层中的白垩系高丰寺组、马头山组，以砂岩为主，地层厚度大，最大可达 340 m，连续性好，可形成较大规模的均匀含水体。如四川射洪安乐蓬莱镇组厚层砂岩地段，岩石裂隙发育，最大厚度可达 100 m，形成均匀含水体。

2. 层状结构

层状结构的水文地质结构主要是指红层地层中含水层与隔水层互层组合，在含水层中赋存的地下水。层状结构的含水体的补给、径流和排泄条件受隔水层控制。有一定埋深时，可能形成承压水。如云南楚雄落花冲村的层状储水结构（如图 8.8 所示）。

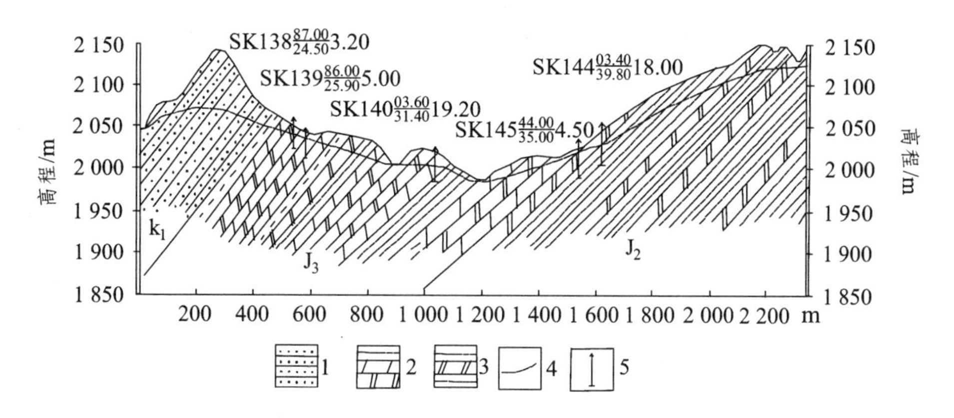

图 8.8　楚雄落花冲村水文地质剖面图（朱春林，2010）

1—石英砂岩、长石石英砂岩；2—泥灰岩、泥质白云岩与钙质泥岩互层；3—泥岩夹泥质白云岩；4—地下水位线；5—抽水孔，左编号，右上涌水量（m^3/d），右下孔深（m），右平静水位深埋（m）

由含水层与隔水层互层构成的单斜构造，当含水层的倾伏端具备阻水条件时，在适宜的补给条件下即形成单斜储水构造，是滇中红层区最为常见的储水构造之一。单斜储水构造的形成，在很大程度上取决于岩层产状与地形之间的组合关系、是否形成了地下水补给区（带）和含水层倾伏端的隔水边界。滇中红层区沟谷发育，由地形和单斜岩层构成的水文地质单元较为常见。很多褶皱的翼部被切割形成局地性的单斜构造，地下水系统具有明显的功能分带性；组成褶皱储水构造边界的相对隔水层，例如普昌河组地层，因夹有砂岩、粉砂岩也能形成与褶皱储水构造不相连的、独立的地下水系统。

由于水文地质结构以及补径排条件的差异性，单斜储水构造的富水性也是不均一的。通常在构造转折的部位富水性较大，例如岩层走向或倾角急剧变化的部位发育张裂隙，可形成局部富水带。当单斜岩层与地形组合构成单斜谷地时，顺向坡的含水层易被沟谷切割形成排泄区，沟谷底部排泄区附近即为地下水富集带；反向坡的地下水则多顺岩层层面径流作深远程径流。在多层含水层条件下，含隔水层形成互层结构，可形成潜水—承压含水层。

层间裂隙水是赋存在层状岩石的成岩裂隙和构造裂隙中的地下水。含水层裂隙以网状结构的张性裂隙为主，同一含水层裂隙中地下水有较好的水力联系，其分布边界主要受不同性质的岩层界面控制，形成层状含水层。

如云南楚雄地区大姚县、姚安县、南华县、双柏县等地均出现了自流井。由于岩层产状变化，可形成水平、倾斜或直立型含水体。如四川梓潼、苍溪、平昌等地的水平岩层，由于补给有限，排泄条件好，储水条件不良，多以潜水为主，水量有限；如江油、旺苍、通江等地的倾斜岩层中，地下水顺岩层倾斜方向补给、径流、排泄，水量增大。

3. 聚水结构

在褶皱的核部、断层破碎带部位的红层地层中等可能形成局部的聚水结构。

从空间形态和地质结构来看，向斜储水构造通常都有利于地下水的聚集，是典型的汇水构造。向斜储水构造由翼部圈闭隔水层组成隔水边界，地下水从地形较高的透水岩层裸露区接受补给，向地形较低的核部或翼部谷地或盆地区汇集，溢流排泄，具有良好的地下水富集条件。如四川万源双庙坪地处向斜核部，形成典型的储水构造，地下水储量较大。如楚雄的腰站街向斜储水构造。

重庆北碚向斜歇马场地区，向斜构造完整，砂泥岩互层组成隔水、储水层，岩石裂隙发育，地表汇水地形、河流补给条件好，形成典型的聚水构造，如图 8.9 所示（王告函，1979）。

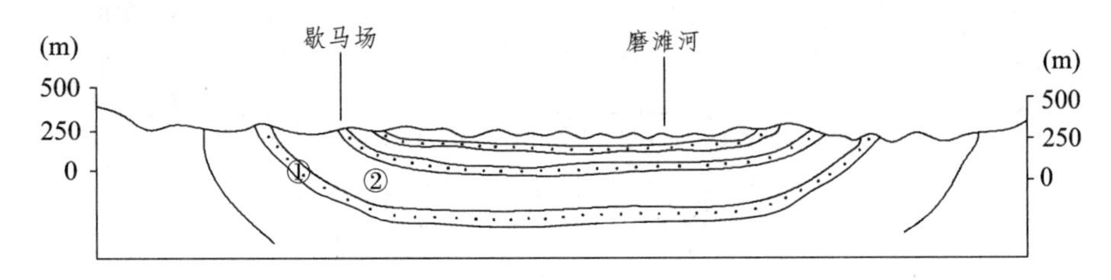

图 8.9　北碚歇马场富水地段水文地质略图（王告函，1979）（有修改）

1—砂岩；2—泥岩

通常情况下，大断层两端的岩石破碎带，张性断层构造岩带，压性、压扭性断层的影响带，断层交汇带，低次序小断层的裂隙密集带等带、段，是富水部位。如云南楚雄云机四厂的断层储水结构。其次，断层作为阻水边界与透水岩层组合，也可以形成聚水结构。

8.3.2　红层岩体水力学结构

将红层岩体划分为不同的水文地质结构是从水文地质学，或者说是从水资源评价的角度进行的。从工程地质学的角度而言，更关注红层岩体中地下水的运动及其力学效应。孙广忠（1989）建议将水文地质单元分为含水体（层）单元和隔水体（层）单元。含水体单元主要包括孔隙含水体、裂隙含水体、管道含水体。隔水体单元主要包括层状隔水层、块状隔水层。含水体与隔水体在地质体内组合方式的不同，形成了不同的岩体水力学结构。岩体水力学结构与工程岩体结构结合，为岩体工程水力学研究与分析提供清晰的基础框架。

地下水运动与岩体结构关系密切，岩体结构的水力学特征是边坡稳定性、隧道涌水、水库渗漏、基坑涌水等工程地质问题的基础。研究资料表明致密岩块的渗透系数较小，相对于大范围的工程岩体其渗透性可以忽略，岩体的渗流主要是岩体中不连续结构面的存在。地下水主要是在岩体裂隙中运动，岩体渗透性实质上是岩体裂隙水力学问题。孙广忠（1989）在谷德振（1979）对水文地质结构分类的基础上，进一步探讨了工程岩体结构与水文地质结构之间的联系，并将其对应关系列于表 8.8。用于岩体水力学的岩体结构与通常工程岩体结构的分类有所区别。

表 8.8 岩体结构与水文地质结构关系

<table>
<tr><th>水文地质结构</th><th>岩性特征</th><th>岩体结构</th></tr>
<tr><td>不透水体、隔水体</td><td>黏土岩、断层泥、结晶岩体</td><td rowspan="3">完整结构
（包含愈合的碎裂结构岩体）</td></tr>
<tr><td>孔隙统一含水体</td><td>疏松的高空隙度岩体</td></tr>
<tr><td>层状孔隙含水体</td><td>夹于致密岩层内的疏松岩体</td></tr>
<tr><td>裂隙统一含水体</td><td>大面积连续分布</td><td rowspan="2">碎裂结构</td></tr>
<tr><td>层状裂隙含水体</td><td>夹于相对含水层之间</td></tr>
<tr><td>脉状裂隙含水体</td><td>夹于结构体之间的破碎带及其影响带内</td><td>块裂结构</td></tr>
<tr><td>管道含水体</td><td>喀斯特化岩体内</td><td>架空结构</td></tr>
</table>

8.3.3 红层岩体水力学基本特征

完整岩块是孔隙介质，节理发育岩体是裂隙介质。地下水在孔隙介质和裂隙介质中的运动规律，水力特性有着较大的区别，主要体现在以下 6 个方面（张有天，2005）。

1. 红层岩体样本单元体积

土体是孔隙介质，很小的体积就有大量的孔隙，用小体积土体作渗流试验所得到的参数就可以代表大范围土体的渗透性。对于作为裂隙介质的岩体，其裂隙的多少，决定着裂隙岩体的渗透特性，岩体试样规模过小，将不能反映裂隙岩体的渗流特性。

2. 红层岩体中裂隙的各向异性

岩体中的裂隙具有明显的方向性，决定了裂隙岩体中水的流动也具有各向异性的特征。

3. 红层岩体渗透系数的离散性

土体的渗透性相对稳定，而裂隙岩体的渗透参数则较为离散。

4. 红层岩体中地下水的达西流速和实际流速的差别

红层孔隙介质中的达西速度与实际流速较为接近。红层岩体中裂隙分布的随机性和无规律性，使得红层岩体中地下水的实际运动速度和达西速度差异较大。

5. 应力环境对红层岩体渗流场的影响

红层工程中的应力环境对红层裂隙岩体影响较大。应力增量引起的岩石变形实际上是裂隙变形，因而裂隙岩体的渗透张量受应力环境的影响较大。渗流场与应力场的相互影响是裂隙岩体的重要特性，是红层工程中必须考虑的基本问题。

6. 红层岩体是有储存和调节功能的裂隙网络渗流系统

由于裂隙切割形成的红层岩体，其中的岩块孔隙和裂隙空间是红层岩体产生地下水径流、补给、排泄的基本单元。裂隙水体和孔隙水体相互补充，控制着红层岩体的水文地质结构和地下水系统。

8.3.4 红层岩体中的初始渗流场问题

岩体初始渗流场是工程设计中的基础资料，由于初始渗流场中岩体水力学模型、渗流参数、边界条件等关键参数的确定困难，裂隙岩体初始渗流场的确定多采用各种介质模型进行反分析的方法。在反分析过程中的关键是计算区域工程地质和水文地质条件进行详细的勘察，形成清晰的工程地质概念，反复进行参数调整计算，进而建立合理的初始渗流场（张有天，2005）。

在对红层岩体工程中，在砂岩孔隙中运动的地下水和在红层岩体裂隙中运动的地下水，其运动规律是有区别的，可以考虑选择裂隙网络水力学模型、等效连续介质模型、裂隙孔隙介质模型对实际水力学问题进行简化，采取不同的分析计算方法。

8.4 红层地下水分布的影响因素

8.4.1 地形地貌

地形地貌是地层岩性、地质构造、水文地质等因素综合作用的反映。红层地下水的分布，特别是浅层地下水的分布与地形地貌关系密切。王宇（2005）从6个方面总结了红层地下水分布的地貌特征：

1. 山间谷地

山间谷地是指山地间的线状槽形凹地。两岸地形坡度较陡，河谷深切，地表水、地下水由两侧山脊向谷地底部汇集。由于河谷切割，含水层出露，地下水则以泉等形式出现。如云南大姚县新街乡小古衙示范区，总体为丘陵河谷区，山间槽状沟谷发育。出露地层为白垩系砂泥岩互层，形成层状含水层，地下水向沟谷汇集。谷底浅层裂隙水水位埋深一般小于2 m，深部层间裂隙水水位埋深0.96～7.90 m，单井涌水量36～62.2 m^3/d，水量丰富。

2. 山间盆地

山间盆地是指由山地围限的低地。山区河谷的开阔地段或河流交汇的地段也可称为河谷盆地。盆地周围环绕山地或丘陵，是地下水的补给、径流区，盆地中心地带地形平坦，为地下水的富集与排泄区。如云南楚雄的腰街盆地，总体呈南北向展布，南北长4 km，东西宽3 km，面积约11 km^2。腰街盆地为一向斜盆地，红层地下水多分布于向斜核部，含水层岩性为砂泥岩互层，夹泥灰岩、钙质泥岩。主要地下水类型为砂岩裂隙水和溶蚀孔隙裂隙水。

3. 丘陵宽谷

丘陵宽谷是指丘陵和其间发育的宽浅谷地的组合。山顶浑圆，山脊平缓，地形坡度较缓，沟谷宽而浅，沟谷之间向连通，总体地势平缓。下伏基岩为主要含水层，岭丘、隆岗为地下水的补给区，地下水从丘陵地带接受补给，顺坡向向谷地内径流，汇集于谷地。如云南省大姚县仓街为陇丘山脊和宽缓谷地相间，出露地层为砂岩、钙质泥岩。受褶皱作用的挤压和拉张，砂岩层间裂隙发育，钙质泥岩溶蚀作用强烈，为地下水的形成与富集提供了赋存空间。仓街卫生院附近静止水位埋深 11.9 m，降深 11.3 m，涌水量 40.18 m^3/d。

4. 河流阶地

河流阶地地下水从谷坡地带接受补给，向河谷径流排泄，与河流水力联系密切。如楚雄市腰站街盆地张家屯处于龙川江右岸Ⅰ级阶地后缘，含水层主要为钙质泥岩。地下水类型以溶蚀裂隙孔隙水为主，局部有风化裂隙水。风化裂隙水地下水水位埋深 1.8 ~ 7.0 m，溶蚀孔隙水埋深 15 ~ 25 m，单井涌水量 11.8 ~ 57.6 m^3/d。

5. 宽缓斜坡

宽缓斜坡一般为坡度小于 25° 的宽缓山坡，多为山前缓坡地带，地形平缓，起伏较小，上部多有风化层或残积土层覆盖。由于地形较为平缓，含水层裸露地表，有利于降水的补给，因而含水层富水性较强。如云南楚雄盆地东南边缘，为浅切割低中山丘陵区，为山前斜坡坡脚地带，岩性味砂岩夹钙质泥岩、泥岩不等厚互层，砂眼为主要含水层，其次为钙质泥岩，泥岩为相对隔水层。该地区单井出水量最大达 36.0 m^3/d。

6. 剥蚀面

剥蚀面为在地壳长期稳定的条件下，由外力地质作用进行剥蚀而形成的近似平坦的地面。红层山区常见的是在红层形成后，随着地壳的隆升侵蚀作用残留在山顶或山坡上的古剥蚀面。剥蚀面地形平缓，有利于地下水汇集和下渗补给地下水。如云南景洪市大渡岗一带的大干坝附近为一剥蚀面，总体呈剥蚀残丘地形，临空侧面受溪沟侵蚀切割强烈，地形陡降 100 多米。岩性为砂岩、粉砂岩、泥岩互层，倾角平缓。在大干坝地区 135 m 以上地下水底板隔水层完整，形成上层滞水，以下为深部区域含水层。

8.4.2 地层岩性组合

1. 含水层性质

在水文地质学中将各种类型岩层分为含水层与隔水层两种类型。在红层中的各类岩石中，根据新鲜岩石的相对渗透性，将砾岩、砂岩视为含水层，将泥岩、粉砂岩、页岩视为隔水层。红层中多为砂岩与泥岩互层组合为主，因此其相对渗透性复杂，也是红层地区缺水的主要岩性因素。

2. **岩体结构**

在实际的红层岩体结构中，除了砂岩、泥岩的组合，还有由于地质构造、风化作用等因素的作用下，在各类岩石中形成节理裂隙、溶蚀裂隙等各种不连续面组合而成的岩体结构。工程实践表明，红层岩体结构的渗透性与砂岩、泥岩存在较大的差异，相对而言，可以忽略岩石或结构体的渗透性，而着重考虑岩体结构面的水力渗透性（谷德振，1979；孙广忠，1989；张有天，2005）。

3. **水文地质结构**

谷德振（1979）结合地层、构造、地下水的组合分为均匀结构、层状结构和聚水结构三种水文地质结构类型。红层地区的水文地质结构同样具有这三种结构类型，为红层水源问题提供了指导。

8.4.3 岩层产状

岩层产状组合对红层地下水分布的影响主要有两个方面。对于完整红层而言，砂泥岩互层是含水层与隔水层的组合。泥岩层在砂岩层上部时，阻碍了降雨入渗补给，在砂岩层下部时作为隔水底板，起到汇聚水流的作用，正是由于砂泥岩互层的结构特征，红层地区地下分布呈现出复杂的特点。

高佩义（1983）总结了川东红层倾角与含水层分布的关系，倾角 30° 以上的含水砂岩，以裂隙层间承压水为主，承压水头一般较高，钻孔大部分自流，单井出水量一般为 50 ~ 300 m^3/d；倾角 10 ~ 30° 含水砂岩富水性较强，以裂隙层间承压水为主，承压水头一般不高，自流孔较少，单井出水量一般为 500 m^3/d 以上；岩层倾角在 10° 以下含水砂岩，以风化-构造裂隙为主，富水性较弱，单井出水量 10 ~ 150 m^3/d。

8.4.4 地质构造

由于褶皱、断层以及风化作用的影响，砂岩、泥岩中将会产生各种节理裂隙，成为地下水的运移通道，从而形成均匀含水体和层状含水体的岩层组合。

1. **褶皱轴部**

向斜轴部，在由以砂岩为主的岩组组成，而附近岩组的切割又不利于地下水的排泄时，则含有较多的地下水。

2. **断层破碎带**

红层裂隙水以张性断裂带最为丰富，水量也较为稳定。因为张性裂隙具有较好的储水条件，加之断裂带在地表常表现为沟谷，补给条件也较好。如成昆线沙木拉达隧道白垩系地层中，穿过张性断裂带 4 处，涌水量都在 2 000 t/d 以上，流量动态一直很稳定。

红层中的压性断裂带，岩层多挤压成泥状，不含大量地下水，但断层两侧影响带，剪切裂隙与张扭裂隙较为发育，往往构成裂隙含水带。断层两侧含水带，受断层形成的泥化隔水层的阻隔，无明显的水力联系。

8.4.5 风化带

红层风化裂隙水是赋存于红层风化裂隙发育带内的地下水，是红层地区常见的地下水类型。处于地表的风化红层风化裂隙，裂隙密集，贯通性好，也可以形成一定的富水带。如云南楚雄紫溪镇杨家村，四川广安、安岳等地的风化裂隙水。

8.4.6 其他因素

红层区的气候条件、降雨条件、地表水等因素，也对红层地下水的分布有影响。高温多雨气候对红层区的地下水的补给有较大的影响，地表水可以是红层地下水的补给区或排泄区。

8.5 西南红层中地下水的水源问题

8.5.1 川中红层地下水分布

王告函（1979）系统研究了四川地区红层地下水分布规律，总结出 4 种控水地段：

1. 地貌控水地段

地貌形态是地下水分布的控制因素。沟谷、盆地、低洼汇水地形是富水区域。

安乐、东升、龙井等地形成的裂隙储水型地貌，丘陵连座、沟谷深而宽缓、岩层近于水平，砂岩比例高、厚度大，具可溶成分、宽大裂隙发育。

龙居、丹山、水清等地形成的风化、溶蚀裂隙、裂隙形成的储水地貌，地形低洼、平缓、开阔，易于汇水，以具有可溶成分的泥质砂岩类为主，风化裂隙微细、密集均匀、淋滤带溶孔、溶隙发育，地下水常微具承压。

董家、草坝等地形成的低湿碟地汇水地貌，沟谷宽缓、常为透水不良的第四系或风化层覆盖，基岩风化裂隙发育，并具淋滤溶孔溶隙，常于沟口形成富水地段，并局部承压。

成都三圣乡等地形成的薄覆盖强渗入补给地貌，缓平坡段地形、稻田广布、沟渠纵横，第四系薄而多被切割，地表水渗入强烈，基岩风化带裂隙及溶蚀孔隙裂隙发育。

2. **产状控水地段**

水平层状含水结构的基本地质特征是二面山、桌状山、尖顶山形貌，砂岩岩组厚度小于30 m，构造不发育，以潜水为主，降雨补给，排泄强烈，水量贫乏。典型地区如梓潼、苍溪、平昌、仪陇、阆中、南部、内江、绵阳等地。低缓褶皱构成的低山丘陵区，山前边缘相的砂砾岩，富含钙质，裂隙发育，红层岩溶水发育，泉水出露，如龙门山山前地带。犍为—宜宾、纳溪—古蔺一带，分别为两个宽大向斜盆地，地层以白垩系砂泥岩为主，岩层产状水平，地形多为坪状丘陵或低山，不利于地下水汇集，裂隙潜水普遍，但水量微弱。局部可见承压水，水量较小。

倾斜层状含水结构的基本特征是单斜的砂泥岩互层组成的水文地质结构，倾斜地层可能是由于地壳升降运动或是褶皱构造的翼部地层。砂岩层作为含水层或透水层，泥岩层作为隔水层或不透水层，岩层产状和地形结构之间的组合，形成了倾斜层状含水结构。

如江油、旺苍、通江等地，单面山形貌，构造增强，砂岩增多，岩层倾斜。降雨补给，沿孔隙裂隙渗流，以泉的形式排泄，水量增大。如宣汉、万源，蒲江、眉山、洪雅一带，是向斜翼部倾斜地层，裂隙发育，多形成自流水，地下水相对丰富。部分地区膏盐红层含量增多，形成溶蚀裂隙水。

3. **构造控水地段**

褶皱聚水构造多指向斜盆地形成的有翼部向核部的汇水构造。盆地内部舒缓褶皱（窄背斜宽向斜）形成的储水构造。如南江县东潘、长池、沙河、大河口一带，位于盆地北侧的新华向斜，汇水面积大，白垩系巨厚层钙质砂岩、泥岩裂隙溶洞发育，储水条件好。有承压水，水位多接近地表或能自流。龙泉山背斜东侧，中江县龙井、永安、石笋等地，处于构造转折部位，利于汇水，白垩系天马山组砂泥岩较为富水，浅部风化裂隙水普遍。

断裂带、复合带、背斜倾没端、向斜翘起端等不同构造部位构成的富水带。如大邑中飞水、反水沱等地区的张性断裂窄、压性、压扭性断裂影响带形成的富水带。南宝山地区两种或多种构造相交，裂隙、溶隙、溶洞发育形成的富水带。

4. **岩体结构控水地段**

均匀含水结构是指构造裂隙、风化裂隙形成的均匀含水结构。如眉山、夹江、青神、丹棱、峨眉、乐山、洪雅等地，红层第四系沉积层，地下水丰富。龙泉山—华蓥山之间山间宽谷地块，风化带网状裂隙水，深部可见承压水。四川盆地中部射洪、三台、盐亭、简阳、乐山、安岳、西充等地的侏罗系蓬莱镇组、遂宁组砂泥岩中风化裂隙发育，地下水分布普遍，水量一般。

8.5.2 滇中红层地下水分布

朱春林（2010）对滇中红层地下水富集规律进行了研究，总结为3种控水地段：

1. **地貌控水地段**

山间谷地、山间盆地、丘陵宽谷、河流阶地、宽缓斜坡、剥蚀面等地貌形态成为控制区域地下水的关键因素。如大姚县新街乡小古衙山间谷地地貌形态、楚雄的腰街盆地形成的山间盆地地貌、大姚县仓街丘陵宽谷地貌、楚雄市腰站街盆地张家屯阶地地貌、楚雄盆地东南边缘山前斜坡坡脚地貌、景洪市大渡岗一带的大干坝附近剥蚀残丘地貌等都是典型的富水地形。

2. **产状控水地段**

滇中地区构造运动强烈，岩层产状变化大，单斜岩层发育，如大姚县、姚安县、南华县、双柏县等地砂泥岩互层，裂隙发育，多发育裂隙水、自流水。

3. **构造控水地段**

祥云、楚雄、元谋、大姚、永仁、牟定等盆地，以褶皱构造为主，砂岩发育裂隙，以向斜盆地为中心，形成汇水区域，在背斜翼部形成单斜储水构造，层间裂隙水发育。双柏—新平中山峡谷区断裂带附近岩石裂隙发育，断裂带交汇处形成聚水地带。

8.6　西南红层中地下水的水质和水化学问题

8.6.1　红层地下水水质

西南红层地区的地下水总体来说是适宜饮用和用作工业用水的，特别是储藏于红层碎屑岩孔隙裂隙中的水，是当地基本的生活生产用水。但是，由于西南红层中的膏盐组分的存在，局部地区、局部岩层层位的地下水水质不良。此外，西南红层深部大量存在的盐卤水也不适宜饮用和工业使用。

1. **成都地区红层地下水水质特征**

成都市 2009—2014 年期间在所辖 11 个市县红层丘陵区布设专门红层水井，以期查明红层地下水水质状况。通过对 184 口红层水井进行回访调查，在成都市红层区内不同地貌、不同水文地质单元、不同地下水类型区、不同化学分区及可能受污染区域取样 64 组进行研究分析，结果表明，成都市红层地下水水化学类型以重碳酸型水为主，其次包括重碳酸硫酸型水，重碳酸氯化物型水以及硫酸型水，硫酸重碳酸型水。按照《生活饮用水卫生标准》(GB 5749—2006)评价，红层区农村给水水质在很大程度上达到水质二级标准以上，占总数的 81.2%，三级和超三级分别占总数的 7.8% 和 11.0%。在三级水质中，主要超标指标为总硬度，主要分布于大邑县青霞镇、金堂县三溪镇、青白江区洪福乡、新津县普兴镇和邛崃市大同乡；而在超三级的水质中，超标元素主要为硫酸盐、总硬度、溶解性总固体，其次为铁、锰，主要分布于崇州市道明镇、金堂县又新镇、新都区泰兴镇和邛崃市茶园乡、火井镇、平乐镇、回龙镇等区市县。(陈亚峰，2017)

2. 云南楚雄地区红层地下水水质特征

周中海（2015）研究了楚雄地区风化裂隙水、层间裂隙水、溶蚀孔隙裂隙水中各种离子含量、pH 值及矿化度的变化规律（见表 8.9）。

风化裂隙水中，阳离子以 Ca^{2+}为主，Mg^{2+}其次，阴离子以 HCO_3^- 为主，SO_4^{2-} 其次；层间裂隙水中，阳离子以 Ca^{2+}为主，Mg^{2+}、K^+、Na^+其次，阴离子以 HCO_3^- 为主，SO_4^{2-} 其次；溶蚀孔隙裂隙水中，阳离子以 Ca^{2+} 为主，K^+、Na^+、Mg^{2+}其次，阴离子以 SO_4^{2-} 为主，HCO_3^-、Cl^-其次。

K^+、Na^+、Ca^{2+}、Cl^-、SO_4^{2-} 离子在红层地下水中平均含量关系为溶蚀孔隙裂隙水 > 层间裂隙水 > 风化裂隙水，Mg^{2+}、HCO_3^- 离子在层间裂隙水中的含量最多；矿化度值的大小关系为溶蚀孔隙裂隙水 > 层间裂隙水 > 风化裂隙水；风化裂隙水呈弱酸性—碱性，层间裂隙水呈弱碱性，溶蚀孔隙裂隙水呈弱酸性—碱性；风化裂隙水的水化学类型主要为重碳酸盐型，层间裂隙水的水化学类型主要为重碳酸盐型、重碳酸硫酸盐型，溶蚀孔隙裂隙水的水化学类型主要为重碳酸硫酸盐型、重碳酸氯化物盐型、硫酸盐型。

表 8.9　不同类型红层地下水常量组分（周中海，2015）

地下水类型		风化裂隙水	层间裂隙水	溶蚀孔裂隙水
K^++Na^+	平均值	15.59	20.24	23.43
	最小值	2.30	4.85	2.21
	最大值	70.34	76.54	75.12
Ca^{2+}	平均值	58.97	66.61	101.18
	最小值	12.4	30.48	30.3
	最大值	106.2	163.56	279.15
Mg^{2+}	平均值	21.93	32.23	24.45
	最小值	2.6	18.65	10.10
	最大值	59.65	95.15	87.13
Cl^-	平均值	14.33	61.82	75.79
	最小值	0.90	8.92	3.20
	最大值	195.36	370.34	380.34
SO_4^{2-}	平均值	118.40	158.66	267.19
	最小值	24.00	40.15	40.00
	最大值	235.10	451.25	50.323
HCO_3^-	平均值	216.5	279.96	211.07
	最小值	3.8	88.35	132.23
	最大值	462.12	688.22	488.35
TDS	平均值	363.79	549.57	642.21
	最小值	161.80	320.53	257.20
	最大值	701.69	890.34	1 120.72
pH 值	平均值	7.41	7.32	7.37
	最小值	6.89	7.03	6.97
	最大值	9.54	7.65	8.54

8.6.2 红层地下水水化学特征

在干热、强蒸发古沉积环境条件下形成的红层岩石中，膏盐、芒硝等易溶盐含量普遍偏高，铁、锰等金属离子的背景值也高于其他地层，地下水的化学成分十分复杂，水质差异大，无论在垂向、平面上均有不宜饮用的咸水、高铁锰水分布，甚至形成可供开采的盐矿、卤泉；咸水埋藏深度不一，咸淡水界面变化复杂。

在淡水带以下均可交替出现一些不同化学成分的微咸水和咸水。淡水带厚度受风化带厚度和地下水交替条件的变化制约，从盆边向盆中腹部，有规律地由厚变薄，盆中腹部咸淡水界面埋深仅 30 ~ 50 m，其中安岳、乐至、西充、遂宁、资阳一带不足 30 m，个别地区只有 5 ~ 15 m。

渝西红层浅层地下水也以淡水为主，少量的咸水呈星点状分布在可溶盐含量高、循环交替条件差的红层中。红层风化裂隙水中的咸水一般埋深 20 ~ 30 m，红层承压水中的咸水埋深多为 50 ~ 125 m，两者均仅出现在部分层位的局部地段或个别点。

云南红层沉积环境多样，易溶盐会在一些区段富集形成含盐层。含盐层岩石矿物成分复杂，可溶岩和可溶性矿物含量较高，更易形成溶隙、溶孔，地下水类型以溶蚀裂隙孔隙水为主，水质复杂，水化学成分、含量与易溶矿物成分、含量关系密切。

1. 泸州红层浅层地下水水化学成分

陈倩（2013）结合泸州地区红层找水项目，分别采取侏罗系上统蓬莱镇组取风化带裂隙水水样 37 件，侏罗系中统沙溪庙组取风化带裂隙水水样 169 件，侏罗系上统遂宁组取溶蚀孔洞水水样 49 件。总结了泸州红层区浅层地下水的水化学成分，见表 8.10。

表 8.10 泸州红层区浅层地下水水化学成分统计特征值

地下水类型	参数类型	$Na^{+}+K^{+}$ /（mg/L）	Ca^{2+} /（mg/L）	Mg^{2+} /（mg/L）	Cl^{-} /（mg/L）	SO_4^{2-} /（mg/L）	HCO_3^{-} /（mg/L）
溶蚀孔洞水	最小值	8.30	3.01	2.43	5.32	6.40	15.60
	最大值	97.74	273.50	42.56	178.70	290.00	1 378.8
	均　值	42.27	49.52	8.87	34.46	55.04	124.68
	标准差	19.53	49.52	8.87	34.46	55.04	124.68
	变异系数/%	0.46	0.44	0.52	0.82	0.87	0.36
风化裂隙水	最小值	0.01	2.00	2.43	0.01	0.01	0.01
	最大值	1 785.0	440.90	76.61	3 523.7	424.00	674.20
	均　值	48.70	106.91	23.14	55.43	48.98	304.93
	标准差	154.25	52.97	11.99	235.34	51.96	177.14
	变异系数/%	3.17	0.50	0.52	4.25	1.06	0.58
全区平均	最小值	0.01	2.00	2.43	0.01	0.01	0.01
	最大值	1 785.0	440.90	76.61	3 523.7	424.00	674.20
	均　值	47.34	108.44	21.57	53.28	51.44	313.82
	标准差	137.16	51.99	11.54	216.12	52.67	167.01
	变异系数/%	2.90	0.48	0.54	4.06	1.02	0.71

溶蚀孔洞水因溶滤含水岩组中的膏盐团块，导致 Ca^{2+}、HCO_3^- 和 SO_4^{2-} 含量均大于风化带裂水；风化带裂隙水中的 HCO_3^-、Ca^{2+}、Mg^{2+} 的变异系数相对较小，反映出它们在该类地下水中含量的相对稳定性，Na^+、K^+、SO_4^{2-}、Cl^- 的变异系数较大，反映出它们在该类地下水中含量变化较大，是随环境因素变化的敏感因子；风化带裂隙水常量离子的变异系数均高于溶蚀孔洞水，反映出该类地下水受环境影响的程度相对高于溶蚀孔洞水。

2. 成南高速（南充附近）地下水水化学成分

成南高速（南充附近）DK178～DK184 附近涵洞，挡土墙排水孔表面析出白色结晶物，经采取附近水样进行水质分析，可以看出，该区域环境水中井水中钙质等可溶成分含量较高，为可溶成分析出提供了基本的物质基础。根据矿化度来分析，1# 和 4# 样（工程区）属于淡水，2# 和 3# 样（居民水井）属于微咸水，按照硬度来分，属于硬水（见表 8.11）。

表 8.11 成南高速南充附近水质分析结果

送样编号	成南高速（南充附近）水质分析结果 /（mg/L）										
	pH	游离 CO_2	HCO_3^-	CO_3^{2-}	Cl^-	SO_4^{2-}	Ca^{2+}	Mg^{2+}	K^++Na^+	总硬度（$CaCO_3$）	总矿化度
1	7.58	183.68	400.29		8.30	6.29	91.36	27.99	1.40	343.30	535.63
2	7.12	113.33	302.66		7.47	828.69	344.26	63.69	0.07	1 121.70	1 546.84
3	7.48	338.04	580.91		9.95	321.39	129.98	38.27	157.67	482.04	1 238.17
4	7.56	113.33	585.65		6.64	225.31	98.90	21.13	103.98	333.90	841.60

3. 西岭雪山隧道地下水水化学成分

大双公路西岭雪山隧道由于红层岩体中析出大量白色结晶成分，采取隧道各处水样，进行水质分析。结果表明，从隧道侧沟渗流出来的环境水中可溶成分含量，尤其是钙质成分含量较高，是地下水溶解红层岩石中钙质等可溶成分流出后，在结晶低温环境下析出的结果。按照矿化度分析，全部水样属于淡水，但按照混凝土腐蚀性标准，则会产生溶出性侵蚀（见表 8.12）。

4. 中坝隧道地下水水化学成分

地层因隧道开挖，破坏了地下水的自然分层结构，促进了地下水的循环和不同含水层的串联，从而产生混合作用。同时隧道常用混凝土衬砌，混凝土对地下水成分也有一定影响。所以从隧道采集的水样，是一种经过混合作用影响的水样。地下水又受季节、温度及围岩条件（构造、岩性）的影响，其成分不可避免地处于剧烈的变动中。即使同一地点，不同时间取样，地下水主要离子浓度的差异也很大。成昆铁路中坝隧道内某处地下水积水，在一年时间内 10 次取样检测，主要离子含量都有明显变化，就是个典型例子（罗健，1988）。具体水化学成分分析见表 8.13。

表 8.12 大双公路西岭雪山隧道分析结果

试样编号	大双公路西岭雪山隧道分析结果 / (mg/L)												
	pH	游离 CO_2	HCO_3^-	CO_3^{2-}	Cl^-	SO_4^{2-}	OH^-	Ca^{2+}	Mg^{2+}	Na^+	K^+	总硬度 ($CaCO_3$)	总矿化度
1 进口左侧沟	8.97		122.04	14.4	6.64	123.5		17.96	8.76	60	29	80.89	321.28
2 出口左侧沟	8.49		273.37	4.8	11.61	301.46		71.83	33.14	40	24	315.73	623.53
3 地表水	8.03	17.87	353.92		7.47	292.1		81.2	34.56	40	4	344.97	636.29
4 进口右侧沟	8.97			50.4	6.64	116.21	26.18	3.12	3.78	120	41	23.35	367.33
5 出口右侧沟	8.97			48	9.13	158.2	95.88	1.56	6.63	170	40	31.18	529.4
6 进口顶地表水	7.92	71.49	283.31		8.96	155.6		68.32	25.42	20	3	257.2	422.96
7 阳山沟地表水	8.38		239.61	9.52	11.16	182.36		69.25	19.65	30	12	253.78	453.75
8Z-1	8.76		51.26	30.03	5.56	38.04		7.81	9.49	33	6.6	58.55	141.16
9Z-11	8.76		80.55	36.04	8.63	54.88		15.62	9.49	49	8.3	78.05	222.24

表 8.13 成昆铁路中坝隧道 K188+717 处不同时期水化学成分对比

取样日期	离子浓度 / (mg/L)							pH	矿化度 / (mg/L)
	Ca^{2+}	Mg^{2+}	K^++Na^+	Cl^-	SO_4^{2-}	HCO_3^-	CO_3^{2-}		
1978-12-28	292.6	0.0	3 127.0	969.7	5 380.0	0.0	72.0	12	9 859.6
1979-02-07	150.3	0.0	1 814.0	348.2	3 117.0	0.0	53.4	12.4	5 595.0
1979-03-11	416.8	0.0	1 004.4	219.8	2 295.9	0.0	15.0	11.7	4 090.5
1979-04-10	342.5	0.0	1 038.7	224.1	2 414.0	0.0	27.0	11.9	4 096.5
1979-05-16	513.0	0.0	890.0	230.5	2 330.0	0.0	21.6	12.4	4 104.0
1979-06-14	367.0	0.0	914.0	202.8	1 984.0	0.0	21.6	13.6	3 636.0
1979-07-11	381.0	0.0	1 043.0	294.0	2 230.0	0.0	22.8	13.5	4 094.0
1979-08-12	469.0	0.0	809.0	241.0	2 089.0	0.0	21.0	13.7	3 733.0
1979-10-15	461.0	0.0	773.0	184.4	2 205.0	0.0	21.6	12	3 702.0
1980-08-28	499.0	23.8	636.0	155.3	2 107.0	0.0	26.1	12	3 518.0

8.7 西南红层中地下水的水害问题

在工程建设领域内，地下水的地质作用主要以 3 种尺度在红层岩土孔隙、裂隙中运动：① 环境水与红层岩土体中矿物成分之间的相互作用，即微观的物理化学作用；② 地下水在红层岩土体孔隙、裂隙中流动而形成的渗透压力、水压力等工程荷载作用，即细观的水力学作用；③ 红层中的地下水在区域范围内的升降变化引起的地面沉降等作用，即宏观的区域性水文地质作用。

地下水存在于地下岩土的孔隙、裂隙中，根据岩土中水的物理力学性质不同及水与岩土颗粒间的相互关系，地下水以不同形式与红层岩土、工程材料相互接触发生微观物理化学作用，如溶蚀、腐蚀，导致红层岩土、工程材料工程性能发生变化。

地下水按照埋藏条件，可以划分为上层滞水、潜水和承压水；按照含水层性质，可以分为孔隙水、裂隙水、岩溶水等类型。地下水以潜水、承压水等形式，在红层岩土体的孔隙、裂隙中产生渗流运动，产生侵蚀、搬运、沉积等地质作用，引起边坡、地基、隧道中产生流砂、潜蚀、管涌作用，进而产生基坑突涌、隧道涌水、渗漏破坏、堤坝滑坡、地基沉陷等水力学问题。

在气候和工程活动影响下，区域性地下水的升降变化导致区域性地面沉降、越岭隧道、水库地震、地面塌陷等区域性水文地质问题。

8.7.1 红层地下水引起的化学作用

红层岩石中可溶盐溶解，导致环境水水质变化，引起环境水对钢筋、混凝土的腐蚀问题。主要有以下几种情况。

红层中含有的黄铁矿与氧气、水发生氧化反应，生成具有腐蚀性的硫酸，导致环境水腐蚀性增强。红层中含有的石膏、芒硝等可溶盐类溶于水，导致环境水中硫酸根离子浓度增加，增强环境水的腐蚀性。如四川会理大铜厂白垩系地层、成都东郊白垩系地层均有含膏红层出现。此外在四川三台、简阳等地的白垩系、侏罗系含盐地层中氯化物含量较高，可能产生氯盐腐蚀的环境水。

由于红层环境水腐蚀的滞后性、隐蔽性、长期性，在含膏含盐红层工程中，应结合季节变动、施工扰动等因素充分考虑红层地下水的腐蚀性。如位于四川省南充市西郊的达成铁路土坝隧道，穿过侏罗系遂宁组，其间某些层位夹石膏。隧道于 1996 年建成通车，2000 年就发现混凝土衬砌开始腐蚀，特别是排水沟附近的衬砌已成豆腐渣状破坏，衬砌里面的钢筋已经被腐蚀。

地下水与泥质岩类接触，引起黏土矿物、盐类结晶膨胀，产生膨胀变形，引起构筑物的变形与破坏。如成昆铁路石膏箐至岳家村段，出露的含盐地层为下白垩系落直美组，有 16 座隧道位于落直美组的含盐地层中。其中的法拉隧道、黑井隧道在施工过程中采取了处理措施，但在地下水的作用影响下，在铁路运营初期仍有因含盐膨胀引起的隧道拱底隆起开裂和边墙、拱脚混凝土腐蚀等较为严重的现象。

8.7.2 红层地下水的水力学问题

1. 红层地下水的渗流问题

红层地下水的渗流问题主要是红层岩石的透水性，在路堤工程、边坡工程中，由于排水不畅导致渗流、潜蚀问题出现。

成南高速、达成铁路沿线调查发现，由于路堤改变了局部的水文地质条件，在红层软岩土地区发现圈椅型斜坡路堤产生渗流破坏，出现路基沉降变形，直至整体滑移等病害。

产生渗流效应地区的工程地质特征大致如下：

（1）地形地貌：圈椅型的斜坡汇水地形，为地表水、地下水的汇集创造了条件。

（2）地层岩性：红层岩土及其路堤填料的溶解、溶蚀、软化、流失等效应显著。

（3）水的条件：降雨量大，地下水、地表水发育，沿着路堤渗流。

（4）工程活动：工程路堤施工改造局部地形条件，导致地下水、地表水补给、径流、排泄等水文条件发生变化，在调整的过程中，地下水沿着路堤内部孔隙产生渗流，造成斜坡路堤渗流破坏，严重时可能会导致路堤基底渗流滑移。在暴雨季节可能产生路基水毁现象。

成南高速 K179+060 ~ K179+220 工点基岩为侏罗系遂宁组钙质含量较高的泥岩、砂岩，上覆一定厚度的红层黏性土。局部微地貌为圈椅形汇水地形，上部冲沟水量较大，高填路堤地段原为该局部水文径流通道，汇入线路右侧小溪。线路以高填路堤通过，填高约 18 m，施工时因下伏软弱黏性土承载力不足，导致路堤发生滑塌。采用悬喷桩+砂砾垫层+土工格栅+反压护道措施处治。

现场调查发现，高填路堤堵塞地下水和地表水原有径流和排泄通道，虽在线路左侧设置了排水沟和涵洞，能对集中降雨或地表水的排泄起作用，但线路左侧水沟裂缝和路基右侧骨架护坡中下部及地面均有水渗出现象。表明排水设施对防治长期绵雨的下渗作用不明显，导致水在路基和基底界面以及路基体内部潜蚀、溶解带走可溶的盐分如钙质成分，软化岩体，寻找运移通道，降低路基的密实度。随着时间的积累，特别是该区域长期绵雨下渗，最终有可能导致路基边坡整体失稳破坏。

2. 红层岩土体中的岩溶问题

红层中碳酸钙、石膏、芒硝等可溶成分在环境水的作用下溶蚀、流失，可能产生类似碳酸盐岩溶的问题。比较典型的是红层砾岩岩溶和含膏盐红层岩溶问题。砾岩类岩溶是由于砾岩中的砾石为碳酸盐岩或胶结物含有钙质等可溶组分，而发育类岩溶的现象和作用。如发育于安县境内的龙泉砾宫、都江堰市境内的水晶洞和芦山县境内的龙门洞等溶洞（周绪纶，2002）。

含膏盐红层岩溶是指红层岩石中富含的石膏、芒硝等可溶盐成分在地下水的侵蚀作用下，产生的溶解、溶蚀作用。在四川崇州、邛崃、蒲江、双流、新都等地，遂宁组、蓬莱镇组及白垩系灌口组中，石膏和钙质含量丰富，在新津普兴一带以层状产出，形成石膏矿层。

红层岩溶现象在成都东郊深基坑工程中屡有出现；在四川江油、双流两地成绵乐客专桥基工程中也发现了红层岩溶问题。这类红层岩溶具有埋深大，隐蔽性强等特点，应在红层地区勘察时注意。

在部分侏罗系和白垩系的红层软岩土中，有较多的含石膏、芒硝等可溶成分的含盐地层或钙质含量较高的可溶性岩石。由于溶蚀和淋滤作用，含盐地层表部的可溶盐分被溶蚀带走后，如南充附近红层软岩边坡中析出的明显的白色碳酸钙条带，可能使岩石的强度降低。

现场调查和室内研究发现，侏罗系遂宁组地层的泥岩中 CaO 含量为 6.7% ~ 10.3%，在酸性水或含有侵蚀性二氧化碳水的作用下，可以溶解其中的钙质成分，在岩体内部形成各种溶孔，破坏红层岩土体结构，使其强度降低。溶解的成分沿着岩体中的节理裂隙被带走，或是沿着排水系统排出岩体，并结晶析出堵塞排水设施，影响工程安全。结晶析出白色碳酸钙晶体堵塞公路路基挡墙泄水孔，影响了挡墙及其排水设施的正常使用。

水作用下可溶成分的迁移现象在隧道工程中也常常见到，如西岭雪山隧道泥岩由于芒硝和碳酸钙溶蚀结晶堵塞排水设施；达成线土坝隧道芒硝被水溶解后，从裂缝中渗出，并在拱腰及边墙处晶出白色粉末状芒硝晶体。

在四川成都天府新区半岛城邦和地铁 1 号南延线等工程区，在勘察过程发现含膏红层中发育了很多地下空洞，半岛城邦地块场地内分布的空洞大致可分为两大类：一类为主要分布于泥岩中的构造空洞，另一类为分布于角砾岩中的硫酸盐溶融空洞。

构造空洞主要分布于紫红色强风化泥岩中。该类岩石结构已大部分破坏，构造层理不清晰。岩芯长度 3 ~ 15 cm，岩体较破碎。大部分钻孔揭见。

硫酸盐溶融空洞主要分布在杂色角砾岩层中，角砾岩成分为白垩系灌口组泥岩，应断裂构造形成的岩石碎块，以中风化为主，偶见少量的强风化岩块。粒径一般为 1 ~ 10 cm，个别大于 20 cm，未经搬运，均呈棱角状或次棱角状。胶结物以次生石膏为主。断裂构造后期，受地下水的径流、侵蚀作用，逐渐沉积于破碎带角砾岩孔隙中。硫酸钙的化学沉积将破碎带角砾层胶结为角砾岩。次生石膏受角砾层中孔隙分布的影响，主要呈不规则的片状或板状分布。局部地段呈膜状或块状。局部可见丝绢光泽。

通过对空洞区钻孔的钻探，发现地下空洞分布和形态较人工成孔调查情况更为复杂，部分钻孔显示空洞分布多层，且规模较大。统计表明，大部分空洞洞径小于 2 m，绝大部分空洞洞径小于 4 m。洞径小于 2 m 的空洞约占 73.74%，洞径小于 3 m 的空洞占 85.86%，洞径小于 4 m 的空洞占 93.94%。

王子忠（2005）等在研究四川盆地含膏盐红层特征及坝基工程地质问题时，分析了红层岩体中因分布有芒硝（$NaSO_4 \cdot 10H_2O$）、钙芒硝（$Na_2SO_4 \cdot CaSO_4$）、石膏（$CaSO_4 \cdot 2H_2O$）等膏盐矿物，分别为强溶盐及中溶盐矿物，在地下水的作用下，它们将被溶解，形成类似碳酸盐岩的岩溶形态，新鲜完整的粉砂质泥岩及泥质粉砂岩本身为不透水岩体。然而，近地表的岩体的风化卸荷裂隙，是地下水循环、运移的空间，于是近地表风化、卸荷带内芒硝、钙芒硝、石膏等膏盐矿物就被溶蚀。据钻孔及施工开挖揭示，形成的类岩溶形态主要为以下两类：（1）岩体中随机分布斑点状、块状膏盐被溶蚀后，形成溶孔，溶孔呈不规则状，其孔径一般为 0.3 ~ 3 cm。（2）顺层分布的膏盐相对密集带，强度较其上下的粉砂质泥岩或泥质粉砂岩低，在构造应力的作用下，将形成剪切劈理带；地下水沿劈理带向下渗透，在带内及其附近分布的膏盐薄片和石膏团块被溶蚀，形成顺层分布的溶蚀软弱带。据百花滩电站钻孔揭示，溶蚀软弱带岩芯破碎，呈碎块、薄片状，无擦痕，碎块直径一般 1 ~ 5 cm，碎块中溶孔密集，溶孔直径一般 0.2 ~ 0.5 cm，沿层面的面积溶蚀率一般 10% ~ 30%。岩溶强度随着埋深的增加而减弱，溶蚀作用发育深度有限。

膏盐岩类岩溶对地基渗漏的影响，由于四川盆地晚白垩纪红层岩体中的石膏等膏盐被化学溶解（蚀），以及膏岩周围的软化、崩解等物理作用，使得岩体的风化卸荷带内除了一般岩体所具有的风化卸荷带裂隙外，还有类岩溶作用产生的溶孔、溶蚀软弱带等空隙，因此岩体透水率较普通红层岩体的为大。

3. 红层填筑工程地下水问题

在有红层填料做基床的铁路路基，由于降雨入渗或地下水渗流，含水量较高，红层填料遇水软化、崩解、膨胀等问题，导致工程变形破坏。

据对达成线 K143 工点的软基下沉的调查表明，该段路堤发生下沉，边坡鼓胀，但鼓胀程度轻微，下沉速度缓慢，自 2003 年以来一直在缓慢发展，造成路肩同时下沉或开裂。现场调绘发现该段填方大里程方向右侧边坡下沉较大，一般为 30 ~ 40 cm。2004 年增加的边坡浆砌条石骨架护坡，30 m 范围内路肩条石被拉裂，并向外有较大位移，边坡上条石骨架护坡也有剪断破坏迹象，据了解该段条石护坡已翻修过，条石厚度 20 ~ 30cm。边坡上所设标志桩在 2005 年 8 月 29 日后仍有开裂，裂缝一般为 3 ~ 5 mm。边坡坡脚墙有一定的破坏，但整体仍较完好。该路堤中下部有一过水过人涵洞，但涵洞本身并无明显的破坏迹象。据现场调查，该段路基基底横坡稍大，约 5°，路基填高 5 ~ 9 m，在右侧边坡坡脚下原地面为缓坡，下部为水田，初步分析认为，填方路堤堵塞地表水和地下水运移通道，导致水在路基底部汇集，软化岩土体，降低强度，导致路堤下沉变形。

4. 红层隧道中的涌水问题

总体上红层地区地下水分布规律性差，地下水工程问题不突出，但在局部地区，如地质构造区、裂隙发育区仍有产生局部富水地块的可能。在隧道涌水工程中应予以注意。

如成昆线沙木拉达隧道白垩系地层中，穿过张性断裂带 4 处，涌水量都在 2 000 t/d 以上，流量动态一直很稳定（成昆铁路技术总结委员会，1980）。

孟庆鑫（2017）介绍了雅康高速飞仙关隧道涌水问题的详细案例。在飞仙关隧道桩号 K23+710 处掌子面，飞仙关隧道出口段处于新开店断层上盘，洞口段穿越为单斜地层，岩层以倾北西为主，产状：280 ~ 315°∠25 ~ 47°，主要发育二组垂层节理裂隙，间距一般 0.1 ~ 1.2 m，延伸长一般 1.5 ~ 2.0 m。岩性为白垩系灌口组的粉砂岩夹少量粉砂质泥岩，中厚层状为主，岩体整体呈层状砌体结构，其中有钙质胶结，隐晶质结构，呈成条带分布。隧道轴线走向 290°，与岩层走向大角度相交。同时可见膏溶角砾岩透镜体，厚 0.5 ~ 1.0 m，岩质软，角砾成分以粉砂岩及粉砂质泥岩为主，角砾呈次圆—次棱角状，直径 5 ~ 100 mm 不等。在膏溶角砾岩下部出露薄层粉砂岩夹少量泥岩，岩体较破碎。隧道从初期涌水量达 14 万 ~ 15 万米^3/天到现在的 6 万 ~ 7 万米^3/天，持续涌水接近 2 个月。

5. 红层基坑工程中的降水问题

由于红层地区普遍缺水，基坑工程中的降水问题不突出，但在局部裂隙发育地区或含水层地段，仍有局部富水地段。在基坑降水工程中应予以注意。

如成都某红层深基坑中，由于局部泥岩裂隙发育，在钻孔过程中出现局部地下水水位升高现象，说明在红层中局部含水地块的存在。

6. 红层路基中的水害问题

红层软岩土地区隧道道床、路基基床、路堑基床的翻浆冒泥问题，多与路基填料填筑质量、地下水发育以及排水措施不良等因素有关。

基床翻浆冒泥病害对发生在路基基床、隧道道床等部位，主要是由于地下水或地表水发育，排水设施不当等引起，常常导致路肩外挤、道砟陷槽和线路下沉等病害。如成渝线迎祥街站至隆昌站、宝成线、成昆线局部站段。

8.8 红层地下水作用的工程评价

红层分布广泛，其地下水作用类型多样。在工程建设领域内，红层地下水的地质作用主要以物理化学作用、水力学作用、区域性水文地质作用 3 种尺度在红层岩土孔隙、裂隙中运动。《岩土工程勘察规范》（GB 50021—2001）提供了地下水工程地质评价的方法（见表 8.14）。红层地下水作用评价可以结合规范从这 3 个方面展开。

8.8.1 物理化学作用评价

物理化学作用评价主要是指环境水与红层岩土体中矿物成分之间的相互作用，即微观的物理化学作用。这些物理化学作用主要集中在红层岩土对干湿循环的敏感性，易产生膨胀、收缩、崩解、溶蚀等水敏性问题；地下水的参与和动态变化引起红层膏盐组分的腐蚀、溶蚀成分变化的化学敏感性问题；多种因素作用引起的复杂物理化学作用问题。

8.8.2 水力学作用评价

地下水在红层岩土体孔隙、裂隙中流动而形成的渗透压力、水压力等工程荷载作用，即细观的水力学作用。

1. 地下水的渗流作用

在各类岩土工程中，由于工程开挖改变了局部的水文地质条件，地下水径流条件改变，引起各类地下水渗流问题。如基坑和堤坝工程中地下水的潜蚀、管涌、渗透力、渗流破坏等问题的评价问题。

2. 地下水的浮托作用

主要是指各类地下构筑在地下水水位之下时受到的地下水的浮托作用，产生的浮力的大小和计算问题。如建筑物地下室的抗浮设计问题。

3. 地下水的静水压力作用

当墙背填土为粉砂、黏土或粉土，验算支挡构筑物稳定时，应根据不同排水条件评价地下水水压力对支挡结构物的作用。

8.8.3 区域性水文地质评价

红层中的地下水在区域范围内的升降变化引起的地面沉降等作用，即宏观的区域性水文地质作用。对于不同的工程对象、作用尺度，应考虑相应的评价内容（见表 8.14）。

1. 坑道涌水问题评价

隧道和基坑开挖引起坑道场地区域水文地质条件发生变化，引起区域性水文地质问题，如区域性水位下降、隧道涌水、基坑涌水等问题。

2. 区域性地面变形评价

在区域性地下水水位升降影响范围内，应考虑红层松散物质（如红层松软土地基）构成的地面沉降、地面回弹、地下水浮托力的影响。

3. 红层富水地段评价

红层地区是典型的缺水地区，但红层地区生产生活又要求的红层地区寻找合适的水源。红层富水地段主要受地形、构造、岩层产状、岩体结构等因素的影响，可以综合这些因素进行局部地下水水源地勘察。

表 8.14 红层地下水作用评价内容简表

作用类型	工程对象	评价内容	评价方法
水力学作用	基础、地下构筑物、挡土墙等	地下水对结构物的上浮作用	应考虑最不利组合条件
			对节理不发育的岩土体，可以结合地方经验或实测数据确定
		地下水的渗流作用	地下水的水头和作用宜通过渗流计算进行分析和评价
	边坡	边坡稳定性验算	考虑地下水对边坡稳定的不利影响
	挡土墙	验算支挡构筑物稳定时	当墙背填土为粉砂、黏土或粉土，验算支挡构筑物稳定时，应根据不同排水条件评价地下水水压力对支挡结构物的作用
	基坑及地下工程开挖	基坑降水及基坑稳定性	在地下水水位以下开挖基坑/地下工程，应根据岩土体的渗透性、地下水补给条件，分析评价降水/隔水措施的可行性及其对基坑稳定和邻近工程的影响
物理化学作用	地下水水位以下的工程结构	腐蚀性评价	评价地下水对混凝土、金属材料的腐蚀性
	特殊岩土工程	特殊岩土的水敏性评价	对软质岩石、强风化岩石、残积土、膨胀岩土、盐渍岩土，应评价地下水的聚散所产生的软化、崩解、胀缩和潜蚀等有害作用
		冻土的水敏性和热敏性评价	评价地下水对土的冻胀和融沉作用
区域性水文地质作用	地下水水位区域性升降	区域性地面变形	在区域性地下水水位升降影响范围内，应考虑地面沉降、地面回弹、地下水浮托力的影响
	越岭隧道水文地质问题	隧道涌水问题	由于隧道开挖引起越岭隧道区域水文地质条件发生变化，引起区域性水文地质条件问题，如区域性水位下降

参考文献

[1] 王告函，施伦山，冯南训. 四川盆地红层地下水分布富集规律及开发利用问题. 四川水文地质专辑，1979.
[2] 朱春林. 滇中红层地下水富集规律及开发利用研究. 中国地质大学，2010.
[3] 张有天. 岩石水力学与工程. 北京：中国水利水电出版社，2005.
[4] 谷德振. 岩体工程地质力学基础. 北京：科学出版社，1979.
[5] 孟庆鑫. 雅康高速飞仙关红层隧道特大涌突水机理分析. 成都理工大学，2017.
[6] 陈冬. 红层褶皱储水构造隧洞施工涌水过程数值模拟分析. 成都理工大学，2014.
[7] 王子忠. 四川盆地红层岩体主要水利水电工程地质问题系统研究. 成都理工大学,2014.
[8] 周绪纶. 芦山县砾岩岩溶形态及景观资源评价. 四川地质学报，2002，22（3）.
[9] 陈倩. 四川泸州红层区浅层地下水水化学特征分析. 中国测试，2013，39（6）.
[10] 郭永春，谢强，文江泉. 红层岩土水理性质工程判别准则试验研究. 水文地质工程地质，2008（4）.
[11] 靳一. 大双公路西岭雪山隧道变形原因及整治措施研究. 西南交通大学，2006.
[12] 许凡. 成都南郊含膏红层特殊地基地质特征及处理技术. 西南交通大学，2017.
[13] 罗健. 我国红色岩层及其侵蚀性地下水. 西南交通大学学报，1988（2）.
[14] 罗健. 含膏岩系及其对隧道工程的影响. 西南交通大学学报，1978（1）.
[15] 宋磊. 红层软岩遇水软化的微细观机理研究. 西南交通大学，2014.
[16] 徐彩风. 红层填料渗透特性及渗流作用下路堤稳定性研究. 西南交通大学，2007.
[17] 陈喜昌. 川北红层储水结构与富水性. 水文地质工程地质，1981（4）.
[18] 毛茂兵. 川东北红层区地下水赋存特征及影响因素. 四川地质学报，2014，34（3）.
[19] 高佩义. 川东红层地下水富集与岩层倾角的关系. 工程勘察，1983（1）.
[20] 王宇. 红层地下水勘查开发的理论及方法. 北京：地质出版社，2008.
[21] 孙广忠. 岩体结构力学. 北京：科学出版社，1988.
[22] 冯启言. 红层软岩渗透特性的实验研究. 勘察科学与技术，1995（2）.
[23] 成昆铁路技术总结委员会. 成昆铁路——第二册（线路，工程地质及路基）. 北京：人民铁道出版社，1980.

9 红层边坡工程

本章所涉及的边坡，包含在红层中的自然形成的斜坡和为满足工程建筑需要而开挖和填筑的人工形成的边坡。在西南地区，红层具有特殊的岩性、构造地质特征，表现出较为明显的与快速风化、软弱性、膨胀性、腐蚀性有关的岩土工程特征和较为特殊的长大顺层滑坡、平缓基岩面上堆积层滑坡和软硬互层形成的大型危岩体等地质灾害类型，从而使边坡工程的勘察设计具有与之相适应的特点。

9.1 红层边坡的工程地质特征

9.1.1 红层边坡的工程地质环境

西南地区红层主要分布四川盆地和云南中西部。从地形上划分，主要分布地可分为川中盆底丘陵区、川东盆周峡谷区、滇中盆地丘陵区和滇西高中山峡谷区。

在川中、滇中盆地区，除局部构造带（如龙泉山脉）外，红层以泥岩、页岩为主，地质构造不甚剧烈，岩层产状大多较为平缓，在地形上多为切割不深、相对高差不大的丘陵地貌。由于岩性较软，地表风化剥蚀较强，山坡多呈现缓圆波状起伏地貌，斜坡上冲沟发育，坡间多形成洼地。泥岩坡顶、坡面多辟为旱地，沟谷、洼地都为水田。植被覆盖情况差异较大，但大都有植被生长。

在川东峡谷区，古地理环境为湖边盆周，红层沉积物中碎屑物质明显增多，砂页岩互层、中厚层砂岩夹页岩、厚层砾岩为主要岩层。但地质构造以舒缓隔挡式褶皱为主，大部区域岩层平缓、缓倾。平缓岩层受节理切割，在后期水流冲刷剥蚀和重力作用下，易形成带状分布的砂砾岩陡壁地形。缓倾岩层多形成缓坡地形。一般在地面以泥岩为主分布地区，耕地和植被较多。而在砂岩为主的分布地区，耕地和植被主要在坡顶、沟底分布。

在滇西峡谷区，由于地质构造强烈，地震频发，红层岩层产状随构造部位的变化而变化，其地貌特征具有多样性，自然斜坡坡度变化较大。

西南红层以中生代陆相湖泊沉积的碎屑岩和泥质岩为主。川中盆地侏罗—白垩系泥质岩中常含有石膏—芒硝等硫酸盐矿物，局部岩层中成层积聚。红层含膏含盐的属性，对边坡岩体的完整性和边坡防护结构的防腐是不可忽略的。

除滇西红层分布地区处于构造强烈且属强震区，岩层变形强烈外，其余红层分布区大部岩层平缓—缓倾，岩层以中厚—厚层状为主，四川盆周地区沉积有巨厚层砾岩。在川中、川东、滇中褶皱带，有延伸较长的区域逆断层发育，方向大都为北东—南西向。岩层中普遍存在两组剪节理，密度不等，在厚层砂岩中间距可达数米。大部分地区地震烈度为 Ⅵ ~ Ⅶ 度，因此，除受新构造运动影响的地区外，红层边坡的抗震不作为主要因素予以考虑。

红层地区地下水主要为赋存于砂岩岩层、地表坡积物中的裂隙孔隙潜水和深层承压水，在泥岩中有裂隙水存在，但普遍缺水。由于红层中硫酸盐存在，红层地下水有腐蚀性，尤以川中红层为甚。地下水的这些特征，在红层边坡稳定性分析和防护工程设计中应予重视。

红层地区的特殊岩土主要为含亲水矿物的膨胀性泥质岩，分布于沟底、洼地、山间盆地的松软土（水田），含硫酸盐矿物的盐渍土。红层地区对边坡工程有直接影响的不良地质类型主要为滑坡、崩塌（危岩）、软岩边坡等。

9.1.2 红层自然斜坡类型

根据地层岩性、岩层产状及斜坡发育特征，西南红层自然斜坡的主要类型可大致分为顺层斜坡、切层斜坡、泥岩类斜坡和堆积层斜坡四大类。其中前两类主要针对砂泥（页）岩互层或砂岩夹泥（页）岩的碎屑岩斜坡。泥岩类斜坡虽然也存在顺层与切层的构造特征，但因其斜坡发育和发展特征有别于前两类而不强调其地质构造特性。

1. 红层顺层斜坡

在川中、滇中红层分布区，受地层倾斜影响，地形切割易形成岩层三角面。在倾斜岩层走向方向，自然斜坡基本以岩层面为坡面，构成顺层斜坡，坡度大致为 20° ~ 40°，坡高从数米到上百米不等。在一些地区，自然斜坡从坡脚到坡顶的长度可达数百至上千米，形成长大顺层斜坡。顺层斜坡地表大部由泥质岩类风化物构成，植被发育，植被以松树、柏树、杂木类乔木、灌木、草类植物为主。人居分布较密的地区，坡面多已辟为种植土。种植土以旱地为主，主要农作物为小麦、玉米、薯类，也有一些地区在坡面修筑梯田种植水稻。顺层斜坡也存在直接由砂岩类碎屑岩构成坡面的类型。这类斜坡地表植被不发育，在节理裂隙处有草类、灌木类植物生长，基本不存在种植物。

红层顺层斜坡在西南地区主要河流水系岸坡中分布较广，还易形成局部地区连续分布。

由碎屑岩夹泥质岩或碎屑岩泥质岩互层主组成的红层顺层斜坡，因其大气降水和地下水发育的影响，层间泥质岩易软化形成低强度软弱带，在其他因素的影响下，容易岩层面滑动而形成顺层滑坡。

2. 红层切层斜坡

在倾斜岩层倾向方向形成的切层斜坡，根据岩性组合的不同，其坡形差异较大。以碎屑岩为主的斜坡多形成坡度较陡，坡度一般为 30° ~ 50°，可能形成陡峻直立坡，如在侏罗—白垩系一些层位中有由巨厚层砂岩—砾岩构成的峭壁，坡高十几米至上百米。以碎屑岩与泥质岩互层的斜坡坡度较缓，一般为 20° ~ 40°，由于差异风化，坡面呈凹凸状，但局部可能形成陡坎，坡高一般不超过百米。斜坡上植被多沿泥质岩露头条状发育，但辟为耕地的不多。

红层切层斜坡是最为常见、分布较广的自然斜坡类型。

由于节理发育的影响和差异风化作用，红层中切层斜坡崩塌落石危岩较为常见。

3. 红层泥质岩斜坡

对主要由泥岩、页岩组成的红层斜坡，虽然与岩层产状的关系也可以顺层、切层划分，但与碎屑岩含量较高的斜坡相比，不论其坡形地貌、地表特征、破坏模式都有明显的不同之处，为描述研究的方便，可将其单独分类区分。

红层泥质岩斜坡由于本身的抗风化能力较弱，地形上多以较为低缓的斜坡呈现。坡度一般十几度至二三十度，坡高在十几至五六十米之间。地表多为风化土。在川中、川东地区，由于雨量充沛、日温差不大，泥质岩风化主要为淋滤作用产生的物理—化学风化，坡面坡残积层较厚，植被茂密，乔灌木和草类覆盖较好。在人口集聚区，坡面一般以辟为种植土，以旱地为主。在滇中地区，由于雨季旱季明显、日照充足、日温差较大，风化作用主要以物理风化为主，地表风化物留存区域植被较好，但地表风化产物留存不足的区域，植物较少。

泥质岩斜坡主要以冲沟、风化剥落、表面滑坍为主要破坏类型，也有厚层泥岩形成的顺层滑坡。地下水贫乏。

4. 红层堆积层斜坡

在川东地区，地质构造以宽缓隔挡式背斜为主，隆起的带状山脉之间形成较大区域的低倾角—近水平岩层。特别在长江沿岸地区，受地表切割形成了大量的河流沟谷斜坡。这些沿高倾角节理切割而后有水流冲刷侵蚀形成的原始陡坡，在长江及较大规模的之流河谷，这些原始陡坡切割较深，可形成高达百米以上的高陡岸坡。这些原始岸坡极易在重力、降雨和地下水等作用下发生崩塌堆积于坡脚，形成堆积层斜坡。

红层堆积层斜坡以块石土为主，块石成分为后缘岩层，块石一般呈棱角状，分选不好，尺寸一般几厘米到一米，也有尺寸大至数米的巨型落石。自然斜坡坡度大都为 20° ~ 30°。受下伏基岩产状平缓影响，堆积层厚度数米至二十几米为多。但发生过滑动的古滑坡地带，堆积层厚度可达四五十米。堆积层斜坡常在江河沿岸连续分布，长大数百至数千米。

堆积层斜坡土层较厚，是植被生长和种植土的良好环境。顶面地形较缓，地下水较为丰富，是山区居民点主要分布区。

除了川东地区，滇中边缘、滇西山区堆积层斜坡也较常见。

堆积层斜坡最易发生岩基岩面的滑坡。

9.1.3 红层挖方边坡工程特征

在红层斜坡上开挖形成的人工边坡在工程上一般称为红层挖方边坡。挖方边坡的坡形一般由开挖的垂直高度、岩层组合特征决定。通常情况下，挖方边坡坡高在 30 m 以下时，主要由砂岩、砾岩构成，且不存在顺层滑动的软弱面的边坡坡形为一坡到顶的直线型。由碎屑岩与泥质岩互层的边坡多采用上一级坡度逐渐减缓的折线形或分级设置台阶。主要由泥质岩组成的边坡，在坡高较高时一般采用台阶型。

多数情况下，由坚硬的碎屑岩为主构成的红层挖方边坡的一级设计坡高可达 30 m，实际工程中也有更高的。根据岩体完整性和强度，采用 1 : 0.3 ~ 1 : 0.5。由碎屑岩与泥质岩互层构成的红层挖方边坡一级设计坡高一般不超过 10 ~ 15 m，下级不做加固工程设计的边坡坡率一般在 1 : 0.5 左右，上级边坡坡率可能缓至 1 : 0.75 ~ 1 : 1。主要由泥质岩构成的红层挖方边坡一级设计坡高则多不超过 10 m，不做加固工程设计的边坡坡率一般为 1 : 1。

由于总体来看红层较软，易风化，挖方边坡通常采用坡脚设置挡墙、坡面采用拱形、片石、挂网喷浆、格栅、植被护坡等防护措施。对开挖后形成的顺层边坡，由风化泥质岩组成的软岩边坡，因工程场地条件、经济必选、环境保护需要而设计的过陡边坡，则采用挡墙、锚杆格栅、抗滑桩等支挡结构加固。

9.1.4　红层填方边坡工程特征

在红层地区因修建道路、工业与民用建筑场地，利用红层岩土材料而填筑形成的边坡，在工程上一般称为红层填方边坡。受填方边坡一级坡高的严格限制，填方边坡的坡形一般为台阶型。根据不同工程的要求，设计的一级填方边坡坡高为 6 ~ 8 m，坡率 1 : 1 ~ 1 : 1.75，个别有 1 : 2 的。

填料选择是红层地区填筑工程的困难之一。红层岩石，特别是泥质岩和胶结较弱的碎屑岩，因其强度低、易风化，或膨胀性、腐蚀性等特殊性，不能满足高等级道路、重要场地的填料要求，在其他填料采取、运输困难或工程成本限制的条件下，必须采用特殊工艺或填料改良等措施对红层填料加以合理利用。

红层填方边坡在降水等自然因素的影响下，易产生冲刷、表面溜坍，甚至滑坡等破坏，因此，红层填方边坡坡面一般都采用排水、格架植被、浆砌片石等防冲刷、防风化措施。当坡高较高时，常需要采用挡墙等支挡结构。

9.2　红层边坡的主要问题

在西南地区的红层自然和人工边坡中，由于岩石成分、地质构造、地形特征、水系环境的综合影响，存在多种不同类型的工程地质问题。但比较突出的问题主要有红层滑坡、崩塌（危岩）、坍岸、剥落、含膏盐腐蚀、软岩变形等类型。

9.2.1　红层滑坡

在西南红层斜坡中，滑坡是最常见的红层地质灾害之一。西南地区多雨的雨季、频发的地震、河流的下切、山区工程建设对自然斜坡的开挖，是西南红层地区古滑坡复活和新滑坡形成的直接因素。

红层滑坡主要有两种类型，顺层滑坡和红层堆积层滑坡。

1. 红层顺层滑坡

红层中发生顺层滑坡的区域多为沟谷冲刷、河流切割形成的斜坡上，大部分属缓坡丘陵地带，斜坡坡度一般 20° ~ 30° 为多。滑坡规模从小型到中型到大型都有。比较常见的是长度和宽度数百米、厚度十几至三十余米的中大型滑坡。红层顺层滑坡在西南红层各区域都有分布，但以构造相对平缓的川中、川东和滇中红层区较为常见。

红层顺层滑坡的物质组成主要以碎屑岩占多数的岩层构成，泥质岩为主的岩层中较少。较为典型的岩层组合为为砂泥（页）岩互层、砂岩夹泥（页）岩等。除互层夹层中软弱的普通泥页岩充当滑带物质外，在西南地区的三叠—侏罗红层中有炭质页岩和煤线煤层沉积，更易成为顺层滑坡发生的基础。

川中、川东、滇中地区构成自然斜坡的岩层单斜，倾角常为 15° ~ 40°，属于最易发生顺层滑坡的易滑地层。在切割较深、延伸较长的沟谷，单斜岩层层面形成的坡面纵向延伸巨大，可形成主滑方向长达数百甚至上千米的所谓长大顺层滑坡。

一般情况下，红层顺层滑坡的成因机制非常清楚。原始岩层在地质构造的作用下产生褶皱变形时，岩层间的错动易使夹于相对较硬的砂砾岩中软弱的泥页岩层面发生初始的剪切破坏。在其斜坡形成过程中，砂砾岩中的地下水和透过砂砾岩渗入的大气降水在下渗流动中受泥页岩的阻隔而作用于泥页岩，使原已在层间错动中破坏的泥页岩持续软化蠕变，其抗剪强度进一步降低。郑立宁（2012）对红层中泥化夹层的软化和蠕变特征的研究指出：泥化夹层水浸软化后的摩擦角可降低 23% 左右，凝聚力可降至几近消失；当应力级达到峰值的 85%，蠕变在 5 d 内即可发生。当地表切割有利时，坡体上覆岩层沿软弱的泥页岩层面滑动，形成顺层滑坡。

红层顺层边坡破坏的形式有主要有两类：拉裂—滑移破坏和滑移—剪出破坏。

1）拉裂—滑移破坏

当岩层产状较平缓，前端坡度大于岩层倾角时，坡脚切割或开挖使层间软弱夹层在斜坡地表出露，斜坡岩体在自重应力的作用下沿下伏软弱层面向临空面方向蠕动滑移。滑坡前缘滑带因积累的剪应力率先达到极限而产生移动。随滑坡前端位移量的增加，滑体由下而上的沿原先存在的垂直于层理滑面的节理逐渐拉裂、滑体解体。处于坡脚部位的滑体前端滑块在坡脚集中应力、积水饱和、有滑动临空面优势等条件下，滑体前端块体失稳滑动。随后，后续块体因失去前端块体阻力逐渐失稳滑动，形成破坏。

2）滑移—剪出破坏

当岩层倾角较大，前端坡度小于岩层倾角时，坡脚切割或开挖不能是层间软弱夹层在斜坡地表出露。但软弱的滑带夹层在上覆滑体重力、水等作用下软化、蠕变，使滑体沿滑带向下蠕动滑移。滑移的滑体在坡脚处受阻力而形成集中应力。当岩体中存在有利方向的节理裂隙或滑体岩体强度较低时，集中的应力超过节理裂隙后岩体的抗剪强度产生破坏，形成新的贯通破坏面试滑体剪出，形成破坏。

西南红层顺层滑坡还有一种特殊类型，即缓倾角顺层滑坡。在四川盆地中、东部，发育有大片岩层产状普遍在 3° 到 15° 的极缓岩层。在常规研究中，发生顺层滑坡的岩层产状在 15° 到 30° 之间，低缓倾岩层顺层滑坡机制显然有别于常见的顺层滑坡。

卢海峰（2010）等人的对巴东红层缓倾角顺层滑坡机理进行了专题研究。研究指出：上覆砂岩块沿下伏红层泥质岩软化蠕变而节理张开，使降雨更易下渗；而水的积聚和沿不透水的泥质岩层面的流动使泥质滑带土饱和并长期蠕变，如此恶性循环，导致滑带土抗剪强度降低、丧失，在重力、水压作用下造成缓倾岩层顺层滑动。简文星（2010）等人的研究还提到，红层泥岩含有的膨胀性矿物成分弱化滑带土抗剪强度，对万州缓倾角红层基岩滑坡的发生具有意义。

顺层滑坡的危害视滑坡规模和与人类居住的关系而定。在大型古顺层滑坡形成的上部台或坡脚平缓谷地处，可因地形相对平整而成为当地居民的住宅集中区（居民点）。如果古滑坡复活或新滑坡形成，可能对人类居住和生产生活带来较大的灾害。但一般情况下，顺层滑坡的影响不如下述的堆积层滑坡。

2. 堆积层滑坡

红层堆积层滑坡发生的区域多为切割较深、地形陡峭的沟谷和江河岸坡的下部。典型的堆积层滑坡发育的地形为上陡下缓。上部陡坡坡度一般在 40° 以上，有的高达 70° ~ 80°。而下部坡度一般为 20° ~ 30°，多呈现为平台状。堆积层滑坡规模从小型到巨型都有，但对人类生活生产有意义的多为大型—巨型滑坡。特别是发育于长江及其主要支流岸坡的堆积层滑坡，分布密集、规模巨大、破坏力强。这些滑坡滑体大小小则数百米，大则数千米，厚度可达 30 ~ 40 m 甚至更多，是红层地区最有危害的边坡地质灾害之一。

红层堆积层滑坡的物质组成主要源于斜坡上部相对坚硬的砂砾岩或砂砾岩与泥页岩的互层。比较典型的岩层组合是厚层—巨厚层的上覆砂岩构成陡坡上部、下伏的泥质岩类构成较为平缓的斜坡下部，或者由产状较缓的软硬相间的砂岩泥（页）岩互层构成。受节理切割的影响，在风化、降雨渗入、地震等作用下，上部岩体发生崩塌落石后，破碎的岩块堆积于下部缓坡之上，形成堆积层。

堆积层的滑动稳定性受其堆积物自身抗剪强度、地下水和降雨、地震、坡脚破坏的影响。因而堆积体内部产生滑动的机理是清楚的。但在长江及其主要支流岸坡上分布的堆积层，往往沿其下伏红层泥质岩极为平缓的基岩面滑动，其机制仍与块石土的易透水性、西南地区充沛的降雨、下伏不透水的红层泥质基岩的崩解、软化、蠕变、饱和、水压、水膜使其抗剪强度丧失相关。李蕊（2012）等人对川东宣汉县天台山堆积层基岩面滑坡做的研究可为一例。

在长江及其主要支流陡峭的峡谷地区，堆积层上部及其堆积层古滑坡平台是难得的天然平缓地形，是峡谷区居民点乃至城市的建筑区域。然而，大多数堆积体及古滑坡都缺乏长期稳定性的安全储备。加之三峡水库运行的水位涨落影响，这些堆积体一旦滑动，将对人们的生命及财产带来巨大损失。

9.2.2 红层危岩崩塌

危岩、落石、崩塌在学术术语中是有区别的，但作为工程术语有时是同一意思，仅是不同行业规范叫法不同。在本章中，危岩是指危岩体，而崩塌主要是指危岩产生破坏的过程。

红层危岩主要形成于极缓岩层和倾斜岩层层面垂直方向形成的陡坡地段。由于红层相对较软，红层危岩形成的陡坡一般高度不大，少有超过百米的。因岩层组合的影响，其坡形多呈分段折线状、凹凸状，虽然局部陡壁可达 70° 以上，但综合坡度有时低至 30° ~ 50°，有别于灰岩等硬岩形成的近直立的直线型陡坡。红层危岩在碎屑岩成分较多的川东、滇西常见，但在以泥质岩为主的川中、滇中布局代表性。因地层平缓，危岩常在一个地区大致相同高层成带分布。危岩体的大小从数十厘米到数米，在降雨、工程修建、地震的作用下可能诱发崩塌灾害。

形成红层危岩的物质组成主要有两类，以厚层—巨厚层碎屑岩夹泥页岩为一类，以砂泥岩互层为另一类。前者在川东平缓的侏罗纪地层中最为典型，后者在整个西南红层中都有分布。

红层危岩崩塌形成的主要原因是斜坡上的砂砾岩受节理切割形成岩块，临斜坡坡面一侧由于风化、水的作用使其下伏的泥页岩层软化剥蚀而丧失对上覆岩块的支撑，导致岩块的倾倒、坠落。或是由于砂泥岩互层的岩体，其坡面因差异风化剥蚀，形成泥岩凹进、砂岩凸出的所谓探头石，在重力作用下沿坡内节理拉开断裂而崩落。

在广大的川东地区，近水平的厚层砂岩形成陡崖，而民居建筑常分布于坡脚沟底。危岩崩塌对人们生活生产威胁极大，是西南地区又一种最具危害性的红层边坡地质灾害。

9.2.3 红层岸坡

西南地区都为丘陵、山区，沟壑纵横、河流众多，红层岩体形成的岸坡占有相当比例。居民集中区和城市多临水而建，因此岸坡的稳定性与生活生产密切相关。

红层主要为碎屑岩和泥质岩等软岩构成，其抗风化和抗水蚀能力较低，在江河水浪的作用下易发生塌岸破坏。特别在西南地区，因利用水力发电而密集修建了大量的水库。水库运行引起的水位涨落，极大地加剧了红层岸坡塌岸的进程和规模。水库塌岸已对临水公路、码头、厂房住宅的安全造成威胁，成为日常需要应对的灾害之一。

红层岸坡的物质组成大致分为红层崩坡积物和红层软岩（砂岩、泥岩）两类。岸坡结构可大致分为堆积层岸坡、红层基岩为基座上覆堆积层的基座式岸坡和由红层岩石组成的基岩岸坡。

红层堆积层岸坡塌岸的形成，主要是水流的冲刷、带走岸坡物质造成岸坡后退的结果。红层基岩岸坡塌岸的形成，则或是易风化崩解的红层软岩，在江河水库水流侵蚀冲刷下，岸坡物质被逐渐带走而引起的岸坡后退再造；或是因坡脚冲蚀破坏而引起岸坡坍落、滑移、崩塌。前者主要是风化的红层泥质岩组成的岸坡的塌岸机制，后者既包括红层碎屑岩，也包括较为完整的红层泥质岩。红层基座式岸坡的塌岸机理是上述两种成因机制的混合作用。

除了水库塌岸引起的问题之外，近二三十年在红层地区的江河沟谷中，修建大量跨河大桥。随着线路标准的提高，桥跨增大，巨大的桥基重量、拉锚结构的作用力，使其作为桥梁地基和结构反力的岸坡岩体承担着巨大的工程荷载。对本身因岩体强度较低、存在多种不良地质结构的红层岸坡岩体的力学边界更加复杂，产生了新的岸坡稳定性问题。

9.2.4　红层挖方边坡

在红层中为生产生活目的进行开挖形成的边坡，在不同的行业中一般称为工程边坡、人工边坡、挖方边坡，或简称边坡。本章为与人工填筑形成的边坡对应，采用挖方边坡的叫法。由于挖方边坡具有明确的为生活或工程服务的目的，在工程上已将其视为工程结构物，对其形态特征和使用功能有远比自然斜坡更为严格的要求，因此，对其出现的工程问题的划分和研究要深入具体些。

根据现有的研究，红层挖方边坡主要工程问题有风化剥落、坡面冲刷与表层溜坍、崩塌、顺层边坡和滑坡、边坡腐蚀、蠕变等。

1. 风化剥落

红层易风化崩解的特性使其边坡表层剥落，是分布最广、最为常见的红层挖方边坡破坏类型。边坡剥落不仅是坡面逐渐剥离后退引起坡顶排水、防护网等附属设施的失效，同时剥落的岩土碎片碎块堆积在边坡坡脚，填埋堵塞坡底排水设施，引起地面冲刷淤积，影响建筑物和建筑场地的正常使用。

对西南红层边坡风化剥落的研究由来已久。1950 年代成渝铁路、1970 年代成昆铁路、1990 年代云南广（通）—大（理）铁路修建中都开展过相关研究。根据 1990 年对川中、滇中红层边坡风化剥蚀的调查，与温度和降水密切相关的红层风化，在不同的气候地区就表现出不同的特征，其剥蚀机理也有较大区别。川中以峨眉为典型代表，具有温和潮湿的特征，日照少、温差小、降水多、湿度大，因而红层的风化向化学风化形成残积层方向的发展占优势，表层土质化明显，植被较茂，坡脚碎粒较少，裸露的边坡很少防护而相对剥落量并不大。而滇中以南华为典型，则有日照充分、温差大、湿度小，且旱雨季分明，因此红层的风化以表层剥落成片状，碎片多在坡脚堆积等物理风化现象较明显。旱季温差变化使滇中红层岩石破碎，雨季时雨水带走表层风化物质，裸露出较硬的基岩，植被不易生长，在某些有利表面径流汇集的地方，往往形成较大的冲沟。

红层岩体物质组成对边坡风化特征有明显的影响。风化边坡的岩性组成基本上是两种：一种是物质比较均匀的泥岩，其边坡风化特征是整个坡面均匀剥落。另一种是砂页岩互层，砂岩抗风化能力较强，形成矩形凹凸坡面，泥岩风化剥落的碎片在砂岩台坎和边坡坡脚堆积。

从风化剥落的产物上看，红层边坡风化剥落的主要形式有：碎粒状撒落、碎片状撒落、碎块状撒落和局部崩坍。

1）碎粒状撒落

泥质岩表面经受物理风化，形成大小 0.2～0.5 cm 近等轴状小碎粒，在重力和雨水等营力作用下，堆积于坡脚或坚硬的砂岩形成的台阶上。这种类型的典型边坡由表面向里通常有三层结构。最表面一层是较软的向土质化发展的 0.2～0.5 cm 的小碎粒，在地形平坦时可以土壤化并生长草类植被，厚度从几厘米到十几厘米。在陡坡面上，碎粒可在外力作用下堆落在坡脚或台阶上，与坡面岩石几乎无连接力。碎粒层下面一般为一层直径 1～3 cm、有一定硬度的小碎块，在坡面上需稍微用力才能掰下来，其厚度一般为 1～10 cm，是边坡表面的基本组成物质，进一步风化可成碎粒。小碎块下面为基本完整的基岩，常被风化裂隙和构造裂隙切割而破碎，表面可形成球状，有较长根系的植物能生长。碎粒状撒落多分布在温差不大、较湿润的地区，在川中红层边坡风化剥蚀中较为常见。

2）碎片状撒落

泥岩表面经强烈日照和高温差作用形成大小 0.5～1 cm，厚一般为 0.3～0.6 cm 的片状小碎片，在重力、雨水等作用下堆积于坡脚。小碎片硬度接近原岩，边缘锋利扎手。这种边坡风化的典型形式为两层结构。在坡面较平缓或有台阶面的表面，保留着已散落的上层碎片，厚度不超过 3～5 cm，一般仅有表层碎片。而较陡的坡面上，碎片几未保留在原地，每年多雨季节时，在水流及重力作用下被带到坡脚堆积。因此，崩落每年一次循环发生，造成坡面后退。表层以下为风化基岩，风化裂隙密布，球状风化不明显，草类植被大都不能生长，有一些根系较粗长的荆灌生长。这种类型多在干热地区发育，以滇中红层边坡风化剥蚀最为典型。

3）碎块状撒落

处于风化颇重带泥岩或粉质泥岩，受风化裂隙切割成 2～3 cm 的小碎块，随着风化裂隙的扩大和风化程度的加深，在外力作用下崩落，其崩落量不大，常在坡面局部产生。根系发达植被可以生长。碎块状撒落最易发生在构造节理发育较密、温差较高，较干燥的阴凉处。在西南红层非典型气候区都有分布。

4）局部崩坍

在砂岩含量较大，构造节理切割有利的坡面局部，可发育局部崩坍，崩坍体方量不大，一般 1～3 m^3。除节理之外，风化裂隙起了极显著作用，这与正常岩石边坡的崩坍有较明显的差别。

红层边坡的物理风化剥落速率非常高。根据作者等人对滇中南华红层挖方边坡的风化剥蚀调查、现场波速测试、温差作用的数值模拟研究，在高温差的夏季，新开挖的红层泥岩边坡仅需 1～3 天即可完成一次普遍的坡面剥落过程。但红层泥岩经过化学风化变成植被可以生长的土壤则需要 2～3 年。

2. 坡面冲刷与表层溜坍

西南地区是我国降雨丰沛的地区之一，年降雨量均在 1 500 mm 以上，不少红层分布地区高达 2 000 mm 以上。而红层岩石以泥质、钙质、铁质为主的胶结连接强度较差，加之易风化、崩解的特征，使得坡面岩石裂隙密布、结构疏松。而挖方边坡是对原来已经成熟表层保护层（植被、泥质土壤覆盖层）的破坏。因此，降雨形成的地表径流容易剥离、冲刷并带走坡面坡面物质，形成表面泥流、冲沟。流水下渗，使边坡表层土体饱和，抗剪强度下降，形成表面溜坍等浅层破坏。

边坡因水流作用而造成的表层破坏的结果在红层泥质岩中常见，特别是风化深度较大的红层泥岩地区，可能因一场暴雨而在边坡上形成深达数十厘米的冲沟，或发生表层溜坍。虽然对挖方边坡而言，表层破坏很少立即影响工程结构物的正常使用，但不论是冲落下滑物质对坡底排水系统和建筑场地掩埋淤积还是坡面冲沟、溜坍的纵深发展，都是建筑物的安全使用不能接受的危害。

3. 崩塌落石

崩塌落石红层挖方边坡中是一种比较常见的边坡病害，但一般说来，由于设计的挖方边坡高度有限，因此其破坏范围不如边坡滑坡。需要说明的是，人工开挖边坡上的崩塌落石要与边坡上部可能存在的自然斜坡的危岩区别开来。在红层中，开挖边坡的崩塌落石主要有两种形式，一种是由于砂泥（页）岩互层情况下，较抗风化的砂岩与不抗风化的泥页岩的差异风化形成砂岩探头石的崩坠产生的。差异风化形成的崩塌落石是红层具有典型特征的边坡破坏类型。另一种红层边坡崩塌落石是由于节理和坡面形成的有利切割，使岩块体产生倾倒、沿节理滑动等运动而产生的。后一种崩塌落石主要是砂砾岩等碎屑岩，较为完整的泥岩在节理切割有利时也会形成此类崩塌落石。

一般情况下，探头石型的崩塌多发生在岩层产状较为平缓的地区，以四川盆地多见，落石的大小一般很少以米计。其破坏机理主要是充当探头石的砂岩块前方下部悬空，在后方沿已有的垂直层面的节理张开拉断使岩块坠落。对于由于岩体结构有利而产生的崩塌落石，则和岩层产状的关系不是像前一类崩塌那么显著。当岩层产状较平缓时，垂直于层理的节理切割将岩层分解为不相连的岩块体，在坡后裂缝张开、水压、震动、植物生长（根劈）等作用下，岩块发生倾倒式崩塌。当层理和节理组合是岩块体底面形成单斜平面、楔形滑槽时，岩块沿单平面或两个斜面的交线滑动，发生滑移式崩塌。倾倒式和滑移式崩塌的规模因其节理密度从数十厘米到数米甚至十几米大小。

由于崩塌落石一般具有较大动能和突发特点，有时规模较大，因此对边坡外建筑物、设备，以及人类的生命财产安全构成较大威胁。

4. 顺层边坡与边坡滑坡

顺层边坡在工程上的字面含义是指在单斜岩层上开挖的、坡向与岩层倾向一致的人工边坡。但在实际的工程设计中，顺层边坡被默认为将会发生滑动破坏的顺层滑坡处理。

边坡滑坡是红层挖方边坡中规模最大、危害最为严重的边坡病害，其中最为典型的是红层边坡顺层滑坡。

由砂泥岩为主要物质组成的红层属于易滑地层。在整个西南地区红层中，边坡顺层滑坡均有发生。特别是沿江河修建的交通线路，因地形与构造关系密切，顺层边坡、顺层滑坡成片连续出现。1970 年，铁路系统即对贵昆铁路红层边坡的滑坡进行系统研究。1980 年，对西南红层地区铁路边坡的调查表明红层顺层破坏具有普遍性。2000 年前后修建的万州—梁平高速公路修建时在 10 km 路段发生 20 余处顺层滑坡。2005 年前后修建的渝怀铁路乌江段边坡中的顺层边坡成片连续分布，需要进行专门工程设计研究。

顺层边坡中较为特殊的是长大顺层边坡。2000 年后修建的宜万铁路，有多处路堑边坡和车站边坡处于延伸长达 2 000 m 的单面坡下部，按照常规设计理论计算的下滑推力巨大，无法进行支挡工程设计。需要建立一套应对这类长大顺层边坡从滑动机理、参数确定到设计方法的更新的工程设计理论。

除了顺层滑坡，红层边坡中风化泥质岩沿节理贯通滑面的滑坡、开挖在第四系堆积层中的边坡滑动，在西南红层，特别是滇西、滇西南、四川盆周山区红层地区也是十分常见的。

边坡滑坡的破坏力是所有红层边坡病害中最大的。1980 年发生在成昆铁路四川铁西车站的顺层滑坡其滑体体积达 200 万立方米，滑动距离 70 余米，摧毁路基、掩埋隧道长达 40 余天。

5. 膏盐溶蚀腐蚀

川中侏罗系—白垩红层泥质岩中普遍含有石膏、芒硝等具易溶、腐蚀性矿物。在古沉积盆底地区，这些膏、盐矿物积聚成带成层，在开挖的边坡上出露。对挖方边坡而言，一方面，含膏含盐岩层因溶解流失而使岩体溶蚀、结构解体，导致边坡破坏。另一方面，随地下水溶出的矿物成分使地下水含有超量的硫酸根离子，对边坡支护结构和边坡外的建筑物和建筑场所遭受腐蚀。膏盐溶液流出岩体后，由于溶液在大气中蒸发，又使这些溶液在边坡排水孔、排水沟等处重新结晶，造成排水通道堵塞，使边坡内水压升高、地面水流四溢，危及边坡安全和建筑物的正常使用。在四川遂宁—南充一带，这种含膏含盐地层中边坡溶蚀腐蚀十分严重。

总体说来，因其边坡腐蚀带来的危害不像滑坡、崩塌那些灾害破坏强烈、影响力大，所以其重视和研究程度都不高。

6. 软岩蠕变

西南红层或因其泥岩含有的膨胀性矿物或因其碎屑岩胶结物强度不高，使得其抗压强度仅为 10 ~ 20 MPa，因此红层岩石是典型的软岩之一。红层岩体易受西南地区多降雨多地下水的影响，使其岩石发生软化、膨胀、溶蚀等，进一步降低岩石的强度和抗变形能力，在长期应力作用下，红层软岩边坡蠕变较为常见。

引起边坡蠕变的原因根据软岩物质分布的不同大致分为软弱夹层蠕变和软岩整体蠕变两大类。一般情况下，对挖方边坡工程影响较大，较为常见的岩体蠕变是层间软弱夹层的蠕变。这也是顺层滑坡产生的原因之一。除此之外，边坡下伏软岩的蠕变挤出、上覆岩层错动、红层泥岩边坡整体蠕变等在一些高应力地区也有发生。

挖方边坡的蠕变作用时间较长，变化较慢，一般不像填方边坡那样引起重视，因此，除软弱夹层蠕滑变形外，其研究程度不高。

9.2.5 红层填方边坡

不同于对基岩开挖形成的边坡，红层填方边坡是指采用红层岩石破碎后作为填料，人工填筑场地、路堤形成的边坡。红层填方边坡在一定程度上因坡体填料可由人工控制，相比基岩边坡，其材料的均一性、连续性要好些。但是，因为施工机具、施工技术、填筑时间的限制，人工填筑边坡坡体材料的密实度、连接程度、结构强度都远不如原岩。填方边坡在克服基岩长大贯通断裂构造（如层理）的同时，红层岩石材料所具有膨胀、软化、蠕变等特征因结构松散、和水气接触面增加、自由膨胀空间扩大等原因使其工程性质变差。红层填方边坡的变形、冲刷、滑坍、腐蚀、蠕变发生的程度加剧。此外，在红层地区填筑的边坡还会因红层填料填筑体和下部红层地基的超量沉降而导致变形破坏。

1. 边坡水流破坏

大气降雨引起的地表径流和填方岩土体中的地下水渗流统称为水流。填筑边坡形成后，将接受大气降雨和填筑体中地下水的冲刷和侵蚀。在一定条件下，水流作用会导致填方边坡的破坏。

填筑边坡因水流而产生破坏是非常常见的。水流破坏轻则产生坡面冲沟、表层溜坍，重则引起边坡滑动，甚至冲毁填筑体。仅铁路公路填筑路基，每年雨季几乎都有水毁报道。

填筑边坡易为水流破坏与填筑体性质和水流环境的改变有关。填方边坡填筑时，大部分未经专门处理的边坡填料的密实程度和结构强度均低于原岩。而由于施工技术限制，坡面填筑质量难以达到设计要求。相对松散的填筑体结构使雨水下渗和地下水的流动更容易，水流速度的提高使水带走填料物质的能力加强，冲刷侵蚀加剧。因此，填方边坡容易形成坡面冲沟、坡面泥流等表层破坏。郭增强（2012）研究过填料粒径大小、颗粒连接力、粒间离散力、渗透压力等对边坡冲刷的影响，而红层岩石具有的易崩解性、膨胀性、易溶盐等属性，使坡面冲刷更易发生。

填料空隙的增加，也为水岩作用提供了更多水岩接触表面，使水岩作用加剧。红层岩石是水稳性较差的物质。作为填料，其与水作用时溶蚀、膨胀、软化等特征都将导致边坡岩土体变形加剧、强度降低，或是长期蠕变，或是发生边坡浅层滑动。严重时发生整体滑坡导致边坡失效不能使用。

在原始地面上的填筑改变了原有的地表径流条件，可能形成浸水边坡，造成坡内水位升高、水力梯度增加，动静水压变大，不利于边坡稳定。

2. 填方边坡膏盐溶蚀与结晶

在红层岩石中含有的硫酸盐、碳酸盐矿物随环境的改变而溶蚀和结晶的现象，对红层岩石填料的填方边坡中的影响大于对挖方边坡的影响。溶蚀作用对填料强度的破坏是不言而喻的。而可溶盐在随土中水流从填方边坡支挡结构物的泄水孔、排水暗沟中排出时，由于环境的改变重新析出结晶堵塞排水通道的问题却未被普遍关注。据作者等人 2005 年对川中成（都）—南（充）高速公路红层路堤稳定性的调查中，发现大量路堤挡墙泄水孔被白色的硫酸盐矿物结晶堵塞的情况。虽然由此直接引起的边坡破坏尚不典型，但排水通道的失效对边坡安全的潜在影响仍是不能忽视的。

3. 边坡蠕变

红层填料，特别是红层泥岩填料是具明显蠕变特性的材料。作为填方边坡的物质组成，在西南地区丰沛的水流作用下发生蠕变的概率较高。刘俊新（2013）等人对四川红层泥岩填料不同压实度的压缩蠕变研究表明，当压实度达到 95% 时，填方边坡的压缩流变 12 天即可达到 0.003%，50 天可达 0.0035%。郑立宁（2012）对红层泥岩的剪切蠕变试验表明，当应力级为峰值强度的 85% 时，仅 5 天剪切蠕变及已发生。因此，红层岩石填方边坡的蠕变是边坡设计研究中无法回避的问题。

9.3　红层边坡的稳定性评价

对红层边坡稳定性分析和评价，本书主要偏重于工程应用，因而主要关注于稳定性评价方法、评价内容、计算参数等方面的描述，而不过多涉及与边坡地质环境稳定性相关的内容，虽然后者是红层边坡稳定性研究中不可缺少的基础和重要组成部分。

包括红层边坡在内的边坡稳定性评价研究成果，从其服务目的上讲，可分为面向生产和面向研究两类。面向生产的研究成果，大都属于在一定地区、一定行业内广泛采用的、被大量实践验证并不断修正的、比较成熟的技术方法，它更多的是已有研究和经验的总结，可能对新的发现、新理论的应用、新技术方法的采用、特殊的现象未能涵盖其中。而面向研究的成果，是对现有认识、理论、技术的深化，是探索性的成果，它能对更新、补充、完善现有应用成果的不足提供急需的理论和数据支撑。但它的成果源于个别案例，需要在实践中不断提高适应性和普遍性。基于上述认识，本节的编写原则是以叙述广泛使用的一般性成果为主，兼顾在理论上深化、实践中急需的最新研究成果。

9.3.1　红层滑坡稳定性评价

红层滑坡的稳定评价，从技术应用的角度看，是基本计算模型的确定、计算内容的选择、和计算参数的取值。根据前面章节的叙述，红层滑坡的类型，大致分为堆积体滑坡、堆积层沿基岩面滑坡、基岩顺层滑坡、基岩顺层—前端剪出滑坡四类基本滑坡稳定性计算模式。对工程应用而言，基本类型都采用基于极限平衡的传递系数法作为基本计算公式，所不同的是参数的选择问题。但是，根据现有的研究和工程实践，对于滑面尺寸较长的所谓长大顺层滑坡，其现行广泛采用的传递系数法难以满足治理工程设计需要。因此，对此类较为特殊的滑坡类型，将介绍一些建立在分段计算原理上的新的研究成果。在现行的滑坡稳定性计算中，像西南红层地区普遍存在的降雨入渗、地震作用、库水涨落效应等影响如何合理纳入计算也将在本节讨论。

1. 滑坡稳定性评价基本计算公式

1）传递系数法

传递系数法也称为剩余推力法。在工程实践中，传递系数法原则上适用于所有滑动面已知的堆积层和岩石整体滑坡。传递系数法是应用时间最长、行业采用最多的经典计算方法。在不同行业技术规范中，对安全系数、地下水、降雨作用、外荷载等计算方法略有差别。

传递系数法计算简图如图 9.1 所示，计算公式见式（9-1）。

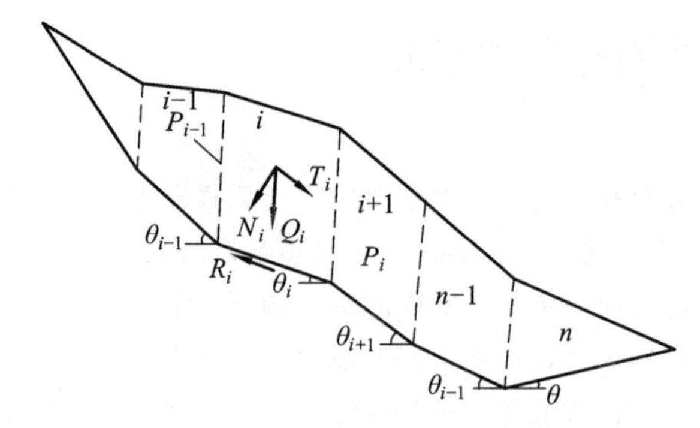

图 9.1　传递系数法计算说明图

$$K=\frac{\sum_{i=1}^{n-1}(R_i\prod_{j=i}^{n-1}\psi_j)+R_n}{\sum_{i=1}^{n-1}(T_i\prod_{j=i}^{n-1}\psi_j)+T_n} \tag{9-1}$$

$$\psi_j=\cos(\theta_i-\theta_{i+1})-\sin(\theta_i-\theta_{i+1})\tan\varphi_{i+1}$$

$$\prod_{j=1}^{n-1}\psi_j=\psi_i\cdot\psi_{i+1}\cdot\psi_{i+2}\cdots\psi_{\text{n-1}}$$

$$R_i=N_i\tan\varphi_i+C_il_i$$

$$T_i=W_i\sin\theta_i+P_{\text{w}i}\cos(\alpha_i-\theta_i)$$

$$N_i=W_i\cos\theta_i+P_{\text{w}i}\sin(\alpha_i-\theta_i)$$

$$W_i=V_{i\text{u}}\gamma+V_{i\text{d}}\gamma'+F_i$$

$$P_{\text{w}i}=\gamma_{\text{w}i}iV_{i\text{d}}$$

$$I=\sin|\alpha_i|$$

$$\gamma'=\gamma_{\text{sat}}-\gamma_{\text{w}}$$

式中　K——滑坡稳定性系数；

ψ_i——传递系数；

R_i——第 i 计算条块滑体抗滑力（kN/m）；

T_i——第 i 计算条块滑体下滑力（kN/m）；

N_i——第 i 计算条块滑体在滑动面法线上的反力（kN/m）；

C_i——第 i 计算条块滑动面上岩土体的黏结强度标准值（kPa）；

φ_i——第 i 计算条块滑带土的内摩擦角标准值（°）；

l_i——第 i 计算条块滑动面长度（m）；

α_i——第 i 计算条块地下水流线平均倾角，一般情况下取浸润线倾角与滑面倾角平均值（°），反倾时取负值；

W_i——第 i 计算条块自重与建筑等地面荷载之和（kN/m）；

θ_i——第 i 计算条块底面倾角（°），反倾时取负值；

P_{wi}——第 i 计算条块单位宽度的渗透压力，作用方向倾角为 α_i（kN/m）；

I——地下水渗透坡降；

γ_w——水的容重（kN/m^3）；

V_{iu}——第 i 计算条块单位宽度岩土体的浸润线以上体积（m^3/m）；

V_{id}——第 i 计算条块单位宽度岩土体的浸润线以下体积（m^3/m）；

γ——岩土体的天然容重（kN/m^3）；

γ'——岩土体的浮容重（kN/m^3）；

γ_{sat}——岩土体的饱和容重（kN/m^3）；

F_i——第 i 计算条块所受地面荷载（kN）。

2）Sarma 法

对拉裂—滑移型破坏的岩石顺层滑坡，由于滑块之间的断裂一般与原始节理有关，因此，其方向不符合传递系数法等条分法计算公式推导中关于分块面与地面垂直的假定，因此，不满足条分法原理的计算公式的要求。Sarma 法不仅对分块线的方向没有限制，而且将滑体破坏移动机制描述为岩土体必须先破坏成多块相对滑动的块体才可能滑动。此外，Sarma 法对地下水位变动的分析有自己的优势，在涉水滑坡分析中比较方便。Sarma 法在国外和国内研究者中有较多应用，但因计算过程比较复杂、工程应用验证仍不够充分，基本还未纳入国内相关行业技术规范。

Sarma 法的力学模型如图 9.2（a）所示。图中：W_i 为第 i 条块重量；KW_i 为由于动荷载加速度在第 i 条块上产生的力；PW_i、PW_{i+1} 分别为作用于第 i 和第 i+1 侧面的水压力；U_i 为作用于第 i 条块底面上的水压力；E_i，E_{i+1} 分别为作用于第 i 侧面和第 i+1 侧面的正压力；X_i，X_{i+1} 分别为作用于第 i 侧面和第 i+1 侧面的剪力；N_i 为作用于第 i 条块底面的法向力；T_i 为作用于第 i+1 条块底面的剪力；γ 为动荷载加速度向量与垂直方向夹角；F_i 为作用于第 i 条块上的面状均布荷载。

Sarma 法的几何模型如图 9.2（b）所示。图中：XT_i，YT_i 和 XT_{i+1}，YT_{i+1} 为第 i 条块顶面坐标；XW_i，YW_i 和 XW_{i+1}，YW_{i+1} 为水位面与第 i 侧滑面交点坐标；XB_i，YB_i 和 XB_{i+1}，YB_{i+1} 为第 i 条块底面坐标；d_i，d_{i+1} 为第 i 侧滑面与第 i+1 侧滑面长度；b_i 为第 i 条块底面宽度；α_i 为第 i 条块底面与水平方向夹角；δ_i，δ_{i+1} 为条块侧面与垂直方向夹角；ZW_i，ZW_{i+1} 为水位面与块底面之间的距离。

根据刚体力学中的极限平衡原理，注意边界条件 E_i 和 E_{i+1} 都等于零，可推导出极限平衡条件如式（9-2）所示。

$$K = \frac{a_1 e_2 e_3 \cdots e_n + a_2 e_3 e_4 \cdots e_n + \cdots + a_{n-1} e_n + a_n}{P_1 e_2 e_3 \cdots e_n + P_2 e_3 e_4 \cdots e_n + \cdots + P_{n-1} e_n + P_n} \tag{9-2}$$

式中

$$a_i = Q_i[R_i \cos\varphi_{bi} + W_i \sin(\varphi_{bi} - \alpha_i) + S_{i+1}\sin(\varphi_{bi} - \delta_{i+1} - \alpha_i) - S_i \sin(\varphi_{bi} - \delta_i - \alpha_i)]$$

$$p_i = Q_i W_i \cos(\varphi_{bi} - \alpha_i)$$

$$e_i = Q_i[\cos(\varphi_{bi} - \alpha_i + \varphi_{si} - \delta_i)\sec\varphi_{si}$$

$$Q_i = \sec(\varphi_{bi} - \alpha_i + \varphi_{si+1} - \delta_{i+1})\cos\varphi_{si+1}$$

$$R_i = C_{bi}d_i \sec\alpha_i - U_i \tan\varphi_{bi}$$

$$S_i = C_{si}d_i - PW_i \tan\varphi_{si}$$

式中 C_{si}，φ_{si}，C_{si+1}，φ_{si+1}——第 i 条块底面第 i 和第 i+1 侧面抗剪强度指标；

C_{bi}，φ_{bi}——第 i 条块底面抗剪强度指标。

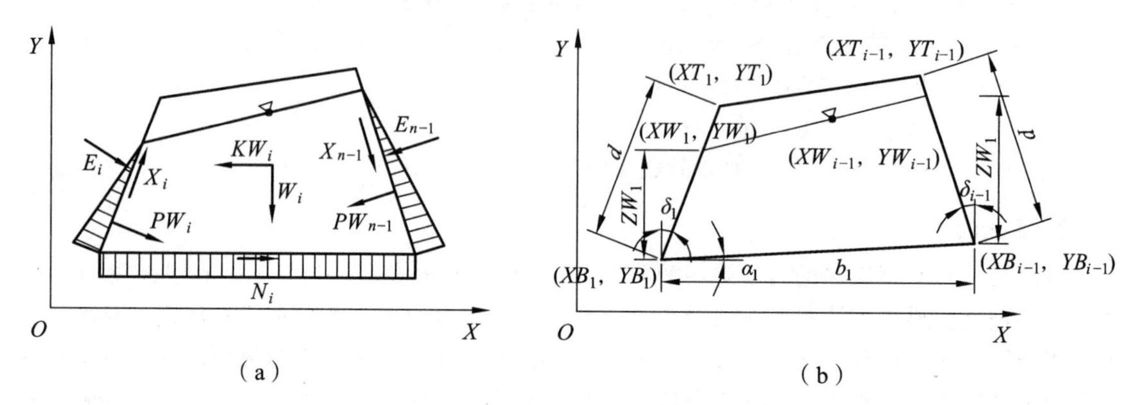

图 9.2 第 i 条块的力学模型和几何模型

Sarma 法的求解步骤为：

（a）假定一系列安全系数 F，按式（9-3）和式（9-4）获得 C'_e 和 $\tan\varphi'_e$；

$$C'_e = \frac{C}{F} \tag{9-3}$$

$$\tan\varphi'_e = \frac{\tan\varphi'}{F} \tag{9-4}$$

（b）根据不同的 C'_e 和 $\tan\varphi'_e$ 按式（9-3）~（9-4）求得 K，并将其绘制成 F-K 曲线（如图 9.3 所示）。

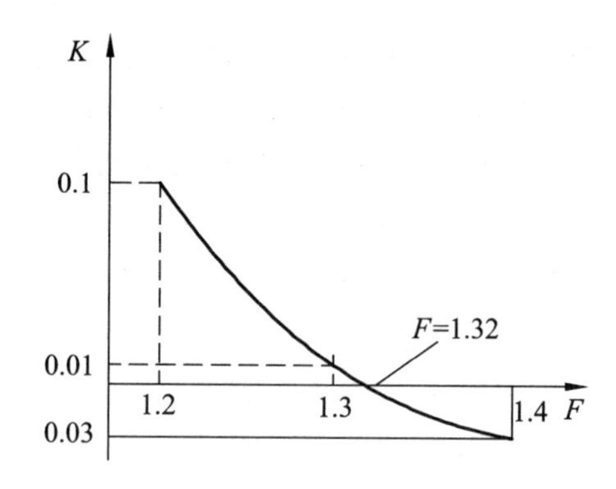

图 9.3 安全系数与临界加速度系数的关系

（c）F-K 曲线与水平轴的交点相应的 F 值即为按传统定义获得安全系数。

原始的 Sarma 法有传递系数法所没有的优点，但也存在着不少疑问和不足。首先是计算 F-K 曲线的收敛性问题，需要改进算法以克服安全系数出现的震荡（朱大勇，2006）。再如熊将（2006）等人指出原始计算公式推导中没有考虑块体完全淹没在水面以下时块体上边界所承受的水压力，不适用于计算岸坡中延伸到水下的滑体的稳定性。又如，郑颖人（2004）等人探讨过滑面倾角差对计算精度的影响等。因此，研究者对 Sarma 法提出过一些改进算法，以提高合理性和适应性。

2. 滑坡工况条件计算

1）降雨入渗深度计算

大气降雨对滑坡稳定性计算的直接影响是改变了部分滑体的饱和特征和地下水水位，从而影响到计算时参数的取值，但不包括降雨入渗后对滑带土软化和滑面水膜形成等带来的影响。降雨入渗深度与降雨强度、时长、地表坡度、地表岩土状态、滑体孔裂隙发育程度的关系，入渗雨水渗透到滑带转化为连续水面的程度与滑体渗透性质的关系都十分复杂，实际上，这些问题即使在理论上也并不成熟完善，在工程实践中也缺乏充足的经验支持。因此，关于降雨工况计算的大量研究成果在应用时均需博采众长、反复验证。

陈伟等人（2009）依据雨水到达地表的能量和岩土体中孔隙水压力之间的能量平衡，建立了降雨入渗最大深度的理论公式［式（9-5）］。

$$y_{\max} = \frac{u_{\mathrm{w}}}{\rho_{\mathrm{w}} g} \frac{m_{\mathrm{w}}}{\rho_{\mathrm{w}} - m_{\mathrm{w}}} \tag{9-5}$$

式中 $y_{\max}$——雨水入渗最大深度（m）；

u_{w}——地面岩土孔隙水压力（kPa）；

ρ_{w}——雨水的密度（$\mathrm{kg/m^3}$）；

g——重力加速度（$\mathrm{m/s^2}$）；

m_{w}——到达地面水的质量（kg）。

该理论公式未考虑雨水降到地表是径流与入渗的关系和岩土体渗透性质这两个最大的影响因素，因此，仅能视为均匀孔隙介质降雨入渗的理论极限深度。

目前关于降雨入渗深度的研究主要采用考虑渗流和非饱和土理论的数值分析。这种分析计算方法虽然有商用软件支撑，也容易得到结果，对专题研究而言是合适的，但对日常的工程设计计算而言，过于烦琐，并不方便。因此，工程实际应用多采用有一定测试数据支持的经验公式。

国外有代表性的一个经验公式是 Pradel & Raad（1993）提出的。该经验公式考虑了降雨强度、降雨时长、重现期及前期条件的影响，采用入渗深度 z_{w} 与时长 T_{w}、入渗率 v_i 的两者同时满足的隐式公式表达：

$$v_i = k\left(\frac{z_{\mathrm{w}} + S}{z_{\mathrm{w}}}\right) \tag{9-6}$$

$$T_{\mathrm{w}} = \frac{(\theta_{\mathrm{s}} - \theta_0)}{k}\left[z_{\mathrm{w}} - S\ln\left(\frac{S + z_{\mathrm{w}}}{S}\right)\right] \tag{9-7}$$

式中 θ_{s}，θ_0——土体的饱和体积含水量和实测体积含水量；

k——土体湿润区的导水率（渗透系数）（m/s）；

S——土体浸润锋面的毛细吸力（以水柱高度计，m）。

为了保证浸润锋面穿透直至深度 z_w，临界降雨持续时间 $T_{min} \geqslant T_w$ 并且界限降雨强度 $I_{min} \geqslant v_i$ 以确保浸润锋面以后的土体充分饱和。

降雨强度是与降雨时长和重现其有关的经验参数。据《地质灾害防治工程设计规范》（DB50 5029—2004），暴雨强度可按式（9-8）计算：

$$I_{min} = \frac{2\,822(1+0.775\lg p)}{(T_{min}+12.8p^{0.076})^{0.77}} \tag{9-8}$$

式中 I_{min}——暴雨强度［L/(s · ha)］；

T_{min}——降雨历时（min），据《三峡库区三期地质灾害防治工程地质勘查技术要求》取 5 d；

p——降雨重现期（a），据《三峡库区三期地质灾害防治工程地质勘查技术要求》按表 9.1 计算。

表 9.1 暴雨强度重现期（p）表

滑坡工程级别	暴雨强度重现期（p）	
	设计	校核
Ⅰ	50	100
Ⅱ	20	50
Ⅲ	10	20

计算的入渗深度，可作为滑坡滑体从地面向下的饱和深度参数参加计算。只有在入渗深度大于滑体厚度时，才可考虑降雨对滑体中地下水水位的影响。但目前，这方面的研究成果还不足以支撑实际工程计算。

上述关于降雨入渗深度的经验公式，是建立在土体基础上的。对岩石滑坡而言，这些成果原则上都不适用。如果实际工程研究中必须涉及降雨工况，那么，目前的解决办法只能是试验、测试与数值分析相结合的专题研究。

2）地震工况计算

根据滑坡稳定性分析的一般原则，当地震基本烈度大于Ⅶ度（地震加速度≥0.1g）地区，应计入地震力。通常情况下，传统的地震力的计算沿用拟静力法作简化计算，即在稳定性分析中，将地震力简化为与滑体质量有关的水平惯性力。该惯性力作用于各滑块重心处，水平指向滑动方向，大小为 $P_H = G_z K_h W_1$。其中：G_z 为综合影响系数，一般取 0.25；K_h 为水平地震力系数，对 7、8、9 度地震分别为 0.1、0.2 及 0.4。汶川地震发生后，大部分研究和工程设计倾向于地震因素应该得到更加充分的考虑。当地震基本烈度等于Ⅵ度时，将地震动峰值加速度等于 0.05g 纳入稳定性计算。对一些重要建筑场地，还将基本地震烈度提高一度检算。

在拟静力法中考虑竖向地震加速度的影响是传统地震工况计算的一个进步。黄建梁（1997）等人基于 Sarma 法的基本条块模型建立了加入竖向加速度项的稳定性计算公式，并对如何处理实际上地震分析中需要考虑的加速度时程、滑坡抗剪强度衰减、孔隙水压力的动态响应、地震稳定性评价指标等提出讨论。在现行的一些工程应用中，采用了在传递系数法基本公式基础上加竖向加速度进行计算的方法。根据竖向加速度向上和向下，其加入竖向地震力的滑坡推力的基本公式为：

$$
\begin{aligned}
E_i = E_{i-1}\psi + W_i \sin\alpha_i + Q_e^x \cos\alpha_i \mp Q_e^y \sin\alpha_i - \\
(W_i \cos\alpha_i \mp Q_e^y \cos\alpha_i - Q_e^x \cos\alpha_i)\tan\varphi_i - c_i l_i
\end{aligned}
\tag{9-9}
$$

式中 Q_e^x，Q_e^y——水平、竖向地震力，计算如下：

$$Q_{ei} = kW_i \tag{9-10}$$

式中系数 k 分为水平方向和竖直方向系数，是一个与之对应水平/竖直地震加速度和一个综合影响系数的积。综合影响系数通常取 0.25。有些算法中还加入分块高度的修正系数。

地震力的简化计算虽然沿用已久，但这种简化在理论上存在很大的不足。地震波是有各种波形组合在一起的随机震动波。一则可能由于前后波的叠加使滑体受的水平惯性力加大，二则滑体向上的位移使作用与滑面的正压力减小，这些都未能在拟静力法的简化计算中得到充分反映，计算结果可能会偏于危险。

实际上由于西南地区属于地震活动频繁、地震强度大的地区。当滑坡影响范围内存在重要建筑物时，按简化计算并不总能确保其安全。在西南地区近年来几次大地震后做过抗震设计边坡支挡结构的破坏也支持这种认识。因此，在地震烈度较高的地区，当滑坡可能设计重要建筑物安全时，对地震工况的影响宜采用动力学分析。具体内容将在后文专门论述。

3）建筑荷载

西南红层大型滑坡体上常有民居、工农业与商业建筑分布。在计算滑坡的稳定性时，这些荷载应作为滑体上的附加荷载纳入计算。

相关工程规范规定，当建筑物采用桩基础且桩端置于滑面以下稳定滑床时，不计算建筑物荷载。当建筑物基础位于滑体内，则建筑物重量为滑体自重的附加值。

关于荷载的计算值的大小，相关规范的规定不大统一，有的相差较大。但总体来看，多是按房屋建筑的面积、层数和分布荷载参考值的总和来计算的。分布荷载的大小为 2～16 kN/m^2。

4）公路荷载

一般情况下，对于滑体深厚，或者公路从滑坡抗滑区段通过，汽车荷载同滑体自重相比可以忽略的情况，是不计公路荷载的。但是，当滑体较薄，汽车荷载量值相对较大，或公路从滑坡下滑区段通过的滑坡，汽车荷载以及汽车冲击力对滑坡稳定性的影响会变得突出，如不考虑公路荷载的影响，计算结果偏于不安全。

由于汽车行驶速度变化范围大、轮胎阻尼随机性强、路面状况复杂等都对汽车荷载及冲击力有影响，荷载大小、空间分布均具有随机性，因此，汽车荷载是一种典型的随时间、空间位置等因素变化的复杂荷载，在理论分析过程中往往采用简化方法来近似表征。公路荷载包括汽车荷载和汽车动力荷载；前者以移动恒载表示，后者以冲击系数量化。

在公路路面结构及桥梁等结构设计中，汽车动力荷载取值通常采取三种方法：动力荷载、移动恒载和移动随机荷载。在滑坡稳定性计算中，一般采用移动恒载的计算方法。

据《公路工程技术标准》（JTG B01—2003）的规定选取相应等级的汽车荷载 P，汽车动荷载可表达为：

$$\Delta P = \mu P \tag{9-11}$$

式中 ΔP——汽车动力荷载（kPa）;

P——汽车静载（kPa）;

μ——冲击系数，尽管 μ 随车速、路面波长（不平整度）有所变化，但其量值始终处于 0.1 到 0.4 之间，路面越不平整 μ 值越大，则公路荷载为 $P + \Delta P$。

3. 岩土参数

滑坡稳定性计算中，参数的选取是至关重要的问题。其中滑带土在不同条件下的抗剪强度，在滑坡稳定性评价中具有决定性的作用。

红层滑坡岩土参数的取值，传统的室内外试验、反算、地区经验值的综合分析仍然是最有效的方法。考虑到红层地区滑坡类型、物质组成、水文环境等特点，其室内外试验项目应包括饱和含水条件下的峰值和残余抗剪强度，岩土体天然、饱和重度和浮重度。对堆积层滑坡应采用现场大体积重度试验、现场中型—大型直剪试验。对顺层滑坡应进行滑带土峰值-残余剪切试验、软化试验，有条件时尽量进行现场大剪试验。对滑体岩土体，有条件时尽量开展渗透性试验，也可进行降雨入渗深度、滑体土水特征等研究性试验。

在有条件进行反算获取抗剪参数时，一般应根据已经滑动或有明显变形的滑坡，采用双剖面法进行联合反算。条件不具备时也可采用单剖面进行计算。应准确考虑滑坡出现滑动或变形时所处的工况，根据室内与现场不扰动滑动面（带）土的抗剪强度的试验结果及经验数据，给定黏聚力 C 或内摩擦角 φ，反求另一值。对已经滑动的滑坡，稳定系数 F_s 可取 0.95 ~ 1.00；对有明显变形但暂时稳定的滑坡，稳定系数 F_s 可取 1.00 ~ 1.05。

经验数据是工程经验的科学总结，是得到一定验证了的真实数据。表 9.2 提供了部分地区部分滑坡岩土参数的经验数据，可供试验、计算参考。

表 9.2　西南红层部分地区滑带土物理力学经验参数表

序号	滑带土性质	天然重度/（kN/m³）	含水量/%	计算指标	
				C/kPa	φ/（°）
1	黑灰色及黑色炭质页岩风化粉质黏土	20.0 ~ 20.9	18.4 ~ 23.0	0 ~ 27.5	4°00′ ~ 7°24′
2	灰色炭质页岩风化之粉质黏土	18.5 ~ 21.4	19.0 ~ 30.0	0 ~ 30.0	3°20′ ~ 27°48′
3	暗红、棕色、褐黄、褐红、紫红、深灰色含（夹）砾黏土	16.1 ~ 21.95	13.3 ~ 31.99	0 ~ 15.0	8°06′ ~ 24°00′
4	破碎岩层沿基岩面滑动（破碎岩层滑坡）		15.4 ~ 21.9	2.9 ~ 4.9	12°06′ ~ 13°30′
5	红层泥质岩层间错动带、泥化夹层（岩石顺层滑坡）		21.0 ~ 28.4	3.9 ~ 10.8	8°24′ ~ 16°00′

4. 长大顺层滑坡稳定性计算问题

前面已述，长大顺层滑坡是在工程研究中定义为坡顶到坡底长度超过百米的顺层滑坡。从工程设计的角度看，如果滑体厚度 10 m，坡度 20° 的红层砂泥（页）岩顺层滑坡纵向坡长 100 m，则开挖后的推力可高达 2 000 kN 以上，对抗滑结构的设计施工经济性带来困难。传统的顺层滑坡推力的计算，是以全部滑体整体一次下滑为模型的。实际上，专题调查表明，自然界中的坡长较大的顺层边坡失稳时，并不都是一次失稳滑移到坡顶的，而是以典型的拉断—滑移方式，从下到上分块逐渐依次下滑的。研究认为，如果能正确计算首段顺层滑体长度并提供支挡加固，则滑坡即可稳定。因此长大顺层滑坡的稳定性计算转化为首段滑移滑体长度的计算。

实际拉断—滑移型顺层滑坡的滑体中，因拉裂形成的原始块体的大小是由节理发育密度、滑带土的不均一性、层理的起伏状态、地表地形剥蚀情况等影响的。而滑坡起滑时的首段长度则由滑坡前端应力集中带的长度、前端滑带土受应力集中作用软化的历史、地下水在滑坡前端的积聚有关。前者是必要条件，后者才是充分条件。

对个别长大顺层滑坡首段滑体长度的确定可以采用包括试验、数值计算、现场监测中等综合方法加以专题研究。但对工程设计要求的精度而言，采用经验公式比较方便实用。

根据胡启军（2008）的对四川、重庆、鄂西地区部分长大顺层滑坡（其中不少典型红层滑坡）的调查，并通过模型试验研究，提出了一个关于长大顺层滑坡首段滑体长度的估计公式：

$$L_1 = 0.393\,8\alpha + 0.064\,314L + 1.505\,569H - 2.182\,22 \tag{9-12}$$

式中 L_1——首段滑移体长度（m）；

α——斜坡坡度（°），$\alpha \leqslant 35°$；

H——顺层滑坡滑体厚度（m），$H \leqslant 40$ m；

L——顺层滑坡总长度（m），100 m $\leqslant L \leqslant$ 1 000 m。

郑立宁（2012）对影响顺层滑坡滑动的滑带土的抗剪强度特征进行深入研究后指出，红层等泥化夹层实际抗剪性质与成因、应力作用历史及应力级、含水量等关系密切，依据其抗剪强度计算顺层滑坡的稳定性是，需要采用建立在应变软化理论基础上的计算分析模型。因为长大顺层滑坡前端滑带应力集中分布，考虑应力级和含水量变化的软化模型对计算结果提供了更坚实的基础。为方便应用，作者通过系列数值计算，提供了一个基于软化模型的首段滑移体长度 L_1 的估计公式和 L_1' 的简化估计公式：

$$\left.\begin{aligned} L_1 &= 4.60\alpha + 3.09d - 4.47\varphi_p - 3.05C_p - 4.27\varphi_r - 1.47C_r - 0.82L_p + 89.13 \\ L_1' &= 5.75\alpha + 3.86d - 9.06\varphi_p - 3.81C_p + 101.16 \end{aligned}\right\} \tag{9-13}$$

式中 α——岩层倾角（°），$\alpha \leqslant 35°$；

d——顺层滑坡滑体厚度（m），$d \leqslant 30$ m；

φ_p——层面峰值摩擦角（°）；

C_p——层面峰值凝聚力（kPa）；

φ_r——层面残余摩擦角（°）；

C_r——层面残余凝聚力（kPa）；

L_p——层面塑性剪切位移（mm），通过滑带土峰值-残余剪切-位移曲线获得。

在长大顺层滑坡首段滑移体长度的数值分析中，需要的参数涉及残余抗剪强度指标和软化指标。据以上两位作者的试验统计研究，大部分滑带物质摩擦角的峰值/残余比值为 0.7 ~ 1.0，统计峰值为 0.8。较单一的炭质、泥质滑带土比值较低，含砂、砾滑带土比值一般接近 1。

红层炭质、泥质夹层凝聚力的峰残比一般都较低，大致在 0.05 到 0.2 之间。红层炭质、泥质夹层的剪切软化试验得到的塑性剪切位移在 10.5 到 20.2 mm 之间。

上述两种估计公式对同一纵向长度高达 300 余米的顺层边坡的计算表明，式（9-12）计算出的首段长度为 38 m，式（9-13）计算得到的首段长度为 47 m。边坡开挖后测得的有明显位移的前端长度实际长度为 30 ~ 40 m。按安全原则，取 50 m 为首段计算推力，进行加固工程设计，则远比按 300 m 计算推力进行设计的难度大为降低，可行性和经济性大为提高。按此设计施工的实际边坡自 2007 年至今没有出现变形破坏，达到工程设计目的。

由于长大顺层滑坡破坏过程影响因素较多，滑动发生时各因素发挥的随机性和相互间约束的研究还不深入，因此，上述估计公式与被验证的实际工点调查对比的误差为 18% ~ 30%，但计算长度均大于实际首段滑动体长度，从偏于安全的角度看，还是可以接受的。

5. 滑坡动力学分析问题

滑坡的动力学分析是指滑坡在地震动荷载作用下，对滑坡岩土体的振动特性、随时间变化载荷的效应（位移和应力的效应）及周期（振动）或随机载荷的效应的分析。

在地震作用下，荷载能量以地震波的方式在滑坡中传播。地震波是由一系列与时间相关的不同频率和振幅的纵波、横波和表面波（瑞利波和勒夫波）构成的随机振动的机械波。当地震波到达滑坡中某个质点之时，将引起质点的复杂运动，使该处岩土体产生复杂的位移变形。和静力条件下变形保持的行为不同的是，当地震波通过后，该点位移可部分恢复。因此，动力学条件下，滑坡岩土体的变形是时间的函数。滑体中某点的应力、位移与时间的关系曲线，称为时程曲线。

由于岩土体的不连续和非均质性，滑坡中存在大量的、不同力学性质的不连续界面。地震波在滑坡中传播时，这些界面的反射、折射、衍射会形成叠加，使滑体中某处质点的运动变化更加复杂。因此滑坡岩土体动力学特征是非常复杂的。

如前所述，地震作用下滑坡滑体复杂的运动方式，使传统地震工况分析中基于拟静力法的简化计算存在极大的风险，据此计算进行的抗震结构难以承担未来的地震作用，给建筑物安全留下极大隐患。2008 年汶川地震后，道路、水利设施和建筑物的大规模破坏促使包括滑坡动力学分析在内的岩土动力学和抗震工程研究成为热门领域。

西南红层地区是滑坡易发地区，而西南地区又是地震，特别是高等级地震频发地区。对涉及重要建筑地区的滑坡的稳定性评价研究中，滑坡动力学分析是基本选项之一。

滑坡动力学分析的内容，主要包括滑坡岩土体动力学参数测试、地震荷载谱、数值分析和模型试验、分析成果的表达等。

1）岩土体动参数测试

动力学分析采用的参数必须是动参数，如动弹模、动泊松比动抗剪强度等。由于岩土材料动、静参数没有一个有规律的比值，且动力学条件下还存在强度衰减现象，因此进行地震动力学分析时，岩土动参数试验是必不可少的基础项目。虽然在一些规范、手册可以查到岩土体的经验参数，但一般情况下，对一个具体地区而言，其误差都比较大。现在，不仅传统的岩石、普通土的动三轴仪比较普及，粗颗粒土的动三轴仪也比较常见，这为滑坡地震动力学分析提供了基础。表 9.3 给出了动三轴和波速测试试验得到的西南红层中部分岩土的动力学参数。

表 9.3　部分红层岩土的动力学参数

岩土类型	动弹模/MPa	动泊松比
粉质黏土、黏土、粉砂土	59.13 ~ 83.99	
中、粗砂土	56.09 ~ 76.18	
碎石、圆砾土	73.50 ~ 106.74	
泥页岩	35.88×10^3 ~ 65.25×10^3	0.2 ~ 0.272
砂　岩	34.42×10^3 ~ 63.61×10^3	0.174 ~ 0.243

滑坡岩土体的动参数试验除了实验室岩（土）样试验，像动弹模、动泊松比这些基本动力学参数也通过现场测试获取。最常见的现场测试方式是人工激振发生模拟地震波，采用加速度计等检波器接收震波，通过理论公式计算测试数据获得相关参数。

2）地震荷载谱

由于地震时典型的随机振动，因此其动荷载难以数学公式描述，通常是将实测的或经验的地震波谱作为地震荷载进行计算。在有条件的情况下，应获取设置在全国各地的地震台站实测得到的地震谱，比如 2008 年汶川地震，就有离震中最近的卧龙站记录的实时地震波谱（如图 9.4 所示）。除此之外，也可利用相关的地震安全性评价报告中合成的地震谱。在一些商业软件中，比如在 GEOSLOPE 中，有预置的通用荷载谱供计算分析之用。

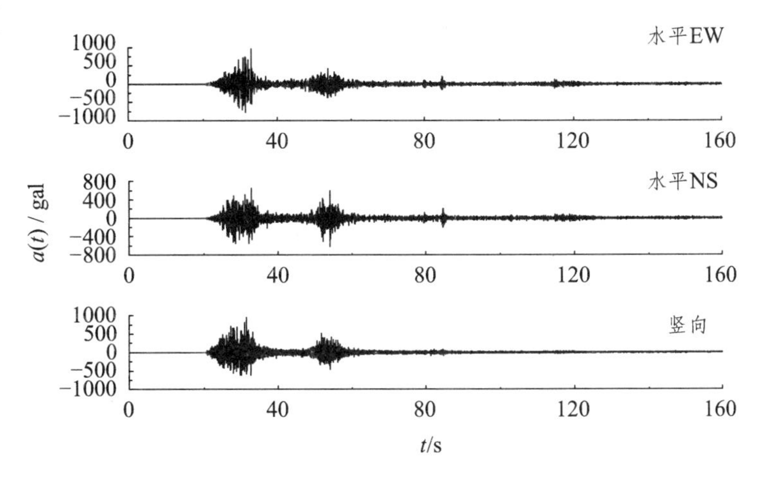

图 9.4　2008 年汶川地震加速度谱

3）数值分析和模型试验

地震动力学分析主要工具和手段是数值分析和模型试验。

数值分析的主要工具是常见的大型商业软件，如 ANSYS、FLAC、GEOSLOPE 等。它们都具有进行岩土体动力学分析的模块，有的还可同时进行渗流动力学耦合分析。但在进行数值分析时，数值分析除了上述提到的动力学参数外，影响分析结果的主要因素有环境地质条件（水、温度等）、计算边界、滑带土模型、岩土体阻尼参数、计算时长、采样率等。很多研究成果意义有限，主要就是对这些因素的考虑和参数取值的依据不太充分。

地震动力学模型试验主要设备是振动台。理想的振动台应有较大尺寸的试验平台，能提供任何复杂频谱的荷载输入，有较为完善的数据采集系统。在进行振动台缩尺模型试验时，最不容易满足的相似条件，仍然是岩土体物理模型试验中材料重度和变形特征的相似比难以匹配的问题。其结果就是作用力与变形关系的失真，使大部分成果仅有定性价值，而对滑坡稳定性定量评价依据不足。

4）成果表达

动力学分析得到的结果多是物理量与时间关系（时程数据）。由于地震是随机振动，其分析获得的应力、应变、位移等物理量也是水时间变化的一组随机数据。如何提取数据并建立评判标准，目前研究者们并没有一个统一的公认标准。但目前大都倾向于采用建立在滑坡抗剪强度基础上的稳定性系数指标和永久位移指标。

按滑面剪应力与滑面抗剪强度之比建立的稳定性系数在动力学分析成果中是一条随时间变化的曲线（稳定性系数时程曲线）。在一条稳定性系数时程曲线中，存在一系列大小随机的值。一般认为取其中的最小稳定系数是不合理的，因为滑坡瞬态达到的最小值可能并不能对滑坡的稳定状态有明显的影响。不同研究者提出了不同的计算标准，但都缺乏深入研究和验证。作者偏向于采用小于安全系数的稳定性系数连续作用的时长作为评价标准，但具体标准还需大量数据积累。

地震作用下滑坡的永久位移对评价滑坡的稳定性和抗滑工程设计具有十分很重要的意义。理论上，对地震是滑坡加速度积分即可得到位移，但如何处理绝对位移采用的计算方法各有不同，如徐光兴（2005）就推导过用于永久位移计算的方程。一些商业软件如 FLAC 也提供永久位移计算结果。但限于各种原因，计算数据和实测数据出入不小。

9.3.2　红层危岩稳定性评价

红层危岩破坏的运动方式基本都可以刚体运动表征。对危岩稳定性评价，在计算模型上是对危岩破坏模式的识别和计算公式的建立。在计算中，除了岩土力学参数，危岩体的几何参数的获取和计算同样具有重要的意义。这是危岩稳定性分析最为突出的特点。

1. 危岩体几何参数的获取和计算

危岩体一般位于陡峭斜坡的上部，由于地形限制和处于人员安全的考虑，野外获取其几何参数比较困难。因此，除了可以直接丈量的局部尺寸之外，多借助仪器进行非接触式测量。现场危岩测量常用的专业设备有经纬仪、三维激光扫描仪、近景成像相机等。但对于满足一定现场条件、体量较大的危岩测量，也可以采用自制的简易设备。图 9.5 是采用市售激光测距仪和相机平台自制的简易危岩测量装置，试用效果完全能满足一般工程精度要求。

（a）前视图

（b）俯视图

图 9.5 自制危岩测量装置

1）测量原理

测量时，仪器平台调至水平，测量位 O 点到危岩体在坡面的各个角 $ABCD$ 必须可以通视以便瞄准，分别通过水平读盘、倾斜仪、激光测距仪读出个角点的水平度数、倾斜角度和距离，即可计算出危岩块在坡面上的棱边长度（如图 9.6 所示）。

危岩体厚度方向的边长必须在坡顶直接测量，如果无法到达坡顶，只能通过在附近获得的节理间距估计。

危岩体的其他侧面棱边长度可以通过相对应的节理产状计算出来。

图 9.6 危岩块体几何参数测量示意图

2）危岩体几何参数计算

在已知危岩块体部分几何尺寸和表面产状的条件下，可以通过不同的方法求解不可见的表面面积、面间夹角、棱边长度和危岩体体积。采用节理产状和已知边长建立坐标求解是较为通用和方便的方法。节理的倾向倾角极为节理面的法线方向。通过对危岩建立坐标，即可根据野外测量获得的边长数据确定对应节理平面上的一个已知点的坐标位置。这样即可采用点法式方程得到描述节理面的方程。通过不同节理面方程的联立求解，即可获得交线的产状和交点坐标。由构成危岩体各个面的交点，可求出计算危岩稳定性所需要的节理面的面积和危岩体的体积。

节理面（空间平面）的面积由同一平面上的角点坐标容易求解。由顶点坐标计算体积现有公式仅有计算四面体体积的欧拉公式。因此，实际计算时，需要将多余 4 个顶点的多面体分解为四面体的组合体，分别计算后再求总体积。

上述计算方法所需公式的详细内容可参看孙彩婷（2016）所做的相关研究。

2. 危岩稳定性基本计算公式

西南红层地区危岩的形成机理可知，倾倒和滑移是其主要破坏模式。当其危岩下部提供基座的软岩风化剥蚀严重，以至于危岩块体仅由破裂面下端尚未贯通的岩石本身提供连接力，或由贯通的破裂面自身的抗剪强度提供连接力时，一旦连接丧失，危岩即可直接坠落。因此，从计算模式上还可细分出坠落式这一特殊类别。

1）倾倒式危岩

倾倒式危岩可分为两类，一类为危岩体由后缘岩体抗拉强度控制，另一类为由底部岩体抗拉强度控制。当危岩体由后缘岩体抗拉强度控制时，根据危岩体的重心位置，又可分为重心在倾覆点之外及重心在倾覆点之内两类。

（1）危岩体稳定性由后缘岩体抗拉强度控制时，拉力由后缘结构面未贯通部分产生。计算模型如图 9.7 所示。

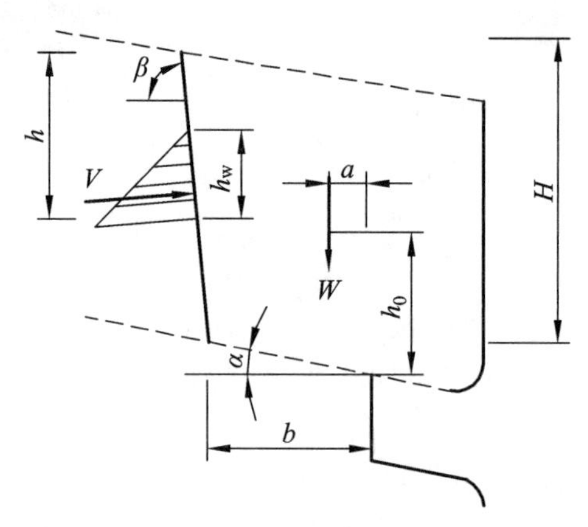

图 9.7　由后缘岩体抗拉强度控制

当危岩体重心位于倾覆点之外时：

$$F=\frac{\frac{1}{2}f_{lk}\frac{H-h}{\sin\beta}\cdot B\left(\frac{2}{3}\frac{H-h}{\sin\beta}+\frac{b}{\cos\alpha}\cos(\beta-\alpha)\right)}{W\cdot a+Q\cdot h_0+V\cdot B\left(\frac{H-h}{\sin\beta}+\frac{h_w}{3\sin\beta}+\frac{b}{\cos\alpha}\cos(\beta-\alpha)\right)} \tag{9-14}$$

当危岩体重心位于倾覆点之内时：

$$F=\frac{\frac{1}{2}f_{lk}\frac{H-h}{\sin\beta}B\left(\frac{2}{3}\frac{H-h}{\sin\beta}+\frac{b}{\cos\alpha}\cos(\beta-\alpha)\right)+W\cdot a}{Q\cdot h_0+V\cdot B\left(\frac{H-h}{\sin\beta}+\frac{h_w}{3\sin\beta}+\frac{b}{\cos\alpha}\cos(\beta-\alpha)\right)} \tag{9-15}$$

式中　h——后缘裂隙深度（m）;

B——危岩体后缘面水淹部分平均宽度（m）;

h_w——后缘裂隙水深（m）;

H——后缘裂隙上端到未贯通段下端的垂直距离（m）;

W——危岩体重量（kN）;

a——危岩体重心到倾覆点的水平距离（m）;

b——后缘裂隙未贯通段下端到倾覆点之间的水平距离（m）;

h_0——危岩体重心到倾覆点的垂直距离（m）;

f_{lk}——危岩体抗拉强度标准值（kPa），根据岩石抗拉强度标准值乘以 0.4 的折减系数确定；

α——危岩体与基座接触面倾角（°），外倾时取正值，内倾时取负值；

β——后缘裂隙倾角（°）；

V——作用于危岩体的水压力（kN）；

Q——地震力（kN），一般仅考虑水平地震力，有关地震力的讨论可参看 9.3.1 节第三小节。

其他符号意义同前。

（2）危岩体稳定性由底部岩体抗拉强度控制时，计算模型如图 9.8 所示。

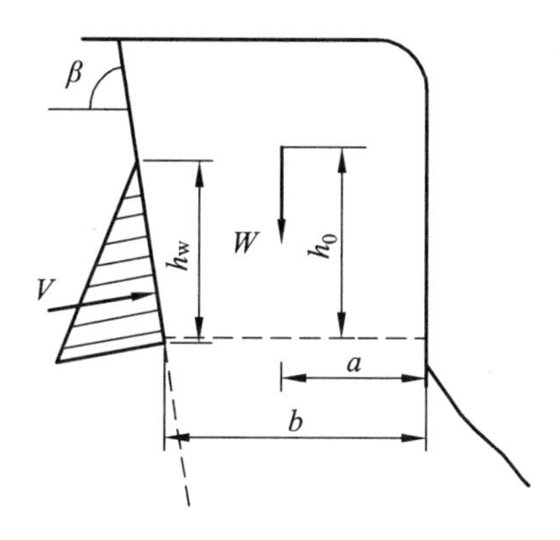

图 9.8 由底部岩体抗拉强度控制的倾倒式

$$F=\frac{\frac{1}{3}f_{\text{lk}}\cdot b^{2}\cdot B+W\cdot a}{Q\cdot h_{0}+V\cdot B\left(\frac{1}{3}\frac{h_{\text{w}}}{\sin\beta}+b\cos\beta\right)} \tag{9-16}$$

式中各符号意义同前（以下均同）。

2）滑移式危岩

产生滑移式破坏的危岩，根据其滑动面是单一结构面还是构成楔形体的两个结构面，分为沿单面滑动和沿双面滑动。两者中又依据后缘是否存在切割危岩的裂缝分为有后缘裂缝和无后缘裂缝两种情况。

（1）单面滑移

如图 9.9 所示，危岩体受作用于滑动面的静水压力、重力、水平地震力及结构面黏聚力等作用，其稳定性计算方法如下。

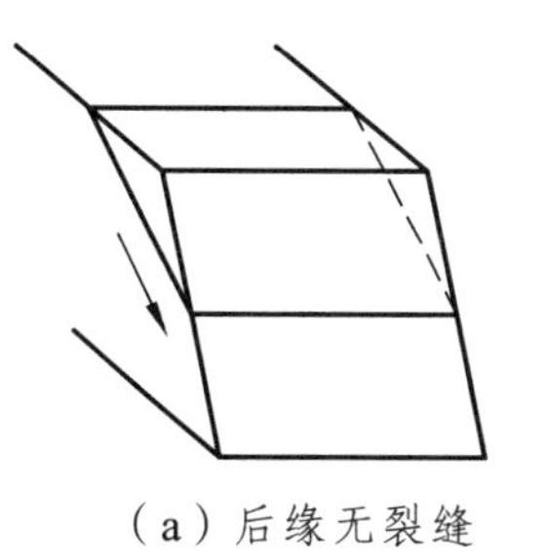

（a）后缘无裂缝

（b）后缘有裂缝

图 9.9 单面滑动

当后缘无裂缝时：

$$F=\frac{(W\cos\alpha-Q\sin\alpha-U)\tan\varphi+CS}{W\sin\alpha+Q\cos\alpha} \tag{9-17}$$

式中 S——滑动面面积（m^2）；

C——后缘裂隙黏聚力标准值（kPa）：裂隙未贯通时，将贯通段和未贯通段进行加权平均，未贯通段黏聚力标准值取岩石黏聚力标准值的 0.4 倍；

φ——后缘裂隙内摩擦角标准值（°）：裂隙未贯通时，将贯通段和未贯通进行加权平均，未贯通段内摩擦角标准值取岩石内摩擦角标准值的 0.95 倍；

α——滑面倾角（°）；

U——底部滑面扬水压（kN）。

当后缘有裂缝时，还需计算作用于裂缝内的水压力，此时水压力分布如图 9.10 所示。

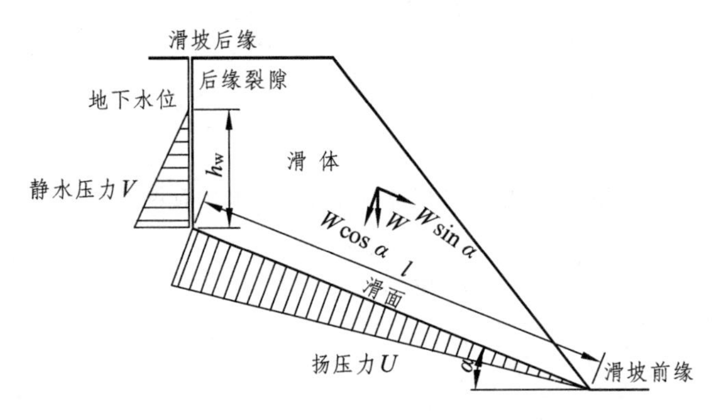

图 9.10 危岩体水压力计算图

危岩体稳定性系数为：

$$F=\frac{(W\cos\alpha-Q\sin\alpha-V\sin\alpha-U)\tan\varphi+CS}{W\sin\alpha+Q\cos\alpha+V\cos\alpha} \tag{9-18}$$

（2）双面滑动

有无后缘裂缝情况如图 9.11 所示。

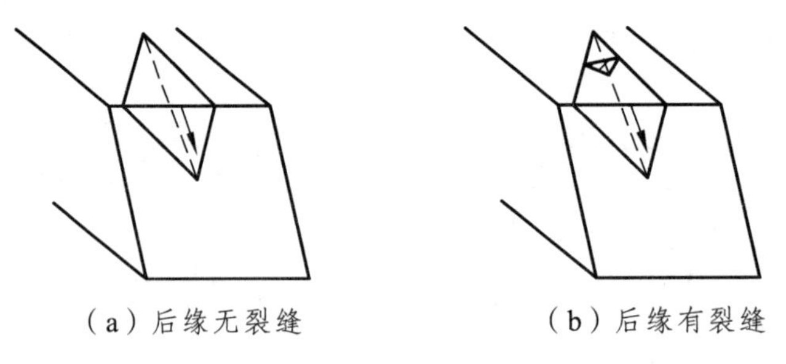

图 9.11 双面滑动

当后缘无裂缝时，稳定性系数为：

$$F=\frac{N_1\tan\varphi_1+N_2\tan\varphi_2+C_1\cdot A_1+C_2\cdot A_2}{W\sin\beta_{\mathrm{W}}+Q\cos\beta_{\mathrm{W}}} \tag{9-19}$$

其中：

$$N_1=\frac{(W\cos\beta_{\mathrm{W}}-Q\sin\beta_{\mathrm{W}}-U)\cos\alpha_2}{\sin(\alpha_1+\alpha_2)}$$

$$N_2=\frac{(W\cos\beta_{\mathrm{W}}-Q\sin\beta_{\mathrm{W}}-U)\cos\alpha_1}{\sin(\alpha_1+\alpha_2)}$$

当后缘有裂缝时，稳定性系数为：

$$F_s=\frac{N_1\tan\varphi_1+N_2\tan\varphi_2+C_1\cdot A_1+C_2\cdot A_2}{W\sin\beta_{\mathrm{W}}+Q\cos\beta_{\mathrm{W}}+V\cos\beta_{\mathrm{W}}} \tag{9-20}$$

其中：

$$N_1=\frac{(W\sin\beta_{\mathrm{W}}-Q\cos\beta_{\mathrm{W}}-V\cos\beta_{\mathrm{W}}-U)\cos\alpha_2}{\sin(\alpha_1+\alpha_2)}$$

$$N_2=\frac{(W\sin\beta_{\mathrm{W}}-Q\cos\beta_{\mathrm{W}}-V\cos\beta_{\mathrm{W}}-U)\cos\alpha_1}{\sin(\alpha_1+\alpha_2)}$$

3）坠落式危岩

坠落式危岩稳定性计算主要考虑其后缘是否存在陡倾裂隙，并通过力的平衡及力矩平衡两种方式进行计算，稳定性系数结果取两类计算结果中的较小值（如图 9.12 所示）。坠落式危岩因悬空水压已泄，在稳定性计算中一般不考虑水压力的作用。

（1）后缘有陡倾节理

危岩后缘存在陡倾节理但未贯通，危岩的稳定性有未贯通部分岩石的抗拉强度提供，按破坏时力学机制，按沿节理延伸方向直接剪断和由于倾覆拉断计算稳定性系数，取其中小值作为计算结果。

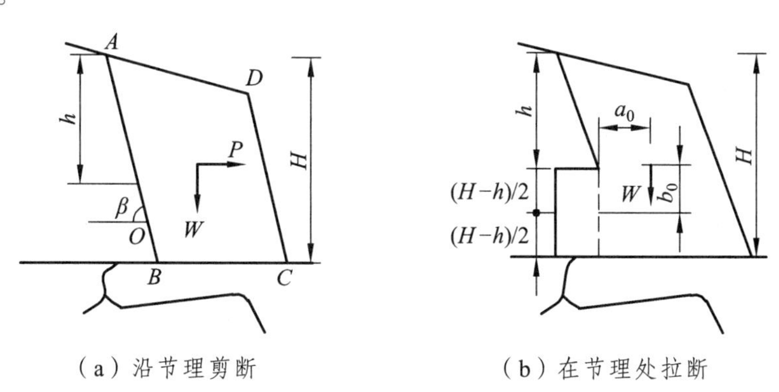

图 9.12　坠落式危岩稳定性计算模型

当破坏模式为剪断时：

$$F=\frac{(W\cos\beta-P\sin\beta-Q)\tan\varphi+C\dfrac{(H-h)B}{\sin\beta}}{W\sin\beta+P\cos\beta} \tag{9-21a}$$

当破坏模式为拉断时：

$$F=\frac{\zeta\cdot f_{lk}\cdot(H-h)^2B}{Wa_0+Qb_0} \tag{9-21b}$$

式中 ζ——危岩抗弯力矩计算系数，依据潜在破坏面形态取值，一般可取 1/12～1/6，当潜在破坏面为矩形时可取 1/6；

a_0——危岩体重心到潜在破坏面的水平距离（m）；

b_0——危岩体重心到过潜在破坏面形心的铅垂距离（m）；

f_{lk}——危岩体抗拉强度标准值（kPa），根据岩石抗拉强度标准值乘以 0.20 的折减系数确定；

C——危岩岩石黏聚力（kPa）；

φ——危岩岩石内摩擦角（°）。

（2）后缘无陡倾节理

对后缘无陡倾裂隙的悬挑式危岩按沿假想破坏面剪断和拉断两种破坏模式计算，取稳定系数较小的值作为计算结果（如图 9.13 所示）。

$$F=\frac{C\cdot H_0B-Q\tan\varphi}{W} \tag{9-22a}$$

$$F=\frac{\zeta\cdot f_{lk}\cdot H_0^{\ 2}B}{W\cdot a_0+Q\cdot b_0} \tag{9-22b}$$

式中 H_0——危岩体后缘潜在破坏面高度（m）；

f_{lk}——危岩体抗拉强度标准值（kPa），根据岩石抗拉强度标准值乘以 0.30 的折减系数确定。

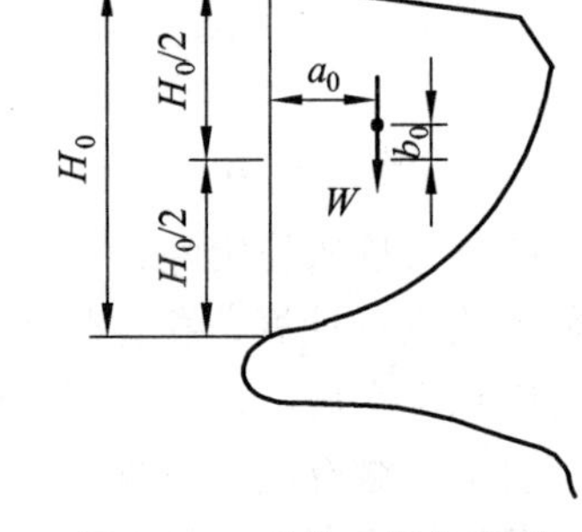

图 9.13 后缘无陡倾裂隙坠落式危岩计算模型

3. 岩土参数

对红层地区危岩稳定分析而言，涉及的岩土参数项目不多，主要是砂岩的重度、天然、饱水条件下的抗剪强度。和其他类型边坡稳定性计算相比，比较特殊的是需要天然、饱和条件下岩石的抗拉强度（见表 9.4）。

表 9.4 西南红层常见危岩岩石的力学参数参考值

岩石类型	抗拉强度/kPa	节理抗剪强度（天然）		节理抗剪强度（饱和）	
		φ/（°）	C/kPa	φ/（°）	C/kPa
青灰色砂岩	400～3 000	27～39	20～90	22～34	70～130
紫红色砂岩	300～1 100	25～35	20～50	18～30	50～90
泥页岩（滑面）		10～22	10～50	8～18	5～25

9.3.3 红层岸坡稳定性评价

1. 红层涉水岸坡

红层地区涉水岸坡是指西南山区河道的自然岸坡和水库岸坡。涉水岸坡的稳定性分析，主要是在可能产生的塌岸进行预测的基础上，根据库岸地形、岩土体类别和结构构造、可能的破坏类型与岸坡现状，建立相应的计算模型，采用相应的计算方法，计算和评价其稳定性。和已经形成破坏的边坡不同，岸坡稳定性评价是建立在一定推测基础上的。如果岸坡破坏面已经形成，则应根据对应的破坏类型计算分析。

对塌岸的预测，基础的计算内容是塌岸宽度的预测。塌岸宽度预测，主要理论基础是水流冲蚀下岸坡岩土体的长期稳定坡角。根据水下淘蚀和水上冲蚀的不同，将岸坡的稳定坡角分水面上下分别确定，一般也将此方法称为两段稳定坡角法。根据王跃敏（2000）、徐瑞春（2003）、许强（2009）等人的研究，并综合对西南山区河流水库岸坡的塌岸预测的工程勘察采用，红层地区岩石和堆积物稳定岸坡坡角参考值见表 9.5。

表 9.5 红层地区岸坡塌岸稳定坡度参考值

岩土类型	水下稳定坡度	水上稳定坡度
黏　土	13	26
粉砂土	10	20
碎石土	13	26
块石土	14	30
红层泥岩	17	32

对塌岸的稳定性分析，是在宽度预测的基本上，根据岸坡预测范围内的岩土体类别和组成，分析确定其可能的破坏类型。根据许强（2009）等人的研究，西南山区河道岸坡塌岸的破坏形式主要有冲磨蚀、坍塌崩塌、滑移和混合型等类型。对塌岸预测宽度内岩土类型及现有岸坡前缘的调查分析，建立推测的破坏断面，再按常规的边坡稳定性计算公式即可完成相应的稳定性评价。有关计算方法本章不再赘述。

2. 桥基岸坡

桥基岸坡稳定性评价是指红层峡谷地区由于大跨高墩跨河大桥的修建，巨大的桥基荷载作用于岸坡，对红层岸坡稳定性的影响进行评价。

对桥基岸坡的稳定性评价，都是深入的专题研究的范畴。专题研究的范围包括区域地质特征、活动性断裂及地震、岸坡岩土体的工程性质、工程荷载类型及施工运营工况、稳定性分析的内容和技术路线，需要特殊研究的问题。具体分析的内容包括场地稳定性、地震动力学条件、岸坡岩体结构特征调查测绘、现场参数测试试验、桥址周边不良地质（滑坡、崩塌、泥石流、岩溶等）存在对桥址岸坡稳定性的影响、气象水文条件［高热、冰冻、暴雨、河（库）水位变动］、施工运营中桥基荷载的作用方式、特殊岩土问题及其作用、建桥前后各种工况下岸坡应力场、位移场特征及安全性、施工运营监测等。

在一般桥基岸坡稳定性评价的专题研究中，遵循的基本理论原则是研究地质构造控制的岸坡的稳定性、分析岩体结构特征决定的破坏模式、根据岩体重分布应力特征确定工程设计参数。

对构造控制的研究，主要是通过分析区域地质资料、了解岸坡区域构造历史和特征、预判岸坡所处的发展阶段，对后续分析结果的取值方向形成判断。对高烈度地震区，需要进行大区域地震影响程度的模拟分析，确定场地稳定性。

对岩体结构特征决定的破坏模式的研究，要对组成岩体的物质的基本力学特征进行试验研究。对红层泥岩及红层中强度较低红砂岩等软岩，要进行包括软岩流变在内的系统性试验研究，获取破坏特征和相关计算参数。对红层中强度较高的青灰、深灰砂岩和胶结很好的砾岩等硬岩，要通过野外测绘获得较为精确的岩体结构参数，采用数值分析等手段模拟其破坏模式，为工程处理提供依据。

对桥基荷载和各种工况下的岩体力学行为分析，要依据取得的边界条件和参数，决定分析手段的采用。通常，模型试验、数值计算、现场监测三大基本手段至少采用两种以上对比印证，最后确定工程设计所需的强度特征、变形特征、安全性、加固工程部位和加固范围。其中尤其是数值分析手段的使用，对模型的建立、边界和工况的选择十分重要。在西南红层岸坡数值分析中，软岩软化流变、高应力区流变和岩爆、高烈度区地震、大型水库浅层地震和运动荷载作用下的岩体动力学分析、水库运行的库水涨落的动水压力和水蚀作用、高温差地区快速物理风化崩解、高海拔寒区地下渗流的水冰相变等，都是十分常见的影响因素和边界条件。

对桥基岸坡的稳定性评价的最终工程需要是桥梁基础位置及埋深。工程设计要求的参数体现为考虑岸坡长期稳定性的稳定坡度线。作者等人对此已进行过二十余年的研究和实践，形成了一套基于经验数据和力学行为分析结合的评价方法（谢强，1998；赵文，2005；王春雷，2008）。但是，对红层砂泥岩为主组成的桥基岸坡的评价，仍然缺乏足够的积累。

9.3.4 红层挖方边坡稳定性评价

红层挖方边坡的稳定性评价方法，根据岩土类型的不同而采用不同的计算分析评价方法。从稳定性计算的家度看，红层挖方边坡的岩土类型大致分为三类：土质或松散风化层边坡、红层软岩结构型边坡和一些具有特殊性质的边坡。土质和松散风化岩石边坡的稳定性计算采用常规的条块分块法，如圆弧法、传递系数法等，本章不再赘述。由于红层岩土的特殊性引起的风化、腐蚀、膨胀、流变等特殊的边坡稳定问题，或者纳入边坡设计技术中考虑，或者因其并未形成有工程意义的评价方法而不得不按下不表。因此，本章主要讨论结构型边坡的稳定性评价方法。

在红层岩层中开挖的边坡，除了风化剥落、冲刷等表层破坏之外，不论在较软的泥页岩还是较硬的砂砾岩中，边坡破坏的形成和运动基本都是受岩体结构控制的。通常将这种受岩体结构控制的边坡称为结构型边坡。虽然顺层边坡的变形破坏也是受岩体结构控制的，但其稳定性计算评价方法不同，一般不将其在结构型边坡中讨论。

对结构型边坡而言，用于计算的主要几何指标大都隐藏于坡体之内，无法直接获取。因此进行结构型边坡的稳定性计算，需要借助赤平投影等专门的分析工具来解析。有关内容可参阅相关文献。

结构型挖方边坡稳定性“精确”评价其实是一个并没有完全解决的问题。对结构型岩石边坡稳定性评价奠基于 Hoek（1977）的《岩石边坡工程》一书，其以边坡块体破坏为基础的计算原理沿用至今。然而，由于节理发育密度的关系，节理切割形成的块体的大小与边坡尺寸相比一般是较小的。特别是在西南红层边坡中，由于红层软岩和易风化的特征，边坡上的节理裂隙密度大，通常的块体尺寸在十几到几十厘米，而道路挖方边坡的坡高通常在十余米到三十米之间。因此，除非块体破坏的规模足以影响到整个边坡的稳定性，否则，对个别的、局部的块体的失稳的评价，在实际工程中是不足以影响对边坡稳定性评价的。而传统的基于土坡破坏的条分法，在结构控制的岩石边坡稳定性分析中并无用武之地。因此，在严格意义上，要求单个结构型岩石边坡的稳定性做出评价，要么按照像复杂边坡分析的思路，采用野外详细调查测绘、建立概化模型、数值计算或物理模型试验，甚至布置现场监测等方法进行，要么另辟蹊径。

在实际工程中，对单个或少量的边坡，如果岩体结构块体体积较大或可以预判其块体破坏规模足以影响整个边坡的稳定性，那么完全可以也有必要采用基于极限平衡的块体分析方法，如在 9.3.2 节中危岩稳定性计算方法相类似，进行逐个的分析计算。但对于大量的、块体规模较小的红层边坡稳定性评价，即使可以进行，其个别块体的稳定与否难以支持对整个边坡稳定性做出评价，因而意义不大。其次，对时间有较强限制的边坡分析，比如一个延长上百千米的水利交通线路工程中，可能有数以百计的边坡。如果采用逐个详细计算的方法分析，在目前的工程实践中也是不现实的。因此，采用类比分析和模式识别的分类分级的综合评价方法，对结构型挖方边坡的稳定性进行评价，就更具合理性和现实意义。借助于各种新近的数学成果，采用多因素统计分类评价其稳定性的方法日益完善。本节介绍一种对红层岩石结构型边坡稳定性进行评判的方法。

邱恩喜（2009）在对川滇两地红层道路挖方边坡进行大量调查统计的基础上，采用可拓学理论，经过样本甄别、统计、权重研究等工作，建立了红层软岩边坡稳定性评价方法。

根据红层软岩的物理力学特征、岩体结构、边坡几何特征，选择采用岩体质量指标、不利结构面方向、岩石回弹比、边坡坡度、岩石回弹值等 5 个与边坡稳定性相关性最大的指标作为评价因素。

上述 5 个指标的计算方法为：

（1）岩体质量指标，采用 MSMR 指标。

（2）不利结构面方向，采用最不利结构面与坡向的夹角。

（3）岩石回弹比，根据红层特有的软硬互层中硬岩与软岩回弹值之比。

（4）边坡坡度，实测或设计坡度。

（5）岩石回弹值，边坡中代表性岩石的回弹值。

5 个指标的上述排序是与边坡稳定性相关性分析的结果。在对边坡稳定类别进行划分的基础上，根据统计研究，其各参数等级区间（即经典域）见表 9.6。

表 9.6　评价指标在各稳定性等级的数值分布

评价指标	稳　定	基本稳定	不稳定
边坡 MSMR 值	51 ~ 100	31 ~ 50	0 ~ 30
边坡倾向与最不利结构面倾向夹角	76 ~ 180	45 ~ 75	0 ~ 44
岩石回弹比	1 ~ 1.5	1.6 ~ 2	2.1 ~ 3
边坡坡度	0 ~ 50	51 ~ 60	61 ~ 90
岩石回弹值	22.6 ~ 30	20 ~ 22.5	1 ~ 19

根据可拓理论，设待评边坡以上各指标的参数值为 v_i，i 表示指标类型，表 9.6 所列分类分布参数的上下限为 a_{ij}、b_{ij}，j 为等级。计算待评各指标参数与分类分布参数的距离：

$$\left.\begin{aligned}&\rho(v_i,X_{ij})=\left|v_i-\frac{1}{2}(a_{ij}+b_{ij})\right|-\frac{1}{2}(b_{ij}-a_{ij})\\&\rho(v_i,X_{ip})=\left|v_i-\frac{1}{2}(a_{ip}+b_{ip})\right|-\frac{1}{2}(b_{ip}-a_{ip})\\&\left|X_{ij}\right|=b_{ij}-a_{ij}\end{aligned}\right\} \tag{9-23}$$

为使各指标数值平衡，对待评参数和表列参数做归一化处理后再进入计算。式中第二式计算的是节域，即满足设定条件（此处即等级归属）的取值范围，a_{ip}、b_{ip} 其均为 0 ~ 1 取值。

根据距离计算结果，可以计算各指标与各等级的关联程度：

$$K_j(v_i)=\begin{cases}\dfrac{-\rho(v_i,X_{ij})}{\left|X_{ij}\right|} & (v_i\in X_{ij})\\[2ex]\dfrac{\rho(v_i,X_{ij})}{\rho(v_i,X_{ip})-\rho(v_i,X_{ij})} & (v_i\notin X_{ij})\end{cases} \tag{9-24}$$

最终通过各指标的关联程度计算待评边坡与各稳定类别的综合关联度：

$$K_j(P_0)=\sum_{i=1}^{5}\alpha_i K_j(v_i) \tag{9-25}$$

式中，α 为各指标权重。通过计算权重判断矩阵的特征值，获得上述 5 个指标的权重依次为 0.338 6、0.236 2、0.204 7、0.141 7、0.078 7。

根据计算结果，按分属各类别不同的数值大小中的最大值确定待评边坡的稳定性归类。

从上述评价方法的叙述中可以获知，这类利用模式识别分类评价的方法是一种多因素综合评价方法，能有效降低当前结构型边坡单一计算方法的不足和缺陷，同时又有大量的实际边坡稳定状况的现状作支撑，有较高的可信度，其结果虽然有时难免有非唯一确定的模糊特征（比如分类关联数值较为接近），但足以满足工程精度要求和大规模快速评价的需要。

在红层结构型边坡稳定评价方法中，类似的方法，如模糊综合评判、多因素综合回归分析、范例推理、神经网络、数据挖掘等，还有很多。其实质都是一种建立在大样本基础上的类比法。而类比法的核心是拥有和类比对象属性相近的大量样本。

9.3.5 红层填方边坡稳定性评价

红层填方边坡是以红层岩石破碎后作为填料填筑场地、路堤、大坝等形成的边坡。在西南红层地区，取做填料的大部分是由红层泥岩、粉砂质泥岩、泥质粉砂岩等破碎填料或掺混其他块（卵）石填料为主。在重要程度不高的普通民用场地也有用红层粉（细）砂岩、砂岩直接破碎作填料的。由于红层泥岩特有的崩解性、膨胀性、易软化蠕变、含有腐蚀性膏盐矿物等特征，填筑的边坡稳定性问题较突出，稳定性评价的内容也较红层挖方边坡复杂。

在常见的红层填方边坡中，由于大坝的填筑标准及抗水要求比较特殊，其稳定性评价不包括在本书讨论之中。填方边坡的常规稳定性计算，采用的依然是土坡计算的条分法，在红层填方边坡分析中并无特殊之处，本章不再重复。本章主要讨论目前红层填方边坡工程中比较关注的一些问题，如坡面冲刷、降雨入渗、蠕变、膨胀、地震等问题。

1. 坡面冲刷

坡面冲刷对所有边坡都存在。然而，由于红层填料水敏性较强，填方边坡的冲刷问题比较严重。由于填方边坡顶面将用于建筑场地，边坡冲刷近期的坡面后退将危及顶面建筑的安全。比如铁路路堤边坡的后退直接侵入路肩限界，甚至影响电力、通信、信号侧沟的安全。因此，和挖方边坡相比，经常常需要对填方边坡冲刷做出评价并提出处置措施。

冲刷的理论研究一般属于泥沙运动力学的范畴。发生冲刷的本质是组成填方边坡的填料土粒在水流的作用下，与母体分离、上浮，在水流的拖拽、渗透作用下被带走。有关坡面冲刷的应用研究则集中于冲刷发生条件和冲刷强度。目前，关于红层填料填方边坡水流冲刷的直接成果较缺乏，可以借鉴的主要有罗斌（2002）等提供的无黏性粗糙土坡发生冲刷的理论启动流速：

$$U_c = 5.57\lg\left(12.27\frac{\chi R}{k_s}\right)\sqrt{\frac{\gamma_s-\gamma_w+\gamma_w J_s}{\gamma_w}gD\left(\cos\theta-\frac{\sin\theta}{\tan\varphi}\right)\left[f\left(\frac{U^\circ D}{\nu}\right)\right]} \quad (9\text{-}26)$$

式中 γ_s——土粒重度（kN/m^3）；

γ_w——水的重度（kN/m^3）；

φ——土的水下休止角（°）；

D——土粒粒径（m）；

g——重力加速度（m/s^2）；

θ——边坡坡度（°）；

J_s——水流梯度；

$f\left(\frac{U^\circ D}{\nu}\right)$——水流雷诺数的函数；

R——水力半径（m），坡面条件下与水深相当；

k_s——地面糙率尺寸；

χ——坡面水流阻力校正系数。

因为填料是人工选择的原因，该理论公式在工程应用中主要关注的是土粒粒径与启动流速的关系。根据该理论公式，郭增强（2012）计算得到一般铁路路基粗粒土填料粒径在 0.2 到 100 mm 之间时，启动流速为 0.11 ~ 3.14 m/s。

窦国仁（1999）等根据现场实测和室内试验数据，提供了一个黏性土冲刷启动流速 v 的经验公式：

$$\frac{v^2}{g}=\frac{\gamma_s-\gamma_w}{\gamma_w}D\left(6.25+41.6\frac{h}{H_a}\right)+\left(111+740\frac{h}{H_a}\right)\frac{H_a\delta}{D} \tag{9-27}$$

式中 h——坡面水流深度（m）；

H_a——水柱高度表示的大气压力（m）；

δ——单个水分子厚度，3×10^{-10} m。

其余符号意义同前。

根据此公式，郭增强（2012）计算得到黏性土粒径为 0.001 ~ 0.1 mm 时，启动流速为 1.8 ~ 0.2 m/s。

实际上，对黏性土填方而言，根据完工期的长短存在尚未固结和已固结问题。固结的土粒是以团块方式运动的，建立在单颗粒基础上的启动流速有较大误差。

启动流速代表冲刷发生的条件，而冲刷强度则代表水对边坡冲刷的能力。坡面冲刷能力包括对边坡土粒的推移和悬浮。罗斌（2002）提供了单位宽度上推移、悬浮冲刷总强度的理论公式：

$$g_t=\frac{\tau_0 U}{\cos\theta}\left[k_1\frac{\tau_0 U e_b}{\tan\varphi}+k_2 e_s(1-e_b)\frac{U}{\omega}\right] \tag{9-28}$$

式中 e_b，e_s——水流推移、悬浮的效率；

k_1，k_2——推移、悬浮修正系数；

ω——颗粒在流水中的下沉速度（m/s）；

U——水流流速，一般按曼宁流速公式计算：$U=\frac{1}{n}R^{\frac{2}{3}}J^{\frac{1}{2}}$，$n$ 一般取 0.025；

τ_0——水流对土的剪切力，$\tau_0=\gamma_w hJ$。

其余符号意义同前。

该理论公式常用冲刷强度达到最大值的边坡坡度来估计冲刷的临界坡度。该文作者提供了一个算例，按水流深度 2 ~ 20 cm、土粒粒径 0.05 ~ 0.3 cm 花岗岩风化土边坡，估算出的临界坡度约为 43°。

从上述公式可以看出，单纯依据理想模型计算冲刷显然难以满足实际工程中复杂的水流、岩土、坡面表面状态等情况的，因此，对这种多因素影响的填方边坡稳定评价，类比可能更能适应工程实际应用的要求。汪益敏（2003）提出了依据降雨、边坡形态、边坡土质、和坡面防护四大类 18 个指标的综合评价方法。该方法中有关指标的隶属度的计算和权重分配过多依赖于主观评分，模型面向的潜在数据对象为华南地区风化土。因此在红层填方边坡中的应用效果需更多的实践验证。

2. 表水入渗

对填方边坡而言，由于新近填土较为松散，完全固结需要一定时间，因此，地表水流入渗引起的填方边坡浅层溜坍、滑坡时有发生。填方边坡在降雨作用下发生破坏的原因，一般归结于表水下渗，是边坡土体从非饱和到饱和。随着表水入渗深度的增加，饱和的表面土层加厚、抗剪强度降低。当饱和土层厚度产生的下滑力超过饱和土的抗剪强度时，土坡破坏。因此，表水入渗在填方边坡稳定性分析中是非常重要的。

在理论上，表水入渗是水流下渗与土体固结的相互作用，是土体由非饱和向饱和演化的。与此相关的填方边坡稳定性计算时非饱和土力学问题。因此，表水入渗的稳定性计算方法较为复杂。

刘俊新（2007）根据非饱和土流固耦合理论，利用 FLAC 实现其计算，并基于应力的强度准则计算其入渗土坡的安全性。利用该技术，该作者详细计算分析了红层填方边坡中坡度、坡高、水平渗透性、降雨强度、初始饱和度、压实度、长期强度对边坡稳定性的影响，并对坡高 6～14 m、坡度 1∶1.25～1∶1.75、红层泥岩填料粒径 2 mm、压实度 90%、降雨强度 20～100 mm/h、降雨时长 3h 的铁路路堤边坡，采用坡面破坏比（路堤纵向表面破坏长度与坡长之比）和破坏深度进行分析评价，分析结果整理列入表 9.7。

表 9.7　不同因素的变化对红层填方边坡破坏的影响

因　素	指标范围	最不利值	合理值	备　注
坡　度	1∶1.25～1∶1.75	1∶1.35	>1∶1.55	
坡　高	6～14 m	14 m	<6～8 m	
水平渗透性（水平垂直渗透系数比）	1～8	4	<4	坡度 1∶1.5，坡高 10 m，降雨强度 100 mm/h，时长 3 h。下同
降雨强度*	20～100 mm/h，3%～15 h	40 mm/7.5 h（破坏长度）20 mm/24 h（破坏深度）		数据不完整
初始饱和度	35%～75%	55%	<45%	
压实度	87%～95%	87%	>90%	
长期强度				全坡面 30 cm 内全破坏

从偏于工程安全的实用角度看，如果忽略固结、非饱和等理论细节，则可用简化模型仅计算入渗深度作为土坡稳定性分析参数。管宪伟（2015）根据入渗与流失水量总量平衡、径流和渗流流量采用达西公式计算，提出了单位时间降雨入渗深度 H 的估算公式：

$$H=\frac{KJ\gamma_{s}}{e(1-S_{r})\rho} \tag{9-29}$$

式中 K——饱和渗透系数（cm/s）；

J——水力梯度；

γ_s——土天然重度（kN/m^3）；

e——土孔隙比；

S_r——土的饱和度；

ρ——土的干密度（kg/m^3）。

该文作者提供的算例表明，在天然含水率为 20.3、饱和度 75%、孔隙比 0.75 的土中，1～

24 h 的边坡降雨入渗深度为 3.2 ~ 77.5 cm。

3. 蠕　变

填方边坡的蠕变一部分是边坡填土在重力作用下自身产生的蠕变，但更大部分是由于填土固结下沉向坡外挤压造成的。因此，填方变形蠕变的研究，除常规剪切蠕变外，固结蠕变是重要内容。

对红层岩石和泥化夹层开展蠕变试验研究有较长的历史，并有大量成果可供利用。但是对红层填料的蠕变试验仍然不多。填料蠕变试验有别于原岩试验的最大区别是加入了压实度这个指标，因而带来变形性状的变化。在近年的报道中，刘俊新（2008）、严秋荣（2006）等人关于红层填料的压缩蠕变试验成果对研究填方体的流变性质提供了一些数据支持。对红层填料进行剪切蠕变试验的成果不太丰富。

单纯的红层填料边坡蠕变的研究与正常边坡蠕变研究没有区别，但考虑填方体沉降固结蠕变引起的边坡蠕变，则首先要研究沉降固结蠕变。由于填方属于新近填土，因此，在理论上，分析模型被称为非饱和流变-固结耦合模型。采用的技术路线仍然遵循根据填料的压缩蠕变试验、构建流变本构模型、选取模型参数、采用数值方法对特定工程对象计算、分析计算结果的工程意义并提出工程建议。

和流变力学在所有岩土工程中应用的现状一样，红层填方边坡的蠕变研究成果距普遍的工程应用尚有差距。

4. 膨胀性

西南红层泥（页）岩是具有弱—中膨胀性的，红层泥岩填料则可视为弱膨胀土，由膨胀性红层填料填筑的边坡亦可视为膨胀土坡。根据目前工程实践中采取的通行办法，在膨胀土边坡的稳定性计算中，采用将土的抗剪强度指标降低到 30% ~ 50% 的办法，综合考虑膨胀的影响。但是不少失败的边坡工程实践表明，这一办法存在较大的缺陷。

由于膨胀土与含水量的关系紧密，本书作者近年关于膨胀土边坡稳定性分析的研究表明，采用湿度应力场理论，对改善边坡膨胀土压力计算的精度十分有利。为此，本书作者建立起一套包含试验装置、方法、参数体系、本构关系、边坡湿度场计算、边坡膨胀应力分布、基坑边坡膨胀压力计算及边坡稳定分析的技术体系，并在实践中取得良好结果。本书作者将在另一本论著中详细介绍这一成果。但是，该方法在红层膨胀性填方边坡稳定性分析中的应用效果还需验证。

5. 地震动力学分析

关于地震动力学分析的原理在前述章节中已有介绍。和挖方边坡相比，由于填方工程、特别是填方工程中大量线性延伸的交通路堤，近似于条形厚片状结构，在地震中更易受到影响。西南红层分布区中的滇西、滇西南、川西、川西南都属地震高发的高烈度地区，因此，红层填方路堤边坡的地震动力学研究颇受重视，近年相关研究成果也较多。

填方路堤边坡的地震动力学研究，采用的主要方法是振动台试验和动力学数值计算。对需要进行动力学分析的具体工程项目，应按照从动参数试验、振动台模型或动力学数值计算、现场验证的技术路线开展工作。本节将主要就一般填方边坡动力学分析成果作一简介，总体了解填方边坡的动力学特征，用以指导工程实践。

从工程应用的角度看，填方边坡动力学分析关注的焦点主要有：边坡动力响应、结构效应、破坏特征和动力学条件下边坡应力、变形特征。

边坡动力响应主要是震波类型、频率、幅度、震中位置对边坡动力学特征的影响。由于填方体顶面和坡面对地震波传播的多次反射和叠加，路肩坡顶的震波加速度峰值（PGA）比坡体下部加速度要大。吴伟（2010）进行的振动台试验得到坡顶加速度要高30%。朱守彪（2013）指出加速度的放大还与坡体自振频率是否与地震频率相近产生共振有关。

由纵波和表面波的垂直分量引起的垂直加速度，一般可达水平加速度的30%~60%。当震中位于边坡下方时，垂直加速度可超过水平加速度。虽然研究者认为垂直加速度在边坡稳定性分析中意义不大，但这可能没有充分考虑到垂直加速度引起的向上运动时对潜在滑面正压力的减小，而向下运动时填土沉降增加带来的侧向挤出对边坡变形的影响。

由于填方材料密实度的影响，地震波中高频成分被填料内部块粒边界漫发射而吸收，低频振动是引起边坡振动的主要能量。而震距的增加对震波中的高频成分的衰减起着同样的作用。地震作用的持续时间与坡体加速度峰值影响较小，但对永久位移影响较大。

边坡结构效应主要是坡形、坡高、坡度对边坡动力学特征的影响。徐光兴（2010）通过振动试验观察了边坡坡型对PGA的影响，指出直线坡坡形简单、反射面少，对PGA的放大作用最小。凹形坡的不利反射面结构使PGA放大作用最强。凸形坡反射面多，对PGA放大作用大于直线坡，但小于凹形坡。

丁王飞（2010）利用数值分析研究了滇西红层填方边坡中的坡高、坡角的地震效应，指出当坡高小于24 m时，坡度放缓有利于减小 PGA 的增加。当坡高大于16 m时，坡高的增加会造成PGA的快速升高。坡高与坡角相比，坡高对PGA的影响更大。

边坡破坏特征是与静力学条件下破坏特征的区别或差异。由于地震波在边界处的反射和叠加，填方边坡坡顶和变坡点附近动应力被放大，使静力条件下稳定的边坡在坡顶处出现破裂，并可能在动应力的反复作用下发生局部破坏。坡顶出现破裂面的密度和规模与动应力作用强度有关。随着动应力强度的增加，边坡破坏可能从路肩坡顶部位的局部、多裂面破坏演化为贯通整个坡面的整体破坏。

由于震波反射、折射、衍射、叠加的影响，动力学条件下边坡内部的应力大小和分布特征有异于静力学条件下的应力场特征。这可能使得一些在静力学条件下不会形成的应力集中区会在动力学条件下形成，使原来较低的应力水平增高到达破坏标准。而这些正是工程设计和稳定性分析中最为关心的问题。

9.4 红层边坡的设计与防治措施

红层边坡工程主要内容是边坡设计和防护措施。由于红层具有诸多特殊工程性质，红层边坡坡面防护、支挡工程和填方边坡填料的处理是工程中比较重要的组成部分。

9.4.1 红层边坡设计

1. 坡形选择

边坡坡形的选择，主要依据是坡内应力分布合理和适应岩土力学特征，其次是兼顾地形挖填量和方便施工维护。

根据边坡力学行为和挖填合理，红层挖方边坡坡形一般为直线型、下陡上缓的折线型、台阶型三种坡形。三种坡形的选择是根据拟开挖边坡坡高和边坡岩土体结构特征确定的。一般情况下，当挖方边坡坡高不高于 6～15 m 时，如果边坡由较为均一的岩石组成的，这可考虑直线坡。泥页岩等软岩取低坡高值，砂砾岩等较硬岩取高坡高值。

如果坡高超过 6～15 m 限值，在没有专门经验情况下，一般采用由下而上分级降低坡度的折线型坡形。一般情况下，每级坡高 6～8 m，特殊情况砂砾岩可到 12 m。具体还要根据岩石风化程度选择。折线坡的分级泥岩等软岩一般很少超过 2 级，砂岩等较硬岩一般不超过 3 级，总坡高一般不超过 15～30 m。如果超过，需要专门研究。

对坡高较高的软岩边坡、泥页岩与砂砾岩组合岩体边坡、软硬互层岩体边坡，一般采用台阶型坡形。对单一软岩或软硬互层构成的边坡，一般按 4～6 m 设置台阶。对软硬分层构成的边坡，要根据分层界面，按软岩单级一般不超过 4～6 m、硬岩一般不超过 6～8 m 设置台阶。台阶设置位置一般宜在硬岩的底面。台阶宽度根据是否承担交通功能，取 1.5～3 m。有条件时，宜取宽度较大的值，有利于改善边坡应力集中，保障边坡不至在台阶处破坏。

对填方边坡，一般坡形为直线型和台阶型。考虑单纯红层填料（即不掺入其他坚硬块石），填方边坡一级高度不超过 4～6 m。高于此值采用分级台阶型坡时，平台宽度最好超过 1.5～2 m。

2. 挖方边坡坡度

红层挖方边坡坡度，一般需要根据岩石组成、地下水情况、节理发育程度、区域地质构造特征综合确定。一般工程设计中，根据经验数据表（边坡坡率表）的方法确定。这类坡率表是根据描述性指标划分等级的。国内各行业的坡率表指标体系繁简不一，差别较大。其中、铁路公路行业坡率表指标较多，划分较细。建筑行业坡率表指标较少，划分较简。在应用时，可查询相关表格选择。表 9.8 是西南红层挖方边坡坡率典型值。

表 9.8 西南红层挖方边坡坡率

岩土特征	坡率	备注
泥岩风化土	1∶1.5～1∶2	
块石土	1∶1.25～1∶1.75	
风化泥（页）岩	1∶1.25～1∶1.75	
泥（页）岩	1∶1～1∶1.5	
砂泥（页）岩互层	1∶0.75～1∶1	
胶结较弱的红砂岩	1∶0.75～1∶1	节理密度<2～3 条/m
胶结较好的青砂岩	1∶0.5～1∶0.75	节理密度<2～3 条/m
一般砂岩	1∶0.5～1∶0.75	节理密度≥2 条/m
厚层坚硬砂（砾）岩	1∶0.3～1∶0.5	节理密度≥1 条/m

坡率考虑普遍性、大范围适用性，因此，它只是一个比较粗糙的坡度设计方法，对具体地区和具体工程的适应性不可能做到量体裁衣。自然，边坡这种数量较大的工程也不可能逐一深入系统地专门研究。因此，建立在野外描述与测试相结合指标基础上，按统计方法建立经验公式，计算每个边坡坡率是较为合理的方法。邱恩喜（2009）针对红层软岩结构型岩石挖方边坡，建立了基于红层岩石动弹模和坡高的坡度经验公式：

$$\alpha = 17.39\lg(\gamma_w E_d) - 14.58\lg(H) \tag{9-30}$$

式中　α——表示设计坡度（°）；

E_d——边坡岩体动弹性模量（MPa）；

γ_w——地下水折减系数；

H——边坡坡高（m）。

其中，动弹模可以依据现场波速按理论公式计算。地下水折减系数可按表 9.9 选取。

表 9.9　地下水作用的折减系数

地下水状态	干　燥	湿　润	滴　水	流　水
折减系数 γ_w	1.00	0.85	0.70	0.60

红层软岩计算动弹模大致为 5 ~ 10 GPa，根据式（9-30），20 m 坡高的红层软岩挖方边坡坡率大致为 1 : 1.5 ~ 1 : 0.5。该计算方法的局限性在于仅提供了一级边坡的稳定坡度值，对实际工作中需要处理的多级边坡没有提供解决方案。而多级边坡在红层软岩中比较常见。

3. 填方边坡坡度

实际工程中，由于填方压实密度质量控制的原因，红层填方边坡的坡度取值比较简单。一般情况下，填方边坡坡面均需做排水护坡设计，因此坡度确定时不考虑冲刷的影响。当填料不具有膨胀性或膨胀性很低时，填方边坡坡率为 1 : 1 ~ 1 : 1.25。当填料膨胀性达到弱膨胀指标中—上限，或压实度不高时，坡率为 1 : 1.25 ~ 1 : 1.5，个别也可达 1 : 1.75。

9.4.2　红层边坡坡面防护工程

红层软岩具有易风化崩解、水敏性强等特殊性，因此，为保证边坡正常使用，除胶结较强，强度较高的砂岩、砾岩外，无论挖方边坡还是填方边坡，都会采用护坡、排水的坡面防护措施。除了常见自然或工程材料用作护坡外，近十几年新型植物护坡发展很快。

1. 常见的护坡工程

广义的护坡工程包括坡面防护和截排水等附属工程。坡面防护的目的一是防止雨水冲刷下渗，二是防止红层软岩暴露在水气中的风化崩解。因此，坡面防护有全封闭和骨架支撑两种基本形式。

全封闭护坡主要有灰泥抹面、挂网喷浆、浆砌片（条）石、新型土工材料覆盖等。在川渝红层泥岩分布地区，采用“三合土”（石灰、黏土和细沙组成）抹面封闭坡面是早期工程和民间普遍采用的技术。一般抹灰厚度在 3 cm 左右。其特点是经济方便，缺点是抗温差能力弱，易崩离脱落破坏，有效使用时间不长，一般在 3 年左右。

挂网喷浆是 1980 年代以后开始采用的护坡形式。一般在坡面以 2 ~ 3 m 的间距打入 1 ~ 1.5 m 长的钢筋锚杆，用以固定坡面铁丝网，然后喷上 5 cm 厚度的 M10 水泥砂浆形成坡面封闭。挂网喷浆防护效果较好，缺点是成本较高、外观不美观。

浆砌片（条）石是应用时间最长、范围最广的护坡形式。浆砌片（条）石护层厚度一般在 30 cm，除了起到封闭作用外，还有一定的支护能力，在风化较严重的泥岩挖方边坡和填方边坡坡面使用。在天然石材缺乏地区，也用于制混凝土块代替。优点是经久耐用，缺点是成本较高，施工工期较长。

骨架支撑护坡主要有格型、拱形骨架。骨架材料为天然石块或是预制块，施工时要求镶入坡面一定深度。格架可以有挡水边缘和导水槽以利排水。骨架之间铺设干砌片石或种植草坪灌木。

工程中还常见干砌片石护坡的类型，其作用介于上述两者之间，对防冲刷和温差风化有作用。

红层边坡防护工程中，截排水设施非常重要。边坡外缘的截水沟应全边坡设置并确保施工质量。沟体片石的勾缝必须完整到位。大多数红层边坡问题中，截排水设施失效占不少比重。

2. 新型植物护坡技术

植物护坡的原理是利用植物根系加固边坡表土、减轻冲刷危害，同时植物生长吸收土中水分，有利于土中含水带来的性质弱化。植物还可以遮阳避雨，减少温度水气造成的边坡风化。植被护坡因为绿色环保，一直是护坡工程的最佳首选。植被护坡也称为生态防护技术。

传统的植物护坡，除了植物品种对气候土壤的适应性选择之外，还需要岩土演化为植物生长必需的土壤环境。对西南红层泥岩风化的研究表明，泥岩风化为土一般需要 2 ~ 3 年时间。在这个过程中，植物学的研究，提供了不同周期边坡植被从草本到木本种植生长衔接的成果，为泥岩类挖、填方边坡的植物护坡得以成为现实。随着经济的发展，植被护坡在新近建成的高速公路比边坡中已普遍采用。

但是，红层泥岩表层易风化剥落、养分贫瘠、饱水率差、植物生存率低，红层砂岩难以壤化，传统的依靠岩土自身物质形成植被护坡的技术成效有限。

20 世纪 70 年代以来，采用客土作为种植基层附着于岩石边坡表面，提供植物生长的新型生态护坡技术引入国内，并在大量的公路边坡上试用。这种技术的基本原理是将含有肥料、植物种子、有机土、固水剂的水泥浆喷射在挂有固定网的岩石边坡坡面上，混有养分的水泥浆层起黏结和种植基层的作用。随着技术发展，这种技术有多种不同的基材和结构形式。但是，初期单纯引进的产品在应用中有不少问题，导致长久效果不甚理想。从 2000 年开始，国内一批研究者对这种新型生态护坡技术从材料、工艺、可植性、养护、自身存活等方面进行了大量开拓性的系统研究。张俊云（2000）等人率先在国内岩土工程领域系统介绍客土生态护坡的原理、厚层种植基材的组成和特性，以及喷射植被护坡的设计施工方法。

对生态护坡在西南红层边坡的应用问题，张俊云（2006）等人探讨了边坡生态防护机制。认为在西南特殊岩石气候条件下，植被通过根系连接保护边坡表层的剥蚀、冲蚀，通过植被声场成长改变边坡表层温度场和含水量控制快速风化进程。周立荣（2010）通过对植被护坡适用性的研究，提出了通过土的结构、水理性、抗剪强度、肥效等12个指标对红层岩石边坡可植性进行评判的方法。曹新松（2013）等人研究了植物选择和配置问题，提出气候适应、生态适宜、抗逆性、功能性、景观协调和易管理六个植物选择原则，提出西南红层植物配置以灌木为目标群落、草本灌木目标群落、藤灌目标群落的基本配置形式，并考虑冷暖季、阴面阳面等的配置方案。罗明阳（2011）探讨了生态护坡体系的长期稳定性问题，指出护坡植物群落的演替规律及稳定性条件和喷混植生护坡体系的防护效果，最终需要由植物来体现。不少护坡工程的失败，是由于边坡上的植物未能形成一个稳定的群落结构。王佳妮（2005）则对生态护坡的局限性和副作用提出了思考，提出在正面看待植物根系加固边坡表土的同时，也要看到植物根系生长带来的根劈作用，破坏了下层表土的连接，为土中裂缝生成和水的下渗提供额外通道等不利影响。

新型植被护坡的应用已经超过十年，在西南铁路公路边坡护坡中应用面积已经不小。但相应技术研究仍需深入，长期性效果仍需观察。

9.4.3 红层边坡支挡工程

红层边坡的支挡工程有两种不同用途。对自然斜坡，支挡工程主要用于斜坡破坏的防治。对工程边坡，支挡工程主要用于结构物的使用要求和安全保护。不同目的的支挡工程，在结构选型和设计原理上没有太大的区别，但在结构形式和施工方法上有时有区别。

在自然斜坡灾害防治和开挖边坡保护方面，支挡结构的类型主要有挡墙、格构、锚杆锚索、抗滑桩等。填方边坡则主要有挡墙、轻型支挡、锚杆、抗滑桩等。主要支挡结构的适用条件列入表9.10。

表9.10 红层边坡主要支挡结构适用条件

类型	适用边坡类型	说明
重力式挡土墙	一级坡高不超过6~8 m的填方、挖方边坡	土压力不大的边坡以及坡脚保护性挡墙
加筋土挡墙	一级坡高不超过6~8 m的填方边坡	包括各种形式的结构和面板，柔性支挡对地震有较好的适用性
锚杆、土钉墙	一级坡高不超过6~8 m的土类挖方边坡	不适用于膨胀性较强的红层泥岩边坡
桩板墙、锚索桩板墙	填方边坡、堆积体挖方边坡	土压力不大的边坡
格构锚固	结构型岩石边坡	不适用膏盐含量高或成层的红层泥岩边坡
锚杆、锚索	锚杆适用于危岩边坡、锚索适用于岩石顺层边（滑）坡	不适用膏盐含量高或成层的红层泥岩边坡
抗滑桩	几乎适用于所有滑动型破坏的边（滑）坡	推力较小的边坡要考虑与其他结构的经济性、安全性综合比选
锚拉抗滑桩	厚层、巨厚层岩质和土质滑坡、具有多层滑面的大型滑坡	与普通抗滑桩相比，变形较小且受力条件更合理

根据工程设计经验，在红层边坡中重力式挡墙一般用于推力小于 150 kN/m、墙高小于 6 ~ 8 m 的小型堆积层边（滑）坡和填方边坡。对坡面平缓的堆积层滑坡，方可采用多级挡墙。墙面坡率一般 1：0.3 ~ 1：0.5。墙基摩擦系数对堆积层取 0.4 ~ 0.5，对红层软岩取 0.4（风化）~ 0.6（新鲜）。

一般格构锚固的格构梁间距为 3 ~ 4.5 m，格构梁断面宽度 250 ~ 500 mm，锚杆长度根据计算的破坏体厚度决定，但不小于 4 m。浆砌格构坡面坡度不超过 35°，现浇混凝土格构的坡面坡度不超过 70°一级坡高不超过 20 ~ 30 m。

岩石顺层边（滑）坡采用锚索加固时，锚索间距宜采用 3 ~ 6 m，最小不应小于 1.5 m。锚固段长度选取 4 ~ 10 m。锚索自由段长度受稳定地层界面控制，在设计中应考虑自由段伸入滑动面或潜在滑动面的长度不小于 1 m，自由段长度不得小于 3 ~ 5 m。

红层地区抗滑桩按悬臂桩设计时，一般对松散体边（滑）坡，锚固段为桩长的二分之一，对岩体边（滑）坡，锚固段为桩长的三分之一。桩距大多在 5 ~ 10 m，截面宽度为 2 ~ 5 m。采用排桩时，排桩间距一般为截面宽度的 2 ~ 3 倍。堆积层的水平抗力在水平方向一般为 5 ~ 14 MPa/m^2，竖直方向一般为 10 ~ 20 MPa/m^2。红层岩石地基系数泥页岩一般为 0.2 ~ 0.4 GPa/m，砂岩一般为 0.4 ~ 0.8 GPa/m。

9.4.4 红层填方边坡

红层填方边坡的稳定性与填方体物质成分、压密程度、施工工艺密切相关。因此，控制红层填方边坡变形破坏的首要措施是提高填方体抗崩解、软化、膨胀能力。根据对四川盆地红层地区修建的遂渝铁路路基利用红层填料的试验研究和工程实践，用于提高红层填料可用性的方法主要是提高填方体的密实度和采用掺水泥的混合填料。

对提高压实度改善路堤沉降和边坡变形的研究表明，以路堤填筑高度为 10 m 计算，当压实度从 87% 提高到 97% 时，坡脚的水平位移从 5.77 mm 下降到 1.50 cm，填方土体的内摩擦角从 20.70° 上升到 24.03°。具体变化见表 9.11。

表 9.11　红层泥岩填料密实度与强度和边坡变形关系

密实度/%	87	90	93	97
摩擦角/(°)	20.70	21.19	22.27	24.03
坡脚水平位移/cm	5.77	2.84	1.80	1.50

在填方施工中，要达到理论研究压实度标准必须严格施工工艺。根据现场压实试验研究，红层泥岩填料在摊铺前要经过破碎使块度小于 5 ~ 10 cm，含水量控制为 9% ~ 11%，按 30 cm 一层虚铺，经过反复振动碾压，现场检测达到密实度后再进行下一层施工。

采用土质改良方法也是常用的提高填方土体质量的方法。张中云（2007）对红层泥岩填料掺入 4% 水泥的改良土的离心试验和数值分析得出，在同为压实度为 95%、含水量为 9% 的条件下，水泥改良红层填方路堤的变形减小了 70%，和高等级铁路采用的级配碎石变形性质相当。

对具有弱膨胀性的红层泥岩填料而言，当不允许直接用作填料填筑时，采用加筋或包裹结构形式，对弱膨胀性红层填料合理利用具有较大的工程意义。邹维勇（2008）通过离心试验和数值计算分析过采用 9 层双层筋加固云南弱膨胀土路堤的变形和稳定性。张文浩（2012）通过现场试验，对采用掺水泥的改良土做包边土合理使用弱膨胀土填筑路堤的效果进行过研究。上述研究成果都支持在一定的结构和工艺支持下，弱膨胀填料的合理利用是可行的，填筑后形成的填方边坡是稳定的。其成果可供红层填料边坡借鉴。

参考文献

[1] 蒋爵光，等. 铁路岩石边坡. 北京：中国铁道出版社，1991.

[2] 谢强. 铁路岩石边坡研究. 西南交通大学，1998.

[3] 赵文. 荷载作用下高陡边坡岩体力学行为特征及桥基位置确定方法研究. 西南交通大学，2005.

[4] 王春雷. 桥基荷载作用下三维高边坡岩体力学行为及桥基位置确定的研究. 西南交通大学，2008.

[5] 刘俊新. 非饱和渗流条件下红层路堤稳定性研究. 西南交通大学，2007.

[6] 胡启军. 长大顺层边坡渐进失稳机理及首段滑移长度的确定的研究. 西南交通大学，2008.

[7] 邱恩喜. 道路软岩边坡设计研究. 西南交通大学，2009.

[8] 郑立宁. 基于应变软化理论的顺层边坡失稳机理及局部破坏范围研究. 西南交通大学，2012.

[9] 渠孟飞. 基于数据挖掘的三峡库区滑坡整治工程设计参数估计的研究. 西南交通大学，2017.

[10] 郭永春. 红层岩土中水的物理化学效应及其工程应用研究. 西南交通大学，2007.

[11] 谢承平. 软岩边坡主要影响因素及稳定性分析研究. 西南交通大学，2009.

[12] 温宏伟. 长大顺层滑坡滑移失稳模型实验分析. 西南交通大学，2009.

[13] 徐彩风. 红层填料渗透特性及渗流作用下路堤稳定性研究. 西南交通大学，2007.

[14] 周海. 宜万线巴东车站顺层边坡滑动范围现场监测与数值分析. 西南交通大学，2007.

[15] 赵阳. 泥化夹层抗剪强度特征试验研究. 西南交通大学，2011.

[16] 孙彩婷. 三峡库区危岩稳定性计算方法研究. 西南交通大学，2016.

[17] 邹维勇. 玉蒙线膨胀土路基填筑及现场测试. 西南交通大学，2008.

[18] 康景文，谢强，陈云. 山地蓄水地质灾害治理技术. 北京：中国建筑工业出版社，2015.

[19] 刘俊新，等. 西南红层工程特性及其路堤稳定性. 北京：科学出版社，2013.

[20] 刘俊新，等. 红层填料蠕变特性及工程应用研究. 岩土力学，2008，Vol.29 No.5.

[21] 渠孟飞，谢强，李朝阳，等. 基于数据挖掘技术的滑带土抗剪强度预测. 工程地质学报，2016，24（6）.

[22] 刘俊新，杨春和，谢强，等. 基于流变和固结理论的非饱和红层路堤沉降机制研究，

岩土力学，2015，36（5）.
[23] 马文涛，文江泉. 巴东红层路堑边坡失稳机理分析及治理措施. 路基工程，2014（3）.
[24] 郑立宁，谢强，胡启军，等. 含膨胀性细粒碎屑堆积体开挖稳定性数值模拟. 铁道学报，2012，34（11）.
[25] 邱恩喜，谢强，赵文，等. 基于岩体质量的红层软岩边坡坡度设计公式研究. 岩土力学，2011，32（2）.
[26] 谢强. 道路岩石边坡稳定性的模糊评判方法. 公路交通科技，2002（2）.
[27] 谢承平，谢强，邱恩喜. 基于可拓理论的软岩边坡稳定性分析. 路基工程，2009（6）.
[28] 邱恩喜，谢强，石岳，等. 修正 SMR 法在红层软岩边坡中的应用. 岩土力学，2009，30（7）.
[29] 赵文，贺玉龙. 基于范例推理结构型岩体边坡稳定性评价. 铁道工程学报，2008（7）.
[30] 刘俊新，谢强，文江泉，等. 红层填料蠕变特性及工程应用研究. 岩土力学，2008（5）.
[31] 邱恩喜，谢强，赵文，等. 红层软岩边坡岩体工程特性研究. 地质与勘探，2007（5）.
[32] 赵文，谢强，龙德育. 高陡岸坡桥基合理位置确定方法. 中国铁道科学，2004（6）.
[33] 卢海峰，等. 巴东组红层软岩缓倾顺层边坡破坏机制分析. 岩石力学与工程学报，2010，29（增2）.
[34] 简文星，等. 三峡库区万州缓倾角红层基岩滑坡启滑机制. 全国水工岩石力学学术会议，2010.
[35] 李蕊，等. 川东红层缓倾角地层中降雨引起滑带土饱和对滑坡稳定性的影响. 土工基础，2012，Vol.26 No.4.
[36] 尚敏，等. 三峡库区库岸塌岸机理与防治措施研究. 人民长江，2008，Vol.39 No.12.
[37] 李鹏岳. 山区河道型水库塌岸磨蚀及其机理研究. 成都理工大学，2011.
[38] 白云峰. 顺层岩质边坡稳定性及工程设计研究. 西南交通大学，2005.
[39] 郭增强. 铁路路基边坡降雨冲刷行为与规律的研究. 中国铁道科学研究院，2012.
[40] 朱大勇，等. 关于 Sarma 法改进算法的补充. 岩石力学与工程学报，2006，Vol.25 No.11.
[41] 熊将，等. 库区边坡稳定性计算的改进 Sarma 法. 岩土力学，2006，Vol.27 No.2.
[42] 郑颖人，等. 不平衡推力法与 Sarma 法的讨论. 岩石力学与工程学报，2004，Vol.23 No.17.
[43] 陈伟，等. 非饱和土边坡降雨入渗过程及最大入渗深度研究. 矿冶工程，2009，Vol.29 No.6.
[44] FOURIE A B, ROWE D, BLIGHT G E. The effect of infiltration on the stability of the slopes of a dry ash dump. Geotechnique, 1999, 49(1): 1-13.
[45] 黄建梁. 坡体地震稳定性的动态分析. 地震工程与工程震动，1997，Vol.17 No.4.
[46] 尹紫红. 地震作用下的稳定性分析. 西南交通大学，2006.
[47] 徐光兴. 地震作用下边坡工程动力响应与永久位移分析. 西南交通大学，2005.
[48] 王跃敏，等. 水库塌岸预测方法研究. 岩土工程学报，2000，Vol.22 No.5.
[49] 徐瑞春. 红层与大坝. 武汉：中国地质大学出版社，2003.
[50] 许强. 山区河道型水库塌岸研究. 北京：科学出版社，2009.
[51] 罗斌，等. 路基边坡坡面冲刷基本理论. 公路交通科技，2002，Vol.19 No.4.

[52] 钱宁，等. 泥沙运动力学. 北京：科学出版社，2003.
[53] 窦国仁. 再论泥沙启动流速. 泥沙研究，1999（6）.
[54] 汪益敏. 路基边坡坡面冲刷特性与加固材料性能研究. 华南理工大学，2003.
[55] 刘俊新. 非饱和渗流条件下红层路堤稳定性研究. 西南交通大学，2007.
[56] 管宪伟. 降雨条件下土质边坡入渗深度的估算. 科技论坛，2015.
[57] 严秋荣，等. 红层软岩土石混合料的长期蠕变性能模拟试验研究. 重庆交通学院学报，2006，Vol.25 No.4.
[58] 吴伟. 路堤工程在地震作用下的动力响应特性研究. 西南交通大学，2010.
[59] 朱守彪. 地震滑坡的动力学机制研究. 中国科学：地球科学，2013，Vol.43 No.7.
[60] 丁王飞. 滇西红层软岩地区填方路基边坡抗震稳定性研究. 重庆交通大学，2010.
[61] 张俊云，等. 岩石边坡植被护坡技术（1～3）. 路基工程，2000（5-6）.
[62] 张俊云，等. 红层岩石植被护坡机制研究. 岩石力学与工程学报，2006，Vol.25 No.2.
[63] 周立荣. 红层边坡浅层破坏机理及生态防护技术. 西南交通大学，2010.
[64] 曹新松，等. 西南红层软岩公路边坡生态防护中的植物选择和配置研究. 公路，2013（3）.
[65] 罗阳明. 喷混植生护坡体系的长期稳定性. 西南交通大学，2011.
[66] 王佳妮. 生态护坡的局限性和副作用研究. 昆明理工大学，2005.
[67] 张中云. 红层泥岩及其改良土路基离心模型试验研究. 西南交通大学，2007.
[68] 张文浩. 膨胀土填芯路基施工技术研究. 山东大学，2012.

10 红层地基工程

10.1 红层地基工程特点

在红层地区修建铁路、公路、机场、房屋等建筑，必然涉及红层岩土体作为地基的问题。西南红层地基，从其形成原因、物质组成、工程性质和工程用途上看，有以下四个特点：一是广泛分布于山间洼地、谷地的红层坡洪积层，在西南地区湿润多雨气候条件下，极易形成高含水的松软土，且多辟为常年有水的稻田。这些红层松软土具有强度低、压缩性高等近乎软土的特点，天然条件下基本不能满足工程建筑地基承载力要求，必须进行加固处理。二是由红层泥质岩、粉砂质岩组成的软岩，在地表极易崩解风化为强风化、中风化泥岩。特别是中风化泥岩，可近视为不可压缩层，具有厚度大、连续稳定分布的特点，作为重要建筑范围的地基，如高层建筑、机场跑道和停机坪等，承载力不足、变形过大，不能满足工程建筑地基沉降要求，需要进行处理。三是西南地区红层软岩分布面广，不可避免被用作路基、地基填料。而红层软岩较差的工程性质，往往难以达到填料的强度要求，需要特殊处理和改良。四是红层软岩中膏盐等可溶性成分的溶水迁移、破坏岩石结构甚至形成空洞，大大降低了红层作为地基的工程性质，或是红层中膏盐组分或黏土岩中亲水矿物的膨胀，引起的一些特殊岩土工程问题，需要专门勘察处治。

通常，上述四种红层地基问题并不是单独存在的。比如在川中红层地区修建遂（宁）—渝（重庆）铁路时，沿线广泛分布的红层松软土就是红层软基的主要表现形式。同时，遂渝铁路沿线选择合格的路基填料十分困难，而且难于解决大量弃渣引起的环境破坏，不得不因地制宜地利用工程性质较差的红层软岩作为路堤本体和基床底层填料，采取加强、加固或改良等工程措施进行处理。在川中红层地区机场建设中，也常常因红层软岩存在地基均匀性问题、场地稳定性问题、填料稳定性问题。例如：乐山机场需要解决红层松软土和红层膨胀引起的地基均匀性问题，巴中机场要解决高填方本身的稳定性和下伏软弱土引起的地基稳定性问题等。

10.2 红层地基岩土工程问题

10.2.1 红层松软土地基

红层地区的山间洼地、山间盆地，大都分布有含水量大、压缩性高、强度低的软黏土。

这种软黏土的工程性质与软土十分类似，但个别指标达不到软土的判别标准，因此，工程上一般将西南地区这种特有的红层软黏土称为松软土。红层松软土作为地基，如果不加处置，基本不能满足沉降要求，甚至造成地基破坏。

1. 达成铁路 K240+10～+70 工点路基下沉

该段路基位于南充附近，地表为侏罗纪遂宁组（J_3sn）红层泥岩。自 2005 年 8 月 7—9 日连续降雨 2 d 后突然下沉，边坡鼓起，最高处达到了 40 ~ 50 cm，致使路堤严重变形。降雨过后继续观测发现轨面仍在不断下沉，平均每天下沉（起道量）60 mm，最大为 70 mm，最小 30 mm。工务段对该段铁路采取了限速 25 km/h 的措施，调查时右侧坡脚挡土墙已在开始翻修，由原来的总高 2 m 增至 3 m，地面线上下各 1.5 m。

据现场测量，路基基底有约 5°的横坡，右侧边坡斜边长 21.5 m 左右，边坡坡率约为 1∶1.75。采用条石骨架护坡，共 7 拱，平均每拱宽度 6.4 m 左右，其中有 5 拱明显被挤压鼓起，2 拱较严重的拱间土体塑性变形迹象明显。（如图 10.1、图 10.2 所示）

图 10.1 左侧路堤下沉引起路肩下沉

图 10.2 路堤基底下沉涵洞拉裂

路基靠小里程有一涵洞，涵洞内沿线路纵向被拉裂，裂缝 4 ~ 5 mm，涵洞靠线路右半部分出现了较大的沉降，造成涵洞顶移位错开。

根据走访当地居民，称本段路堤基底在修建铁路前为一水塘，当属典型的红层松软土地基，未经特殊处理。路堤填筑后，改变了地表水的径流条件，导致地下水在基底汇集，软化路基和基底接触界面的岩土体，使其含水量增加，进一步降低地基强度，导致路基下沉变形。

2. 绵阳南郊机场航站区挡墙开裂

绵阳南郊机场航站场区地处川中红层中低丘陵区早期冲洪积形成的台地，后期受涪江、安昌江侵蚀、切割，发育成羽状分布的纵横向沟谷。场区内主沟槽平缓、开阔，属宽谷型，经人工改造成梯状水田及堰塘，下游为南湖水库蓄水区。沟槽表层 0.5 ~ 1.5 m 的红层地表风化形成的淤泥质黏土，呈软塑—流塑状，总厚度 3 m。软弱土层的形成主要受地表水体的影响，属于丘间谷地相的沉积类型。其沉积特征表现在沟谷的横断面方向上沟槽中心低洼处软弱土厚度大，向两侧谷坡软弱土逐渐变薄到尖灭，厚度变化 1 ~ 3 m，沿沟谷纵坡方向呈不均匀带状分布，总的趋势为向下游逐渐变厚。

从静力触探、十字板剪切试验都表明：软弱土强度随深度增加。几条支沟中的软弱土的成因类型与主沟槽中的软弱土成因一致，但是，北、西两条支沟上游淤泥质黏土力学强度明显低于主沟槽中的软弱土，这主要是因为支沟中软弱土直接与透水性弱的砂泥岩接触，不利于软弱土地下水的排泄，而表层水长期下渗加剧土体的软化。

受地形影响，场站地坪需要填筑以满足使用。场坪最大填高达35m。由于基底基岩倾斜，在高填方作用下会产生填方边缘的侧向剪出、沿斜坡方向的滑动、地基基础的沉降，原设计采用了下部13 m高的加筋土挡墙，上部保持1∶2填方坡率的边坡、地基采用振冲碎石桩结合抗滑桩侧向约束，加筋土挡墙基础放置在碎石桩的边界处的处理方案。整个工程于1999年11月完工，2000年5月发现因地基沉降过大引起加筋土挡墙张开错位（如图10.3所示），只能在加筋土挡墙外侧增加一排抗滑桩保障填方工程正常使用（如图10.4所示）。

图10.3　加筋土挡墙转折端张开

图10.4　抗滑桩加固加筋土挡墙

3. **遂渝铁路红层软基工后沉降**

遂渝铁路所经遂宁—合川约105 km地段，为侏罗系红层软岩（即紫红色泥岩、泥质砂岩、砂质泥岩、粉砂岩等）遭受风化、剥蚀而成的低山丘陵地貌，区域岩层产状平缓。据卿三惠（2007）研究，遂渝铁路沿线气候湿润多雨，山间谷地众多，排水不畅，谷地中沉积的大量坡洪积型软弱土，具有低强度（地基承载力63 ~ 112 kPa）、高压缩性（压缩系数0.5 ~ 0.9 MPa^{-1}）等特点，天然地基不能满足《新建时速200公里客货共线铁路设计暂行规定》规定地基承载力不小于150 kPa的要求，计算的工后沉降达66 ~ 101 cm，也不能满足控制标准≤15 cm的要求，必须进行加固处理。

10.2.2　红层软岩地基

西南红层中黏土岩和粉砂岩等红层软岩广泛、连续、集中分布于川中、滇中红层区，而且累计厚度极大。处于这些区域的建筑不可避免地要将红层软岩作为建筑地基。红层软岩属于低强度、大变形的介质，作为大型建筑和对变形要求较高的建筑地基是不利的。由于红层软岩易发生快速崩解，不仅地表部分，即使开挖不久的基坑，也会因崩解使地基岩体变得破碎，承载能力和抗变形能力进一步降低，易造成基础的额外沉降变形。

红层软岩地基在要求较高的基础设计中需要特别对待。比如地处川中红层区的成都南郊天府新区进行的大规模高层建筑，地基形式一般都设置有多层地下室的深基坑工程。成都天府新区龙湖世纪城高层建筑群，拟建的十栋高层建筑最高为 149.40 m，采用框剪结构。建筑荷重较大，地下室埋藏深、范围广，对地基强度及变形要求较高。地基表层为杂填土和素填土，其下为粉土、细砂、中砂、松散—密实卵石、基岩为强—中等风化泥岩及含泥质石膏岩，基岩埋深 20 m 左右。根据设计，采用筏板基础，基础埋深约 – 13.60 m，基底以下依次为卵石、强风化泥岩、中风化泥岩，采用素混凝土桩作为复合地基。刘洪波（2014）计算表明，当桩径 1.1 m，正方形布置，桩长 11 m 时，当桩间距大于 3.1 m 时，桩所受压力超过桩的极限承载力，当桩间距大于 3.7 m 时，红层泥岩复合地基承载力仍低于基地压力，不满足承载力要求。

地下水位较浅也是引起西南红层软岩地基承载力不足、变形较大的原因。由于上部荷载的作用，红层软岩中的地下水会沿着红层岩体中的裂隙、孔隙排出，加快了地基岩土压缩变形。例如成都天府机场工程，场地范围内存在大量的山间洼地软土、红层坡残积松软土及 J_3p 砂岩、泥岩及粉砂岩等红层软岩。这些红层地基无法达到机场建筑地基的承载要求和变形控制标准，在实际工程中，采用了碎石桩、碎石桩+塑料排水板、CFG 桩等处理红层软土地基，采用块石强夯墩处理红层松软土地基，对于填筑工程所用的红层填料，采用强夯（能级 3 000 kN · m）、冲击碾压等加固处置方案。

10.2.3 含膏盐组分红层地基

含膏红层是指富含石膏、芒硝、碳酸钙等可溶盐类的红层岩石。四川红层中的膏、芒硝成分在岩层中的集中分布形式主要有分散型、薄膜型、成层分布等，而碳酸钙多数是以胶结物形态或在裂隙中充填成脉状分布的。由于溶蚀和淋滤作用，膏盐组分被溶蚀带走后，破坏岩石原来的结构，是岩石结构变得疏松，严重时甚至引起岩体中溶蚀孔洞的形成，直至层状结构的崩塌陷落破坏，带来严重的地基岩土体问题。同时，石膏、芒硝等的溶解使地下水中的硫酸根离子超量，对建筑物造成腐蚀。孔洞和腐蚀，是膏盐红层地基中的特殊问题。

成都市天府新区多个建筑地基和地铁 1 号南延线厚层状红层含膏泥岩勘察时发现有大量空洞。比如，在半岛城邦基坑勘察时，揭露了含膏红层溶蚀空洞近百个，大部分空洞洞径小于 2 m。这些红层溶蚀空洞与构造裂隙关系密切，主要展布方向与断裂走向基本一致，分析是地下水沿裂隙运动带走可溶成分逐渐溶蚀的结果。

红层孔洞岩体地基的强度明显低于正常的红层地基。成都南郊含有红层空洞的软岩地基，其承载力比正常红层软岩地基的承载力低 15% ~ 20%。

含膏盐组分的红层地基的另一个特殊问题是腐蚀问题。西南红层中溶出的主要腐蚀成分是硫酸根离子，对基坑支护结构和建筑物的水泥、钢筋等建筑材料造成腐蚀。对于浅层含有膏盐以及可溶盐的红层岩土对基础工程混凝土的腐蚀问题的研究文献较多，但含膏红层对深基础工程动态腐蚀作用的文献较少，仅徐瑞春（2003）在文献中简要介绍了西班牙 Arlenzon 河谷 Burgos 地区桩基受到石膏建造的影响，德国黑森地区因防洪调节地下水遇到了深部岩盐岩溶导致坝体透水性显著的问题。

铁路、公路交通工程关于含膏红层的对环境水侵蚀性的动态变化及对混凝土结构的持续破坏的观点，值得深基础工程勘察重视。这些观点强调了勘察期间的水质分析没有或略具侵蚀性，然而在施工甚至是运营期间，腐蚀性显著增强的动态变化过程。如成都南郊天府新区龙湖世纪城红层深基坑工程，在基坑勘察阶段，测定的硫酸根离子浓度 34.71 ~ 51.37 mg/L，基坑开挖后，由于地下水径流条件的变化，流速加快，暴露的地基岩体温度上升，加快了其中硫酸盐溶出的速率，不到半年时间，流出基坑底部的地下水中硫酸根离子的浓度上升到 1115.74 ~ 1512.47 mg/L，腐蚀性明显加强。

10.2.4 膨胀性红层地基

西南红层泥岩中含有蒙脱石、伊利石类亲水性矿物颗粒。这些亲水矿物颗粒在含水量变化是易产生体积的变化，引起红层岩土体的膨胀或收缩。除了泥岩中亲水矿物引起的膨胀之外，红层中的硬石膏与水作用时也会产生膨胀。

膨胀性红层地基变形特征主要反映地基土含水量改变的方向、大小和均匀性及其发生的时间和延续期。一般情况下，由于在建筑覆盖下的膨胀岩土的含水量变化缓慢，以及土中水分转移困难，建筑物及其地基的变形往往缓慢地发生，要在建成后相当长一段时间的大旱或丰水年产生。建筑物的裂缝宽度，常随季节而改变，时而较宽，时而较窄。由于建筑物材料的疲劳和损坏处的应力集中，建筑物的破坏日益加重。膨胀土上建筑物的裂缝一般表现为山墙上的对称或不对称的倒八字形裂缝，上宽下窄。水平裂缝一般在窗台下与室外地坪以上墙体部分出现较多，同时伴随墙体外倾、外鼓、基础外转和内墙脱开。竖向裂缝一般出现在墙的中部，上宽下窄，室内地面隆起，越近室内中心点隆起越多，沿四周隔墙一定距离出现裂缝。地裂通过房屋时，在地裂处墙上产生竖向或斜向裂缝。

在膨胀性红层地基中，除了基底的胀缩引起的变形破坏外，对于红层深基坑而言，涉及基坑边坡支护中附加的膨胀土压力引起的支护结构变形和破坏问题也应引起足够的重视。

10.2.5 红层软岩填料地（路）基

在红层地区，红层软岩也常常被用作填筑地基、路基、机场跑道等工程的填料。由于红层软岩本身的强度低、压实困难，红层软岩填料地（路）基也是经常发生变形破坏的岩土工程问题之一。

例如，在遂渝铁路修建中，线路通过红层泥岩地区，缺乏优质填料，受工程投资、运输条件以及施工工期的限制，该段约 80% 的路堤填料不得不考虑就地选用工程性质较差的红层泥岩（属 C 类填料）作为路堤基床底层填料。而红层泥岩填料不符合《时速 200 km 铁路路桥隧暂规》对路基底层填料的要求，如不加以改良或采用特殊施工工艺，工后沉降将严重超过技术标准达 5 倍之多。

又如川中某高速公路 K110+620A ~ K110+680D 工点，为 22.81 m 高的页岩高路堤，下部为红层软土地基，采用反压护道处理。现场用沉降板进行长期观测（如图 10.5 所示），3 年沉降观测资料表明，此段工后沉降以相对稳定的沉降速率增长，且月沉降速率为 6.2 mm 左右，说明沉降尚未进入稳定阶段。根据此段地质资料的岩性和填料，沉降不稳定与填料和地基为抗风化能力弱的页岩以及软基处理措施不当有关。

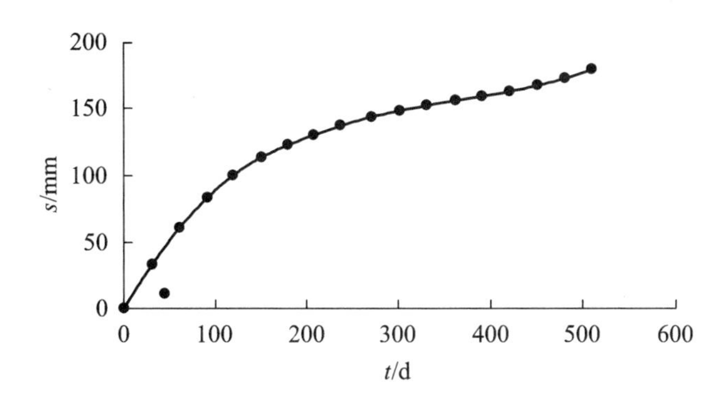

图 10.5　某高速公路红层软基沉降观测曲线

山区机场工程建设时，常进行大规模的挖填方工程。但受经济和环境条件制约，红层机场建设时所用的填料主要成分由不同风化程度的砂岩、泥岩碎石及细颗粒土组成。对于机场飞行区及边坡部位，填料的物理力学性质要符合机场建设的要求，其抗压强度、抗剪强度及压缩模量都应满足机场的相关要求。

红层填料稳定性问题主要受以下几方面影响：① 全风化砂岩压实困难，在干燥状态下，全、强风化砂岩在碾压或强夯作用下，变为砂状，难以密实。当遇水时在振动作用下又易液化呈糊状。② 泥岩作为填料时，由于开挖后地质环境的改变，泥岩中黏土矿物对环境水分变化极为敏感，若未经科学合理处理，往往因为泥岩的膨胀、软化、崩解特性，容易引发不同程度填筑体地基的开裂、沉陷甚至滑塌等病害。③ 地下水的水岩作用与渗透作用。一方面，促进软岩在填筑体中软化崩解；另一方面对填筑体进行渗透潜蚀破坏。④ 填料均匀性取决于级配，主要影响填料的长期性变形特征。此外，一定含量的细粒成分是影响红层软岩土石混合填料湿化变形的主要原因。

红层填料具有复杂的工程地质特性，对工程建设具有时效性和滞后性，长期缓慢的变形积累引起填筑体的沉降变形破坏和边坡失稳破坏。例如万州机场跑道南端，最大填方高度 37.4 m，由于填料的不均匀、泥岩风化崩解、地下水的渗透潜蚀等因素影响，自 2003 年建成以来，发生最大沉降量 2.5 m，地表发育有潜蚀空洞，南东侧填方边坡也发生了明显的变形破坏（孙立军等，2015）。

10.3　红层地基勘察与评价

红层地基勘察与评价，最关注的是其特殊岩土性质和特征的勘察方法、地基承载力确定、稳定性评价等几个方面。根据红层地基类型的不同，其方法有所差异。

10.3.1 红层松软土地基勘察与评价

1. 松软土的识别与指标评判

红层松软土的野外判断主要依据地形地貌关系。在西南地区，出露分布于山间洼地、山间谷地高含水的红层风化堆积层、水田、堰塘等，一般都可在野外判定为松软土，可按软土勘察方法进行勘察。

按《京沪高速铁路工程地质勘察暂规》规定，软土的野外判定指标以原位试验为主。红层松软土原位标准可参照此标准（见表 10.1）。

表 10.1 红层松软土原位试验判别标准

分类指标		粉、细砂	粉土	粉质粘土、黏土
原位测试指标	MPa	P_s<5.0 MPa 或 N<10	P_s≤3.0 MPa（不含软粉土）或[σ]<0.15 MPa	P_s≤1.2 MPa（不含软土）或[σ]<0.15 MPa

注：P_s—静力触探比贯入阻力；[σ]—容许承载力；N—标准贯入试验锤击数

在室内，松软土的判别，以反映土的工程特性物理力学指标为主。考虑到影响室内土工力学试验结果精度的因素较多，研究建议选取常规试验周期短、试验设备简单、试验操作普及率高、易于快速获得试验结果、并能反映松软土基本力学特性的天然直剪强度（C、φ 值）为主要参数，作为松软土的室内力学判别指标；选取天然含水量（w）、天然孔隙比（e）作为松软土的物理性质判别指标。因为天然含水率、天然孔隙比、天然直剪强度三项特征指标，基本反映了松软土的基本性质，显得简单明了，使用起来方便快捷。

1）力学指标 C、φ 值判别标准

根据遂渝铁路地基土的土工试验资料统计分析结果，建立软黏土室内试验力学指标 C、φ 值判别标准的数学表达式模型，经回归分析可得如下关系式：

$$C = 44.903 - 1.515\,4\varphi \tag{10-1}$$

式中 C——天然直接剪切试验土的黏聚力（kPa）；

φ——天然直接剪切试验土的内摩擦角（°）。

相关系数 $R = 0.996\,4$，远大于样本条件 0.01 水平上的相关系数检验值 0.606，说明式（10-1）有实际应用价值。考虑到实际工作中应用方便，上式可简化为：

$$C < 45 - 1.5\varphi \tag{10-2}$$

在理论上，天然直剪强度值 C、φ 满足式（10-2）就可判定为松软土，但实际上普通软土也可能满足此条件，所以松软土的室内试验 C、φ 值判别标准，应修正为符合下列条件：

$$C < 45 - 1.5\varphi\text{，且 } 0 \leqslant C \leqslant 45\ \text{kPa}，0° \leqslant \varphi \leqslant 30° \tag{10-3}$$

此即松软土的室内试验力学指标 C、φ 值判别标准。

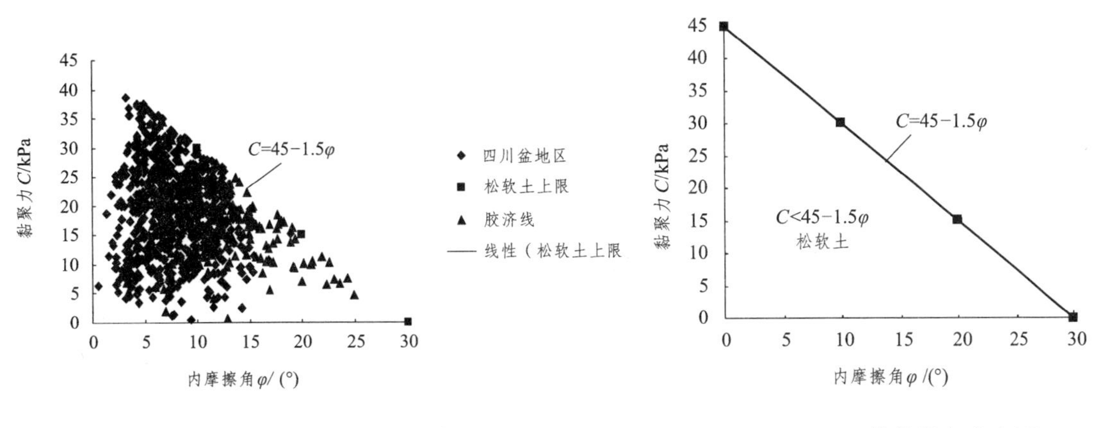

图 10.6　软黏土 C、φ 值判定界限　　　　图 10.7　C、φ 值的散点分布图

一般情况下 $C=45-1.5\varphi$ 直线是松软土的上限（如图 10.6 所示），一般松软土的 C、φ 值应位于该直线以下范围内。

根据遂渝、渝怀、达成、襄渝、胶济等 5 条铁路干线上 2 300 组室内土工试验数据统计，有 864 组土（占统计总量的 37%）的天然直剪强度黏聚力标准值 $C=19.3$ kPa，内摩擦角标准值 $\varphi=7.4°$，C、φ 值的散点分布如图 10.7 所示。从图中可看出，C、φ 值均分布在判别式 $C=45-1.5\varphi$ 直线之下。四川盆地各线红层松软土 C 的范围值一般为 3 ~ 38 kPa，φ 的范围值一般为 2° ~ 15°。

2）物理指标 w、e 值判别标准

根据统计，遂渝、渝怀、达成、襄渝、胶济等 5 条铁路干线 864 组松软土样的平均天然含水率 28%，平均液限 35%，平均天然孔隙比 0.78，压缩系数标准值 0.5，这些土的物理性质指标大多数都不符合软土判别标准，但力学指标抗剪强度却达到软土判别标准，因此松软土也可将松软土室内试验物理性质指标的判别标准定为：天然含水量 w 小于液限 w_L，天然孔隙比 e 小于 1.0。

在实际工程勘察中，当室内试验与原位测试数据都具备时，应进行综合判别；当不具备原位测试数据时，可按室内试验指标判别；当不具备室内试验数据时，可按原位测试指标判别。

由此，红层松软土综合判别标准见表 10.2。

表 10.2　红层松软土综合判别标准

分类指标			粉、细砂	粉　土	粉质黏土、黏土
原位测试指标		MPa	P_s<5.0 MPa 或 N<10	P_s≤3.0 MPa（不含软粉土）或[σ]<0.15 MPa	P_s≤1.2 MPa（不含软土）或[σ]<0.15 MPa
室内试验指标	天然直剪强度	kPa	$C<45-1.5\varphi$ 且 $0\leq C\leq 45$ kPa，$0\leq\varphi\leq 30$		
	天然孔隙比	%	$e<1.0$		
	天然含水量	%	$w<w_L$		

注：P_s—静力触探比贯入阻力；[σ]—容许承载力；N—标准贯入试验锤击数；
w_L—液限；C—黏聚力；φ—内摩擦角；e—孔隙比

2. 松软土的地基承载力

地基承载力的确定方法较多，主要有理论公式计算法、土工试验参数查表法和原位测试法等。红层松软土的地基承载力的确定，依照一般软土地基承载力确定的方法进行。

1）理论公式法

地基承载力理论公式是在一定的假定条件下，根据地基土的抗剪强度等参数，通过弹性理论或弹塑性理论导出的解析解，包括地基临塑荷载公式、临界荷载公式、太沙基公式、梅耶霍夫公式、斯肯普顿、魏西克公式和汉森公式等。由于各行业技术标准的区别，具体适用时应根据不同的技术标准执行。例如，对普通的工业与民用建筑，《建筑地基基础设计规范》（GB 50007—2002）（简称《建规》）中规定的经验公式法如下：

当偏心距 e 小于或等于 0.033 倍基础底面宽度时，根据土的抗剪强度指标确定地基承载力特征值（或容许承载力）可按下式计算：

$$f_{aj} = M_b \gamma b + M_d \gamma_m d + M_c c \tag{10-4}$$

式中 f_{aj}——由土的抗剪强度指标确定的地基承载力特征值（kPa）；

M_b，M_d，M_c——地基承载力系数，查《建规》相应表确定；

γ——基础底面以下土的重度（kN/m^3），地下水位以下取浮重度；

γ_m——基础底面以上土的加权平均重度（kN/m^3）；

b——基础底面宽度（m），大于 6 m 时按 6 m 取值，对于砂土小于 3 m 时按 3 m 取值；

d——基础埋置深度（m）；

c——基础底面以下一倍短边宽深度内的黏聚力标准值（kPa）。

当基础宽度大于 3 m 或埋深大于 0.5 m 时，根据载荷试验或其他原位测试等方法确定的地基承载力特征值，应按下式修正：

$$f_{az} = f_{ak} + \eta_b \gamma (b-3) + \eta_d \gamma_m (d-0.5) \tag{10-5}$$

式中 f_{az}——由载荷试验修正后的地基承载力特征值（kPa）；

f_{ak}——由载荷试验确定的地基承载力特征值（kPa）；

η_b，η_d——地基承载力系数，查《建规》相应表确定。

其他符号意义同前。

2）原位试验

原位测试包括载荷试验、静力触探、动力触探、螺旋板载试验、标准贯入试验、旁压试验等方法，具体可参考《铁路工程地质原位测试规程》（TB10041—2003，J261—2003）。

静力触探确定地基承载力计算公式见表 10.3，公式中比贯入阻力（p_s）与端阻（q_c）按照 $p_s = 1.1q_c$ 换算。

表 10.3 依据静力触探确定天然地基基本承载力 σ_0

土 层 名 称	σ_0/kPa	p_s 值域/kPa
黏性土（Q_1-Q_3）	$\sigma_0 = 0.1p_s$	3 700～6 000
黏性土（Q_4）	$\sigma_0 = 5.8\,p_s^{0.5} - 46$	≤6 000
软 土	$\sigma_0 = 0.112p_s+5$	85～850
砂土及粉土	$\sigma_0 = 0.89\,p_s^{0.63}+14.4$	≤24 000

平板载荷试验分浅层平板载荷试验和深层平板载荷试验。浅层平板载荷试验适用于确定浅部地基土层的承压板下应力主要影响范围内的承载力和变形参数，承压板面积不小于 0.25 m^2，对于软土不应小于 0.5 m^2。深层平板载荷试验适用于确定深部地基土层及大直径桩端土层在承压板下应力主要影响范围内的承载力和变形参数，深层平板载荷试验的承压板采用直径 0.8 m 的刚性板，紧靠承压板周围外侧的土层高度应不少于 80 cm。平板载荷试验主要根据现场对承压板加压到岩基破坏得到的沉降量-荷载（p-s）曲线来确定地基的承载力，根据《铁路工程地质原位测试规程》（TB 10041—2003，J 261—2003）要求，取比例界限与极限荷载的 1/3 作为地基承载力特征值。

平板载荷试验直接测试岩基的承载力和变形模量等参数，反映了荷载在半无限条件下的工作状况，这与地基岩土体实际工作状态相近，因此，用原位平板岩基载荷试验法确定地基承载力被认为是最为可靠的地基承载力确定方法，但该测试手段设备要求高，试验周期长，费用也相对较高。如铁路工程设计阶段，很少开展载荷试验确定承载力，大都采用勘探取样进行室内试验或采用静力触探、动力触探及标准贯入试验等较简单的原位测试方法，结合钻探、土工试验和经验公式来分析确定地基承载力。此外，平板载荷试验适用于地下水位以上的均质土，不适用于地下水位以下，也不适用于土层厚度较薄的层状土。吴哲滨等（2001）还探索过通过室内土样的高压固结试验模拟现场承压板试验的方法。

在实际工程中，多根据现场的原位试验结果确定承载力。例如在遂渝铁路勘察中，获得的红层松软土地基参数见表 10.4。

表 10.4　红层松软土地基力学参数

工点	土名	天然含水量 w/%	天然孔隙比 e	液性指数 I_L	天然状态剪切强度标准值		固结不排水状态剪切强度标准值		承载力特征值 f_a/kPa
					黏聚力 C/kPa	内摩擦角 φ/（°）	黏聚力 C/kPa	内摩擦角 φ/（°）	
DK10	软土	42.7	1.151	1.3	8.0	3.0	11.0	8.0	40
	松软土	33.8	0.885	0.6	12.6	5.1	17.5	10.0	63
	粉质黏土	26.2	0.714	0.3	40.0	9.0			150
DK61	松软土	26.1	0.699	0.5	19.0	8.6	22.0	12.0	101
	粉质黏土	23.8	0.657	0.5	30.0	15.0			180
四川红层区软黏土		28.3	0.777	0.6	19.0	7.0	22.0	11.0	95

工点名称	直接剪切强度及估算地基承载力			螺旋板载荷试验		
	标准值		承载力特征值 f_a/kPa	承载力特征值 f_a/kPa		修正后承载力 f_a/kPa
	C/kPa	φ/（°）		一般范围	标准值	
DK10	12.6	5.1	63	39～86	57	64
DK61	19.0	8.6	101	52～150	103	112
	估算地基承载力的基础宽度 b 取 6 m，埋深 d 取 0.5 m					

3）查表法

在大量测试资料和建筑经验基础上，统计分析总结不同类型地基承载力分类列表，供设计时参考取值时一种传统的承载力取值方法。1974 年版的《工业与民用建筑地基基础设计规范》给出了各类土的地基承载力表，在全国范围内开始使用。查表法虽然简单实用，但局限也很明显，因为经验方法仅局限于数据来源的区域，不宜全国通用。2002 年版的《建筑地基基础设计规范》中不再列入地基承载力表，目的是要求各地区进一步积累原位测试资料，进行地区经验的工作总结，建立地方性经验公式。铁路系统现行规范仍然保留经验数据表。据《铁路工程地质勘察规范》（TB 10012—2007），软土地基极限承载力见表 10.5。

表 10.5　铁路软土地基极限承载力

天然含水率/%	36	40	45	50	55	65	75
极限承载力/kPa	179	161	143	125	107	90	72

3. 地基沉降变形

红层软基沉降计算方法类同于一般软基沉降计算，仍然可分为理论公式法、经验公式法和试验法。

1）理论公式法

地基固结沉降的理论计算公式很多，其中最具代表性的是分层总和法。分层总和法易于操作，将压缩层内的地基土分层，分别求出各个分层的应力，根据土体应力-应变关系求出各个分层的变形量，然后求和求得地基的总沉降。该方法在工程中得到广泛应用，许多规范推荐该方法，具体计算公式如下：

$$S=\sum_{i=1}^{n}\frac{\bar{\sigma}_{zi}}{E_{si}}h_i \tag{10-6}$$

式中　S——土体总沉降（m）；

$\bar{\sigma}_{zi}$——深度 z_i 范围的平均附加应力（kPa）；

E_{si}——第 i 层土体的压缩模量（MPa）；

h_i——第 i 层土体的土层厚度（m）。

结合土的应力应变关系确定方法，地基沉降计算有按 e-P 曲线法、考虑应力历史的 e-lg$P$ 曲线法和压缩模量法 3 种计算方法。

根据对地基在基础荷载作用下实际变形观察分析，地基的总沉降应由机理不同的 3 部分组成，即：

$$S_{\mathrm{t}}=S_{\mathrm{d}}+S_{\mathrm{c}}+S_{\mathrm{s}} \tag{10-7}$$

式中　S_{t}——总沉降（m）；

S_{d}——瞬时沉降（m）；

S_{c}——固结沉降（m）；

S_{s}——次固结沉降（m）。

地基瞬时沉降 S_{d} 直接应用布辛奈斯克解，与基础的刚度、形状、尺寸及计算点位置有关，公式如下：

$$S_{\mathrm{d}}=\frac{(1-\mu)^2}{E}\cdot C_{\mathrm{d}}\cdot q\cdot B \tag{10-8}$$

式中 q——均布荷载（kPa）；

B——荷载分布宽度（m）；

μ——泊松比；

E——土的变形模量（MPa）；

C_{d}——地面点沉降影响系数，与受荷面形状、位置有关。

主固结沉降 S_{c} 通常采用分层总和法计算。

次固结沉降 S_{s} 可按从主固结完成后开始，由时间-压缩曲线的斜率近似求得：

$$S_{\mathrm{s}}=\sum_{i=1}^{n}\frac{\Delta h_t}{1+e_{1i}}C_{ai}\lg\frac{t_2}{t_1} \tag{10-9}$$

C_{a} 表示次固结系数，即 e-lg$P$ 曲线在主固结完成后直线段斜率绝对值，若缺乏资料时，可按天然含水量 w 估算，即 $C_{\mathrm{a}}=0.018w$，w 以小数计；t_1 表示主固结度 100% 的时间；t_2 表示需要计算次固结的时间，一般取 20 年。

2）经验公式法

在大量实际工程沉降观测资料分析基础上，采用科学的预测方法处理沉降实测资料，有助于准确地预测沉降。目前常见的经验公式法主要有：指数曲线模型、双曲线模型、Logistic 模型、verhulst 模型、抛物线拟合法以及由此派生的一些方法（如修正双曲线法等）。

指数曲线是从土层平均固结度为时间的指数函数，依据固结度方程和固结度定义得出，表达式为：

$$S_{\mathrm{t}}=[1-A\exp(-Bt)]\cdot S_{\infty} \tag{10-10}$$

式中 S_{∞}——最终沉降量（m）；

t——时间（d）；

S_{t}——t 时刻的沉降量（m）；

A，B——参数。

双曲线模型认为沉降-时间关系符合双曲线方程，其准确性受观测点时间位置影响，冯文凯等（2001）提出了修正双曲线法，公式如下：

$$S_t=\frac{t}{a+t}S_1 \tag{10-11}$$

式中，a 为参数，其他含义同上。

在实际工程中，提倡通过现场监测获取沉降曲线，然后根据统计理论按一定数学模型拟合沉降曲线作为沉降预测的经验方程。在遂渝铁路红层地基、路基的沉降预测研究中，即采用该做法。

选择遂渝铁路 DK10+320 断面路基沉降作为试验研究工点。图 10.8 是该断面中心路基变形监测结果曲线，在施工期后 59 d、128 d、143 d 和 179 d 的沉降分别为 0.031 m、0.04 m、0.042 m、0.043 m，沉降速率分别为 5.25×10^{-4} m/d、1.30×10^{-4} m/d、1.33×10^{-4} m/d、2.78×10^{-5} m/d。

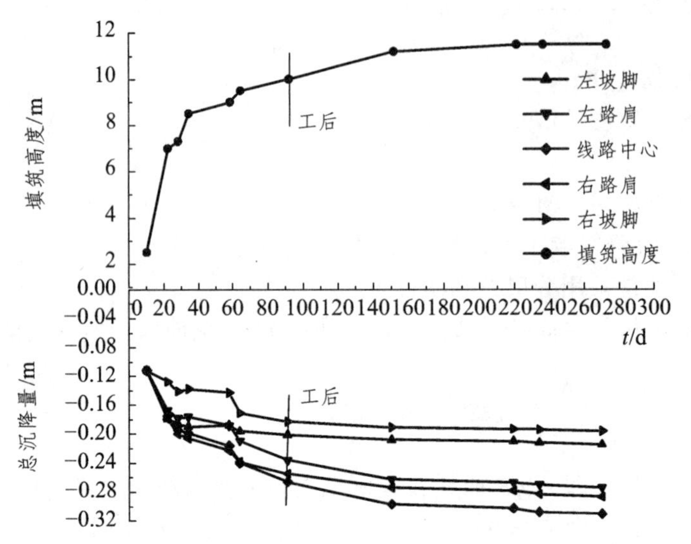

图 10.8 DK10+320 断面地基累积沉降与施工时间的变化

将 D10+320 断面工后沉降进行双曲线处理（如图 10.9 所示）。

$$S=\frac{t}{18.56t+26.83} \tag{10-12}$$

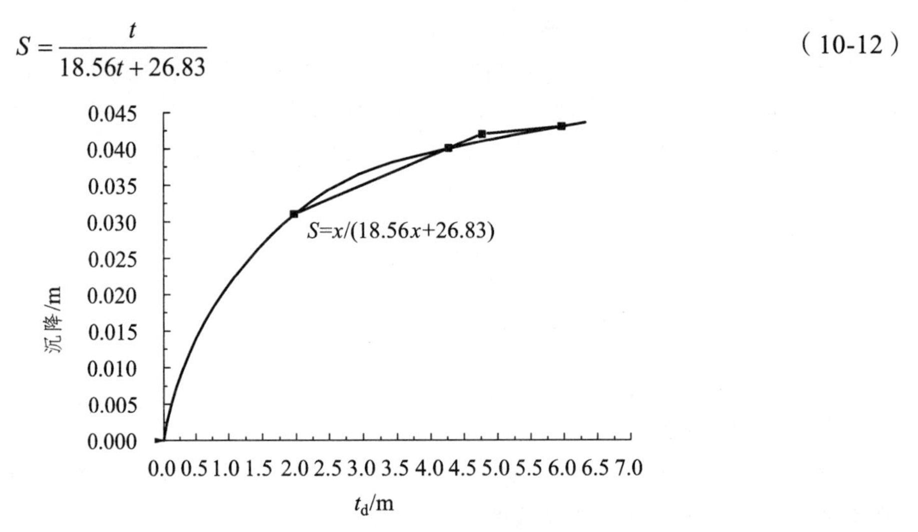

图 10.9 DK10+320 断面地基线路中心工后沉降拟合曲线（双曲线）

由此公式计算得出施工期后的总沉降为 0.053 m，施工期后第一年的沉降为 0.048 m。

3）图解法

该方法是由日本学者 Asaoka A.于 1978 年提出的。它是依据某级荷载下现场实测的 n+1 个沉降值 S_1，S_2，S_3，…，S_{n+1}，然后在 S_{j-1}、S_j 为坐标系中绘出 n 个数据点（S_{j-1}，S_j）。其中 j=1，2，…，n+1 可以看出所有的数据点基本上都在同一条直线上，设该直线的斜率为 β_1，它与 S_j 轴的交点纵坐标为 β_0，该直线的延长线与 45° 线的交点即为本级荷载下最终沉降量。

其中 β_0、β_1 是为两个和所选取的时间间隔 Δt 有关的系数。

该法可作为路堤最终沉降的一种简便的预测方法，其突出优点在于其可利用较短期的观测资料就能得到较为可靠的最终沉降推算值（如图 10.10 所示）。其次，还能对是否已进入次固结阶段进行判断，并进行次固结沉降的推算。不足的是，最终沉降预测值一定程度上依赖于时间间隔 Δt，对主、次固结的划分有时存在一定的人为误差。

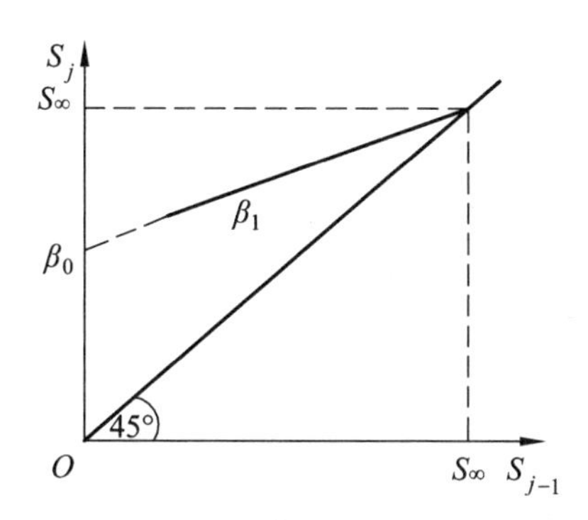

图 10.10　Asaoka 法预测最终沉降示意图

10.3.2　红层软岩地基勘察与评价

1. 地基承载力

红层软岩地基的勘察与评价主要要解决的是不同条件下软岩承载力的确定。软岩不同于普通岩石的最显著特征，是软岩具有的遇水稳定性、与时间有关的特性、动应力作用下的衰变性等。国内外许多学者从流变性质、遇水软化和现场试验等方面入手，研究软岩的应力—应变关系，并在对软岩地基的勘察、软岩基础的设计和施工的过程中，结合室内单轴和三轴压缩试验、原位平板载荷和旁压试验以及数值模拟等，开展了对软岩地基承载力的研究，在不同程度上满足了工程的需要，且积累了大量的经验。这些经验和成果，对红层软岩地基的稳定性研究有重要的借鉴作用。

1）经验法

铁路行业通常依据软岩抗压强度和节理发育程度划定软岩地基承载力。根据《铁路工程地质勘察规范》（TB 10012—2007），软岩地基极限承载力见表 10.6。

表 10.6　软岩地基极限承载力　　kPa

节理发育程度		节理很发育	节理发育	节理不发育或较发育
节理间距		2 ~ 20 cm	20 ~ 40 cm	>40 cm
岩石类型	较软岩	2 400 ~ 3 000	3 000 ~ 4 500	4 500 ~ 9 000
	软　岩	1 250 ~ 2 400	2 100 ~ 3 000	2 700 ~ 3 600
	极软岩	500 ~ 750	750 ~ 1 000	1 000 ~ 1 250

如前所述，实际工程中一般采用地区性勘察统计的经验数据确定承载力。根据不同行业对四川红层的勘察结果和实际工程取值，川中红层软岩地基承载力可参考表 10.7。

表 10.7　红层软岩承载力　kPa

岩石名称	风化状态			
	全风化	强风化	中风化	弱风化
红层砂（砾）岩	150 ~ 250	300 ~ 500	1 000 ~ 1 800	
粉砂岩	150 ~ 200	300 ~ 400	600 ~ 1 200	
粉砂质泥岩	140 ~ 180	280 ~ 350	500 ~ 1 200	
泥（页）岩	130 ~ 180	250 ~ 380	400 ~ 1 000	2 000

2）利用单轴抗压强度折减计算

目前岩石地基承载力确定的国家标准《建筑地基设计规范》（GB 7J—89）和《工程岩体级标准》（GBJ 50218—94）都是以单轴抗压强度作为依据。前者以饱和单轴抗压强度凡为依据或评估法；后者采用岩体基本质量对岩体进行分级，再根据岩体级别确定岩体的承载力。而现行的国家规范《建筑地基基础设计规范》（GB 50007—2002）建议对软弱岩石采用天然湿度试样的单轴抗压强度来评价其承载力，其他行业部门标准多以经验数据评估方法为主。对完整、较完整和较破碎的岩石地基，计算其承载力特征值公式如下：

$$f_a = \psi_r \cdot f_{rk} \tag{10-13}$$

式中：f_{rk} 为岩石饱和单轴抗压强度标准值（黏土质岩石采用天然抗压强度）；ψ_r 为折减系数。根据岩体完整程度以及结构面的间距、宽度、产状和组合结合地区经验确定；无经验时对完整岩体可取 0.5，对较完整岩体可取 0.2 ~ 0.5；对较破碎岩体可取 0.1 ~ 0.2。

3）三轴压缩试验

原位测试虽能确切反映地基承载能力，但由于试验时间较长，费用较高，对于场地工程地质条件并不复杂的岩体地基，一般不进行原位测试。在目前工程勘察和设计中，一般以室内岩石的饱和单轴抗压强度进行一定量的折减，确定其为建筑物基础持力层岩体承载力的设计采用值。但对于红层软岩来说，由于饱和单轴抗压强度低，难以满足设计承载力要求，因此用这种简单方法来确定承载力，往往会难以充分发挥软岩岩体的承载能力。据何沛田等（2004）对软岩岩体试验研究发现，用原位岩体载荷试验所确定的软岩岩体承载力，远高于岩体试块在无侧限单轴压应力状态下的试验所得到的饱和单轴抗压强度值，其值差 2 ~ 3 倍。从对建筑物基础嵌入软岩岩体内的强度特征试验研究发现，随着建筑物基础嵌入深度不同，承载力也不一样，嵌入越深，承载力越高。而采用三轴试验，可以反映基础嵌入一定深度的实际应力状态下，得到的强度更接近实际。将三轴试验强度应用于承载力计算，可以充分发挥软岩岩体承载能力。

三轴试验不仅能在一定程度上快速确定软岩的承载力，而且对复杂条件下地基岩体的稳定性研究能提供更加全面的分析。何沛田等（2004）对黏土岩类的“红层”岩体进行了模拟原位岩体的实际应力状态下的三轴压缩强度试验研究。对重庆市嘉陵江黄花园大桥等建筑物基础持力层岩体，在低围压（$\sigma_3 = 0.1 \sim 0.3$ MPa）三向应力状态下的三轴压缩强度试验研究的结果表明，岩石的围压效应十分明显，说明了岩石的强度特性随着应力状态的改变而变化，即岩石在三向应力状态下的强度高于在单轴应力状态下的强度，这个结论对红层软岩更具使用价值。张芳枝等（2003）在一系列三轴试验基础上，分析讨论了软岩变形特性及邓肯模型参数变化规律，并提供工程数据分析和计算所需要的参数。

4）原位试验

常用红层软岩地基承载力测试方法如原位载荷试验、旁压试验等。表 10.8 为成都红层泥岩承载力及地基参数。

表 10.8 成都红层泥岩承载力及地基参数

工程名称	岩石类型	基床系数 /（MN/m^3）	地基承载力特征值/kPa
成都龙湖世纪城	强风化泥岩	30	350
	中风化泥岩	60	
成都滨江项目	强风化泥岩		300
	中风化泥岩		850
成都塔子山壹号项目	全风化泥岩		180
	强风化泥岩		250
	中风化泥岩		750

原位载荷试验是一种可靠的原位测试方法，特别适用于评价重要工程的地基，确定其承载力，建立某些测试成果的相关关系。岩石地基承载力应首选现场载荷试验的方法确定，按此法所得的岩基承载力设计值安全、可靠、经济、合理。但由于基岩一般埋藏较深，做现场载荷试验是有难度的。如根据室内饱和单轴抗压强度确定岩基承载力，建议采用以下的折减系数。对于极限抗压强度小于 5.0 MPa 的极软岩，其折减系数平的取值为 0.8 ~ 1.0；对于极限抗压强度在 5.0 ~ 10.0 MPa 的软岩，其折减系数平的取值为 0.40 ~ 0.55；对于极限抗压强度在 10.0 ~ 20.0 MPa 的软岩，其折减系数平的取值为 0.30 ~ 0.45；对于极限抗压强度在 20.0 ~ 30.0 MPa 的软岩，其折减系数平的取值为 0.25 ~ 0.35。研究发现，用原位岩体载荷试验所确定的软岩岩体的承载力，远高于岩石试块在无侧限的单轴压应力状态下的试验所得到的饱和单轴抗压强度值，其值相差 2 ~ 3 倍。

旁压试验是利用旁压仪器探头的压力，使周围岩石（或土体）产生侧向变形，得到压力一变形曲线，从而确定岩土地基的承载力和变形参数。旁压试验在场地的地质条件评价、浅基设计中承载力的确定、均质和非均质土的沉降计算、桩基和水平承载力的确定等方面得到了广泛应用。

结合岩体经验破坏准则试验研究，得到临塑压力：

$$p_f = \sqrt{S\sigma_c} \tag{10-14}$$

式中 p_f——临塑压力（kPa）；

σ_c——完整岩样单轴抗压强度（kPa）；

S——取决于软岩性质和裂隙发育程度的常数。

p_f 是综合了岩样抗压强度和岩石裂隙发育程度的量，旁压临塑压力完全可以用来表示软岩地基承载力。

旁压试验曲线（如图 10.11 所示）直线变形段起始点的压力反映了地层中岩层静止水平压力 p_0 的大小，一般采用计算法或作图法，作图法如图所示，计算法采用以下公式：

$$p_0 = \xi\gamma H,\ \xi = \mu/(1-\mu) \tag{10-15}$$

式中 ξ——静止水平系数；

μ——泊松比；

γ——软岩重度（kN/m^3）；

H——旁压试验点深度（m）。

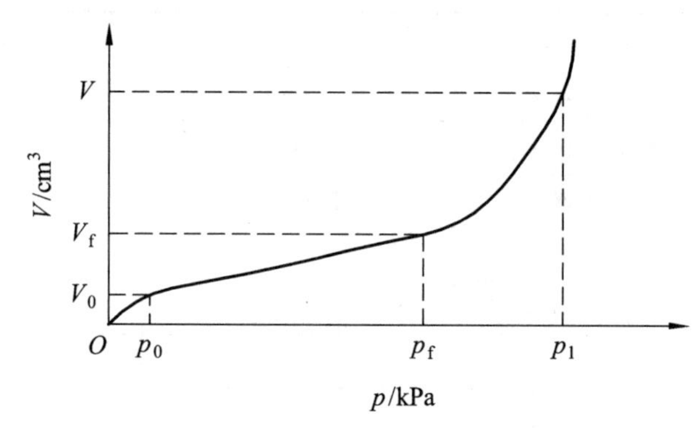

图 10.11 典型旁压试验曲线（据韦大仕，2005）

一些资料统计表明，作图法得到的 p_0 比计算得到的 p_0 大得多，说明原始水平地应力已超过竖直压力 γH。强风化软岩作图法得到的 p_0 是计算得到的 p_0 的 1.5 ~ 2.5 倍。

杜长学等（1998）利用旁压试验来研究红层地基的承载性状，测得中等风化粉砂质泥岩地基承载力结果见表 10.9。

表 10.9 中—微风化粉砂质泥岩旁压试验结果

项 目		旁压模量 E_m/MPa	地基承载力 f_p/kPa	
			临塑压力法	极限压力法
中等风化	频 数	129	129	60
	范围值	311.6 ~ 1 184.3	3 150 ~ ≥4 600	3 023 ~ 6 133
	均 值	745.1	4 178.0	4 601.7
	标准差	255.2	361.9	1 075.2
微风化	频 数	146	146	
	范围值	951.9 ~ 2 820.9	4 400 ~ ≥5 100	
	均 值	1 704.5	4 742.8	
	标准差	728.3	73.9	

上述所确定的红层地基承载力，已经大大超过了原来的有关标准值。当采用室内单轴抗

压试验确定岩石的承载力设计值时，宜以天然湿度单轴抗压强度标准值为基础，折减系数宜取 0.40 ~ 0.80，并应有相应的旁压试验作对比。

载荷试验是确定红层软岩地基承载力的可靠方法，应用经验多，对于重大工程，是必不可少的手段。查表法是工程经验，需结合实际地层情况及地区工程经验确定，对于重大工程不可单独作为确定地基承载力的方法。单轴抗压强度折减法试验结果往往低于实际强度。而旁压试验在软岩地基承载力确定方面的经验较少，一般不会作为地基承载力确定的主要手段。

2. 红层软岩地基的变形

红层软岩地基的变形，沿用的是一般地基变形分析的方法，如理论公式法、原位试验等。由于软岩的抗变形能力相比较土的抗变形能力要强，一般工程中很少进行专门研究计算。但是，对红层软岩而言，随着建筑物复杂程度和等级越来越高，在勘察中专门对红层软岩变形沉降的研究也多起来。

红层软岩地基的变形计算，基本上采用的是基于弹塑性理论的固体岩石材料变形的计算方法。由于计算参数主要源自室内岩样的取样试验，其代表性、离散度和制样的困难都直接影响计算结果的可信度。因此，在重要工程中的使用有限。

现场变形试验是目前实际工程中最普遍采用的方法。软岩变形的现场试验以承压板（静载）试验为主。通过 p-s 曲线也可以用于计算沉降变形。

但是由于西南红层特殊岩土性质和复杂的地质环境，一般的室内外试验无法综合考虑诸如软化、流变、地震、建筑荷载不均衡等问题，所以，对重要建筑的红层软岩地基变形，采用的是综合岩样试验、现场监测、数值分析的专题研究方法。通常这种专题研究包括了承载能力、变形、稳定性的全部地基问题。

3. 地基稳定性综合评价

确定红层软岩地基参数仅仅是评价地基稳定性的基础。在复杂荷载条件下，地基岩土体的力学行为分析才是评价地基稳定性的途径。在特殊条件下，或是对一些重要工程而言，需要采用综合试验、数值分析等多种方法进行专门研究和评价。评价内容如复合地基承载机理、极限载荷下复合地基失稳机理及复合地基地震动力响应分析等。下面以成都南郊天府新区龙湖世纪城高层建筑大直径素混凝土桩复合地基（红层软岩地基）的分析为例进行说明。

该项目位于成都市人民南路延线东侧，西临国际会展中心。建筑物包括十栋住宅（45 ~ 47 层）和地下车库（2 层）。十栋高层建筑荷重较大及地下室埋藏较深、范围广，是本工程建筑物的主要特点，因此对地基强度及变形要求较高。其中，1、2 号楼层数为 45 层，基础埋深约 – 13.60 m，相当于绝对标高约 484.60 m，基底压力约为 915 kPa。

该工程场地地基下卧岩层为白垩系灌口组泥岩及含泥质石膏岩，泥岩层在本场地中也是主要的岩土层之一，根据室内岩石试验结果，中等风化泥岩单轴饱和抗压强度和天然抗压强度标准值分别为 1.85 MPa 和 3.33 MPa。含泥质石膏岩埋深在 25.20 ~ 37.30 m，该层厚度较大，对拟建物的采用桩基将产生一定的限制作用。由于含泥质石膏岩可溶岩盐含量较大，当地表水、地下水与含泥质石膏岩接触或在充填石膏岩脉的裂隙中运移、赋存的过程中，易容盐发生溶解，富含硫酸盐，对混凝土具有强烈的腐蚀性。根据室内岩石试验结果，含泥质石膏岩单轴饱和抗压强度和天然抗压强度标准值分别为 5.51 MPa 和 7.42 MPa，软化系数一般为

0.56～0.58，可见本场地泥岩及含泥质石膏岩属软岩和易软化岩石。

对于高层部分先应进行承载力验算以确定采用天然地基是否满足设计要求，根据《建筑地基基础设计规范》（GB 50007—2011）第 5.2.4 式 $f_a = f_{ak} + \eta_b\gamma(b-3) + \eta_b\gamma_m(d-0.5)$，基础埋深取 -12.80 m，强风化泥岩经深宽修正后地基承载力的特征值为 537.22 kPa，不满足强度要求。该项目中强风化泥岩层采用人工挖孔素混凝土桩进行复合地基处理，以强风化泥岩作为桩端持力层，以满足地基承载力要求。

大直径素混凝土置换桩复合地基结合了桩基础的优势，即能将大部分荷载传递到承载力较高的地层，同时还有效地利用了垫层变形使得地基表面岩土同时承担部分荷载。相比桩基础，在应对地震荷载或突发的水平荷载时，素混凝土桩由于没有与基础直接连接，避免了桩顶产生较大水平荷载和弯矩导致桩顶破坏。大直径素混凝土置换桩复合地基适合在上部为软弱岩土，下部为承载力一般的砂泥岩地区及地震多发地区。

成都地区为地震频繁影响的Ⅶ度地震区。大直径素混凝土置换桩复合地基虽然对红层软岩的承载能力和抗变形能力有极大的改善，但地基上面的筏板及高层建筑在地震水平加速度作用下的平移和倾斜产生的附加荷载作用对地基的影响还是需要研究的。

对地震载荷作用下的复合地基和桩基动力响应进行分析，主要分析桩内及筏板受力特征，且对比计算分析无垫层时地基基础的受力特征。分析表明，采用复合地基加筏板基础的模型较采用桩基础的模型在地震来临时能更好地阻碍地震荷载传播至上部结构，减少上部结构自重所产生的地震荷载。在地震作用下上部结构会产生较大的水平荷载，采用复合地基的模型在桩顶产生的水平荷载要远小于较采用桩基础的模型。采用桩基础的模型无论是在静力条件下或是动荷载作用下，其竖直方向的应力都要大于复合地基中素混凝土桩的桩顶应力。同时，数值分析还对通过调整筏板周边桩长以改善因水平加速度产生的高层建筑倾斜引起的筏板弯曲受力的原理和设计参数进行了模拟，提供了设计依据。

此例表明，对红层软岩地基稳定性的评价，特别是复杂条件下的评价，采用现代技术的综合分析手段应该成为正常工作程序。

10.3.3 含膏盐组分红层地基勘察与评价

针对含膏盐红层岩石地基的勘察，较为成熟及广泛使用的勘察手段主要还是钻探、原位测试、波速测试及室内试验。含膏盐红层对建筑基础工程存在腐蚀特征，规范中一般通过勘察中的岩土和水质的化学分析进行腐蚀性评判，但该分析结果没有包括在不同施工环境下，含膏红层及其环境水腐蚀性的动态变化。含膏红层的溶蚀洞穴是影响基础工程稳定性的主要问题，其中含膏红层在外界条件影响下的溶蚀发展规律，及溶蚀含膏红层在外部载荷下的稳定性特征更加至关重要。但关于含膏红层的溶蚀特征，特别是在基础工程中含膏红层的工程特征评价标准，目前规范中涉及较少，工程经验不足。在基础工程中，含膏红层的工程处理措施目前更加盲目，理论与实践经验均储备不够，导致工程安全性及经济性均不可控。

含膏红层工程性质复杂且对基础工程的稳定性影响较大，但由于之前含膏红层揭露少，典型工点较为罕见，建设工程中关注不多。目前在各种建筑勘察、设计及施工规范中涉及较少，尤其是含膏红层孔洞的综合勘察技术、基础工程含膏红层工程特征评价标准、基础工程含膏红层工程处理措施，更研究有限。

1. 含膏盐红层空洞勘察

含膏红层空洞的勘探目前仍以钻探为主。通过钻探可以反映含膏红层中是否存在空洞，但由于钻探工艺的局限性，仅能在钻探过程中，通过卡钻、掉钻或所取岩芯样，来判断是否存在空洞。对于空洞的大小及分布情况，仍需要通过其他手段来进行勘察。近年来，在探测含膏红层空洞中，物探技术发挥的作用越来越大，如电法勘探、电磁勘探、地震勘探、微重力法、射气勘探等。除了上述几种专门针对空洞的勘察手段，还会采用一些辅助手段来直观的反应空洞的分布情况。采用的主要方法有钻孔辅助成像技术和水文测试等技术。

1）电法勘探

电法勘探是以空洞与围岩的电性差异来探测空洞的分布及特征，一般采用剖面法和直线法或低频电流测深法。近几年来，高密度电法在众多公路、隧道、铁路、水利水电等项目中应用较多。结果表明：对于地下洞穴的勘察问题，可以采用高密度电法进行解决。因此，对于含膏红层中的大空洞，常采用此法进行勘察，如长城半岛城邦项目，就采用高密度电法勘探，查明含膏红层中空洞的分布情况。

2）电磁勘探

电磁勘探根据激发场的类型分为：磁场激发和电场激发。磁场激发的瞬变电磁测深有三种观测形式：回线内观测、回线外观测及重叠回线观测。据地矿部地质技术经济研究中心的研究，电场激发与磁场激发相比，拥有激发的瞬变信号衰减慢、探测深度大（可达 5 ~ 10 km）、观测较容易、施工方便、效率高以及异常分辨强等优点。地质雷达、低频电磁法等用来探测溶洞、充水洞穴、地下空洞、地下管道等，具有高效率、高分辨率、低成本的优点，在空洞勘察方面获得广泛的应用，但是，地质雷达的勘探深度还不很理想。

3）地震勘探

地震勘探是由人工激发产生弹性波，通过弹性波在具有弹性和密度差异的介质中的传播规律，推断地下岩层的性质，主要包括了反射、折射、面波和地震测井。地震反射法可以用来确定基岩界面起伏和风化层的厚度，探测裂隙带、破碎带，计算岩土力学参数，探测采空区和自然洞穴等。地震测井用来解决工程设计所需要的动力参数。国家地震局系统、地矿部、铁道部、煤炭部都利用地震勘探方法对地下空洞勘测开展了研究，并应用于工程实践中。对于含膏红层中的大空洞，采用此种方法同样可以取得良好的效果。

4）微重力法

微重力测量是物探重力测量的延伸，是在小范围内进行高精度的重力测量，对于小地质体、小构造都能够被探测。微重力测量多用于工程勘探、地下资源探查、小构造探测等方面，其作业区域视地质体的大小、形状而定，一般局限在很小的范围内，相邻两点的赴点距仅为数米至数十米，重力差为数微伽至十几微伽，其资料的处理解释和方法必须突出各地质体重力效应的分离及正反演计算。可以用来勘察土木工程建设中包括地层结构、基岩的完整性、小断裂、破碎带、地下洞穴等方面的地基条件。

5）射气勘探

射气勘探主要是利用专门仪器（如辐射仪、射气仪等），测量地壳内天然放射性元素衰变放出的α、β、γ射线，来解决有关地质问题的一种物探方法。在众多射气勘探中，测氡法在工程建设领域得到了广泛应用。我国通过引进并仿制了多种射气勘探的仪器和设备，进行了大量相关试验，取得了可喜的成果。到目前为止，氡射气勘探已在寻找基岩地下水、地下洞穴、解决工程地质问题等方面得到了大量的应用。

6）其他方法

在含膏红层空洞勘察过程中，除了上述几种专门针对空洞的勘察手段，还会采用一些辅助手段来直观地反映空洞的分布情况。采用的主要方法有钻孔辅助成像技术和水文测试等技术。

在空洞勘察过程中，由于采用钻探及物探的方法，无法直观地反映地下空洞的立体分布情况，因此常会使用一些成像方法，如钻孔摄像等（如图 10.12 所示），可以更加直观、有效地查看空洞分布情况和溶蚀特征情况。特别是较大溶蚀空洞，采用钻孔电视成像技术，对存在较大溶蚀空洞的钻孔进行全孔壁数字成像测试。

图 10.12　钻孔辅助成像技术测定的含膏红层空洞分布

地下水是含膏红层形成空洞的主要诱因，因此对于存在大空洞的含膏红层区域，其地下水必然赋存相当丰富。采用一些水文测试手段，可以论证含膏红层空洞区内岩体的完整性和透水程度及空洞发育规律。常用的方法有钻孔压水试验、连通试验和简易水文观测试验。

2. 含膏盐红层空洞稳定性评价

对于含膏盐层空洞，应查明成因，一般有构造空洞和溶蚀空洞。成都南郊半岛城邦揭示含膏红层地基中地下空洞普遍，见洞率达 59.3%，大部分空洞洞径小于 2 m，绝大部分空洞洞径小于 4 m。该场地揭示的空洞一是构造成因，主要形成于断裂构造发育期，由岩石塑性变形或断裂而形成，常发育于白垩系灌口组泥岩地层中；另一类是溶蚀空洞，受地下水径流、侵蚀作用，溶蚀了角砾岩层中的硫酸盐，形成溶蚀空洞，常发育于角砾岩层中，部分空洞残留有数量不等的角砾岩碎块及岩块。含膏盐空洞大小不等，单个空洞的发育情况不等，个体形态各异，常无规律可循。

对含膏盐空洞的影响进行数值分析表明，空洞对地基稳定性影响很大，空洞使地基竖向变形增加，当桩底与空洞洞顶大于 5 m 后，桩顶变形受空洞的影响逐渐减小。许凡（2018）对存在空洞复合地基的变形进行分析，采用数值分析、规范计算、现场监测等方法对复合地基变形进行对比，结果见表 10.10。

表 10.10　含膏盐空洞复合地基变形值对比

方　法	变形值/mm	限　值/mm
按规范计算沉降量	45.62	规范要求小于 100
数值模拟最大沉降量	52.00	
监测地基沉降量	53.70	

由表可知，复合地基实际监测沉降量最大，与数值模拟最大沉降量相差不大，按规范计算沉降量最小，表明复合地基设计计算时，未考虑空洞问题对参数取值的影响，设计偏于危险。含膏红层地基存在空洞时，按规范设计计算地基沉降量时，建议乘以 1.25 的系数。

3. 含膏红层腐蚀性勘察及评价

含膏红层的腐蚀性勘察与评价类同与一般腐蚀岩土工程勘察与评价，主要通过现场取样、室内试验进行，试验应包括含膏红层岩土的腐蚀性试验和含膏红层环境水的腐蚀性试验。试样应选取有代表性地岩土及环境水。同时建议在施工的不同阶段进行取样，通过试验分析岩土及环境水腐蚀性的动态变化，评价其影响，并提出工程建议。

10.3.4　膨胀性红层地基勘察与评价

根据本书第 7 章关于红层膨胀性的描述，红层泥岩膨胀性的试验方法可根据工程性质和重点分别采用不同的试验，其获得的指标可作为评价膨胀性红层地基稳定性的参考。但是对于膨胀性红层岩石与地基承载力的关系，目前研究较少。如《膨胀土地区建筑技术规范》（GBJ 112—87）规定，重要的和有特殊要求的建筑物场地，必要时应进行现场浸水载荷试验，进一步确定地基土的膨胀性能及其承载力。周博等（2008）采用加压膨胀法，进行现场膨胀力原位测试，该方法能较真实反映现场膨胀力，对膨胀岩土地基承载性能的确定具有重要意义。

何山等（2011）对红山窑膨胀红砂岩不同初始含水率条件下的膨胀力试验结果表明，只要将红砂岩含水率控制在不低于 6%，红砂岩膨胀力就不会过大，大约不超过 40 kPa，相应的膨胀率也不会过大。对红山窑地基膨胀红砂岩进行载荷试验，测得中风化砂岩承载力大于预期设计承载力 250 kPa，同时根据 250 kPa 压力下岩层膨胀率试验结果，膨胀变形几乎趋于稳定，总体膨胀量不大。

除了地基变形与承载力之外，膨胀性红层深基坑边坡的稳定性以及基坑围护结构的分析，应是膨胀性红层地基工程评价和分析的重点之一。根据基于湿度应力场理论的膨胀土压力计算研究（李朝阳，2017），如果沿用传统的参数折减法设计基坑边坡的围护结构，有时会产生不安全的结果。对处于中等膨胀性的岩土，其安全储备可能降低 15% ~ 20%，应引起重视。

10.3.5　红层软岩填料工程适宜性评价

红层泥岩填料一般不符合高等级铁路、公路、机场等对路基底层填料的要求。为了满足填料要求，需要采用优化配比、改良土质或采用特殊填筑工艺等方法。比如红层软岩作为铁路路堤填料时，为了弥补基床底层相对偏弱，对基床表层采取一定措施进行了适当的加强，如采用土工膜进行封闭，将基床表层厚度 0.6 m 的级配碎石改变为 0.1 m 粗砂加 0.6 m 的级配碎石。并考虑到级配碎石板结性差，碾压后不能达到设计要求，对级配碎石作了水泥稳定处理。这些措施能否保证软岩填料路基的稳定，并满足规范要求，目前还没有成熟的经验可供借鉴，一般需要通过模型试验、数值分析、现场试验等多种方法来综合评价。

1. 填料物理力学试验

红层作为填料，需要进行击试验、CBR 承载比试验、无侧限抗压强度试验、崩解试验、土水特性试验等，以查明红层填料的工程特性及作为填料的适宜性。

2. 离心模型试验

室内试验是确定填料适宜性和确定工艺标准的基础，一般采用离心试验作为室内试验的手段。以遂渝铁路软岩填料路基为例，通过离心模型试验考察红层泥岩填料在不同压实度工况下的变形特性，以便合理确定控制路堤本体工后沉降的施工压实参数。

红层泥岩填料路堤的离心模型试验，选用小模型箱（400 mm × 400 mm × 600 mm），进行了压实系数为 0.87、0.90、0.93、0.97 四种不同压实系数的离心模型试验，试验分别编号为 T-1，T-2，T-3 和 T-4。路堤离心模型试验中，原型路堤的高度选用 15 m，上边坡的坡度为 1∶1.5，下边坡的坡度为 1∶1.75，模型比为 1∶100。离心模型路堤高度为 15 cm，断面型式与原型相同。

模型制作采用先填后挖的方式，即先在模型箱内填 15 cm 厚的土，然后根据路堤断面的型式，再开挖成路堤，这样做的优点是能够保证填土压实度的要求。填土分三层，每层 5 cm 厚，按照设计的填筑密实度计算每层填土的重量，并压实到设计高度，使用电涡流传感器测试路堤表面的变形。四组试验的运行方式均相同，即将离心加速度 0 ~ 100*g* 分为 5 个台阶，在 20*g*、40*g*、60*g*、80*g* 分别运行 5 min，在 100*g* 稳定运行 120 min，并每隔 5 min 记录一次数据。

从图 10.13 中可看出，红层泥岩填料路堤施工期的沉降随路堤填筑高度的增加而增大。在离心加速度为 100*g*（即路堤填高到 15 m 时），压实系数分别为 0.87、0.90、0.93、0.97 时的沉降分别为 0.066 m、0.063 m、0.057 m、0.031 m。施工期沉降变形与路堤高度之比分别为 4.4‰、4.2‰、3.8‰、2.06‰。

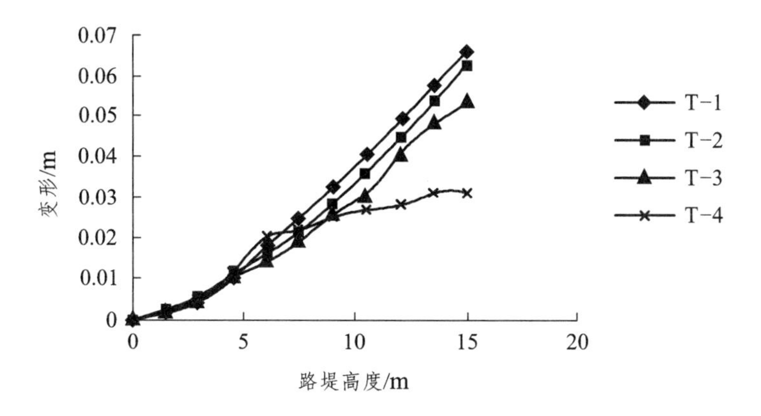

图 10.13 路堤变形与高度的关系曲线

从图 10.14 中可看出，路堤顶面的总沉降随时间的增加而增大并逐渐变缓。压实系数分别为 0.87、0.90、0.93、0.97 条件下，15 m 高路堤施工期及工后 28 个月的总沉降分别为 0.099 m、0.084 m、0.074 m、0.053 m。总沉降与路堤高度之比分别为 6.6‰、5.6‰、4.9‰、3.5‰。

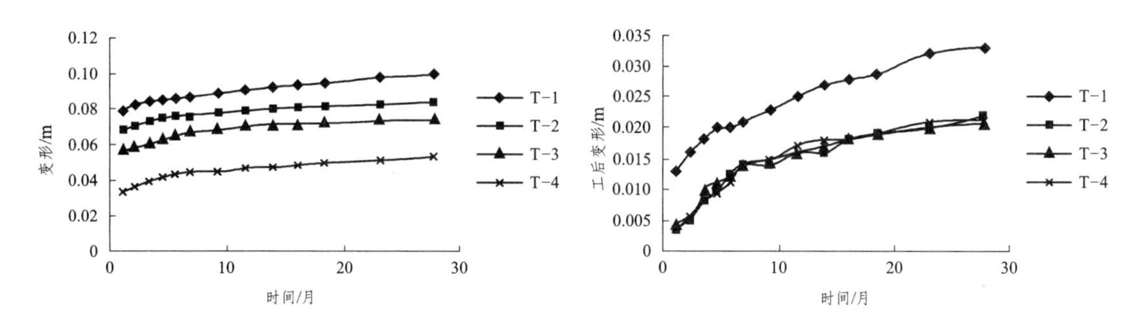

图 10.14 路堤总沉降与时间的关系曲线　　图 10.15 路堤工后沉降变形与时间的关系曲线

从图 10.15 中可看出，路堤的工后沉降随时间增加而增大并逐渐趋于稳定。压实度越高，工后沉降越小。压实系数分别为 0.87、0.90、0.93、0.97 时，15 m 高路堤工后 28 个月的沉降分别为 0.033 m、0.022 m、0.021 m、0.021 m，工后沉降与路堤高度之比分别为 2.2‰、1.5‰、1.4‰、1.4‰。

路堤的工后沉降随时间的变化，可用下式来描述：

$$S_1 = \frac{t}{\alpha t + \beta} \tag{10-16}$$

式中 S_1——工后沉降（m）；

t——时间（月）；

α，β——试验参数。

四组试验的 α、β 值见表 10.11。

由式（10-16）可知，当时间 t 趋向无穷大时有：

$$S_{\infty}=\lim S_{1}=\frac{1}{\alpha} \tag{10-17}$$

即 α 的倒数是最终工后沉降 S_{∞}。

由式（10-17）计算预测各组的最终工后沉降 S_{∞}，列入表 10.11。

表 10.11 K、α、β、S_{∞} 值

试验分组	T-1	T-2	T-3	T-4
K	0.87	0.90	0.93	0.97
α	27.66	34.85	36.4	39.85
β	110.64	239.65	288.36	325.0
S_{∞}	0.036 1	0.028 7	0.027 5	0.025 1

由表 10.11 可知，压实系数分别为 0.87、0.90、0.93、0.97 时，红层泥岩填料路堤的最终工后沉降分别为 0.036 1 m、0.028 7 m、0.027 5 m、0.025 1 m。最终工后沉降与路堤高度的比值分别为 2.4‰、1.913‰、1.833‰、1.673‰。

根据表 10.11 所列 4 组试验路堤的最终工后沉降 S_{∞}，可绘出 S_{∞} 与压实系数的关系曲线（如图 10.16 所示）。

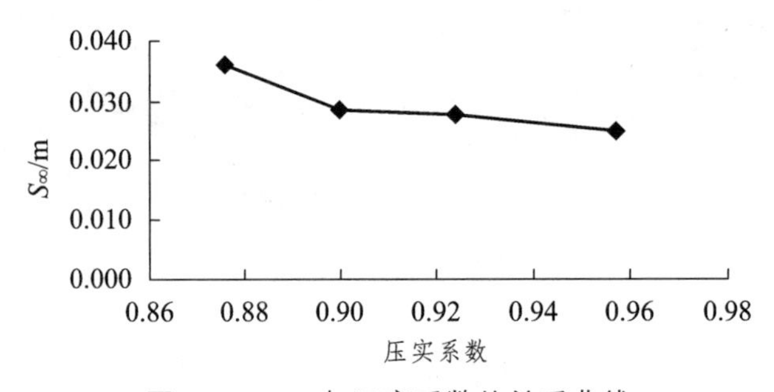

图 10.16 S_{∞} 与压实系数的关系曲线

从图 10.16 中曲线变化规律可见，路堤的最终工后沉降随压实系数的提高而逐渐减弱趋于稳定。当压实系数小于 0.90 时，曲线变化较陡，最终工后沉降较大（大于 2.87 cm）；压实系数 0.90 ~ 0.93 为曲线缓变过渡段，最终工后沉降介于 2.75 ~ 2.87 cm；当压实系数大于 0.93 后，曲线渐趋平缓，最终工后沉降较小（小于 2.75 cm）。因此，从理论上讲，红层泥岩填料的压实系数不应低于 0.90，宜控制为 0.90 ~ 0.93 范围。但根据《新建 200 km/h 客货共线铁路设计暂规》对路基“工后沉降不大于 15 cm，沉降速率不大于 4 cm”的严格要求，考虑施工因素及施工季节的影响，建议采用压实系数不应低于 0.93。在采用压实系数为 0.93 的情况下，红层泥岩填料路堤本体的总沉降在施工期间已经完成约 70%，工后沉降只占总沉降的 30% 左右。

3. 数值分析

对填料性质、边界条件、施工工艺复杂的填筑工程，多采用数值分析作辅助计算。以遂渝铁路红层填料路堤沉降预测为例，说明数值分析的应用和结果。

设定红层路堤填筑高度 15 m，宽度 8.7 m 的单线路堤，考虑填筑过程的计算条件如下：

（1）土体本构模型：弹性非线性模型（双曲线模型）。

（2）计算假定：平面应变问题。

（3）加载过程：分步分层模拟路堤填筑，每层填土高度为 1 m。

（4）边界约束：路堤表面自由，底面受到约束，不发生竖向变形。

土的计算参数采用室内土工三轴试验得到的双曲线模型的参数。根据压实系数的不同，共分五组参数进行了计算，具体取值见表 10.12。

表 10.12　土层计算参数

参数组数	压实系数	重度 γ /（kN/m^3）	含水量 /%	黏聚力 C /kPa	内摩擦角 φ /（°）	R_f	k	n	k_b	m
1	0.87	18.20	12.81	54.22	25.67	0.85	354.50	0.2476	78.92	0.121 9
2	0.90	18.80	12.81	32.07	27.03	0.85	369.65	0.1746	81.78	0.243 1
3	0.93	19.40	12.81	66.87	28.80	0.85	502.94	0.1885	99.25	0.292 7
4	0.97	19.88	12.90	70.01	31.47	0.85	729.41	0.3144	124.16	0.293 2
5	0.98	20.50	12.81	69.77	34.98	0.85	963.18	0.3548	128.30	0.302 1

路堤的垂向沉降变形主要可分为两部分，一是由填土重力作用下压密引起的沉降变形，一是由边坡侧向位移引起的沉降变形。在路堤填筑完毕后，这两部分的沉降都将反映到路堤表面。路堤填筑完毕后，路堤表面呈凹型，中心沉降大，坡角沉降小。坡角向外侧向位移，而路堤表面的宽度则由于沉降而减少。

由图 10.17 可见，路堤沉降变形随压实系数的变化而不同。规律如下：

（1）同一路堤高度时，随着压实系数的提高，沉降减小。当压实系数大于 0.93 之后，沉降随压实系数的变化逐渐缓慢。

（2）不同路堤高度时，当压实系数大于 0.93 之后，不同路堤高度的沉降与高度之比逐渐趋于一致。如在压实系数 0.87、0.90、0.93、0.97、0.98 情况下，路堤高 10 m 时，计算得到的路堤工后沉降与路堤高度之比分别为 2.67‰、2.1‰、1.54‰、1.31‰和 1.11‰；路堤高 15 m 时，计算得到的路堤工后沉降与路堤高度之比分别为 4.62‰、1.52‰、1.91‰、1.48‰和 1.12‰。

表 10.13　路堤沉降计算结果

参数组数	压实系数	重度 γ /（kN/m^3）	含水量 /%	10 m 路堤沉降量 /cm	15 m 路堤沉降量 /cm
1	0.87	18.20	12.81	2.67	6.94
2	0.90	18.80	12.81	2.10	4.24
3	0.93	19.40	12.81	1.54	2.86
4	0.97	19.88	12.90	1.31	2.22
5	0.98	20.50	12.81	1.11	1.79

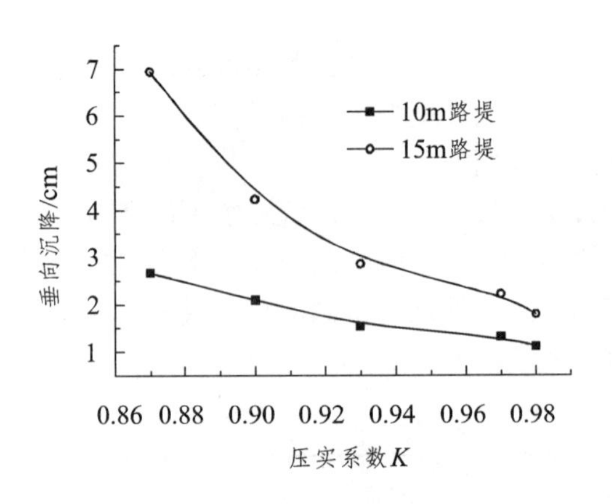

图 10.17　压实系数与垂向沉降

通过上述研究，将其成果作为填料处理手段和施工技术标准应用于实际工程。遂渝铁路建成通车运营 10 年的经验表明，上述分析是正确的。

10.4　红层地基处理

10.4.1　红层松软土地基处理

松软土地基加固处理方法很多，总体来讲可以划分为换填置法、固结排水法、复合地基法、堆载真空预压法、化学加固法等。从地基处理的部位来讲，可以划分为地基浅层处理和地基深层处理两类。地基浅层处理常用的方法就是换填置换法，地基深层处理除换填置换法之外的方法均可使用，但不同处理方法的目的、工期要求不同。

1. 换填置换法

主要是清淤换填，兼之铺设双层土工格栅进行加筋处理。清淤换填挖除软土，换填以砂、砾、卵石、片石等渗水性材料。全部挖除换填从根本上改善了地基，不留后患。因此，沉降控制效果较佳。铺设土工格栅可以有效地均化地基表面路堤附加应力，降低地基表面沉降的不均匀性。本类处理方法主要用软黏土地基较薄，厚度在 1 ~ 3 m 情况（尤其是水田、堰塘中）。

2. 粉喷桩搅拌

粉喷桩是深层搅拌桩的一种，深层搅拌法是通过特制的机械（各种深层搅拌机），沿深度方向将软土与固化剂（水泥浆或水泥粉、石灰粉、粉煤灰，外加一定量的掺合剂）就地进行强制搅拌，使土体与固化剂发生物理化学反应，形成具有一定整体性和一定强度的水泥土加固体，沿深度方向形成的加固体称为深层搅拌桩。

深层搅拌桩与天然地基组成复合地基。水泥粉与软土地基搅拌混合加固，是水、水泥与黏土间的物理化学反应过程，与混凝土的硬化有区别。混凝土中的水泥是在粗骨料（砂、石）中进行水解和水化作用，凝固速度较快。而在水泥加固软土中，软土中黏粒含量很高，水泥的掺入量很小，只占被加固软土的 7%～15%，水泥的水解和水化作用是在一定活性介质——土的围绕下进行的，所以硬化速度缓慢。

粉喷搅拌桩成桩经过了水泥的水解和水化、水泥和黏土中的离子交换、硬凝反应等作用和过程，使软土硬化，提高土的强度。经过处理的土水泥加固土用电子显微镜观察发现，土粒间的孔隙大量被水泥和水化物所充填包络，并不断向外伸展产生分叉，又相互连接形成一定强度的空间蜂窝结构。

粉喷桩适用于处理包括淤泥、淤泥质土、粉土、砂性土、泥炭土等各种成因的饱和软黏土，含水量较高且地基承载力标准值不大于 120 kPa 的黏性土等地基。通常认为，含有高岭土、多水高岭石、蒙脱石等矿物的软土加固效果较好，而含有伊里石、氯化物和水铝英石等矿物的黏性土则效果相对较差。对泥炭土或地下水 pH 值较低、有机质含量高的黏性土，宜通过试验确定其适用性。加固深度主要取决于使用搅拌机的动力大小及地基反力，目前国内采用深层搅拌桩的最大深度达 30 m，适用工程对象为复合地基、支护结构等。

1）设计方法

目前，粉喷桩复合地基设计主要有复合地基承载力计算、复合地基沉降计算和稳定性分析。

（1）加固范围的确定

深层喷粉搅拌桩的强度和刚度介于刚性桩和柔性桩间，其承载性能与刚性桩相近。因此，搅拌桩设计时，可仅在路堤基础范围内布桩，不必像柔性桩一样在基础以外设置保护桩。

（2）粉喷桩有效桩长的确定

根据国家规范 GBJ 7—89 规定的单桩承载力计算公式为：

$$R_{\mathrm{k}} = f_{\mathrm{k}} A_{\mathrm{p}} + \mu_{\mathrm{p}} \sum_{i=1}^{n} q_{\mathrm{s}i} l_i \tag{10-18}$$

式中 R_{k}——单桩竖向承载力标准值（kN）；

f_{k}——桩端土的承载力标准值（kN）；

A_{p}——桩身横截面面积（m^2）；

μ_{p}——桩身周边长度（m）；

$q_{\mathrm{s}i}$——桩周土的摩擦力标准值（kPa）；

l_i——按土层划分的各段桩长（m）。

当水泥与孔中土搅拌成桩后，桩体强度为 R'，由桩体强度确定的水泥粉喷桩单桩承载力为：

$$R' = A_{\mathrm{p}} f_{\mathrm{p}} \tag{10-19}$$

很显然，要使水泥粉喷桩充分发挥作用并且不破坏，必须使得 $R_{\mathrm{k}} \leqslant R'$。取极限值 $R_{\mathrm{k}} = R'$，即有：

$$A_{\rm p}f_{\rm p}=f_{\rm k}A_{\rm p}+\mu_{\rm p}\sum_{i=1}^{n}q_{{\rm s}i}l_i \tag{10-20}$$

式中，l_1、l_2、l_3…为桩体所穿过的各土层厚度。上式可写为

$$A_{\rm p}f_{\rm p}=f_{\rm k}A_{\rm p}+\mu_{\rm p}\sum_{i=1}^{n}q_{{\rm s}i}l_i+\mu_{\rm p}q_{{\rm s}n}l_n \tag{10-21}$$

按有效桩长的定义，令桩端阻力 $f_{\rm k}=0$，整理上式，可得出水泥粉喷桩进入末层土的深度 l_n

$$l_n=\frac{A_{\rm p}f_{\rm p}-\mu_{\rm p}\sum_{i=1}^{n-1}q_{{\rm s}i}l_i}{\mu_{\rm s}q_{\rm s}} \tag{10-22}$$

在进行上述计算时，根据上式中分子必须大于或等于零的条件进行试算，求出合适的 n 值。水泥粉喷桩进入末层土的深度得出后，即可求出其有效桩长 L：

$$L=l_1+l_2+\cdots+l_n \tag{10-23}$$

如果桩体穿过的仅为单层土，桩体达到有效桩长时，有

$$L=\frac{A_{\rm p}f_{\rm p}}{\mu_{\rm p}q_{\rm s}} \tag{10-24}$$

当有效桩长 L 深度内有强度接近或大于桩体强度的硬土层时，硬土层即为桩的持力层，在这种情况下水泥粉喷桩桩长直接由持力层埋置深度确定。

桩体强度 $f_{\rm p}$ 的确定，一般通过现场取土样进行室内配比试验得出，同时要考虑降低工程造价，从而确定合理的桩体强度。

（3）承载力计算

粉喷桩单桩竖向承载力标准值应通过现场单桩荷载试验确定，也可按下面公式计算，取其中较小值。

$$R_{\rm k}^{\rm d}=\eta f_{\rm cu,k}A_{\rm p} \tag{10-25}$$

或：

$$R_{\rm k}^{\rm d}=\bar{q}_{\rm s}U_{\rm p}l+\alpha A_{\rm p}q_{\rm p} \tag{10-26}$$

式中 $R_{\rm k}^{\rm d}$——单桩竖向承载力标准值（kN）；

$f_{\rm cu,k}$——与搅拌桩桩身加固土配比相同的室内加固土试块（边长 70.7 cm 的立方体）的 90 龄期的无侧限抗压强度平均值（kN）；

$A_{\rm p}$——桩的截面积（$\rm m^2$）；

η——强度折减系数，可取 0.35 ~ 0.5；

$\bar{q}_{\rm s}$——桩间土的平均摩阻力，对淤泥可取 5 ~ 8 kPa，对淤泥质土可取 8 ~ 12 kPa，对黏性土可取 12 ~ 15 kPa；

U_p——桩的周长（m）；

l_i——桩长（m）；

q_p——桩端天然地基的承载力标准值（kPa）；

α——桩端天然地基土的承载力折减系数，可取 0.4 ~ 0.6，土质好时取大值。

式（10-25）中的桩强度折减系数η是一个与工程经验以及拟建工程密切相关的参数，目前在设计中一般取$\eta = 0.3 \sim 0.4$。

式（10-26）中桩端地基承载力折减系数α取值与施工时桩端施工质量及桩端土质等条件有关。当桩较短且桩端为较硬土层时取高值。如果桩底施工质量不好，水泥土桩没能真正支承在硬土层上，桩端地基承载力不能发挥，且由于机械搅拌破坏了桩端土的天然结构，这时$\alpha = 0$。反之，当桩底质量可靠时，则通常取 $\alpha = 0.5$。

粉喷桩复合地基承载力标准值也可通过现场复合地基荷载试验确定，也可按下式估算：

$$f_{sp,k} = m\frac{R_k^d}{A_p} + \beta(1-m)f_{s,k} \tag{10-27}$$

式中　$f_{sp,k}$——复合地基承载力标准值（kPa）；

$f_{s,k}$——桩间天然地基土承载力标准值（kPa）；

m——桩土面积置换率；

β——桩间土承载力折减系数：当桩端土为软土时，可取 0.5 ~ 1.0；当桩端土为硬土时，可取 0.1 ~ 0.4；当不考虑桩间软土的作用时，可取零。

桩间土承载力折减系数β是反映桩土共同作用的一个参数。如β=1 时，则表明桩与土共同承受荷载，由此得出于柔性桩复合地基相同的计算公式；如β=0 时，则表示桩间土不承受荷载，由此得出与一般刚性桩基相似的计算公式。

对比水泥土和天然土的应力应变关系曲线及复合地基和天然地基的 p-s 曲线，可见，在发生与水泥土极限应力值相对应的应变值时，或在发生与复合地基承载力设计值相对应的沉降值时，天然地基所提供的应力或承载力小于其极限应力或承载力值。考虑水泥土桩复合地基的变形协调，引入折减系数 β，它的取值与桩间土和桩端土的性质、桩的桩身强度和承载力、养护龄期等因素有关。桩间土较好、桩端土较弱、桩身强度较低、养护龄期较短，则 β 值取低值。

确定 β 值还应根据建筑物对沉降的要求有所不同。当建筑物对沉降要求控制较严时，即使桩端是软土，β 值也应取小值，只要较为安全；当建筑物对沉降要求控制较低时，即使桩端为硬土，β 值也可取大值，这样较为经济。

（4）复合地基沉降计算

通常把粉喷桩复合地基的沉降量分成两部分，即加固区的压缩量 S_1 和加固区下卧层的压缩量 S_2。在荷载作用下复合地基沉降量可表示为：

$$S = S_1 + S_2 \tag{10-28}$$

加固区的沉降 S_1 的大小，与复合地基粉喷桩的置换率 m 大小有关，置换率越大沉降变形越小。但两者不是线性关系，也就是说存在一个最佳置换率，使粉喷桩发挥最大加固效益。下卧区的沉降变形，与其上部的加固区变形大小、下卧层土质及荷载有直接关系。从复合地基整体的沉降变形来看，上下层的变形是相互影响的。总之，复合地基的沉降变形是与粉体材料置换率、土质、荷载等因素密切相关。因此，对粉喷桩复合地基的沉降变形分析与计算都应从整体角度考虑。

加固区土层压缩量 S_1 计算一般有复合模量法（E_c 法）、应力修正法（E_s 法）、桩身压缩量法（E_p 法）。下卧层土层压缩量 S_2 的计算常采用分层总和法计算，计算的关键是怎样计算作用在下卧层上的附加应力。目前在工程应用上常采用应力扩散法、等效实体法和改进 Geddes 法。

（5）粉喷桩加固的复合地基稳定性计算

粉喷桩加固的复合地基稳定性可采用 Bishop 条分法计算，如图 10.18 所示。

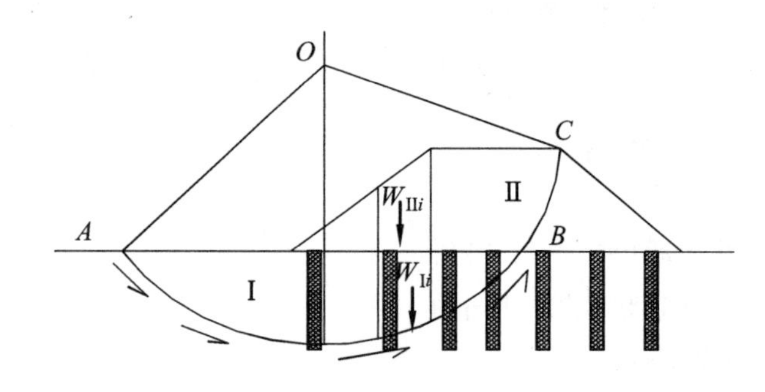

图 10.18　粉喷桩复合地基路堤计算示意图

$$K_s=\frac{\sum_{A}^{B}C_{sp}\cdot l_i+\sum_{A}^{B}(W_{\mathrm{II}i}\cos\alpha_i\cdot U\cdot\tan\varphi_{cu})}{\sum_{A}^{B}(W_{\mathrm{I}i}+W_{\mathrm{II}i})\sin\alpha_i+\sum_{B}^{C}W_{\mathrm{II}i}\sin\alpha_i} \tag{10-29}$$

式中　U——地基土的平均固结度；

φ_{cu}——地基土的固结不排水剪内摩擦角（°）；

C_{sp}——复合地基土的抗剪强度（kPa），由桩体和原土的抗剪强度复合而成：

$$C_{sp}=m\cdot C_p+(1-m)\cdot C_u$$

C_p——粉喷桩抗剪强度（kPa），可取 0.3 ~ 0.5 倍桩身强度；

C_u——天然地基土的抗剪强度（kPa）；

W_{I}，W_{II}——滑体中地基及填土部分分条的重量（kN）；

α_i——滑弧分条与水平面的夹角（°）；

l_i——滑弧分条长度（m）。

2）工程实例

遂渝铁路 DK10 工点软土地基采用粉喷桩加固，三角形布置，桩径 d 为 50 cm，桩间距 S 为 1.0 m。加固宽度至路堤坡脚外 3 m 处，加固深度贯通软土层。粉喷桩顶部铺设两层双向 50 kN/m 土工格栅及 0.5 m 厚的中粗砂或砂砾石垫层。采用离心模型试验、数值模拟、现场监测等方法对粉喷桩处理地基的变形进行分析。

离心模型试验表明，10 m 高粉喷桩复合地基路堤顶面工后 28 个月时的总沉降量为 0.394 m，其中施工期沉降 0.251 m（占总沉降的 63.7%），工后沉降 0.143 m（占总沉降的 36.3%）。路堤填筑完工后的前 6 个月，工后沉降速率最快，沉降量为 0.111 m（占工后总沉降的 76.9%），之后沉降速率趋于缓和（路堤完工半年后的 22 个月的沉降为 0.032 m）。预测路堤工后 28 个月路堤顶面总沉降（包括路堤本体沉降和地基沉降）0.143 m（与实测值相符），其中地基沉降 0.139 m，路堤本体沉降 0.004 m。地基的工后沉降与路堤顶面总沉降之比为 97.2%，而路堤本体的工后沉降仅占 2.8%。这说明粉喷桩复合地基路堤的工后沉降以地基沉降为主，粉喷桩复合地基路堤的工后沉降能够满足 200 km/h 铁路《京沪高速地质勘察暂行规定》要求的。但应在路堤填筑完成后 5 个月后铺轨，工后第一年的沉降速率为 3.3 ~ 4.4 cm/a，总的工后沉降将在 0.08 m 以内。

数值分析表明，粉喷桩复合地基主要以增大原状软弱土地基的刚度来减少地基的沉降。粉喷桩复合地基的总沉降是原状地基总沉降的 12.1%，工后总沉降是原状地基的 10.6%，施工期的沉降是原状地基 13.9%，工后第一年沉降是原状地基的 14.9%。粉喷桩复合地基的沉降量大幅度降低，沉降量主要发生在路堤填筑阶段，且以地基沉降为主。粉喷桩的横向刚度（承受水平荷载的能力）能有效地减少地基的侧向挤出隆起高度和水平变形，其最大水平位移是原状软弱地基情况下的 13% 以下。粉喷桩复合地基的水平应力主要由粉喷桩承担，增强了地基的整体稳定性。粉喷桩所承受的压力是原状地基所承受荷载的 2 倍以上，而桩间土的有效应力是原状地基的 50% 左右。采用粉喷桩处理软弱土地基后，复合地基的工后总沉降为 10.7 cm，工后第一年的沉降为 2.2 cm，均能满足设计规范对路基工后沉降控制的要求。

现场监测表明，粉喷桩直径为 0.5 m、桩间距为 1 m 时，粉喷桩复合地基桩土应力比为 3.75，工后沉降能够满足 200 km/h 铁路《京沪高速地质勘察暂行规定》的要求。

3. *碎石搅拌桩*

利用振冲器在软土地基中成孔，再向孔内分批填入碎石而形成桩体即碎石桩，桩体与周围土体共同承受外部荷载。

碎石桩径较粗，一般直径为 70 ~ 100 cm；桩径沿轴向随地基土层强度变化而变化，将原来不均匀的地基通过不同桩径变成强度比较均匀的复合地基；碎石桩是柔性桩，其刚度比地基土大，比钢材和混凝土小。当荷载作用到复合地基上，发生应力重分布，刚度较大的桩体承受较大的荷载，从而减少了地基的沉降；碎石桩的受力过程必须与其周围的土体共同作用，在受力变形过程中，与周围土体相协调，不会产生钢筋混凝土桩和钢桩的所谓负摩擦。从本质来讲，仍是地基的一部分；碎石桩是嵌固在土体中的散粒体桩，当碎石桩顶部承受荷载后，桩体会产生侧向膨胀，而周围土体会阻止其侧向膨胀，从而使得碎石桩的承载力受到周围土体强度的制约；碎石体的透水性较好，桩体一般有良好的排水作用，可加速软土地基的固结，减少地基的工后沉降。

在施工过程中，碎石在振冲器的水平向振动力作用下挤向孔壁的软土中，从而桩体直径扩大。当挤入力与约束力平衡时，桩径不再扩大。故地基土的强度越低，抵抗碎石挤入的能力越低，造成的桩体越粗。如果地基土的强度低于某一程度，以致地基土不能抵抗碎石的挤入，将不能形成完整的桩体，这样也就不能达到置换的目的，碎石桩也将不再适用该地基的处理。至于地基土的最低限值的高低，各方面说法不一。通常认为，当地基土无侧限强度为20 kPa 的地基是适用碎石桩的最低要求。

1）设计方法

碎石桩是柔性桩，桩体强度和压缩模量不易确定。因此，碎石桩复合地基承载力通常根据桩土应力比 n 和置换率 m 来确定。复合地基承载力 $f_{sp,k}$ 按应力修正法的计算公式为：

$$f_{sp,k}=[1+m(n-1)]f_{s,k} \tag{10-30}$$

碎石桩复合地基沉降可按应力修正法或复合模量法计算。

按复合模量法计算时，复合模量 E_{sp} 计算公式如下：

$$E_{sp}=[1+m(n-1)]E_s \tag{10-31}$$

2）工程实例

遂渝铁路 DK61 工点位于 DK61+525～+605，长度 80 m。地表为丘间洼地，已辟为水田。地表从上至下覆盖第一层为硬塑状粉质黏土，厚 2～6 m；第二层为流塑—软塑状的软土及软黏土（软粉质黏土），厚 2～10 m；第三层为硬塑状的粉质黏土，厚 0～2 m。土体下伏基岩为软岩夹砂岩。DK61 工点的软土地基设计方案：采用 ϕ80 cm 碎石桩加固，三角形布置，桩间距 1.7 m。加固宽度为路堤坡脚外 2 m，加固深度贯穿软土层。碎石桩顶部铺设两层双向 50 kN/m 土工格栅及 0.5 m 厚砂垫层。其中 DK61+540～+587 长 42 m 段，路堤右侧坡脚设置反压护道，反压护道宽 5 m，高 4 m。靠重庆端 DK61+590～+616 段路堤坡脚（距线路中线 25～27 m 处）设置 5 根侧向约束桩，桩间距 6.5 m，桩截面 1.5 m×2.0 m。路堤中心最大填高 14 m，边坡最大高度 16 m。

利用离心模型试验、数值分析及现场监测对碎石桩处理地基的稳定性进行研究，15 m 高碎石桩复合地基路堤顶面施工期后 51 个月时的总沉降量为 0.481 m。其中施工期沉降为 0.234 m（占总沉降的 48.6%），施工期后 51 个月沉降为 0.247 m（占总沉降的 51.3%）。路堤竣工后前半年的沉降速率最大，沉降量为 0.197 m（占工后沉降的 79.8%），之后的沉降随时间的变化速率趋于缓和（路堤完工半年后的 45 个月沉降 0.05 m）。预测工后 51 个月路堤顶面总沉降 0.260 m（与实测值 0.247 m 接近），其中地基沉降 0.231 m，路堤本体沉降 0.029 m。地基的工后沉降与路堤顶面总沉降之比为 88.8%，而路堤本体的工后沉降仅占 11.2%，说明碎石桩复合地基路堤的工后沉降也是以地基沉降为主。碎石桩复合地基路堤的工后沉降也是能够满足 200 km/h 铁路《暂规》要求的。但应在路堤填筑完成后 6 个月后铺轨，工后第一年的沉降速率为 2.8～4.76 cm/a，总的工后沉降将在 0.085 m 以下。

10.4.2　红层软岩地基处理

对于红层地基是否需进行地基处理，应结合建筑荷载、沉降要求等进行综合确定。当软岩地基承载力不能满足要求时，应根据设计对承载力的要求，选择经济有效的地基处理方法。红层软岩地基常见的地基处理方法主要有换填法、复合地基及桩基法。

1. 防风化崩解措施

红层崩解后，其工程力学性质会大幅降低，对红层崩解性的防治方法如下。

（1）红层直接暴露于大气之下，容易受到温度、水、空气等因素，发生崩解，在风化作用下易发生崩解，因此一般的基坑工程会在基底以上预留约 30 cm 厚度，待地基验槽完成后，继续开挖至新鲜岩面。

（2）对于已开挖至基底标高的红层，有条件时应及时封闭，阻隔其与空气、水等的联系，阻止其发生风化崩解。

（3）已发生风化崩解的红层地基，应将风化崩解的红层挖去，直接开挖至新鲜岩面，作为基础持力层，也可将其挖除后采用换填方法进行处理。

（4）在泥岩岩体裂隙中，可加入生石灰等材料，以增加岩石中的矿物含量，使水分进入岩体裂隙时，减少原岩体中可溶性矿物的溶解。

（5）为减少日光直射，防止温差过大，导致岩体内应力不平衡，可在岩石地基出露面喷射混凝土覆盖层，阻隔日光与基岩面的接触。

2. 换填法

对于风化程度较高的红层，可采用换填方式进行处理。换填时应注意，换填材料一般为一定等级细石混凝土，也可选用毛石混凝土，需根据设计要求选用。处理深度应通过软弱下卧层验算进行确定。一般来说，换填深度不宜大于 3 m，也不宜小于 0.5 m。换填深度过大，会造成施工较困难，且不经济；换填深度太小，则换填垫层的作用不显著。红层的处理厚度，除应满足计算要求外，还应考虑当地的工程经验。

在成都南郊的中等风化基岩静载试验中，其地基承载力可达 2 000 kPa，因此常以中等风化基岩作为基础持力层。而强风化基岩由于风化程度较高，工程力学性质一般，一般不能直接用其作为超高层建筑的基础持力层，同时由于红层软基易受暴晒、浸水等发生物理风化，因此在成都南郊地区基坑工程中，若开挖后不及时对基底进行封闭，基岩极易受风化，而工程力学性质降低，因此可以对于风化程度较高的红层，可采用换填方式进行处理。

3. 复合地基

强风化红层埋深较浅，地基的承载力较低时，一般不能直接作为高层或超高层建筑的地基持力层。当中等风化红层埋深较大时，利用强风化泥岩的天然地基承载力与大直径桩共同作用，形成复合地基，能够节约工程成本。

对成都红层软岩地区超高层建筑而言，600 mm 以下直径的素混凝土刚性桩复合地基承载力已不能满足高承载力的设计要求。桩径大于等于 800 mm 的大直径素混凝土置换桩软岩复合地基是一种新型复合地基型式，它通过机械旋挖成孔或人工挖孔的灌注桩施工工艺，形成大直径素混凝土桩作为复合地基的增强体，置换承载力较低的强风化红层软岩，充分发挥大直径素混凝土桩的高承载力性能和抗变形性能。通过褥垫层协调桩—桩间红层软岩共同作用，增大了桩径和桩间红层软岩间的接触面积，桩端和桩间土体的共同作用，对于提高复合地基的整体刚度、减小地基沉降有很大的作用。

通过数值分析对素混凝土桩复合地基承载机理进行研究，表明大直径素混凝土置换桩复合地基在承担上部荷载作用时，筏板基础中部的沉降要大于边缘的沉降，使得整个筏板基础变形呈内凹形。因此，在进行复合地基设计时，可适当调整边桩、角桩长度，改变复合地基边缘区域的刚度，使得筏板基础变形更趋于一致，消除筏板不均匀沉降影响。大直径素混凝土置换桩复合地基在承担上部荷载作用时，通过褥垫层的自身变形和桩顶对褥垫层的刺入使得桩间褥垫层挤压地基土上层桩间土，从而使得桩间土与素混凝土桩共同承担上部荷载作用。

在大直径素混凝土桩复合地基施工中，可以采用人工挖孔或机械旋挖成孔（如图 10.19 所示）。需要注意的是，含膏红层中存在空洞时，出于施工安全的考虑，不能采用人工挖孔的方式成孔；而采用机械旋挖成孔方式成孔时，施工中应注意卡钻或掉钻的情况，因此施工前应做好应急预案，必要时采用钢护筒，保证旋挖成孔的顺利施工。复合地基设计参数设计值可参考表 10.14 选用，当红层中存在空洞时，设计参数应根据具体情况进行折减。

表 10.14　复合地基设计参数建议值

岩土名称	岩土状态	人工挖孔灌注桩		钻（冲）孔灌注桩	
		桩极限侧阻力标准值 q_{sik}/kPa	极限端阻力标准值 q_{pk}/kPa	桩极限侧阻力标准值 q_{sik}/kPa	极限端阻力标准值 q_{pk}/kPa
泥　岩	强风化	70～90	—	60～80	—
泥　岩	中等风化	140～160	2 500～3 000	130～150	2 200～2 500
含膏泥岩（无空洞）	中等风化	250～350	5 000～7 000	220～300	3 500～4 500
含膏泥岩（有空洞）	中等风化	120～150	2 000～3 000	100～140	1 800～2 400

图 10.19　素混凝土桩复合地基

在成都柏仕公馆 I 期项目 8# 楼红层软岩地基工程中，采用不同直径的素混凝土桩复合地基处理承载力不足的问题。该高层建筑工程为地上 32 层、地下 2 层的框架-剪力墙结构，采用筏板基础，基础埋深约 10.70 m，最大基底压力约为 600 kPa。为满足地基承载力的要求，采用大直径素混凝土桩联合小直径素混凝土柱复合地基，其中大直径素混凝土桩内径为

1 100 mm，外径 1 400 mm，桩间距 2 800 mm，长不小于 13 000 mm，桩身混凝土强度等级为 C20，采用正方形布置，柱端进入持力层强风化泥岩不小于 500 mm。小直径素混凝土桩直径为 400 mm，桩长不小于 4 000 mm，桩间距 1 400 mm，正方形布置，桩端进入硬塑黏土层或含卵石黏土持力层不小于 500 mm，桩身混凝土强度等级为 C15。

现场静荷载试验可以合理确定桩体、桩间土的承载力，进而确定桩-土应力比、荷载分担比。该工程共选取 3 根桩桩顶做深层平板荷载试验，分别是 29#、36# 和 117# 试桩。3 个深层平板载荷试验点最大加载量均为 2 450 kPa，荷载分 10 级施加。

试验表明大直径素混凝土桩承载力并没有达到极限值，但曲线明显表现出缓变特征，可简化为两个阶段（如图 10.20 所示）。第一阶段为弹性阶段，即 0 到 735 kPa 之间的曲线，*p-s* 曲线线性相关，曲线较平缓，*p-s* 曲线斜率较小。第二阶段弹塑性阶段，即 735 到 2 450 kPa 之间的曲线，*p-s* 也呈现线性特征，斜率明显变大，由于并没有达到桩体的破坏荷载，故取 2 450 kPa 为极限端阻力实测值。由 *p-s* 曲线可知，该荷载-沉降曲线为缓变形。大直径素混凝土桩在加荷初期沉降较大，这是由于桩体施工过程对土体扰动较大，导致土体的强度较低，对桩体的约束减小。但是随着后期荷载的增加，素混凝土桩侧摩阻力从上至下逐渐发挥，素混凝土承载能力和控制变形的能力得以体现。

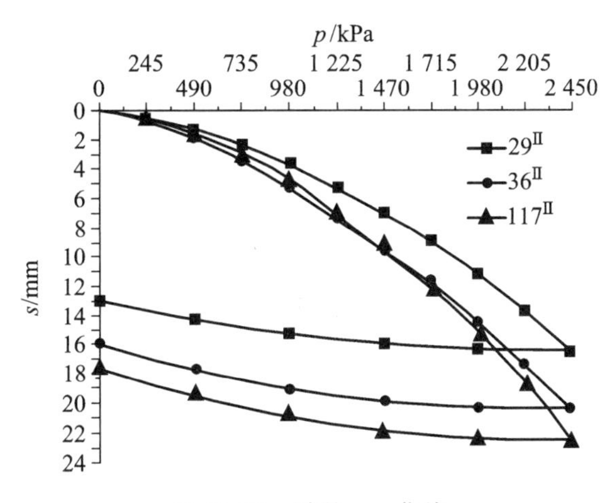

图 10.20 试件 *p-s* 曲线

侧摩阻力各试桩的 *p-s* 曲线及根据单桩竖向抗压静载试验有关确定承载力的要求得出各试验点的结果见表 10.15。大直径素混凝土桩顶以下大致 2.5 m 范围为负摩阻力区域，桩体上部侧摩阻力发挥优先于下部侧摩阻力，且上部侧摩阻力发挥充分。

表 10.15 桩端土端阻力特征值

试验点号	最大加载量/kPa	总位移量/mm	桩侧极限摩阻力/kPa	桩端阻力承载力特征值/kPa
36#	10^4	20.503	10^4	>50
29#	10^4	16.510	10^4	>50
117#	10^4	22.493	10^4	>50

4. 桩 基

常用于处理软岩地基的桩基类型有：PHC 预应力管桩、泥浆护壁钻孔灌注桩、干作业挖孔灌注桩。桩型的选择应充分考虑建筑物结构特性、场区地层条件、周边环境条件及同类工程经验。

1）PHC 预应力管桩

预应力管桩具有承载力高、价格便宜、施工快等特点。但管桩在打桩时，有显著的挤土效应，对周边环境要求较高，管桩的抗剪承载力很低，容易随着土体的变形而断桩，倾斜，开裂。另外，如果 PHC 管桩以红层作为桩端持力层，管桩难以穿进中等风化岩层，采用该桩型最后形成的结果是因管桩锤进过程中瞬间端阻力较高而无法锤进，导致桩长无法达到设计桩长预期，且成桩施工对地基扰动过大，施工过程中噪声大，市区内施工时容易扰民。因此在成都南郊红层中采用 PHC 管桩时，应综合各项经济技术及环境因素综合考虑其可实施性。

2）泥浆护壁钻孔灌注桩

该桩型采用机械化作业，施工简单、速度快，对于上覆土层结构松散，泥浆护壁难以保证施工时，可采用钢套筒配合泥浆护壁施工。但该工艺桩底沉渣极难处理，影响桩的单桩承载力发挥。若辅以后注浆技术处理，形成摩擦端承桩，便能有效地发挥单桩承载力。

3）干作业法挖孔灌注桩

成孔工艺有多种，如人工挖孔法、机械钻孔法、旋挖钻进法等。人工挖孔灌注桩成孔易于控制，桩底易于清干净，对桩间土和桩端土的扰动最小，同时也有利于桩间土和桩端土工程力学性能的最大限度发挥。红层软岩地基中，采用人工挖孔灌注桩施工时，若遇地下水，必须采取降水和挖孔桩护壁措施，确保施工质量和施工安全；若含膏红层内存在多而大的空洞时，则不能采用人工挖孔的方式成孔。机械钻孔法和旋挖钻干钻动力大、钻进速度快、对侧壁原状土扰动相对较小，施工对作业人员的安全影响比人工开挖小，费用稍高。机械成孔虽施工安全，但孔内仍然会受地下水浸扰，孔底沉渣不易清理干净，其次桩长过长，对岩土的扰动时间过长、桩的垂直度不易控制。故在孔底沉渣的清理、桩底扩大头的开挖等质量控制上，采用人工开挖一定程度上优于机械钻孔。对单桩承载力要求较高的桩基工程，可采用后注浆工艺，对桩底沉渣进行处理，以发挥单桩承载力。

红层地基在进行处理前应充分考虑以下几个方面的因素：① 地质条件：包括地形地貌，地层概况，岩土层工程特性指标，环境水条件等。② 结构物条件：包括结构物形式、规模。③ 环境条件：包括气象条件、环境要求、周边建筑概况、地下埋藏物等。④ 施工前应先进行试桩，验证设计参数及评价桩基施工的可行性。

5. 强夯法

强夯法，即强力夯实法，也称动力固结或动力压密法，属于振密、挤密地基处理法的范畴。由于具有经济可行、效果显著、设备简单、施工便捷、质量容易控制、适用范围广泛、节省材料和施工周期短等诸多优点，它不仅能提高地基的强度并降低其压缩性，且还能改善抵抗振（震）动液化的能力和消除土的湿陷性。应用强夯法处理的工程范围很广，有工业与民用建筑、仓库、油罐、贮仓、公路和铁路路基、飞机跑道及码头等，如成都天府机场采用强夯（能级 3 000 kN · m）处理红层松软土地基。

强夯法适用于处理碎石土、砂土、低饱和度粉土与黏性土、湿陷性黄土、素填土和杂填土等，因此也适用于红层软基及红层岩石地基。强夯有效加固深度见表 10.16。强夯地基承载力特征值应通过现场载荷试验确定，夯后有效加固深度内土层的压缩模量应通过测试或土工试验确定。王铁宏（2009）根据研究提出高能量强夯有效加固深度建议，年廷凯（2009）研究认为，采用 8 000 kN · m 夯击能处理山谷型厚层碎石回填地基，有效加固深度可达 10.0 ~ 11.5 m；栾帅（2013）对残积土回填地基采用高能级强夯有效加固深度研究后，提出有效加固深度建议值见表 10.17。

表 10.16　强夯有效加固深度（《建筑地基处理技术规范》JGJ 79—2012）　　m

能　级 /（kN · m）	细粒土	粗粒土
1 000	4.0 ~ 5.0	5.0 ~ 6.0
2 000	5.0 ~ 6.0	6.0 ~ 7.0
3 000	6.0 ~ 7.0	7.0 ~ 8.0
4 000	7.0 ~ 8.0	8.0 ~ 9.0
5 000	8.0 ~ 8.5	9.0 ~ 9.5
6 000	8.5 ~ 9.0	9.5 ~ 10.0
8 000	9.0 ~ 9.5	10.0 ~ 10.5

表 10.17　高能级强夯有效加固深度建议（栾帅，2013）　　m

能　级 /（kN · m）	黏性残积土	砂质残积土	砾质残积土（有地下水）	砾质残积土（无地下水）
6 000	8.5 ~ 9.5	9.0 ~ 10.0	9.5 ~ 10.0	10.0 ~ 11.0
8 000	9.5 ~ 10.5	10.0 ~ 11.5	10.0 ~ 11.0	11.0 ~ 13.0
10 000	10.5 ~ 11.5	11.5 ~ 13.0	11.0 ~ 12.0	13.0 ~ 14.5
12 000	11.5 ~ 12.5	13.0 ~ 14.0	12.0 ~ 13.5	14.5 ~ 16.0
14 000	12.5 ~ 13.5	14.0 ~ 15.0	13.5 ~ 14.5	16.0 ~ 17.5
15 000	13.5 ~ 14.0	15.0 ~ 15.5	14.5 ~ 15.0	17.5 ~ 18.0
16 000	14.0 ~ 14.5	15.5 ~ 16.0	15.0 ~ 15.5	18.0 ~ 18.5
18 000	14.5 ~ 15.0	16.0 ~ 17.0	15.5 ~ 16.5	18.5 ~ 19.5

10.4.3　膏盐红层地基处理

1. 含膏盐红层地基空洞处理方法

含膏红层由于存在空洞，会对地基稳定性造成影响，同时其强度会因空洞的存在而进一步降低，对于空洞应采用有效的、针对性的处理方法。常见的空洞处理方法主要有以下几种。

1）填垫法

对于埋深浅、厚度小的含膏红层地基的地下空洞可采用充填法、换填法、挖填法、垫褥法等进行处理。对于直接裸露的含膏红层空洞，在其上部荷载不大的情况下，可采用充填法；采用充填法时，若充填物物理力学性质不好，则应改用换填法；挖填法适用于建筑承载力要求不高的埋深较浅的含膏红层处理，处理设计时要考虑到地下水活动造成空洞进一步扩大的可能性；在上部荷载要求不高，但对沉降有一定的要求，含膏红层中空洞较小，且分布不均匀的情况下，可采用垫褥法处理。

2）加固法

该法通常包括溶洞灌浆、压力注浆、顶柱法、强夯法等。

溶洞灌浆是通过将空洞充填密实，切断空洞与岩层、地下水的联系，形成具有一定强度的稳定体，防止空洞进一步发展，用于处理浅层众多小空洞，处理范围广，造价低，应用较为广泛。同时可采用联合灌浆方法保证加固效果。

压力注浆是通过液压或气压将浆液注入有空洞的岩土体中，使浆液在受空洞中渗透、扩散、充填和挤密，从而加固岩土体，用于处理较深层的连通性较好的空洞。可通过多次注浆保证加固效果。

顶柱法是在洞内做浆砌块石加固洞顶，并砌筑支墩作为附加支柱，主要用于洞顶板较薄、洞跨较大，顶板强度不高，使顶板保持稳定。

对于浅层的空洞较多的含膏红层，也可采用强夯法处理，通过重锤的夯击挤密岩土体。由于含膏红层本身结构性较强，采用强夯法进行处理时，应进行充分论证。

对于加固法的选择应根据空洞的规模、深度和范围等，结合地层地层情况，进行适用性和经济性比选，必要时应先进行实验，选择合理的处理方案；对于埋深浅，洞径较大的含膏红层中的空洞，可以采用抛石压浆充填。

3）跨越法

对于含膏红层中深度较大、洞径较小或洞径虽大，但因有水的空洞，施工有困难时时，可据建筑物性质和基底受力情况，用混凝土板或钢筋混凝土板封顶。此法包括板跨法、梁跨法、拱跨法等。

对埋深较深但仍位于地基持力层内的规模较小的空洞，可用弹性地基梁或钢筋混凝土跨越空洞；对于洞身较宽、深度又大、洞形复杂或有水流的岩溶地基，宜采用拱跨形式。

采用跨越法处理含膏红层空洞时，应用普氏卸荷拱理论进行相应计算，同时验算空洞上覆岩土层的承载力；施工时有相应的施工操作面。另外采用跨越法处理含膏红层空洞时，若空洞内存在地下水，不能有效阻止溶蚀空洞的进一步发展，因此施工中应慎重选用。

2. 含膏盐红层腐蚀性处理方法

含膏红层的腐蚀问题主要是硫酸盐对混凝土的侵蚀问题。通常情况下，混凝土硫酸盐侵蚀包括硫酸根离子与胶凝材料反应生成膨胀性产物导致的化学侵蚀和硫酸盐自身的物理结晶侵蚀。

工程结构的腐蚀性的处理方法在内要提高建筑材料的抗腐蚀能力，在外要减少腐蚀溶液的浓度，减少腐蚀溶液与建筑材料的接触。对于含膏红层腐蚀性的处理，应从以下几方面着手。

1）水泥品种的选择

含膏红层在地下水的作用下，易溶盐溶于水，形成硫酸型溶液，容易使水泥中 C_3A（铝酸三钙）易水化析出水化铝酸三钙，形成钙矾石。因此对含膏红层腐蚀性进行处理时，应尽量选用 C_3A（铝酸三钙）和 C_3S（硅酸三钙）的含量低的水泥，可以提高混凝土的抗硫酸盐侵蚀的能力。

2）混合材料

在水泥中掺入混合材料可以降低 C_3A（铝酸三钙）和 C_3S（硅酸三钙）的含量，同时掺入的混合材料能与水泥中的 $Ca(OH)_2$ 发生水化反应，水化产物可以填充水泥中的空隙，提高水泥的密实度，阻止侵蚀介质侵入混凝土内部。另外水化反应会使 $Ca(OH)_2$ 含量大量减少，石膏结晶速度放缓，间接地提高混凝土的抗侵蚀能力。

3）提高混凝土的密实性

混凝土的配合比决定混凝土的密实度。混凝土的密实度越高，混凝土中的空隙就越少，侵蚀溶液就难以进入混凝土内部造成侵蚀，因此选择合理的配合比是很重要的。工程中常采用降低水灰比、掺适量的减水剂，增加混凝土的密实度，从而显著地提高混凝土的抗硫酸盐侵蚀的能力。

4）增设必要的保护层

在混凝土表层加上保护层（如沥青、塑料、玻璃等），这些保护层具有耐腐蚀性强且不透水的特点，可以隔离侵蚀溶液，避免混凝土遭受侵蚀。

3. 工程实例

以成都南郊半岛城邦 7 号楼项目为例，该项目位于成都市高新区桂溪乡永安村，地面以上共 33 层，高度 99.9 m，剪力墙结构，地下室 2 层，建筑荷载约为 585 kPa。地基为中等风化含膏红层，饱和单轴抗压强度为 3.92 ~ 6.74 MPa，平均值 5.58 MPa，属软岩。勘察过程中，在含膏红层内发现多处空洞，在角砾岩层中发现多处由硫酸盐溶融形成的空洞。地基岩土对混凝土结构具强腐蚀性，对钢筋混凝土结构中的钢筋为微腐蚀性。

该项目荷载要求较高，含膏红层存在空洞且厚度大，若采用换填法完全将存在空洞的含膏红层进行处理，其工程量巨大、造价高，或只处理一定厚度，又无法保证软弱下卧层满足要求，因此不能采用换填处理。基底土层以卵石层为主，且多以中密、密实卵石为主，采用管桩时难以穿透该层，更无法穿透含膏红层，采用人工挖孔桩施工无法保证施工安全，采用钻孔灌注桩时，由于含膏红层中存在空洞，且厚度较大，桩身和桩端范围内均有空洞，会造成桩身质量无法保证，桩端无法进入稳定的无空洞的基岩。根据本项目建筑荷载的要求，可采用复合地基方案，利用基底下承载力较高的砂卵石层和桩共同作用，承担建筑荷载。复合地基基桩可大直径素混凝土桩。同时对基底下的空洞进行注浆或抛石压浆处理。

原设计为桩基础，根据方案比选改为筏板基础，基础底采用素砼置换桩进行地基处理，以处理后的复合地基做基础持力层，并对复合地基下空洞进行压浆。

1）含膏红层地基处理

采用素砼置换桩复合地基，素砼置换桩在筏板基础内按正方形满堂布置，置换桩直径为800 mm，桩间距约3 000 mm，7、9#楼加密区桩间距约2 000 mm，桩长不小于5 000 mm，桩身砼强度为C20。7#楼前期已施工人工挖孔桩82根，桩长约11.5 m，素砼置换桩199根桩，桩长5.0 m，处理面积约1 240.70 m^2。

2）空洞压浆处理

小空洞采用全充填压力注浆法处理，注浆材料采用42.5R复合硅酸盐水泥制备的水泥浆，浆液水灰比0.5：1，注浆压力宜大于0.8 MPa；在浆液中掺加水泥重量1%～2%的水玻璃，加快渗入空洞区的浆液固结；当注浆量大或空洞裂隙、空隙较大时，采用间歇注浆法注浆，或在孔口加一漏斗状的投砂器用浆液将砂带入孔内，但掺砂量不应大于水泥重量的200%，必要时在浆液中加入适量速凝剂；压浆孔布置于筏板基础底空洞密集区，孔距3 m；梅花形布置。压浆深度按该区域最浅空洞以上3 m至最深空洞以下5 m考虑。

对于高度超过2 m以上的空洞，其连通性好，可采用抛石压浆充填。对已探明存在大孔径空洞范围原有的孔桩增加开挖深度至空洞顶边界，对已有充填物的空洞，如充填物可灌性小，固结强度低，可通过空洞范围的压浆孔高压注浆，注浆体采用42.5级普通硅酸盐水泥配制纯水泥浆液，先用2：1浆液开灌，待返浆稳定后，改用1：1浆液灌注，当返浆浓度1：1时，改用0.5：1浆液灌注，使浓浆均匀渗透。然后通过孔桩向空洞内投入毛石、片石等物料充填。最后通过压浆孔向空洞内压浆，充填毛石、片石之间的裂隙，形成浆液的结石体，与空洞岩面良好的固结。

对于高度超过2 m以上的空洞，其连通性不好时，可采用旋挖桩钢套筒灌注。在原有1m的基础桩的桩底采用旋挖成孔穿过大空洞区，空洞区顶板以上2 m至桩底之间范围内采用钢护筒护壁，护筒用5 mm厚的钢板卷制而成，护筒长度按空洞区顶板以上2 m至桩底之间范围确定。

3）腐蚀性处理

注浆材料采用抗硫酸盐水泥制备的水泥浆，浆液水灰比0.5：1，注浆压力宜大于0.8 MPa；按配合比将材料在灰浆拌和机中拌和，至均匀无灰团方可使用，使用中应持续拌和，防止沉淀。

抗硫酸盐水泥，具体材质要求如下：

化学成分：硅酸三钙（$3CaO \cdot SiO_2$）≤50%（高抗水泥），铝酸三钙（$3CaO_2 \cdot AlO_3$）≤3%（高抗水泥），碱含量（Na_2O）≤0.6%，氧化镁（MgO）≤5.0%，烧失量（LOI）≤3.0%，三氧化硫（SO_3）≤2.5%，不溶物≤1.5%。

物理性能：比表面积≥280 m^2/kg，初凝时间≥45 min，终凝时间≤10 h，抗压强度≥10.0 MPa（3 d），32.5 MPa（28 d），抗折强度≥2.5 MPa（3 d），6.0 MPa（28 d）。

10.4.4 膨胀红层地基处理

1. **控制含水率**

含水率变化是引起膨胀岩土膨胀变形的主要因素，何山等（2011）对红山窑膨胀红砂岩在不同含水率情况下膨胀率试验结果表明，含水率不低于6%时，膨胀红砂岩膨胀率不会过大。红水窑水利枢纽地基在施工时，将红砂岩含水率控制不低于6%，同时，控制地下水位离开挖建基面不小于500 mm，并配以喷浆保护裸露地基开挖面等相应的施工管理措施。该工程于2004年3月建成并投入运行至今，无任何异常，说明控制含水率处理膨胀岩地基是合理的。

2. **换土垫层法**

即将地基一定深度内的膨胀岩土挖去，采用中、粗砂或砂混碎石进行分层夯实，施工时应控制其含水量为最优含水量，分层厚度一般为15 ~ 20 cm，垫层厚度一般采用基础宽度的1 ~ 1.2倍，七层以下民用建筑换土垫层厚度一般为0.8 ~ 1.5 m。垫层宽度宜采用1.8 ~ 2.2倍的基础宽度，一般两边宽出基础外缘不小于20 cm，并应做好防水处理，使雨水不灌入砂石垫层内。经过多年实践证明，换土垫层法处理膨胀岩土地基效果很好，施工简单，经济合理。

3. **桩基础**

桩基础主要有沉管灌注桩、钻孔灌注桩、预制桩和大直径扩底桩等。桩端穿过膨胀岩土层，以工程性质较好的岩层作为桩端持力层，并且桩长应大于大气影响深度。同时，膨胀土地区沉管灌注桩的侧面摩擦阻力比同等强度的其他黏性土摩擦阻力要大，对提高桩的承载力有利。因此，采用桩基础在膨胀岩土地区应用效果较好，可完全避免膨胀岩土胀缩性对建筑物的破坏。在进行桩基础设计时，对于膨胀土中的桩基除应满足现行有关规定外，还应注意单桩容许承载力应通过现场浸水静载试验确定，桩长应通过计算确定，并应大于大气影响急剧层深度的1.6倍，且不得小于4 m，使桩支承在胀缩变形较稳定的土层非膨胀性土层上。桩基承台底面与地面之间应留有间隙，其大小应等于或大于土层膨胀时的最大上升量，且不得小于10 cm。

10.4.5 软岩填料路基填筑技术

软岩填料路基填筑首先需要通过击实试验确定填料最佳含水量和最大干密度，然后通过填筑试验确定碾压工艺，寻求满足路基压实标准和填筑工艺。

1. **红层填料填筑参数**

击实试验的目的是寻求红层泥岩填料的最佳含水量和最大干密度，为路堤填筑提供技术参数。以遂渝线DK10工点路基填筑为例，采取两处土样，一处是风化十分严重的土样（简称填料1），另一处是刚开挖出的土样（简称填料2）。两种土样的击实试验曲线如图10.21和

图 10.22 所示，填料 1 的最佳含水量和最大干密度分别为 12.81%、18.55 kN/m^3，填料 2 的最佳含水量和最大干密度分别为 11.50%、19.07 kN/m^3。

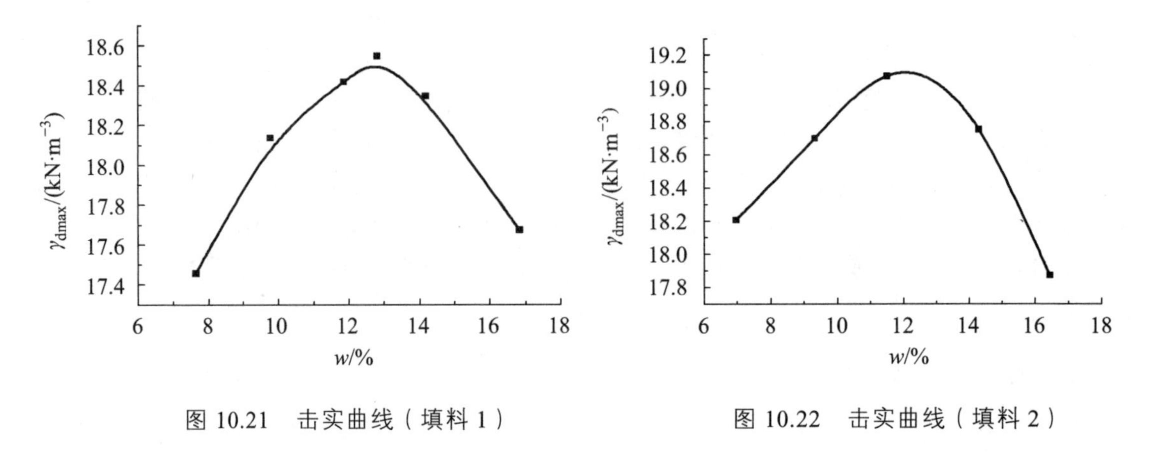

图 10.21　击实曲线（填料 1）

图 10.22　击实曲线（填料 2）

2. 路堤填筑标准

以遂渝铁路 DK10 和 DK61 工点为例，表 10.18 ~ 表 10.20 是 3 种松铺厚度情况下的碾压结果，从中可看出，随着碾压遍数的增加，密实度提高，但 K_{30} 值随碾压遍数而变化。综合可看出，在碾压遍数为 8 ~ 10 遍时，K_{30} 值都最大。因此，确定推荐采用满足遂渝铁路路基压实标准的填筑碾压工艺为表 10.21。

表 10.18　松铺 30 cm 时碾压工艺试验结果

压实遍数	4	6	8	10	12	14	16
含水量/%	8.64	9.01	8.51	8.70	8.80	8.04	6.89
压实度/%	95.04	99.97	102.94	102.61	105.97	107.81	113.22
K_{30} 值 /（MPa/m）	81.6	82.24	84	123.92	108	108.4	149.5

表 10.19　松铺 35 cm 时碾压工艺试验结果

压实遍数	4	6	8	10	12	14	16
含水量/%	10.23	8.45	9.20	9.87	9.82	9.94	9.46
压实度/%	90.32	100.28	99.69	101.54	106.09	104.36	106.74
K_{30} 值 /（MPa/m）	31.8	83.2	79.8	82	107.27	60	54.4

表 10.20　松铺 40 cm 时碾压工艺试验结果

压实遍数	4	6	8	10	12	14	16
含水量/%	10.11	9.55	7.54	9.60	9.22	6.89	9.63
压实度/%	94.55	96.85	101.12	100.34	103.94	103.32	103.97
K_{30} 值 /（MPa/m）	54.2	74.8	85.2	128	128.8	84	84

表 10.21 路堤填筑参数

项 目	基床以下路堤	基床底层
填料类别	红层泥岩挖方弃渣	
最佳含水量	11.5%	
最大干密度	19.07 kN/m^3	
松铺厚度	40 cm	35 cm
压实遍数	静压 2 遍+振压 8 遍	静压 2 遍+振压 6 遍

3. 填筑施工工艺

路堤填筑采用试验段先行，按横断面全宽纵向水平分段分层填筑碾压；按“三阶段，四区段，八流程”的工艺组织施工，路堤填筑施工工艺流程如图 10.23 所示。该段作为铜井庙区间施工中流水作业的一个区段。采用挖掘机装料、推土机配合松土、自卸汽车运料、推土机粗平、平地机精平、重型压路机压实、K_{30}荷载板、灌砂法、地质雷达、面波法检测。

三阶段：准备阶段、施工阶段、整修阶段。

四区段：填土阶段、整平阶段、压实阶段和检测阶段。

八流程：施工测量、地基处理、分层填土、摊铺整平、洒水晾晒、碾压密实、检测签证和路基整修。

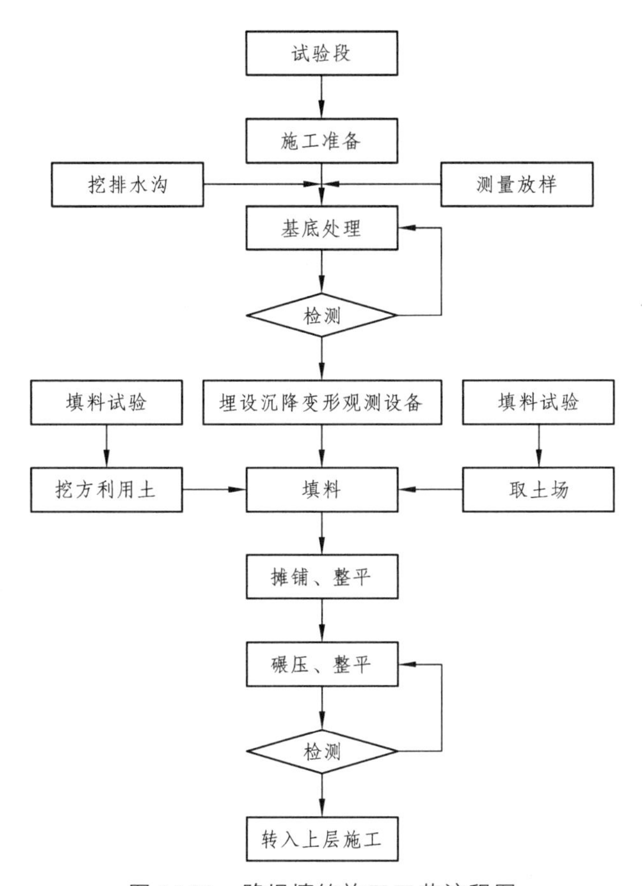

图 10.23 路堤填筑施工工艺流程图

4. **质量控制措施**

路堤填筑开工前，在熟悉设计文件、现场核对和施工调查的基础上，通过填筑路堤试验段，确定合理的松铺厚度、压实遍数、施工控制含水量及填筑工艺，寻求满足遂渝线路基压实标准（见表10.22）的填筑工艺，以指导全线路堤工程施工操作。具体的质量保证措施如下。

表10.22 遂渝线路基压实标准

层 位	压实指标	软质岩填料压实标准/%
基床底层	压实系数 K	≥0.95
	K_{30} 值 /（MPa/m）	≥110
基床以下路堤	压实系数 K	≥0.9
	K_{30} 值 /（MPa/m）	≥90

（1）严格控制松铺厚度：松铺厚度控制有方格网法和挂线法。方格网法是在填料运到前，事先在下承层上打好10 m×10 m的方格网，并按装载车容量和预定松铺厚度计算出每个方格网倒土的车辆数，上料过程中，专人现场指挥装载车辆倒土。挂线法是在路基中线及两侧路肩处分别打入钢钎，钢钎上以油漆标出预定摊铺高度，相邻两钢钎用颜色醒目的细线连接，推土机及平地机司机据此进行摊铺平整。因采用此法所得到的并非是真正的虚铺厚度，而是半压实状态的摊铺厚度，故采用挂线法设置的“虚铺”厚度比预定的小。因此，两种方法结合起来使用，以达到最佳效果。

（2）严格控制填料含水量：每天取样进行含水量试验，一旦含水量增加最佳含水量+2%，暂停施工或换填料。含水量不足时，采用人工洒水。

（3）检测：每层路堤填筑后，都按表10.23规定的检测方法和频数进行自检。检验做到及时准确，检验结果内容齐全，误差不超过规定。每层自检合格后，报请监理进行检测。

表10.23 路堤填筑检测方法和频数

检测方法	检测频数
核子密度仪法	每层沿纵向每100 m检测6点。平行检测两次，距路基边0.5～1 m处4点，中间2点
K_{30} 载荷仪法	每层沿纵向100 m范围内检查2点，路基中间1点，距路基边2 m处1点
灌水（砂）法	每层沿纵向100 m范围内检查1点

参考文献

[1] 刘俊新. 非饱和渗流条件下红层路堤稳定性研究. 西南交通大学，2007.
[2] 徐彩风. 红层填料渗透特性及渗流作用下路堤稳定性研究. 西南交通大学，2007.
[3] 钟静. 成都地区软岩大直径桩符合地基深化设计研究. 西南交通大学，2018.
[4] 许凡. 成都南郊含膏红层特殊地基地质特征及处理技术. 西南交通大学，2018.
[5] 董秀文. Evd检测路基压实质量标准的试验研究. 西南交通大学，2005.

[6] 孙亚婷. 红层松软土粉喷桩复合地基现场测试与数值分析. 西南交通大学，2007.
[7] 魏安辉. 川中红层工程地质特性与路用性研究. 西南交通大学，2006.
[8] 渠孟飞，谢强，赵文，等. 土工格栅加固膨胀土路堤边坡稳定性的试验分析. 铁道标准设计，2016，60（7）.
[9] 刘俊新，杨春和，谢强，等. 基于流变和固结理论的非饱和红层路堤沉降机制研究. 岩土力学，2015，36（5）.
[10] 刘宇，郑立宁，康景文，等. 成都天府新区含膏红层主要工程地质问题分析. 四川建筑科学研究，2013，39（5）.
[11] 荆志东，刘俊新. 红层泥岩半刚性基床结构动态变形试验研究. 岩土力学，2010，31（7）.
[12] 卿三惠，曹新文，谢强. 粉喷桩复合地基及软岩填料路堤的沉降控制研究. 铁道工程学报，2010，227（3）.
[13] 徐彩风，李传宝，钟凯. 红层填料渗透系数测定的方法研究. 路基工程，2008（3）.
[14] 刘俊新，谢强，文江泉，等. 红层填料蠕变特性及工程应用研究. 岩土力学，2008（5）.
[15] 刘俊新，谢强，曹新文，等. 红层填料路堤变形研究. 岩石力学与工程学报，2007，S1：3032-3039.
[16] 董秀文，谢强，郭永春. E_{vd} 与动态模量 E_{d} 相关关系的试验研究. 路基工程，2006（6）.
[17] 邱恩喜，谢强，刘俊新，等. 成长曲线在红层软土地基沉降预测中的应用. 路基工程，2006（6）.
[18] 刘俊新，谢强，白明志，等. 不同压实度下红层泥岩路堤沉降研究. 工程地质学报，2006（5）.
[19] 胡启军，谢强，王春雷. 红层泥岩填筑路堤本体沉降特性研究. 水文地质工程地质，2006（5）.
[20] 林青，曹新文. 软土地基工后沉降预测方法的探讨. 路基工程，2006（2）.
[21] 邱恩喜，谢强，刘俊新. 红层软土地基沉降监测及预测. 铁道工程学报，2006（1）.
[22] 刘俊新，曹新文，胡启军. 红层泥岩路堤离心试验研究. 铁道工程学报，2005（2）.
[23] 陈一立，李晓民，文江泉. 绵阳南郊机场飞行区场道地基加固强夯试验研究. 路基工程，1999（4）.
[24] 邱恩喜，康景文，郑立宁，等. 成都地区含膏红层软岩溶蚀特性研究. 岩土力学，2015，36（S20）.
[25] 文江泉，韩会增. 膨胀岩的判别与分类初探. 铁道工程学报，1996（2）.
[26] 卿三惠. 红层软岩地区高速铁路软基路堤沉降控制研究. 成都理工大学，2007.
[27] 刘洪波. 大直径素混凝土桩复合地基设计计算理论研究. 西南交通大学，2014.
[28] 徐瑞春. 红层与大坝. 武汉：中国地质大学出版社，2003.
[29] 孙立军，冯文凯，吴刚. 四川盆地红层区机场建设中的主要工程地质问题分析. 工程勘察，2015（1）.
[30] 高大钊，姜安龙，张少钦. 确定地基承载力方法若干问题的讨论. 工程勘察，2004（3）.
[31] 李成芳，陈奎，熊启东，等. 重庆地区软质岩地基承载力试验研究. 建筑结构，2017，47（9）.
[32] 周正礼. 铁路地基承载力确定方法研究. 铁道工程学报，2014（2）.

[33] 杨永久. 关于铁路路基地基承载力的讨论. 铁道标准设计，2015，59（10）.
[34] 韦大仕. 红层软岩地基承载力确定方法的研究. 中南大学，2005.
[35] 何沛田，黄志鹤，都爱清. 确定软岩岩体承载能力方法研究. 地下空间，2004，24（1）.
[36] 赵法锁，张伯友，卢金中，等. 某工程边坡软岩三轴试验研究. 辽宁工程技术大学学报，2001，20（4）.
[37] 何玉佩，姜前. 软岩的旁压试验. 岩土工程学报，1994，16（2）.
[38] 李海波，王建新，李俊如，等. 单轴压缩下软岩的动态力学特性试验研究. 岩土力学，2004，25（1）.
[39] 杨光华，姜燕，张玉成，等. 确定地基承载力的新方法. 岩土工程学报，2014，36（4）.
[40] 杜长学. 长沙市典型岩基的工程地质特性及其承载潜力. 桂林工学院学报，1998，18（1）.
[41] 王志亮. 软基路堤沉降预测和计算. 河海大学，2004.
[42] 冯文凯，刘汉超. 修正双曲线法在路基沉降变形初期阶段的应用探讨. 地质灾害与环境保护，2001，12（3）.
[43] 张芳枝，陈晓平，吴煌峰，等. 东深供水工程风化泥质软岩残余强度特性研究. 工程地质学报，2003，54（4）.
[44] ASAOKA A. Observational procedure of settlement prediction, Soils and Foundation, 1978, 18（4）.
[45] 张颖. 泥质膨胀岩工程地质研究. 城市勘测，2009（5）.
[46] 程全，武卫东，闫宏敏，等. 黑山地区膨胀岩土特性与地基处理. 辽宁工程技术大学学报：自然科学版，1999，18（1）.
[47] 赵明华，刘晓明，苏永华. 含崩解软岩红层材料路用工程特性试验研究. 岩土工程学报，2005，27（6）.
[48] 刘志明. 客运专线地基沉降计算、预测方法研究. 西南交通大学，2009.
[49] 何山，韩立军，朱珍德，等. 红山窑膨胀红砂岩地基处理方案研究. 工程勘察，2011（8）.
[50] 孙小明，武雄，何满潮，等. 强膨胀性软岩的差别与分级标准. 岩石力学与工程学报，2005，24（1）.
[51] 崔旭，张玉. 膨胀岩的判别分级与隧道工程. 甘肃水力水电技术，2000，36（3）.
[52] 张金富. 膨胀性软质围岩隧道的施工处理与定量性判别指标的初步探讨. 工程勘察，1987（2）.
[53] 朱训国，杨庆. 膨胀岩的判别与分类标准. 岩土力学，2009，20（supp.2）.
[54] 王铁宏，等. 对高能级强夯技术发展的全面与辩证思考. 建筑结构，2009（11）.
[55] 年廷凯，李鸿江，杨庆，等. 不同土质条件下高能级强夯加固效果测试与对比分析. 岩土工程学报，2009（1）.
[56] 栾帅. 残积土回填地基高能级强夯有效加固深度的研究. 哈尔滨工业大学，2013.

11 红层地下工程

本章所涉及的地下工程，包含在红层中开挖的铁路公路隧道、引水隧洞、地下轨道交通以及各类地下洞室。红层地区的地下工程除与一般的地下工程所共有的特征之外，存在红层特殊岩土性质相关的一些典型问题。本章主要涉及的就是这类典型问题。

11.1 红层地下工程特征

11.1.1 红层地下工程地质环境

西南地区红层主要分布于四川盆地和云南中西部。从地形上划分，主要分布地可分为川中盆地丘陵区、川东盆周峡谷区、滇中盆地丘陵区和滇西高中山峡谷区。

红层岩石由于其形成环境的特殊性，其物质成分复杂多样，可能含碎屑物质、黏土矿物、硫酸盐、碳酸盐、矿藏（包括盐卤水和油气藏）等，红层中的特殊物质成分和结构构造决定了红层的工程特性。红层的地质环境，带来的地下工程问题主要表现在膨胀性、软岩大变形及其流变性、腐蚀性、快速风化崩解性、溶蚀性、浅层气、煤层瓦斯等问题上。

西南红层中有相当大部分是厚层泥页岩、砂页岩互层、中厚层砂岩夹页岩等软岩岩体，具有强度低、易流变等工程力学特征。在地下工程建设中，应高度重视其软岩大变形及长期流变性问题。

西南红层以中生代陆相湖泊沉积的碎屑岩和泥质岩为主。川中盆地侏罗—白垩纪泥质岩中常含有石膏—芒硝等硫酸盐矿物，局部岩层中积聚成层。红层含膏含盐的属性，对地下工程支护结构的防腐是不可忽略的。

形成于不同时代，不同沉积环境下的泥岩、页岩中的黏土矿物不同，其膨胀性强弱不同。特别是在构造强烈区，除岩层变形强烈外，断裂构造使得红层泥岩、页岩中黏土矿物发生改造，易激活黏土矿物的膨胀性。在红层地下工程中，红层膨胀性迄今仍未引起足够的重视，甚至在出现工程问题后，仍然没有采取针对性的措施。

在川中盆地区，除局部构造带外，地质构造不甚剧烈，岩层产状大多较为平缓。但该区域内发育有约 159 个构造隆起，并伴生了众多的断裂构造。裂隙使深部的天然气和储存在低孔渗介质中的地下卤水，在地动压力的驱使下富集到各个构造隆起之浅部。四川盆地油气产层较多，而地下卤水常与油气储存在同一地质体中，形成气水同产的现象。地下工程开挖其中可能遇到天然气和盐卤水腐蚀问题。

红层地区地下水主要为赋存于砂岩岩层、地表坡积物中的裂隙孔隙潜水和深层承压水，是红层隧道涌水的主要含水岩层。在红层泥岩中有裂隙水存在，虽普遍缺水，但切割较强烈的山区局部可富水。地表坡积物中的裂隙孔隙潜水和深层承压水可溶解溶蚀红层中硫酸盐、碳酸盐等可溶性盐，使红层地下水有腐蚀性，局部造成溶蚀空洞。红层中碳酸盐物质在承压水作用下溶解度增大，一旦压力降低，又会发生沉淀。地下水的这些特征，是红层地下工程结构稳定性分析和防护工程设计中应予重视的。

11.1.2 红层隧道一般特征

西南红层多为切割不深、相对高差不大的丘陵地貌。川中、川东、滇中等丘陵缓坡地带的红层隧道一般为浅埋短隧。但穿越构造带的川东、川西南、滇西等地区，也有深埋长隧，但除浅埋段外，大多进入下伏其他非红层地层，严格讲，不视为红层隧道，红层岩土体具有的特殊性并不典型。

在非构造剧烈地区，红层岩层产状较为平缓，岩层倾斜产生的偏压一般不严重；但岩层产状较陡的地区，红层倾斜岩层的偏压仍然是不可忽视的。如渝昆客专全线隧道 149 座，总长 366 km，岩性复杂，且线路走向与地层分界线、构造线大致平行，特别是盐津至小龙潭、牛栏江至会泽段隧道长距离大段落位于构造的一翼。在这个区段中，因红层顺层产生的偏压问题突出、集中，处理不慎，可能给隧道的施工及运营带来较大风险。顺层偏压隧道的岩土参数确定和围岩稳定性分析，以及相应的围岩压力计算，仍然是工程实践中没有很好解决的问题。

11.2 红层地下工程特殊岩土问题

11.2.1 红层隧道含膏含盐地层腐蚀

西南红层含有较多的膏盐组分是红层的特点之一，而西南红层膏盐是以硫酸盐矿物（石膏、芒硝）为主的。在地下水较为丰富的西南地区，隧道衬砌混凝土的腐蚀最主要的就是硫酸盐侵蚀问题。混凝土硫酸盐侵蚀是一个复杂的物理、化学过程，通常情况下，混凝土硫酸盐侵蚀包括硫酸根离子与胶凝材料反应生成膨胀性产物导致的化学侵蚀和硫酸盐自身的物理结晶侵蚀。通常化学侵蚀又可划分为两种：钙矾石膨胀侵蚀和石膏膨胀侵蚀。

西南地区特别是四川地区，红层隧道的腐蚀是非常常见的。在四川境内的达成铁路隧道、成昆铁路隧道、成雅高速公路隧道、成都高层建筑地下空间等，都有不少腐蚀案例（如图 11.1、11.2 所示）。

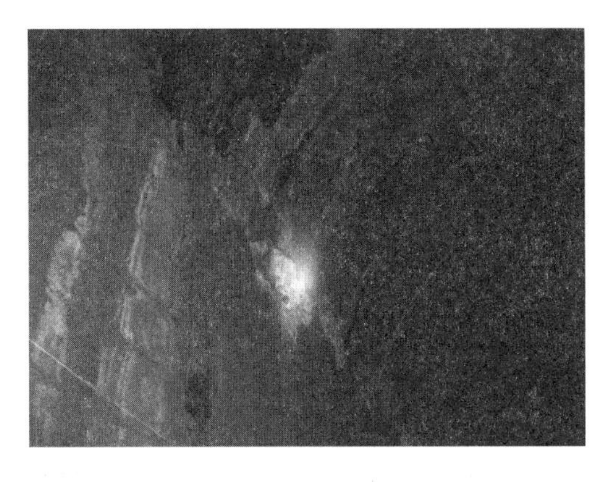

图 11.1　成昆铁路双河口隧道硫酸盐腐蚀

图 11.2　达成铁路土坝隧道硫酸盐腐蚀

根据柯伟（2003）调查，我国年腐蚀损失约 5 000 亿元，直接损失与间接损失各占一半，其中建筑（桥梁、公路、建筑物）腐蚀损失 1 000 亿元，腐蚀破坏引发的安全隐患，特别是以隧道桥梁为代表的基础设施腐蚀破坏对经济的影响，已经成为当今世界突出的问题。

11.2.2　快速风化崩解

隧道工程中红层崩解引起的主要问题是施工期未及时封闭的掌子面的塌方、围岩超挖等。随着施工机械化水平的不断提高，快速封闭，这一问题虽不很突出，但若封闭不及时，特别是在地下水丰富的条件下，有可能由快速风化崩解引发较为严重的后果，造成不必要的损失（如图 11.3、11.4 所示）。

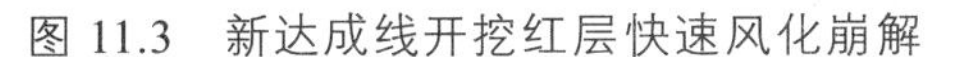

图 11.3　新达成线开挖红层快速风化崩解

图 11.4　新达成线开挖万山寺隧道红层快速风化崩解

11.2.3　红层隧道围岩膨胀变形

红层的膨胀性在红层地下工程中的主要的岩土工程问题之一。根据红层岩石产生膨胀的机理，膨胀性可分为结晶性膨胀、水化吸水性膨胀（内部膨胀和外部膨胀）和扩容性膨胀。

机理不同，其工程表现有所不同。

1. 红层含盐含膏地层结晶性膨胀

结晶性膨胀是含盐含膏地层中各种盐类矿物在地下水及干湿交替作用下发生的。

（1）成昆铁路百家岭隧道内的膨胀现象是硬石膏水化引起的（如图 11.5 所示）。一般处于地表部位的硬石膏，因受地表水与地下水的长期淋蚀，水化过程大都已完成。但地下深处的硬石膏大多尚未水化，百家岭隧道即处于这种情况。经施工开挖，硬石膏暴露，临空面出现，同时隧道又逐渐改变了地下水的渗流环境，于是促使硬石膏发生水化作用，引起了膨胀现象。

（2）成昆铁路南段黑井隧道 1966 年 10 月完工后，就有长约 105 m 一段的铺底发生膨胀、隆起、开裂，并牵动侧沟发生断裂，以后又向前后扩张延伸，总长达 117 m。经将原铺底打碎重做，加厚铺底（最厚达 1 m），但运营期间仍不断膨胀上升。自 1973 年以后的十多年时间内，该段右侧钢轨上升最大处累积已达 0.4 ~ 0.5 m。该段水沟侧壁多由靠线路的一侧向边墙一侧位移，致使其宽度普遍不足 0.3 m（最窄处仅 7 cm），两侧壁顶面高差最大达 0.15 m，水沟盖板严重向边墙倾斜。水沟内普遍有白色针状次生芒硝结晶析出，在长 90 m 一段内，已清除此类析出物厚达 0.4 ~ 0.5 m。白色针状次生芒硝结晶析出物就是在地下水的干湿交替作用下，不断地在铺底下结晶聚集，造成结晶性膨胀。

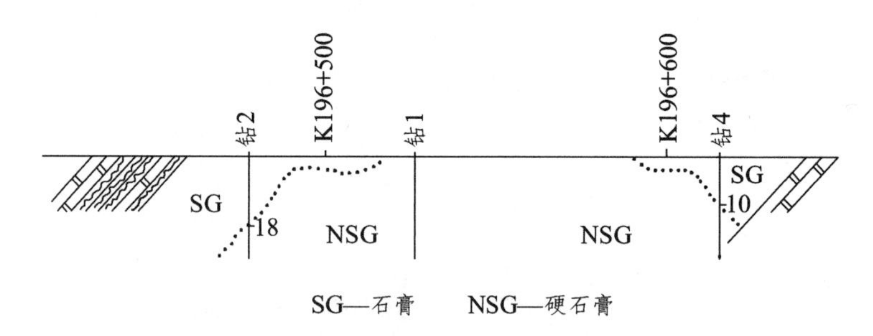

图 11.5　百家岭隧道硬石膏岩地段水化成石膏岩的分布情况示意图

2. 红层泥岩膨胀

红层泥岩膨胀属水化吸水性膨胀，包括内部膨胀和外部膨胀：① 内部膨胀性是水分子进入黏土矿物层间而发生的膨胀，又称层间膨胀；② 外部膨胀性是极化的水分子进入了黏土颗粒表面结合水层而引起的，又称粒间膨胀。

成都西岭雪山公路隧道开挖后，从 1999 年至 2006 年，在隧道相同区段先后 3 次产生拱部裂缝、道面上鼓开裂及侧沟变形开裂，2 次断道加固整治，但仍然没有控制住隧道病害的发展。调查研究发现，隧道围岩由侏罗系遂宁组泥岩夹粉砂岩构成，岩石粉末样自由膨胀率最大可达 130% 以上，岩石粉末样重塑样膨胀力最大可达 162.9 kPa，具有较大的膨胀性（见表 11.1）。同时，由于隧道轴线与断层带近平行，岩石破碎。岩层中含有的芒硝析出结晶堵塞排水侧沟，造成围岩水压上升、膨胀性泥岩有充足的水吸入膨胀，综合作用大大增大了围岩压力，是隧道衬砌持续变形开裂的原因。经重新分析计算后，整治工程于 2008 年 2 月完成，至今再无问题出现。

表 11.1 西岭雪山隧道红色泥岩粉末重塑样膨胀力试验

设计含水率	实测含水率 /%	密度 /（g/cm^3）	干密度 /（g/cm^3）	膨胀力 /kPa	饱水含水（实验后）/%
6	6.4	2.16	2.025	135.16	
6	5.4	2.252	2.136	78.64	11.9
9	9.3	2.275	2.081	156.8	13.8
9	9.3	2.275	2.081	162.9	13.4
12	12.6	2.282	2.026	137.0	

3. 红层软岩扩容性膨胀

红层软岩扩容性膨胀是软岩受力后其中的微裂隙扩展、贯通而产生的体积膨胀现象，亦称应力扩容膨胀性。扩容膨胀是集合体间隙或更大的微裂隙的受力扩容，属于力学机制，即应力扩容机制。扩容性膨胀具有长期性（即流变性）。实际工程中，红层软岩的内部膨胀、外部膨胀和扩容性膨胀是综合机制。但对低应力红层软岩来讲，以内部膨胀和外部膨胀机制为主；对节理化红层软岩而言，则以扩容机制为主。

成昆铁路双河口隧道位于成昆线甘洛站至南尔岗站区间，隧道全长 1 889.5 m。既有隧道衬砌为砼结构。该隧道通过地层为泥质页岩，节理发育，岩性破碎，地下水丰富，在新建施工中多处发生严重塌方，加之地下水侵蚀作用，在隧道衬砌多数地段拱部压碎，出现大量裂纹、掉快，呈长期流变性，其流变发展态势历时 40 多年仍未稳定（见表 11.2）。

表 11.2 双河口隧道整治情况列表

序号	整治年份	起里程 /km	止里程 /km	起洞身标 /m	止洞身标 /m	整治长度 /m	病害情况	整治方法
1	1974 年二期	326.047 0	326.079 0	918	950	32	拱部裂纹掉块	200 级钢筋砼套拱
2		326.320 0	326.400 0	1 191	1 271	80	拱部断续轻微掉块	压浆观察
3		326.496 0	326.525 0	1 367	1 396	29	左侧拱足连续剥落掉块	200 级砼拱足
4		326.560 0	326.576 0	1 431	1 447	16	左侧拱足连续剥落掉块	201 级砼拱足
5		326.595 0	326.613 0	1 466	1 484	18	右侧边墙裂纹外鼓	170 级砼边墙
6		326.618 0	326.640 0	1 489	1 511	22	左侧拱足连续剥落掉块	200 级砼拱足
7	1974 年三期	325.968 0	326.016 0	839	887	48	拱部裂纹掉块	200 级钢筋砼套拱
8		326.022 0	326.047 0	893	918	25	拱部裂纹掉块	200 级钢筋砼套拱
9		326.930 0	326.030 0	801	901	100	拱部断续轻微掉块	压浆观察
10	1985 年	326.399 0	326.439 7	1270	1 311	41	拱顶、拱脚掉块，拱部边墙裂纹，拱圈与边墙有错台现象	压浆、锚杆、网喷砼 15 cm
11	1999 年	325.436 3	325.451 3	307	322	15	拱顶风化掉块	压浆补强
12		325.471 3	325.501 3	347	372	25	左起拱线出现纵向裂纹	压浆补强、嵌补裂缝

续表

序号	整治年份	起里程/km	止里程/km	起洞身标/m	止洞身标/m	整治长度/m	病害情况	整治方法
13	1999年	325.521 3	325.566 3	392	437	45	拱部边墙掉块	压浆补强
14		325.671 3	325.621 3	442	492	50	拱部边墙掉块	压浆补强
15		325.651 3	325.696 3	522	567	45	左右起拱线处掉块	压浆补强
16		325.769 3	325.779 3	640	650	10	拱部掉块	压浆补强
17		325.821 3	325.862 3	692	733	41	裂纹掉块	压浆补强
18		325.862 3	325.876 3	733	747	14	裂纹掉块	全断面更换衬砌，新作仰拱
19		325.939 3	325.949 3	810	820	10	裂纹掉块	压浆补强
20		326.141 3	326.166 3	1 012	1 037	25	裂纹掉块	全断面更换衬砌，新作仰拱
21		326.166 3	326.186 3	1 037	1 057	20	裂纹掉块	压浆补强、嵌补裂缝
22		326.226 3	326.251 3	1 097	1 122	25	拱部，左边墙风化掉块	压浆补强
23		326.361 3	326.411 3	1 232	1 282	50	拱部，右边墙风化掉块	压浆补强

隧道在1990年代进行电气化改造时，曾进行过整治，情况略有好转。但到2011年，病害又有发展的态势。经采用地质雷达对隧道衬砌进行的检测表明，各测线上均存在的空洞，但总体来看，边墙及拱腰脱空均不严重，大多表现为局部脱空或围岩松散。对地下水的检测表明其无腐蚀性。因此，断定该隧道病害系围岩中的紫红色泥岩在应力作用下岩体破碎、且具有弱膨胀性导致的长期流变所致。

11.2.4 红层浅层气隧道

浅层天然气对红层隧道工程来说是一大地质灾害，对隧道安全施工有严重的危害。达成铁路炮台山隧道地处四川金堂县境内龙泉山东测，穿越牛形山—李家山一线，南临沱江。隧道全长3 078 m，位于龙泉山箱形背斜北端东翼之挠曲部位，局部发育有褶曲和断层。大部分地段岩层呈单斜状，倾角6° ~ 11°。洞身围岩达县端数百米为白垩系下统厚层红色泥岩、钙质胶结的砂岩夹泥岩，其余2 km多均为侏罗系上统的红色砂岩、泥岩互层。1994年4月当施工平导由成都方向掘进至808 m时，于4月3日和4月4日发生2次天然气燃烧、爆炸事故，造成伤4人、死亡13人的重大伤亡事故。天然气逸出处是红层巨厚层砂岩，采样分析天然气含甲烷95.42%。

无独有偶，离炮台山隧道不远的五洛公路一号隧道在2015年2月24日春节过后，复工的第一天发生了一次天然气爆炸事故，是死亡 1 人、重伤 2 人、轻伤 8 人的重大伤亡事故。目前，关于天然气的来源，有一种观点认为是在其下距隧道深 3 000 m 处的须家河煤系地层，沿岩层陡倾角的节理裂隙向上运移至浅部的储气构造（三皇庙背斜）内（如图 11.6 所示）。近些年石油部门的研究结果认为，川西地区侏罗系红层中具备生气条件，天然气是多源的，有自源的，也有远源的。深部气源背景、浅部扩散渗虑和断裂网络系统是控制红层浅层气的重要因素，其间配置关系直接控制着川西红层浅层气的成藏与分布。

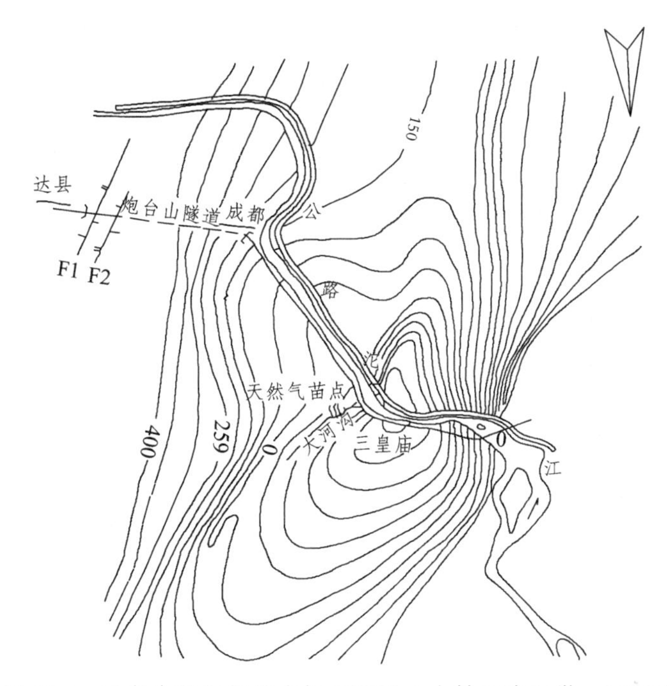

图 11.6　三皇庙储气构造底板埋深图（中铁二院提供，2004）

天台寺隧道及云顶山隧道穿越龙泉山背斜，在施工过程中也有瓦斯溢出现象，但这两座隧道均按照高瓦斯隧道设计施工，采取了严密的防爆措施，从而保证了整修施工过程的安全，未发生任何瓦斯安全事故。川中平缓构造含油气区，地下天然气有可能沿基岩孔隙上逸，含油气区隧道工程施工应进行有害气体的监测并加强通风，避免意外事故发生。

11.2.5　红层隧道溶蚀

地下工程通过红层可溶性地段可能遇到地下空洞和溶蚀物再沉淀堵塞排水系统问题。1928 年 3 月 12 日美国加利福尼亚州圣佛兰西斯重力坝，因坝基红色砾岩中石膏胶结物被溶蚀，导致坝基渗透稳定性的破坏，大坝在几分钟内便垮塌了，不仅损失了上千万美元，而且造成 400 多人死亡。成昆铁路建设中的黑井隧道、法拉隧道和沙木拉打隧道施工中遇到红层中石膏、钙芒硝等易溶盐问题，给工程造成一定的危害。长沙地铁也遇到湘浏盆地红层溶蚀风化问题。大双公路西岭雪山隧道病害之一，就是红层中钙质溶蚀物有结晶沉淀（如图 11.7 所示），堵塞了排水盲管，使围岩中的地下水不能顺利排出而扩散至拱顶拱腰滴落，危害行车安全。地下水甚至扩散渗入至围岩泥岩中，引起膨胀泥岩发生膨胀。成都市天府新区龙湖世纪城勘探时发现有溶蚀空洞。

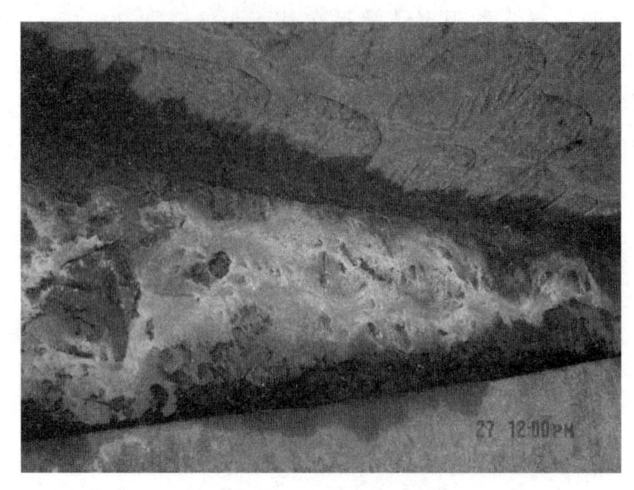

图 11.7　西岭雪山隧道侧沟中碳酸钙结晶

红层中很多含大量碳酸钙物质，在一定条件下碳酸钙发生溶解，尤其在有一定压力下碳酸钙溶解度加大。溶解的碳酸钙一旦压力降低，又很快过饱和结晶沉淀在地下工程的排水系统中堵塞排水系统或使其失效。

邱恩喜等（2015）的试验结果表明，红层软岩中含膏红层及其环境水的腐蚀性显著增强；遇水后，红层岩石中的可溶性成分逐渐溶解，流失。随着时间的积累，红层软岩孔隙增大，渗透性增强，红层的完整性丧失，强度衰减；在酸性环境水的作用下红层软岩中的钙质胶结物流失加剧，结构连接破坏严重，对红层岩石的结构强度影响较大。单轴抗压强度从 8.5 MPa，降低到 2 MPa，降低了 76%；波速明显减小，从 2 204 m/s 减小至 1 355 m/s，减小了 40%。

含膏红层的溶蚀洞穴是影响工程稳定性的主要问题，其中含膏红层在外界条件影响下的溶蚀发展规律，及溶蚀含膏红层在外部载荷下的稳定性特征更加至关重要。但由于之前建设工程场地含膏红层和含碳酸钙红层揭露少，典型工点较为罕见，建设工程中关注不多。含膏红层和含碳酸钙红层的溶蚀性，对地下工程的稳定性影响较大，但在目前在各种建筑勘察、设计及施工规范中涉及较少，尤其是含膏红层孔洞的综合勘察技术、隧道和基础工程含膏红层工程特征评价标准、含膏红层工程处理措施，更研究有限。

11.2.6　红层隧道煤层瓦斯

西南红层涉及含煤的地层主要以白垩系、侏罗系和三叠系为主，其主要含煤地层和分布区域见表 11.3。

随着我国西南地区高速铁路、高速公路的建设发展，不可避免地会出现很多穿越红层煤系地层隧道，如南昆铁路家竹箐隧道、内昆铁路朱嘎隧道、宜万铁路野三关隧道、兰渝铁路熊洞湾隧道、梅岭关隧道、肖家梁双线隧道、图山寺隧道、广渝高速公路华蓥山隧道、巴彭公路铁山隧道、都汶高速紫坪铺隧道等，这些隧道均出现过瓦斯燃烧、爆炸及瓦斯突出的灾害问题。

表 11.3 川滇红层与煤系岩性（据盛莘夫等，1962，有修改）

分区	地层：系	地层：组		主要岩性	主要分布区
云南滇中区	白垩系	元永井组		紫红、紫灰色长石砂岩夹泥岩、底部具砾岩	滇东曲靖、富源，滇南开远，滇东北昭通、镇雄
		裸子田组		砖红、紫红等色泥岩及细砂岩、粉砂岩	
		桃园组		灰黄、灰绿钙质泥岩及泥灰岩夹细砂岩	
		罗苴美组		紫红、紫灰色细至中粒砂岩、泥岩，常具底砾岩	
	侏罗系	云龙镇组		黄灰、紫灰色长石砂岩、长石石英细砂岩及泥岩	
		空渴组		浅黄、黄绿、紫红等色泥岩及泥灰岩夹砂砾岩	
		旱谷田组		紫红色细砂岩，泥岩及黄绿色泥岩夹灰色砂岩，下段称酒红层	
		上禄丰组		紫红、灰绿杂色泥岩及泥灰岩夹砂岩，下部浅灰色黄色富矿质砂岩	
		下禄丰组		暗紫红色，泥岩夹绿黄、灰褐色砂岩	
		一平浪煤系	舍资组	灰白色砂岩，黑色炭质页岩，上部夹紫色泥岩	
			干海子组	厚层砂岩与炭质页岩或灰绿黄色页岩	
			普家村组	青灰绿色、深灰色云母细砂岩	
	三叠系	火把冲煤系		上部为海相沉积黄色、黄褐色、黄绿色等页岩。下部以陆相为主的海陆交互相沉积	
		滇西祥云为马鞍山组，为海相沉积的灰褐色页岩及薄层细砂岩			
川滇过渡区	白垩系	雷打坡组		棕红色细砂岩、长石砂岩为主	四川攀枝花、西昌、云南华坪、宁蒗等
		小坝组		紫红色、黄绿色等杂色泥岩夹页岩，粉砂岩；上部紫灰色泥岩、页岩为主	
		大铜厂组		灰紫色，棕紫色砂页岩，底部有黄色肉红色砾岩	
	侏罗系	重庆群		紫红、黄绿等杂色泥岩与泥灰岩成不等互层，相当于滇中区空渴组	
		上益门组（上禄丰组）		上部酒红色为主的砂岩、页岩及钙质泥岩，上段夹泥灰岩，下部杂色泥岩、泥灰岩及砂岩，底部为富矿质砂岩	
		下益门组（下禄丰组）		杂色泥岩，黄绿，暗紫等色砂页岩	
		白果湾煤系		上部黑色及黄绿色页岩、砂岩。中部黑色及黄绿色页岩夹黄绿色砂岩。下部黑色灰黑色页岩夹砂岩	
四川盆地	白垩系	嘉定组（城墙岩组）		上部泥岩和钙质泥砂岩互层，往下为砖红色含长石石英砂岩。中部砂岩夹泥岩，砂岩为紫红色厚层状粉粒，钙质较下部增加。下部砖红色砂岩及底砾岩，砂岩呈块状，细粒石英为主	宜宾、珙县、广元、旺苍、威远、资中、乐山、峨眉、犍为、华蓥山、龙门山、永川、荣昌、南桐、綦江
	侏罗系	重庆群	蓬莱镇组	紫红、灰紫色泥岩夹黄绿页岩和灰岩，下部砂砾岩	
			遂宁页岩	砖红，浅紫色泥岩夹粉砂岩，底部砂岩含砾岩	
			上沙溪庙组	紫红暗红色砂质泥岩及泥岩与长英岩	
			下沙溪庙组	紫色暗红色泥岩夹灰绿色中至粗粒长石石英砂岩	
		自流井组	凉高山组	暗灰色细砂岩；大安寨组：上部灰岩，页岩。下部紫红色泥岩	
			珍珠冲层	暗红及紫红色泥岩和石英砂岩互层	
		香溪煤系		厚层至块状长石砂岩与泥页岩、细砂岩、粉砂岩及炭质页岩	
	三叠系	须家河组		青灰色、黑色砂页岩、泥岩互层	

兰渝铁路熊洞湾隧道穿越的地层主要为：侏罗系沙溪庙组（J_2s）泥岩夹砂岩、泥岩、砂岩互层；侏罗系千佛岩组（J_2q）泥岩、砂岩互层；侏罗系白田坝组（J_1b）泥岩夹砂岩、煤线、砾岩及砂岩；三叠系须家河组 1 ~ 6 段；三叠系飞仙关组页岩夹泥灰岩等。隧道穿越三叠系上统须家河组、侏罗系白田坝组 5 段含煤地层，估算瓦斯涌出量 0.56 m^3/min，深孔钻探测试瓦斯压力 0.21 ~ 0.88 MPa，该隧道为高瓦斯隧道，高瓦斯段长度 2 560 m。

紫坪铺隧道洞身段穿越三叠系须家河组地层，以深灰、灰色薄至中层状泥岩、砂质泥岩、粉砂岩及细—粗粒砂岩为主，夹灰黑色炭质泥岩及薄层煤。据紫坪铺隧道瓦斯浓度检测记录分析，紫坪铺隧道大部分区段瓦斯浓度<0.3%，瓦斯涌出量小于 0.5 m^3/min，但部分区段瓦斯涌出量超标，实际测得最大绝对瓦斯涌出量达 3.19 m^3/min。紫坪铺隧道左洞 LK14+272 段掌子面施工时发生坍方，形成空腔。由于空腔积聚瓦斯浓度过高，且工作灯破碎产生火花引发瓦斯燃烧事故。右洞施工出现了更大规范的坍方，形成空腔，空腔内积聚的瓦斯浓度过高，作业时动力电源使用明插头产生火源，导致发生瓦斯爆炸，造成 40 多人死亡，10 多人重伤的重大工程事故。

11.3 红层隧道稳定性评价

11.3.1 隧道红层软岩流变性评价

红层软岩具有透水性弱、亲水性强、遇水易软化（或膨胀）、失水易崩解（或收缩）、强度低等特点，红层隧道工程围岩稳定性评价时，不仅要考虑岩体的地质特性、物理力学性质，还要充分考虑红层软岩的流变特性。朱定华（2002）等对红层软岩的流变试验，发现红层软岩存在显著的流变性，符合伯格斯模型，并得到 4 种典型软岩（强风泥岩、中风泥岩、强风化泥质粉砂岩、中风化泥质粉砂岩）的模型参数。试验得出长期强度一般是其单轴抗压强度的 63% ~ 70%。谌文武（2009）等在研究引洮输水工程时，通过单轴压缩试验也发现红层软岩存在显著的流变特性，符合伯格斯模型，并求取了不同应力水平下的流变参数。通过测定试样含水率，研究含水率对红层软岩强度和流变特性的影响。发现含水率越高，抗压强度越低，流变量越大，流变率也越大，达到稳定的时间也越长，流变应力越高，稳定的流变率越大。试验结果表明，红层软岩流变试验曲线与理论曲线基本吻合，伯格斯模型能较好地描述红层软岩的流变特性。由此确定的参数可用于黏弹性分析。张永安（2004）等对滇中红层进行剪切流变试验，提出红层泥岩长期抗剪强度的取值范围为短期强度的 0.8 ~ 0.9。

隧道红层软岩流变主要考虑压缩流变和剪切流变特性，有关红层软岩流变特性见第 5 章相关内容。此处以滇中引水工程隧道软岩流变特性为例，隧道红层软岩流变性评价进行说明。张翔等（2015）选取滇中白垩系江底组及普昌河组红层岩石进行了单轴压缩流变试验和剪切流变试验。结果表明，普昌河组红层岩石长期抗压强度的平均值为 22.70 MPa，江底河组红层岩石长期抗压强度平均值为 22.75 MPa，较瞬时抗压强度 45.35 MPa 和 36.63 MPa 分别降低了 49.9% 和 37.9%，说明了红层软岩的长期抗压强度不高，蠕变明显，长期强度建议按单轴抗压强度的 70% 取值。

剪切试验结果分析表明：阻尼蠕变阶段红层软岩在较低的剪应力条件下，岩体的变形量随着时间的推移变化较小，变形达到稳定的时间相对较短；非阻尼蠕变阶段，当岩体剪应力持续增大到达 τ_0 或者超过 τ_0 时，岩体变形量将随着时间的变化快速增加直至破坏，说明 τ_0 为该岩体的长期强度值。分析得出红层软岩长期抗剪强度值：内摩擦角约 35.37°，摩擦系数 0.71，内聚力为 2.52 MPa，与直剪试验相比软岩长期抗剪强度的内摩擦角降低了约 20%，内聚力降低了 60%，说明软岩在长期剪切荷载条件下岩体泥质胶结物流变显著。

滇中引水工程隧洞红层软岩流变主要表现为拱顶下沉、边墙内挤、洞底隆起，对隧洞结构稳定性影响重大。结合红层工程地质特征及岩体的长期强度，提出滇中软岩隧洞挤压变形评价方法与围岩分级对应关系见表 11.4。

表 11.4　滇中引水工程软岩隧道挤压变形评价方法（张翔，2015）

变形程度		无挤压	轻　微	中　等	严　重	极严重
围岩强度应力比		≥1.15	1.15～0.45	0.45～0.25	0.25～0.15	<0.15
围岩类别		Ⅲ	Ⅳ		Ⅴ	特殊不良
施工期变形	ε/%	$\varepsilon \leqslant 1$	$1.0<\varepsilon \leqslant 2.5$	$2.5<\varepsilon \leqslant 5.0$	$5.0<\varepsilon \leqslant 10.0$	$\varepsilon>10.0$
	变形量 d/cm	$d \leqslant 5.86$	$6.03<d \leqslant 15.08$	$15.08<d \leqslant 30.15$	$30.15<d \leqslant 60.3$	>60.3

对于红层软岩隧道，通过研究软岩物理力学特性与应力-强度间的关系，建立符合软岩隧道挤压变形的评价方法，为正确评价软岩隧道围岩变形和稳定性有着重要意义。

11.3.2　隧道红层顺层偏压评价

隧道偏压主要由地形原因、地质原因和施工原因引起。红层隧道一般埋深较浅，对于傍山隧道，受地面地形影响，侧压力较大，引起偏压。此外，产状倾斜的红层，若存在软弱结构面或滑动面，施工中一旦受到扰动，岩体就会沿软弱结构面或滑动面滑动，形成偏压。

对于地形引起的偏压，围岩类别、地面坡度和覆盖层厚度是判别隧道偏压的 3 个重要因素。《铁路隧道设计规范》（TB 10003—2016）规定，当隧道外侧拱肩至地表的垂直距离等于或小于表 11.5 所列数值时，应视为地形偏压隧道。一般在Ⅲ～Ⅴ级围岩中，以地形引起偏压为主。

表 11.5　单线偏压隧道外侧拱肩至地表垂直距离

围岩级别	地面坡度			
	1∶1	1∶1.5	1∶2	1∶2.5
石Ⅳ	5.0	4.0	4.0	
土Ⅳ	10.0	8.0	6.0	5.5
Ⅴ	18.0	16.0	12.0	10.0

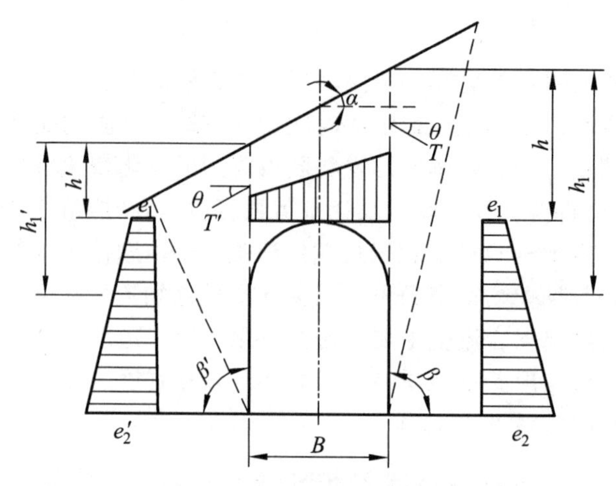

图 11.8 偏压隧道衬砌作用（荷载）计算图式

假定偏压分布图形与地面坡一致，荷载作用下其垂直压力计算方法如下：

$$Q=\frac{\gamma}{2}[(h+h')B-(\lambda h^2+\lambda' h'^2)\tan\theta] \tag{11-1}$$

式中 h，h'——内、外侧由拱顶水平至地面的高度（m）；

B——坑道跨度（m）；

γ——围岩重度（kN/m^3）；

θ——顶板土柱两侧摩擦角（°），当无实测资料时，可参考表 11.6；

λ，λ'——内、外侧的侧压力系数；

φ_c——围岩计算摩擦角（°）。

表 11.6 摩擦角 φ 取值

围岩级别	Ⅰ～Ⅲ	Ⅳ	Ⅴ	Ⅵ
θ	$0.9\varphi_c$	（0.7～0.9）φ_c	（0.5～0.7）φ_c	（0.3～0.5）φ_c

地质构造引起的偏压与下列因素有关：① 围岩的工程地质条件及控制性裂隙、节理、层理或软弱面产状及其与隧道轴线的组合关系；② 围岩扰动范围；③ 控制性软弱面的抗剪强度及法向应力大小。

由地质构造引起的偏压，多发生地裂隙较多的层状岩体中，尚无完善的计算方法。计算时，需查明围岩被割裂或松动的范围、软弱结构面的强度指标，按极限平衡法计算，以图 11.9 所示为例进行说明。

当岩体受两个软弱面 ab、cd 及一组不利节理 bc 切割形成偏压块体构造时，偏压计算如下：

$$Q_P=F-T \tag{11-2}$$

式中 F——岩体下滑力（kN），$F=W\sin\alpha$；

W——下滑块体重力（kN）；

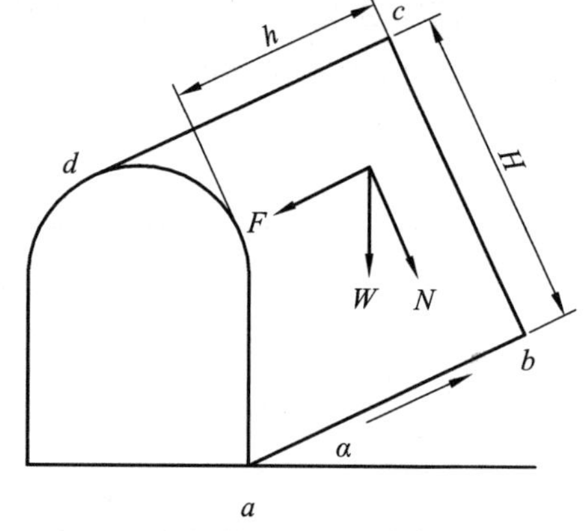

图 11.9 地质偏压隧道荷载计算图式

α——软弱面倾角（°）;

T——ab 面上的摩阻力（kN），$T = W\cos\alpha\sin\varphi$;

φ——软弱面的内摩擦角（°）。

对红层隧道中最容易产生的由于岩层倾斜产生的顺层偏压，主要采用数值分析或模型试验的方法进行偏压荷载计算。任桂兰、于跃勋（2004）结合相似模型试验及有限元模拟，对现场监控量测数据进行了分析，研究了地质顺层偏压隧道在不同岩层倾角状况下，围岩压力与衬砌结构内力的分布特征。周晓军（2005）从理论分析和模型试验两个方面对地质顺层偏压隧道的围岩压力进行了研究，推导了围岩压力的计算方法，并从试验量测数据得出了围岩压力的变化规律。通过模型试验表明，顺层岩体的走向、倾向以及衬砌结构的位置而言，同一顺层倾角状况下，左右两侧衬砌结构对应点的围岩压力分布特点为：左侧围岩的压力大于右侧围岩的压力，因此顺层岩体中隧道衬砌结构所受的压力为左侧要大于右侧，因而结构承受偏压载荷。对于地质顺层偏压隧道而言，隧道围岩压力随着顺层倾角的增大而逐步增大，且隧道衬砌左右两侧围岩压力差随着顺层倾角的增大也逐渐增大。当顺层倾角 $\beta \in [30°, 40°]$ 时，隧道左侧围岩压力大于右侧的压力，且围岩压力增加的幅度较大。而当顺层倾角在 $\beta \in [40°, 60°]$ 区间变化时，隧道左侧围岩压力仍大于右侧围岩压力，但此时增加的幅度较小，两者的变化不服从线性关系。隧道拱顶部位的压力随着顺层倾角的增大而逐步减小，但减小的幅度较为缓慢。随着顺层倾角的进一步增大，左右侧围岩压力差随着角度的增加而逐步较小，即表明隧道左右两侧边墙所承受的围岩压力将随着倾角的增大而逐步趋于相同，即由非对称荷载逐步趋于对称载荷。

邓彬（2007）采用理论分析与有限元数值计算相结合的方法，研究了在地质顺层岩体中单线铁路隧道偏压作用的计算方法，以及顺层倾角、岩层厚度等因素对偏压作用的影响，计算表明，顺层倾角为 45° ~ 55° 时，偏压压力差达到最大值。王磊（2008）通过对不同围岩类别时，地围岩分界面与地面夹角为 90°、60°、30°、0° 时，围岩的压力以及初期支护内力变化特征进行了分析，表明围岩压力值地隧道两侧同一位置处，与地面夹角 90°、60° 时上半部分拱腰处围岩压力左侧小于右侧，夹角 30°时，变为右侧小于左侧，说明岩层倾角的变化产生了偏压，夹角越大，偏压越明显，两侧围岩的变形就越不协调。

11.3.3 红层膨胀性围岩稳定性

关于膨胀性岩石对隧道稳定评价的分析和计算的方法，目前不论是规范还是工程界都没有统一认识。通常是根据具体工程的需要开展有针对性的个体工程研究。从设计的角度看，围岩膨胀引起的效应是围岩压力的改变，从而引起衬砌结构的变化。而隧道衬砌设计主要依据的是围岩分级，通过简单的换算不同围岩级别的围岩压力在增加膨胀力后的变化，可以此调整围岩级别的修正，为设计提供参考。

西南红层泥岩的膨胀性一般为弱到中，对应的最大膨胀力一般为 80 ~ 160 kPa。根据含水量与膨胀力的关系研究，隧道围岩的岩石含水量非特殊情况达不到饱和含水量，一般为饱和含水量的 40% ~ 60%。因此，实际膨胀力一般可按最大膨胀力的 20% ~ 40% 计算，据此可以根据估计红层泥岩膨胀力的强弱，对红层泥岩隧道围岩级别进行折减（见表 11.7）。

表 11.7　红层泥岩膨胀性对隧道围岩级别的修正

项　目	Ⅲ级	Ⅳ级	Ⅴ级	Ⅵ级
弱膨胀泥岩	Ⅳ级	Ⅴ级	Ⅵ级	Ⅵ级
中膨胀泥岩	Ⅴ级	Ⅵ级	Ⅵ级	Ⅵ级

对于一些重点工程的红层膨胀性隧道,其围岩稳定性的分析仍然需要采用包括数值模拟、现场测试等手段进行专题研究。在本章第 11.4.5 节提供了一个关于红层泥岩膨胀性隧道分析及工程处理的实例可供参考。需要注意的是，在数值模拟中，宜采用基于含水量变化与膨胀力发挥效应的湿度应力场理论进行分析，以避免以往那种直接采用最大膨胀力试验值导致围岩压力计算过大而难以在实际设计中应用的弊端。

11.3.4　红层隧道的涌水评价

《铁路工程水文地质勘察规程》（TB 10049—2004）给出了预测隧道涌水量的方法。

1. 降雨入渗法

当隧道通过潜水含水体且埋藏深度较浅时，可采用降雨入渗法预测隧道正常涌水量。

$$Q_s = 2.74\alpha \cdot W \cdot A \tag{11-3}$$

式中　α——降雨入渗系数，按表 11.8 取值；
W——降雨强度（mm）；
A——汇水面积（km^2）。

表 11.8　红层地下水涌水量计算降雨入渗系数

岩 石 类 型	降雨入渗系数
红层碎屑岩	0.008 ~ 0.18
红层泥质岩、风化层	0.01 ~ 0.03
红层承压水	0.008 ~ 0.03

2. 地下径流模数法

当越岭隧道通过一个或多个地表水流域时，预测隧道正常涌水量可采用本方法，计算公式为：

$$Q_s = M \cdot A \tag{11-4a}$$

$$M = Q'/F \tag{11-4b}$$

式中　Q_s——地下水径流量（m^3/d）；
M——地下水径流模数 [$m^3/(d \cdot km^2)$]，按表 11.9 取值；
A——汇水面积（km^2）；

Q'——地下水补给的河流的流量或下降泉（m^3/d），采用枯水期流量计算；

F——与 Q' 的地表水或下降泉流量相当的地表流域面积（km^2）。

表 11.9 红层地下水涌水量计算径流模数

岩石类型	地下水径流模数 /[L/(s·km²)]
红层碎屑岩	0.025 ~ 4.43
红层泥质岩、风化层	0.054 ~ 0.349
红层承压水	0.138 ~ 0.27

3. 比拟法

相似比拟法是通过开挖导坑时的实测涌水量，推算隧道涌水量，或用隧道已开挖地段涌水量来推算未开挖地段涌水量。相似比拟法适用于岩层裂隙比较均匀，比拟地段的水文地质条件相似，涌水量与坑道体积成正比的条件。当附近有既有隧道时，也可参照计算。

根据开挖导坑时的实测涌水量推算隧道涌水量：

$$Q_s = \frac{F}{F_0}\frac{S}{S_0}Q_0 \tag{11-5}$$

式中 F——隧道过水断面面积（m^2）；

Q_0——导坑涌水量（m^3/d）；

F_0——导坑过水断面面积（m^2）；

S_0——导坑地下水水位降低值（m）。

4. 地下水动力学法

地下水动力学计算隧道涌水量的公式，都是由地下水运动基本微分方程导出的，包括古德曼经验式、佐藤邦明非稳定流式、裘布依理论式，其中较常用的裘布依理论式的数学表达式为：

$$Q_s = BK\frac{H^2 - h_0^2}{2R} \tag{11-6}$$

式中 B——隧道长度（m）；

K——渗透系数（m/d），按表 11.10 取值；

H——含水层厚度（m）；

h_0——隧道边沟处潜水含水层厚度（m）；

R——影响半径（m），视含水层性质取值为 80 ~ 500 m。

表 11.10 红层岩石的渗透系数

岩石类型	渗透系数 /（m/s）
泥 岩	$2.89\times10^{-7} \sim 8.37\times10^{-7}$
粉砂岩	$5.06\times10^{-8} \sim 2.15\times10^{-7}$
细砂岩	$1.14\times10^{-7} \sim 4.22\times10^{-7}$
中砂岩	10^{-5}
粗砂岩	10^{-5}

11.3.5 红层隧道膏盐溶蚀腐蚀评价

1. 红层隧道易溶盐溶解性评价

红层隧道地质环境中的可溶盐的溶解以及其溶解形成的空洞，对隧道衬砌以及隧道围岩稳定性会造成很严重的问题。关于红层溶蚀的影响和评价标准，已在本书第 6 章详细叙述，其对隧道的影响和评价是相同的，可参考第 6 章相关内容，在此不再重复。

2. 红层隧道易溶盐腐蚀性评价

自然地质环境下混凝土结构腐蚀性问题经多年的研究，已经有很成熟的评价标准。关于红层隧道易溶盐环境下地下水腐蚀性评价可遵照国家标准《岩土工程勘察规范》（GB 50021—2009）。其他可参照《铁路工程地质勘察规范》（TB 10038—2007）。具体评价方法和标准参见本书第 6 章。

11.3.6 隧道红层有害气体评价

西南红层中的隧道工程所涉及的有害气体来自煤系地层和浅层天然气。其评价方法分述如下。

1. 浅层天然气

西南红层浅层仅限于地表以下数百米的地层内，其气体储量都较小，但若天然气含量达到 3%～5%，就会在隧道施工过程中引起爆炸，带来严重的人员伤亡及财产损失。

1）天然气储量计算公式

石油天然气行业常用的天然气储量计算公式如下：

$$G=\frac{A_{\mathrm{g}}\cdot h\cdot\varphi\cdot(1-S_{\mathrm{v}i})}{B_{\mathrm{v}i}} \tag{11-7}$$

式中 G——天然气地质储量（m^3）；

A_{g}——含气面积（m^2）；

h——平均有效厚度（m）；

φ——平均有效孔隙度；

$S_{\mathrm{v}i}$——平均原始含水饱和度；

$B_{\mathrm{v}i}$——平均地层天然气体积系数。

2）浅层天然气溢出量估算

针对隧道工程，能自由溢出的天然气才会对隧道工程产生危害，所以，利用天然气储量计算公式，浅层天然气溢出量估算公式如下：

$$G_{\mathrm{y}}=\frac{A_{\mathrm{g}}\cdot h\cdot\varphi\cdot c_{\mathrm{p}}}{B_{\mathrm{v}i}} \tag{11-8}$$

式中　G_{y}——浅层天然气溢出量（m^3）；

c_{p}——浅层天然气浓度，计算时可有用钻孔浅层天然气测试浓度值。

其余符号意义同前。

以成贵铁路乐山—兴文段隧道为例，结合野外钻孔测试中天然气流量，以及钻孔孔径与隧道断面之间的尺寸效应，综合估算得到各隧道浅层天然气单位时间最大溢出量估算表，见表 11.11。

表 11.11　浅层天然气可能溢出量计算表（据岳志勤等，2015）

隧道名称	猫鲁寺隧道	兴隆平隧道	石柱山隧道
隧道长度/m	4 306	2 795	757
隧道埋深/m	195.8	71.7	88
构造位置	长宁背斜北翼	老翁场气田	寿保场背斜南东翼
地　层	T_3xj	J_2s	J_2s
高瓦斯段长度/m	1 540	1 800	757
宽/m	200	200	200
孔隙度/%	5.1	4.6	5.5
最大浓度/（$\times10^{-6}$）	19 240	18 720	16 450
最小浓度/（$\times10^{-6}$）	18 790	18 400	15 420
厚度/m	20	20	20
钻孔天然气流量/（$\times10^{-6}\ \mathrm{m}^3/\mathrm{min}$）	450	320	400
可能溢出量/（$\times10^4\ \mathrm{m}^3$）	60.44	96.27	27.39

3）危害评价

岳志勤等（2015）通过搜集分析成贵铁路周边的南昆铁路、内昆铁路、达成铁路、渝怀铁路、都汶高速、沪蓉高速、水电站等已建成的 28 座高瓦斯隧道工程经验及施工数据，其瓦斯浓度最低为 0.4%，瓦斯涌出量最小为 0.142 $\mathrm{m}^3/\mathrm{min}$，瓦斯压力最小为 0.20 MPa。根据这些工程经验数据，再结合成贵铁路乐山—兴文段隧道所处的含油气构造位置等因素，借用概率理论，综合评价其受浅层天然气危害程度，结果见表 11.12。

表 11.12　成贵铁路乐山—兴文段瓦斯隧道分级统计

分　区	高瓦斯	低瓦斯	可能遇见瓦斯	合　计
隧道数/座	3	24	54	81
占隧道总数的比例/%	3.7	28.9	64.3	100

2. 煤系地层

1）国内外矿井瓦斯分级

国内外矿井瓦斯分级方法主要有三类：英国、澳大利亚等国对瓦斯等级无明确划分，将所有穿越煤层的矿井皆认为是瓦斯矿井，无煤层的矿井视为非瓦斯矿井；日本、中国台湾地区采用回风巷瓦斯浓度指标作为瓦斯等级划分依据，实质上考虑了通风管理，人为因素等因素；苏联根据相对（绝对）瓦斯涌出量作为矿井瓦斯等级划分依据，Ⅰ级（$<5\ m^3/t$）、Ⅱ级（$5\sim10\ m^3/t$）、Ⅲ级（$10\sim15\ m^3/t$）和Ⅳ级（$>15\ m^3/t$）。

国内矿井瓦斯等级划分主要引用苏联方法，结合瓦斯相对和绝对涌出量进行分析。《煤矿安全规程》规定：吨煤瓦斯含量指标$>10\ m^3/t$ 或瓦斯绝对涌出量$>40\ m^3/min$ 时定为高瓦斯矿井；相对瓦斯涌出量$\leqslant 10\ m^3/t$ 并且绝对瓦斯涌出量$\leqslant 40\ m^3/min$ 时定为低瓦斯矿井；历史发生过突出的矿井视为突出矿井。

2）国内铁路、公路瓦斯隧道分级

《煤矿安全规程》和《铁路瓦斯隧道技术规范》都是以瓦斯涌出量对瓦斯进行等级划分。铁路瓦斯隧道以绝对瓦斯涌出量为指标进行分析是比较合理的，瓦斯隧道分为低瓦斯隧道、高瓦斯隧道及瓦斯突出隧道三种。瓦斯隧道的类型按隧道内瓦斯工区的最高级确定。当全工区的瓦斯涌出量小于 $0.5\ m^3/min$ 时，为低瓦斯工区；大于或等于 $0.5\ m^3/min$ 时，为高瓦斯工区。瓦斯突出的判定必须满足 4 个指标是：瓦斯压力 $P\geqslant 0.74$ MPa；瓦斯放散初速度 $\Delta P\geqslant 10$；煤的坚固系数 $f\leqslant 0.5$；煤的破坏类型为Ⅲ类及以上。

公路行业大部分以瓦斯浓度作为依据来对瓦斯隧道进行分类管理，例如台湾地区依照可燃气体浓度把隧道分为 5 个级别进行管理。日本采用的是综合指标评分制方法，根据地质、施工长度、断面、辅助坑道形式四个要素的综合评分进行等级划分。公路隧道规范未针对瓦斯进行分级，将穿越瓦斯地质统称为瓦斯地层或隧道。

3）瓦斯涌出量计算

隧道回风总风量、平均瓦斯浓度、瓦斯涌出不均匀系数计算绝对瓦斯涌出量，作为瓦斯隧道分级指标值。

$$q_{CH_4}=\frac{Q\cdot w}{K} \tag{11-9}$$

式中　q_{CH_4}——隧道内瓦斯绝对涌出量（m^3/min）；

Q——总施工通风量（m^3/min）；

w——瓦斯平均浓度（%）；

K——瓦斯涌出不均匀系数，取值为 $1.5\sim2.0$。

11.4　红层隧道特殊工程问题处理原则

11.4.1　隧道红层软岩流变处理

工程实践中隧道红层岩石膨胀性与红层软岩流变性及大变形往往是交织在一起，很难明确的区分红层岩石膨胀占多少，红层软岩流变性大变形占多少。可行的处理方法是综合进行考虑。

根据一些工程实践经验，红层软岩应采用“抗放结合，加强初支”的变形控制原则，“宁强勿弱，宁补勿拆，岩变我变，及时封闭”的支护理念。

1. 红层软岩大变形隧道合理断面形式

要研究不同等级大变形隧道的合理断面形式，并对断面大小及其结构形式进行优化。

2. 系统锚杆作用机理及支护技术

要研究大变形红层软岩隧道系统锚杆的作用机理；根据不同形式锚杆的作用效果，比较的锚杆形式主要有：普通钢筋砂浆锚杆、高强钢筋砂浆锚杆、让压式中空注浆锚杆、自进式砂浆锚杆、涨壳式中空注浆锚杆；研究系统锚杆的合理长度及合理布置形式。

3. 高强钢筋格栅性能及支护技术

高强钢筋格栅、普通钢筋格栅、工字钢、H 型钢的适应性及承载性能，研究格栅施作时机、结构形式以及与其他支护措施的最优连接组合，研究格栅连接部位与大变形围岩应力分布大小、施工方法和步骤的关系。

4. 可伸缩钢架力学特征及支护技术

要分析研究可伸缩钢架的形式、伸缩量、接头结构等，研究可伸缩钢架、普通钢架的力学特征及变形特征。

5. 多重初支作用机理及支护技术

要分析研究多重初支作用机理及其相互作用，研究多重初支的适应性，研究二次初支的结构形式。

6. 掌子面长锚杆作用机理及合理设置

要挤压性红层软岩隧道施工掌子面的水平变形规律，研究掌子面超前长锚杆作用机制及效果，研究掌子面超前长锚杆的设置形式及参数。

7. 不同组合支护作用机理及合理支护体系

研究不同组合支护作用机理，主要由喷混凝土、系统锚杆、柔性锚索、格栅、一般钢架、可伸缩钢架等的组合；各种支护单独作用效果、组合作用效果及其适应性；研究控制大变形的合理支护体系和支护参数。

8. 研究不同变形等级预留变形量的合理大小

围岩预留变形量的大小主要取决于围岩本身的工程性质。根据对围岩变形特性的分析和实际观测，围岩的流变性越强，隧道开挖后变形量越大；围岩流变性越弱，开挖后其变形量越小。由于软岩自身的特性，其变形特征主要有下列几点：

（1）初期变形速度快：隧洞开挖之后，由于初始应力平衡的破坏，围岩会在不平衡力的作用下发生变形直至收敛。软岩中隧洞围岩收敛的速率初期较快。

（2）变形持续时间长：根据实际工程经验，在隧洞开挖后较长的一段时间初支上的力始终存在着变化，虽然这种变化速率较为平缓。这说明了软弱围岩在隧洞开挖后变形的时间较长，有流变特性。而不像硬岩主要以弹性变形和塑形变形为主。如花岗岩等为围岩时，隧洞开挖后围岩变形将在短时间内收敛，而在泥质围岩中流变效应相当明显。

（3）变形量大：软弱围岩中的隧洞的开挖围岩会出现塑形变形，并且变形较大。实际工程中的监测数据可以看出，大部分的软弱围岩变形量都在 10 cm 以上，甚至部分位移达到了 100 cm 以上。这种数量级的变形通常会造成初期支护或二衬的破坏。

（4）变形破坏形式多样：软岩自身强度很弱隧洞开挖将导致显著变形，施工方法不当将引起不同的破坏形式。当支护上得过早时，大量的围岩应力将施加到支护上，支护不堪重负将出现破坏，例如初始支护变形严重侵犯建筑限界、混凝土开裂等；当支护上得较晚时，围岩应力更多地靠位移变形来释放，将出现如拱顶塌落、拱底隆起等灾害。

（5）压力增长快：隧洞开挖后为了抑制围岩的过度变形，在恰当的时机施作初期支护，发现初支在很短的时间内产生较大的应力，说明围岩压力在隧洞开挖后的短时间内增加到较大值，增长速度率快。选择恰当的支护时机和方法，用支护承担一部分的围岩压力，软岩大变形能够得到较好的控制，但是如果某环节出现差错，围岩变形将较大引起坍塌，或者初支自身应力过大引起支护破坏。这说明了支护时机的选择和正确的施工工艺是控制软岩变形的关键环节，要引起足够的重视。

（6）围岩破坏范围大：隧洞开挖后将引起较大的塑形变形，且塑形区的范围较大，当围岩变形没得及时限制或者限制措施不当时，范围更大。

通过预留不同变形量隧道变形趋于稳定后，研究围岩与支护结构的相互作用、支护体系的变形和受力大小，判断支护体系的安全性，确定软岩隧道不同变形等级预留变形量的合理大小。

9. 软岩隧道超前支护布置形式

研究小导管、中管棚等超前支护形式在软岩隧道施工过程中的受力情况和对围岩变形控制作用。

10. 软岩隧道施工技术

在软岩隧道的治理中，合理的开挖方法是保证施工质量、安全和进度的有效措施。三台阶七步法在大断面隧道开挖中得到广泛运用，该技术已经趋于成熟，并由原铁道部颁布了相应的施工指南，在软岩隧道施工中值得借鉴。一些隧道在三台阶七步工法的基础上，引入了三台阶扩大拱脚工法，在控制软岩大变形方面有着良好的效果；并在三台阶七步法的基础上发展了二台阶四步工法，该工法在能保证施工质量和安全的基础上，有着更为便捷、工序简单和对围岩干扰小等诸多优点。随着现代施工机械水平的提高，铣挖技术在软岩隧道中的运用也得到了进一步发展，可根据实际情况选择和调整。

谢顺意（2013）对红层软岩隧道大变形处理所总结的流程如图 11.10 所示。

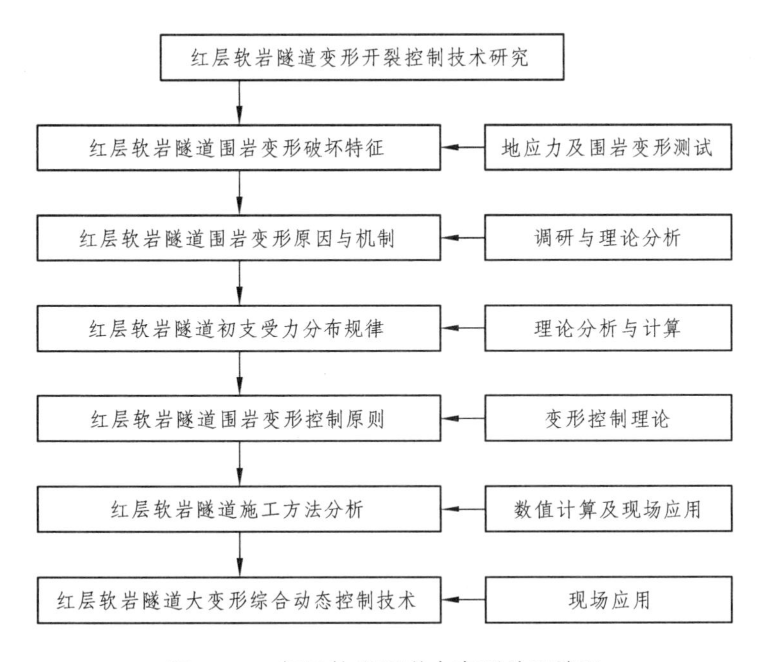

图 11.10 红层软岩隧道大变形处理流程

11.4.2 隧道红层膨胀性处理

在膨胀岩分布地段，隧道开挖后对围岩的稳定具有极强的破坏作用，容易造成隧道围岩开裂、内挤、坍塌和膨胀等变形现象，且围岩变形常具有速度快、破坏性大、延续性大、延续时间长和整治较困难等特点。红层膨胀岩隧道处理时，一般以高应力隧道和大变形隧道的综合措施提出处理原则，主要有加强防水和加强支护措施两个方面。

如黎南复线槎路隧道在洞顶施作 12 孔轻型井点降水后，保证掌子面开挖稳定。针对膨胀岩区段，采用支护补强。如槎路隧道对膨胀岩地段，初期支护预留变形量为 15 cm，当收敛速度>20 mm/d，洞壁相对位移>0.6% 或初期支护具有明显破坏迹象时采用型钢架，补喷 15 cm 钢纤维混凝土补强。当初期支护比较稳定时，可根据残留预留变形量适当扩大二次衬砌净空。强调喷砼封闭掌子面，避免岩体受到失水—充水循环而产生膨胀变形（曹磊，2001）。

云南大保高速公路四角田隧道为泥岩、泥质粉砂岩为主的膨胀岩，具有很强的膨胀性。在施工措施上，加强初期支护，减小围岩变形。如采用钢拱架、喷射钢纤维混凝土，系统锚杆组成联合支护系统，加强初支刚度，打设 12 m 长 R51N 自进式中空锚杆，进行径向中深孔注浆，改善围岩力学性质，控制围岩变形松动。并设置柔性变形层，允许围岩和初期支护有一定的变形，采用挖应力释放槽、仰拱下设柔性变形层等措施释放膨胀压力、围岩压力。针对水的问题，隧道开挖采用环形开挖留核心土法施工，尽早封闭暴露围岩，减少围岩吸水膨胀，防止崩塌，并加强施工用水管理，及时抽排隧道内的渗水及施工废水，严格控制施工用水，完善隧道内排水设施，避免人为造成围岩膨胀软化（程曙光，2005）。

11.4.3 红层隧道有害气体防治措施

1. 基本原则

对于存在有害气体的红层隧道，针对浅层天然气的平面及竖向分布特征，结合地形地貌及工程情况，综合评估后，采取以下设计原则。

（1）铁路尽量绕避气田核心区及储气构造，选择在浸染区或扩散区内通过。

（2）抬高线路高程，采用短隧道群、浅埋隧道、傍山隧道等方式，使线路穿行于节理裂隙发育的风化带内，以减轻天然气的危害。

（3）通风、监测、集排等工程措施，防止天然气对铁路隧道工程造成危害。

2. 防治措施

1）加强人员素质

发生瓦斯事故的最大风险是建设人员对瓦斯认知不足、管理不到位及道德风险。如：施工人员在非瓦斯隧道施工中养成的习惯性和自以为是或乱作为；施工管理人员和监理人员对瓦斯事故防治知识的匮乏，个别管理人员防治知识或经验，对高瓦斯隧道施工过程存在的风险存在的侥幸心理，无知无畏等；操作工人对瓦斯危害的无知和管理的缺失或乱作为；电气维修工对电气防爆标准的无知和乱作为；瓦斯检查员的业务不熟练或空班漏检或假检。最大的风险不是天灾而是无知者无畏或者侥幸心理，因此加强对参建人员的培训，提高施工人员素质是瓦斯隧道施工中防止事故发生的重中之重。

2）加强通风，控制瓦斯浓度

在隧道顶部、隧道坍腔内、断面变化处、模板台车等位置经常容易形成瓦斯积聚，特别当隧道断面较大，而风量供应又不满足时，在隧道拱顶容易形成层流区。当不均衡供风或停风后恢复供风时，瓦斯还会因为风流的挤压在隧道拱顶像滚雪球一样地形成瓦斯云。这些都是高瓦斯隧道施工中应重点防范的地方。《铁路瓦斯隧道技术规范》（TB 10120—2002）等规定回风流风速不小于 1 m/s。瓦斯隧道施工必须保证通风效果，才能保证施工安全。同时，由专职瓦检员使用便携式瓦检仪随时对洞内瓦斯浓度进行检测，当瓦斯浓度超标时，应立即停止作业，必要时将施工人员撤出洞外，根据不同的级别进行分级管理，由施工单位及时依据整改措施进行整改。

3）控制火源

所有进洞人员必须着棉质工作服并触摸静电释放器，并必须经过洞口值班室人员检身后方可进入瓦斯隧道。对可能的火源（如香烟、火种、照相机和录像机等）均严禁入洞。必须认真执行动火管理制度，在洞内进行切割、气焊、电焊等时，容易产生火源，在每次进行这些作业前，均要由操作人员填报动火申请单，并在有管理职权的人员对动火安全措施、作业环境等进行检查审批落实后，并在瓦斯检测人员及安全员旁站下，方可动火作业。动火申请单只能单次使用。

11.4.4 隧道红层腐蚀性处理

影响混凝土硫酸盐侵蚀的因素很多，除环境条件（天气、水分蒸发、干湿交替、冻融循环等）外，概括起来为两大方面：混凝土本身的性能和侵蚀溶液。

1）水泥品种

不同品种的水泥配置的混凝土具有不同的抗硫酸盐侵蚀的能力。混凝土的抗硫酸盐侵蚀能力在很大程度上取决于水泥熟料的矿物组成及其相对含量，尤其是C_3A（铝酸三钙）和C_3S（硅酸三钙）的含量，因为C_3A（铝酸三钙）水化析出水化铝酸三钙是形成钙矾石的必要组分，C_3S（硅酸三钙）水化析出的$Ca(OH)_2$是形成石膏的必要组分，降低C_3A（铝酸三钙）和C_3S（硅酸三钙）的含量也就相应地减少了形成钙矾石和石膏的可能性，从而可以提高混凝土的抗硫酸盐侵蚀的能力。

2）混合材料的掺量

一般说来，混合材料掺量越多，混凝土抗侵蚀能力越强，因为混凝土中掺入活性混合料后，除了能够降低C_3A（铝酸三钙）和C_3S（硅酸三钙）的含量外，而且活性混合材料还能与水泥水化产物$Ca(OH)_2$发生二次水化反应。其产物主要填充水泥石的毛细孔，提高水泥石的密实度、降低水泥的孔隙率，使侵蚀介质侵入混凝土内部更为困难。另外，二次水化反应使石膏结晶受阻。由于二次水化反应，水泥石中$Ca(OH)_2$含量大量减少和毛细孔中石灰浓度降低，即使在SO_4^{2-}浓度很高的环境水中，石膏结晶的速度和数量也大大减少，从而使混凝土的抗侵蚀能力增强。

3）混凝土的密实性和配合比

混凝土的密实度对其抗硫酸盐侵蚀能力具有重大影响。混凝土的密实度越高，就使混凝土的孔隙率越小，那么侵蚀溶液就越难渗入混凝土的孔隙内部。另外，混凝土的密实度越高，也会使混凝土的强度提高，因此合理的设计混凝土配合比是非常必要的。尤其是降低水灰比、掺适量的减水剂，可使混凝土的密实度增大，从而显著地提高混凝土的抗硫酸盐侵蚀的能力。

4）采用高压蒸汽养生

采用高压蒸汽养生能消除游离的 CaO，同时 C_2S（硅酸二钙）和 C_3S（硅酸三钙）都形成晶体水化物，比常温下形成的水化硅酸钙要稳定得多，而 C_3A（铝酸三钙）则水化成稳定的立方晶系 C_3AH_6（水化铝酸三钙）代替了活泼得多的六方晶系 C_4AH_{12}（水化铝酸四钙），变成低活性状态，改善了混凝土抗硫酸盐性能。

5）增设必要的保护层

在混凝土表层加上耐腐蚀性强且不透水的保护层（如沥青、塑料、玻璃等），可使混凝土与侵蚀溶液隔离，从而避免了混凝土遭受侵蚀。

11.4.5　红层隧道工程实例

成都市西岭雪山公路隧道是典型的集中了多种红层特殊岩土性质的复杂病害红层隧道，同时具备了选线、软岩、膨胀、腐蚀与溶蚀等多种问题，而且其勘察、设计、整治中都有较多的经验可供借鉴参考，很有综合性和代表性，本节详细介绍该工程实例。

1. 工程概况

西岭雪山隧道位于四川大邑县斜源镇与鄑江镇境内，全长 1 145 m，净空宽 9 m，高 5 m，为人字坡形单洞双车道设计。西岭雪山隧道自通车后，2001 年 5 月—2006 年 3 月，不断出现拱顶有裂缝、表皮剥落、道面混凝土轴向及斜向开裂严重、拱顶及拱腰多处渗水、侧沟变形开裂等病害。隧道出口右侧沟出现大量白色结晶沉淀物，拱腰渗水点也有同样现象发生，多处隧道边墙排水盲管被此类白色结晶物质堵塞，使排水盲管失去排水功能。先后 3 次封闭加固整治，仍没有解决隧道安全问题。

2. 工程地质特征

地层岩性：隧址区主要分布侏罗系蓬莱镇组、遂宁组、沙溪庙组紫红色砂页岩地层及第四系坡残积松散堆积物。页岩有膨胀性，膨胀力达 170 kPa。

地质构造：隧址区位于雾中山背斜南东翼，为一单斜构造，地层倒转，走向北东 30° ~ 50°，倾角 42° ~ 77°，局部地段直立。王八岗冲断层在隧道处近平行穿越隧道进口部分，走向北东 40° ~ 50°，倾向北西，倾角 60° ~ 65°，切割蓬莱镇组、遂宁组地层。并有次生小断层发育。

不良地质：受断层影响，地表有小型滑坡分布。根据汶川地震修正为Ⅶ度地震区。

水文地质：水文地质条件比较复杂，碎屑岩类裂隙水及断层破碎带水。年降雨量高达 1 800 mm。

围岩级别为Ⅳ ~ Ⅴ级。

隧道代表性断面如图 11.11 所示。

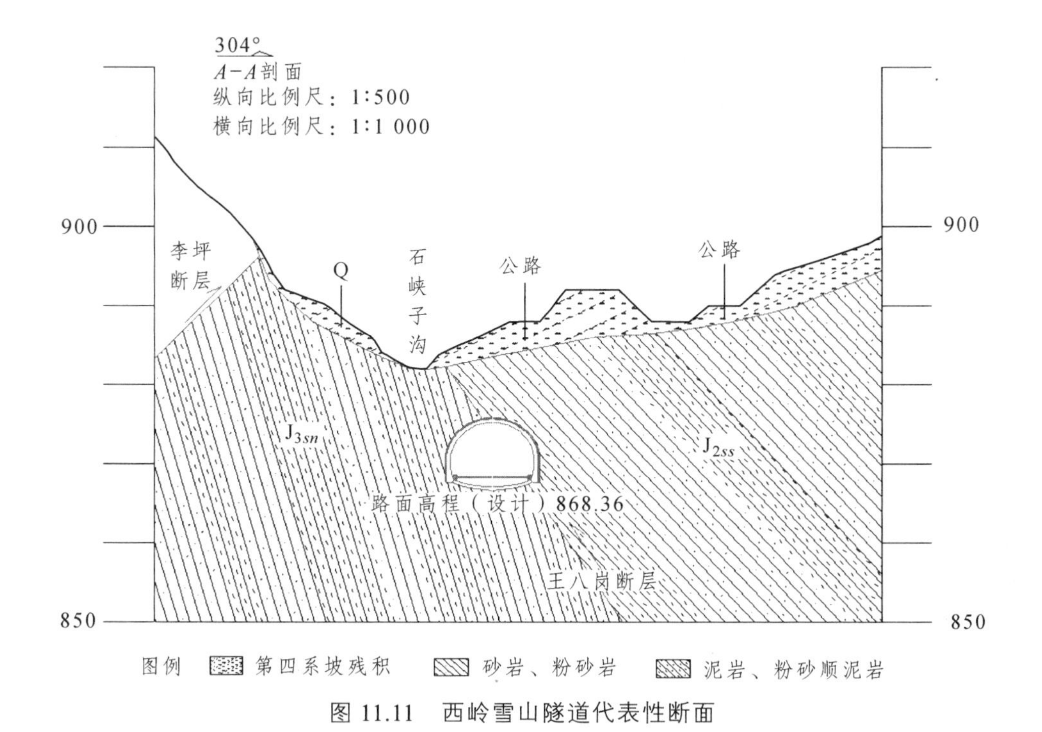

图 11.11　西岭雪山隧道代表性断面

3. 病害及成因分析

1）病害调查

该隧道在开挖过程中，曾经发生过拱部垮塌，发生垮塌地段除围岩存在于泥砂岩软硬相间，整体性不良外，岩层走向和隧道轴线小角度相交，以及隧道断面局部位于隐伏小断层内，使隧道承受对隧道不利的不均衡荷载（如图 11.12、11.13 所示）。在隧道拱腰两侧部位，从隧道拱部掉块处砼断口分析，拱部施工缝呈水平状，砼内砂浆不饱满，施工缝处理不良，在重力和剪力不均衡荷载产生剪切破坏下，发生局部掉块。

在 K23+269 ~ 322 段钻孔中地下水位在路面以下 1.00 ~ 1.60 m 处，说明仰拱以下泥岩已被软化并产生上鼓膨胀力。部分段落仰拱厚度不足，致使仰拱受力后早中部隆起以及在拱脚部位产生剪切破坏，而使路面发生变形开裂。

图 11.12　西岭雪山隧道二衬塌落

图 11.13　西岭雪山隧道隧底泥岩夹粉砂岩

由于地下水中钙离子含量较高，地下水在运转中大量钙沉淀阻塞了排水管，而使地下水沿支护和衬砌薄弱部位渗漏。通风钻孔打穿了砂泥岩互层中的泥岩隔水层，地表坡积层中的地下水通过钻孔大量渗入隧道围岩范围。

2）病害成因分析

通过野外调查及对红层岩土特性的研究，初步分析病害产生的原因是隧道处于断层破碎带，岩石破碎，为水的渗入和泥岩的膨胀提供了基本条件。隧道开挖后改变了地下水的渗流状态，加之个别钻孔的连通作用加剧了地下水的下渗速度；地下水下渗过程中溶解的碳酸钙在隧道排水盲管中结晶沉淀，堵塞了隧道的排水系统，使地下水向隧道周围渗透扩散，部分进入到断层破碎带和泥岩中，致使破碎带的泥化夹层和泥岩中的黏土矿物吸水产生膨胀，对隧道结构造成附加围岩压力。由于断层产状及岩层倾向、倾角的关系，这种附加围压是不均匀的。综上，隧道变形破坏主要由于隐伏断层的存在，断层带片理化泥岩、泥化夹层及断层两侧泥岩吸水膨胀产生不均匀应力分布，致使隧道支护结构在薄弱部位发生变形乃至破坏。

对隧道围岩及地下水采样进行的室内试验表明，围岩泥岩具有弱—中膨胀性，泥岩含有的膏盐组分具有溶蚀、腐蚀性，见表 11.13。

表 11.13　隧道围岩 X 衍射、热分析及膨胀试验结果

岩样及取样位置	X 衍射结果	热分析结果	自由膨胀率
Z-5-2 暗紫红色泥岩	蒙脱石、伊利石、石英	蒙脱石	155.5%
Z-5 灰绿色泥岩	绿泥石、蒙脱石、伊利石、石英	蒙脱石、伊利石	60%
Z-6-2 紫红色泥岩	蒙脱石、伊利石、石英	蒙脱石、伊利石	61.5%
Z-7-1 灰黄色泥岩	绿泥石、蒙脱石、伊利石、石英	绿泥石、蒙脱石、伊利石	61.5%
Z-9-3 紫红色泥岩	绿泥石、伊利石、石英	绿泥石、伊利石	48%
Z-11-1 鲜紫红色泥岩	蒙脱石、伊利石、石英	蒙脱石、伊利石	57%
出口弃渣紫红色泥岩		绿泥石、伊利石	20%
公路垭口紫红色泥岩		绿泥石、伊利石	19%
隧顶垭口紫红色泥岩		绿泥石、伊利石	
Z-5 紫红色泥岩		蒙脱石、伊利石	70%

为了进一步分析验证基于现场调查的初步分析结论，采用数值分析的方法，模拟分析计算了隧道围岩变形场，评价了围岩稳定性，结果如图 11.14、11.15 所示。分析表明，在断层和膨胀力影响下，无支护隧道的破坏形式。由图 11.14、图 11.15 可见，左右拱部的水平位移值达到了 125 mm 和 300 mm，右侧拱部的垂直位移值为 1 375 mm，隧道底部的隆起值为 1 125 mm，很明显，隧道已经破坏，剪应力值已达到 0.8 ~ 0.9 MPa，已大大超过断层带泥化夹层的抗剪强度（一般 0.2 ~ 0.3 MPa）。分析结果与衬砌破裂的形式和部位一致，验证了病害成因，为工程整治提供了依据。

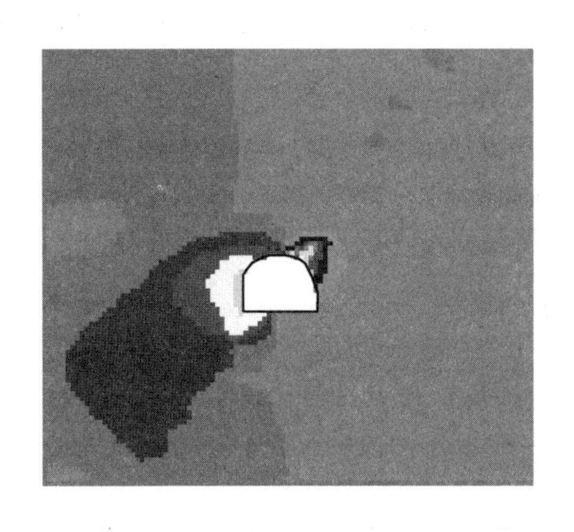

图 11.14 水平方向位移图

图 11.15 垂直方向位移图

4. 工程措施

按照分析的地质模型，重新设计加固整治措施：在已有衬砌的基础上，新增全隧道钢拱架、锚杆、喷钢纤维混凝土。

红层围岩膨胀变形所产生的变形压力和地下水活动这两个相互关联的主要问题。这为正确的整治方案打下了坚实的基础。这种研究贯穿于整个整治工作的全过程。相应地，对设计文件的反复论证，不断完善和优化。

据此确定的整治措施原则为：对裂损衬砌进行修补加强、控制围岩的变形、加强仰拱结构及其同边墙的连接、加强地下水排导系统的疏导能力。具体措施是：

（1）对衬砌砼开裂段在隧道全断面嵌入 43 kg/m 钢轨，总长度 492 m。

在拱腰 150 度范围内加设径向锚杆（长 3.5 m，间距 1.0×1.2 m）；在衬砌砼内侧凿槽，嵌入 43 kg/m 钢轨，拆除路面砼，回填层和仰拱砼后，将钢轨在仰拱处连通，间距 1.0 m；全段仰拱部位喷射钢纤维砼（厚 15 cm）形成套拱。

（2）对洞内路面全部进行翻修。

在施作仰拱之前，应在仰拱底部进行锚固，以防止膨胀而底鼓，待仰拱钢轨安装完毕以后，应及时浇筑仰拱砼。

（3）对隧道内渗漏（涌）水的处理措施。

在隧道仰拱底部埋设 ϕ300 中央排水管排除路面下和侧墙部位的地下水，中央排水管引出隧道后顺坡排入边沟中；对拱部一些零星有线装或者股状流水点，可采用凿槽引流处理；为防止地下水对砼的腐蚀性，选用普通硅酸盐水泥，C_3A 含量 < 8%，水灰比为 0.55，最小水泥用量为 350 ~ 370 kg/m^3。

5. 整治效果评价及监测

1）整治评价的模拟分析

采用数值分析方法对拟采用的工程措施的有效性进行了模拟分析。分析时采取了病害区间的 4 个典型断面进行衬砌和钢拱架受力分析，对该断面的结构稳定性做出评估。模拟中所采用的参数均来自现场试验或者室内试验。围岩及其他材料的力学指标见表 11.14 ~ 11.16。

表 11.14　围岩力学参数

项　目	垂直岩层弹性模量/MPa	平行岩层弹性模量/MPa	垂直岩层泊松比	平行岩层泊松比	剪切模量/MPa	重　度/（kN/m^3）	黏聚力/MPa	摩擦角/（°）
围　岩	700	800	0.3	0.3	670	24	0.25	30

表 11.15　混凝土力学参数

项　目	弹性模量/MPa	重度/（kN/m^3）	泊松比	黏聚力/MPa	摩擦角/（°）
C20 混凝土	28 000	25	0.2	0.2	27
C30 混凝土	31 000	25	0.2	0.2	27

表 11.16　锚杆力学参数

项　目	弹性模量/MPa	密度/（kg/m^3）	泊松比
锚　杆	170 000	7 850	0.3

分别就两种工况进行讨论：自重条件下隧道结构内力分析、施加膨胀力条件下隧道结构受力分析。计算四个断面维修后的衬砌和钢拱架的受力情况。具体计算步骤如下：

利用生死单元，模拟只受自重应力场的隧道开挖。按释放荷载的比例分步开挖，围岩、支护、衬砌分别承受 30%、40%、30% 的围岩自重应力。计算在自重条件下衬砌、钢拱架的受力情况。

施加膨胀力。膨胀力由岩体热应力代替，由试验测得该隧道泥岩的膨胀力为 0.162 MPa。在后续的计算中用热应力来模拟岩体的膨胀，在膨胀系数固定的情况下，用温度差等效替代膨胀力。设初始温度为 20 °C，膨胀系数为 9×10^{-5}，经计算，当温度升到 56 °C 时，该试样高度的变化为 6.1×10^{-5} mm，体积视为不变。此时试样内部的膨胀力可以视为等于 0.162 MPa，而这个温度就是所要找到并在后续计算中模拟岩体受热膨胀所使用的重要参数。

由 ANSYS 软件计算得出钢拱架的轴力，采用等效模拟法将轴力转化成轴向应力，从而对衬砌的安全性做出评价。以 K23+291 断面为例，模拟分析结果如图 11.16 所示。由图可知，拱架最大轴力约 7.5 MPa，设计结构满足要求。

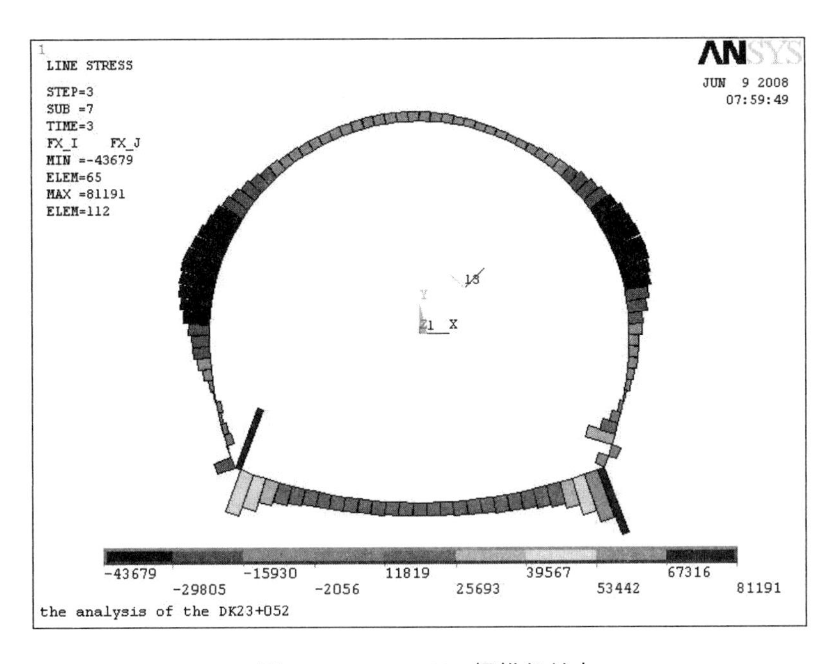

图 11.16 K23+291 钢拱架轴力

2）现场监测

为验证设计，布置对拱架应力、围岩压力、锚杆拉力、隧道收敛变形及地下水压力的监测。钢拱架变形测试每个断面布置 6 个点，编号为 F-1～F-6，如图 11.17 所示，测点采用应变计法，即在相应位置安装应变计，通过应变计组合，测量钢拱架轴向变形，从而推算钢拱架的轴向应力。锚杆应力测量采用智能型钢弦式钢筋计，量程为 300 MPa。围岩压力采用 ZX-5010Z 智能型钢弦式土压力盒，量程为 1 MPa。地下水压力采用智能型孔隙水压力计，量程为 0.6 MPa，安装位置位于仰拱两侧。此处仅以 K23+052 断面拱架应力测试结果进行说明，监测结果如图 11.18 所示。

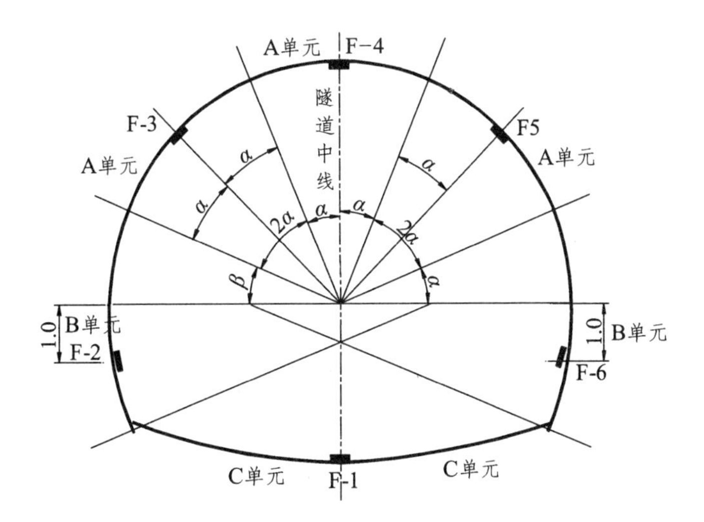

图 11.17 钢拱架应变计

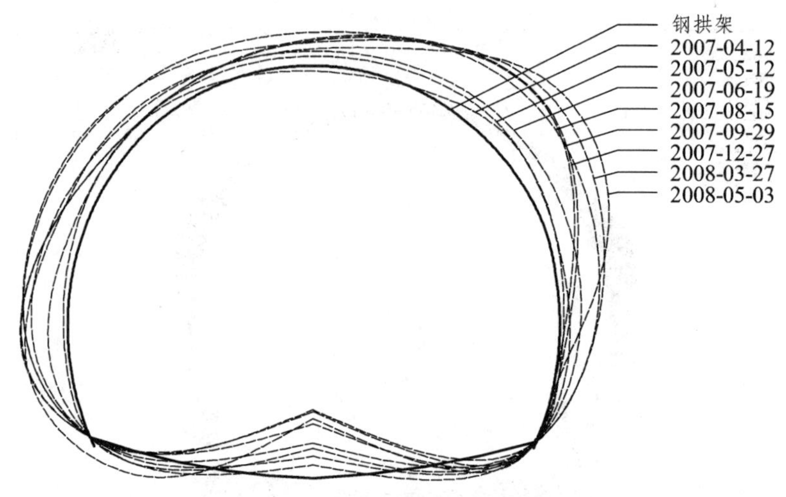

图 11.18　K23+052 断面钢拱架应力分布

将实测结果与模拟结构列入表中（见表 11.17），数据显示，钢拱架实测应力值和考虑膨胀效应的计算值基本吻合。

表 11.17　K23+052 断面钢拱架轴向应力实测值和计算值比较　　MPa

仪器编号	实测应力	计算应力（无膨胀力）	计算应力（有膨胀力）
F1-1	－2.8	－0.1	－1.0
F1-2	10.3	7.2	22.1
F1-3	9.5	2.8	5.0
F1-4	－0.8	－0.2	－1.2
F1-5	15.2	4.9	14.6
F1-6	5.4	6.0	8.4

上述图表和数据揭示，在自重情况下，K23+052 断面钢拱架受力情况为：在拱底和拱顶受拉伸，其余部位受压缩，在左拱脚和右拱肩所受压力最大，这与现场监测到的钢拱架变形特点基本吻合。施加膨胀力后，钢拱架变形特点没有太大变化，但是各个部位轴向应力增加，其中最大轴向应力由 9.4 MPa 增大至 14.5 MPa。

西岭雪山公路隧道的第三次整治，全面考虑了红层岩土的特殊性质，深入分析了产生病害的原因，对隧道病害区段进行了有针对性、有科学依据的强有力的加固整治，充分体现了彻底整治病害的意愿和决心。加固整治工程于 2007 年年底完成，经历了 2008 年 5・12 汶川特大地震和 2010 年特大降水，隧道再没有病害发生，证明分析和措施是合理有效的。

参考文献

[1]　成昆铁路技术委员会. 成昆铁路（第 2 册）. 北京：人民铁道出版社，1980.

[2]　何振宁. 区域工程地质与铁路选线. 北京：中国铁道出版社，2004.

[3] 盛莘夫，常隆庆，蔡绍英，等. 川滇中生代红层与煤系的时代和对比. 地质学报，1962，42（1）.
[4] 王维高. 红层地区高瓦斯隧道施工安全风险控制措施. 兰州交通大学学报，2014，33（1）.
[5] 姜洪亮. 紫坪铺隧道瓦斯灾害研究. 西南交通大学，2010.
[6] 张振强. 铁路瓦斯隧道分类及煤与瓦斯突出预测方法研究. 西南交通大学，2015.
[7] 匡亮，张俊云，张振强. 铁路瓦斯隧道等级划分方法研究. 铁道工程学报，2017（8）.
[8] 屠锡根，王佑安，姚尔义. 关于矿井瓦斯等级划分的建议. 煤矿安全，1998（9）.
[9] 国家安全生产监督管理局. 国家煤矿安全监察局. 煤矿安全规程. 北京：煤炭工业出版社，2014.
[10] 李万明. 浅埋膨胀岩隧道洞口变形处理方法研究——玉蒙铁路新寨隧道案例. 黑龙江交通科技，2012（4）.
[11] 曹磊. 浅埋膨胀岩隧道的设计与施工. 西部探矿工程，2001（6）.
[12] 程曙光. 大保高速公路四角田膨胀岩隧道施工技术. 铁道标准设计，2005（1）.
[13] 谢顺意. 滇中红层软弱围岩隧道变形开裂控制技术研究. 中南大学，2013.
[14] 赵丹. 地铁隧道基底溶蚀风化红层动力特征及长期沉降变形研究. 中南大学，2013.
[15] 邱恩喜，等. 成都地区含膏红层软岩溶蚀特性研究. 岩土力学，2015，36（2）.
[16] 刘小伟. 引洮工程红层软岩隧洞工程地质研究. 兰州大学.
[17] 朱定华，等. 南京红层软岩流变特性试验研究. 南京工业大学学报，2002（5）.
[18] 王子忠. 红层软岩隧洞围岩变形破坏机制研究. 地球科学进展，2004，19（增）.
[19] 谌文武. 分级加载条件下红层软岩蠕变特性试验研究. 岩石力学与工程学报，2009，28（增1）.
[20] 张永安，等. 红层泥岩的剪切蠕变试验研究. 工程勘察，2004（4）.
[21] 巫明健. 兰渝铁路两水隧道软岩开挖及支护技术研究. 西南交通大学，2014.
[22] 陈新. 西岭雪山隧道受力变形监测及安全性评价. 西南交通大学，2008.
[23] 靳一. 大双公路西岭雪山隧道变形原因及整治措施研究. 西南交通大学，2006.
[24] 陈寿根，等. 软岩隧道变形特性和施工对策. 北京：人民交通出版社，2014.
[25] 张翔，等. 滇中引水工程隧洞软岩工程地质特性研究. 工程地质学报，2015，23(suppl.).
[26] 何满潮，景海河，孙晓明. 软岩工程力学. 北京：科学出版社，2002.
[27] 柯伟. 中国腐蚀调查报告. 北京：化学工业出版社，2003.
[28] 王磊. 地质偏压隧道围岩压力分布及衬砌安全性的分析. 西南交通大学，2008.
[29] 邓彬. 地质顺层偏压隧道偏压作用的数值分析. 西南交通大学，2007.
[30] 周晓军，高杨，李泽龙，等. 地质顺层偏压隧道围岩压力及其分布特点的试验研究. 现代隧道技术，2006，43（1）.